Eisenbahn-Fahrzeug-Archiv
Band A.1

Heribert Schröpfer
Triebfahrzeuge österreichischer Eisenbahnen
Dampflokomotiven BBÖ und ÖBB

Eisenbahn-Fahrzeug-Archiv

Heribert Schröpfer

Triebfahrzeuge österreichischer Eisenbahnen

Dampflokomotiven BBÖ und ÖBB

alba

Inhalt

Die Seitenzahlen der einzelnen Beschreibungen sind dem Baureihenverzeichnis auf den folgenden Seiten zu entnehmen.

Seite	BBÖ-Reihe	Herkunft	DRB-Reihe	ÖBB-Reihe	Bauart	Erstes Baujahr	Bestand 1925	1938	1953
128	**60**	kkStB	54.0	54	1C-n2v	1895	57	30	7
131	**260**	KFNB	51.1	154	1C-n2v	1893	26	7	2
133	**360**	ÖNWB	54.2	254	1C-n2	1902	4	3	1
133	**360**	ÖNWB	54.3	354	1C-n2v	1901	18	12	2
135	**460**	ÖNWB	54.4	454	1C-h2	1906	23	23	13
186	**61**	KEB			C-n2t	1873	2	–	–
186	**62**	KRB			C-n2t	1872	3	–	–
186	**162**	KKHB	98.12		C-n2t	1911	–	2	–
186	**166**	StEG			C-n2t	1881	23	–	–
212	**69**	kkStB	97.2	97	C1-n2(z)t	1890	18	18	16
214	**269**	kkStB	97.3	197	F-n2(z)t	1912	3	3	3
216	**(369)**	Neubau	97.4	297	1F1-h2(z)t	1941	–	–	2
	70	KEB			D-n2	1873	2	–	–
137	**170**	kkStB/SB	56.31	56	1D-n2v	1897	235	209	9
141	**270**	kkStB	56.34	156	1D-h2	1917	100	100	21
94	**470**	kkStB			1D1-h4v	1914	12	–	–
98	**570**	SB	33.0	133	2D-h2	1915	2	2	2
94	**670**	Umbau	39.3		1D1-h2	1926	–	8	5
144	**371**	SB			D-n2	1853	10	–	–
146	**471**	SB			D-n2	1871	12	–	–
148	**571**	StEG	55.70		D-n2	1868	36	3	–
149	**73**	kkStB	55.57	55	D-n2	1885	44	44	30
151	**174**	kkStB	55.59	155	D-n2	1906	13	13	11
154	**76**	Arlbergb.			D-n2	1884	4	–	–
	377	MAV			C-n2t	1899	1	–	–
187	**178**	kkStB u. a.	92.22	92	D-n2t	1898	75	85	49
191	**378**	Neubau	93.13	93	1D1-h2t	1927	–	167	128
194	**478**	Neubau	92.25	392	D-h2t	1927	–	50	43
196	**578**	kkHB	92.21	292	D-n2t	1916	12	12	8
	79	Arlbergb.			D-n2t	1884	1	–	–
	279	TSB			1D-n2vt	1899	5	–	–
	379	TSB			1D-n2vt	1899	1	–	–
159	**80**	kkStB	57.4	157	E-h2v	1909	90	73	9
159	**80.600**	DÖStB	57.1		E-h2	1919	5	5	–
159	**80.800**	Umbau	57.3	57	E-h2	1936	–	4	–

Seite	**BBÖ-Reihe**	Herkunft	DRB-Reihe	ÖBB-Reihe	Bauart	Erstes Baujahr	Bestand 1925	1938	1953
159	**80.900**	kkStB	57.2–3	57	E-h2	1911	118	118	61
156	**180**	kkStB	57.0		E-n2v	1900	61	9	–
164	**280**	kkStB			1E-n4v	1906	3	–	–
166	**380**	kkStB	58.9		1E-h4v	1909	12	11	–
169	**480**	SB	57.6	257	E-h2	1921	6	6	6
171	**580**	SB	58.9	258	1E-h2	1912	27	27	19
174	**680**	Umbau	57.0		E-h2	1926	–	2	–
176	**81**	Neubau	58.7	58	1E-h2	1920	73	73	29
179	**181**	Neubau	58.8		1E-h2v	1922	27	27	–
197	**82**	Neubau	95.1	95	1E-h2t	1922	20	24	22
200	**184**	NÖLB	88.0		B-n2t	1897	9	3	–
	385	SB			B-n2t	1884	9	–	–
	88	KEB			B-n2t	1888	9	–	–
	89	KTB			1B-n2t	1892	4	–	–
201	**189**	kkStB	88.71		1B-n2vt	1903	4	2	–
202	**289**	KFNB			1B-n2t	1851	1	–	–
	91	NÖSWB			C-n2t	1876	7	–	–
	92	NÖSWB			C-n2t	1876	9	–	–
	393	StEG			C-n2t	1875	15	–	–
	94	Bukow.LB			C-n2t	1899	1	1	–
	394	SB			C-n2t	1898	8	–	–
	494	Mühlkr.B			C-n2t	1888	5	–	–
	594	SB			C-n2t	1898	8	–	–
203	**96**	Fehr.Ffd.	98.70		C-n2t	1885	1	1	–
	196	StEG			C-n2t	1883	2	–	–
	296	NÖLB			C-n2t	1904	2	–	–
204	**97**	kkStB	98.70	89	C-n2-t	1878	31	19	13
206	**99**	kkStB/NÖLB	98.13	91	1C-n2vt	1897	24	24	16
208	**199**	kkStB/NÖLB	98.13	91.1	1C-n2vt	1908	24	24	9
210	**399**	NÖLB	98.14	191	1C-h2t	1909	3	3	2
181	**100**	kkStB			1F-h4v	1911	1	–	–

Seite	BBÖ-Reihe	Herkunft	DRB-Reihe	ÖBB-Reihe	Bauart	Erstes Baujahr	Bestand 1925	1938	1953
		Dampftriebwagen							
219	**DT 1**	Neubau	71.5	3071	1B1-h2t	1935	–	20	18
222	**DT 2**	EWA	C4idT	3041	B2-h3t	1935	–	1	1
		Schmalspurlokomotiven							
225		Steyrtalbahn	99.783	298.1	C1-n2t	1888	5	5	5
232	**Yv**	kkStB	99.90	598	C2-n2t	1896	3	3	3
227	**U**	kkStB	99.781	298	C1-n2t	1894	12	12	12
229	**Uv**	NÖLB	99.80	298.2	C1-n2vt	1904	3	3	3
238	**Uh**	NÖLB	99.82	498	C1-h2t	1928	–	8	8
231	**Bh**	NÖLB	99.81	398	C1-h2t	1905	1	1	1
240	**T**	kkStB/SB	99.780	198	C-n2t	1898	4	3	3
231	**Z**	kkStB			C-n2t	1898	4	2	–
236	**P**	kkStB	99.100	199	D1-h2	1911	3	3	2
234	**Mv**	NÖLB	99.110	299	D2-n2vt	1907	2	2	2
234	**Mh**	NÖLB	99.111	399	D2-h2t	1905	6	6	6
241	**Kh**	Neubau	99.120	499	E-h2t	1924	1	1	1
	2816	NÖLB			B-n2t	1908	1	–	–
242	**Zz**	SchBB	99.730	999	B1-n2(z)t	1897	5	5	5
		Deutsche Einheits- und Kriegsbaureihen							
246			42	42	1E-h2	1944	–	–	51
248			44		1E-h3	1936	–	–	–
248			50	50	1E-h2	1938	–	–	12
249			52	52/152	1E-h2	1942	–	–	273
251			86	86	1D1-h2t	1927	–	–	27

Einführung

Modell der Lokomotive „Austria" im Maßstab 1:5. Mit dem 1837 von der Stephenson'schen Fabrik in Newcastle-upon-Type gelieferten Original eröffnete die Kaiser-Ferdinands-Nordbahn am 19. November 1837 die erste mit Lokomotiven betriebene Eisenbahnstrecke Österreichs. Die Lokomotive wurde 1852 abgebrochen. *Foto: Lichtbildstelle der ÖBB*

Chronik des Dampflokomotivbetriebes in Österreich

1827 Als Vorläufer aller Lokomotiv-Eisenbahnen des europäischen Kontinents nimmt die *Erste k.k.privilegierte Eisenbahn-Gesellschaft* den Betrieb auf dem 50 km langen Teilstück der Pferdeeisenbahn Budweis–Linz auf.

1829 Entwurf eines wissenschaftlich fundierten österreichischen Eisenbahnnetzes durch den Bergbau-Ingenieur Franz Xaver Riepl, Professor am Polytechnischen Institut in Wien; es bildet die Grundlage aller späteren Streckenplanungen.

1832 Durchgehender Personen- und Güterverkehr auf der 129 km langen Gesamtstrecke der Budweiser Pferdebahn.

1837 Betriebseröffnung der ersten Lokomotiv-Eisenbahn von Floridsdorf nach Wagram; Aufnahme des planmäßigen Verkehrs mit sechs Lokomotiven ab Wien am 6. Januar 1838 durch die *k.k.privilegierte Kaiser-Ferdinands-Nordbahn.*

1839 Der Schienenstrang erreicht das 130 km entfernte Brünn; erste dampfbetriebene Fernstrecke des europäischen Kontinents. Eisenbahn Mailand–Monza als zweites Bahnunternehmen mit Lokomotivbetrieb auf österreichischem Gebiet eröffnet.

1840 Aufnahme des Baues von Lokomotiven und Waggons in Österreich in der Maschinenwerkstätte der *Wien-Raaber-Bahn* unter der Leitung des Engländers John Haswell (1855 von der Staatseisenbahn-Gesellschaft erworben).

1842 W. Günther eröffnet in Wiener Neustadt zweite österreichische Lokomotivfabrik (später von Sigl übernommen).

1845 Die *Nördliche Staatsbahn* stellt die Verbindung von Wien über Olmütz mit Prag her.

1846 Die amerikanische Firma Norris nimmt die Lokomotivherstellung in einer Wiener Niederlassung auf.
John Haswell baut für die *Südliche Staatsbahn* den ersten Dreikuppler des europäischen Kontinents nach eigenen Plänen (Lokomotive *Fahrafeld*).

1847 Die Kaiser-Ferdinands-Nordbahn erreicht Krakau.
Erste Lokomotiv-Eisenbahn auf ungarischem Boden von Pest nach Szolnok eröffnet.

1848 Der Anschluß an das preußische und das russisch-polnische Eisenbahnnetz stellt die Verbindung von Wien mit Berlin und Warschau her.

1851 Verbindung Wien–Budapest hergestellt.

1853 Professor Engerth entwirft für die Südliche Staatsbahn eine Lokomotivbauart mit fünf angetriebenen Achsen in zwei Antriebsgruppen, die seinen Namen erhält.

1854 Eröffnung der Semmeringbahn als der ersten Gebirgsstrecke des Kontinents nach „Preiskonkurrenz" für eine Steilstrecken-Lokomotive.

Lokomotive Nr. 23 „Ajax" der Kaiser-Ferdinands-Nordbahn, geliefert 1841 von Jones, Turner & Evans, mit historischem Wagensatz bei der Feier des 70jährigen Jubiläums der Bahn im Jahre 1908. Die 1874 außer Dienst gestellte Lokomotive befindet sich im Wiener Eisenbahnmuseum.
Foto: Technisches Museum Wien

1855 Haswell baut die Lokomotive *Wien-Raab* für die Südliche Staatsbahn als ersten Vierkuppler Europas. Finanzielle Schwierigkeiten als Folge der innerpolitischen Krisen nach 1848/49 führen zur Übereignung der staatlichen Eisenbahnnetze an private Betreibergesellschaften. Die mit ausländischem Kapital gegründete *K.k.privilegierte Staatseisenbahn-Gesellschaft* erwirbt die Nördliche und Südöstliche Staatsbahn und Teile der Südlichen Staatsbahn.

1856 Die Südliche Staatsbahn stellt die durchgehende Verbindung von Wien zum Seehafen Triest her.

1858 Die restlichen Strecken der Südlichen Staatsbahn und die Lombardisch-Venetianische Staatsbahn gehen in den Besitz der neuformierten *K.k.privilegierten Südbahn-Gesellschaft,* die Östliche Staatsbahn auf die *K.k.privilegierte Carl-Ludwig-Bahn* über.

1861 Haswell baut für die StEG die 2A-Lokomotive *Duplex* mit vier paarweise übereinander angeordneten Außenzylindern und Antrieb über Doppelkurbeln.
Ing. Fink von der StEG-Maschinenfabrik baut für die Banater Montanbahn die Lokomotive *Steyerdorf* mit fünf angetriebenen Achsen. Der Antrieb des Stütztender-Drehgestells wird durch ein Hebelsystem über eine Blindwelle übertragen.

1867 Aufnahme des Betriebes auf der Brennerbahn als zweiter Alpentransversale durch die Südbahn-Gesellschaft.

1871 Produktionsaufnahme bei der Lokomotivfabrik Floridsdorf, die sich 70 Jahre später zur zweitgrößten Europas entwickelt.

1873 Georges Nagelmackers präsentiert auf der Wiener Weltausstellung die ersten europäischen Schlafwagen. Erste Einsätze auf der Nordbahn zwischen Wien und Krakau.
Mit der von der Lokomotivfabrik Wiener Neustadt auf eigene Rechnung gebauten 2B-Lokomotive *Rittinger* wird der Prototyp der „Schnellzuglokomotive“ geschaffen. Die Maschine wurde von der ÖNWB gekauft.
Erneute Wirtschaftskrise nach Wiener Börsenzusammenbruch führt zur vorübergehenden Einstellung aller Bahnbauten.

1874 Schlafwagendienst in Courierzügen Paris–Wien. In Mödling nimmt eine weitere Lokomotivfabrik die Produktion auf, die jedoch nach drei Jahren zum Erliegen kommt.

1876 Gründung der Internationalen Schlafwagen-Gesellschaft.

1877 „Sequestrationsgesetz“ vom 14. Dezember als Grundlage der erneuten Verstaatlichung privater Streckennetze.

1880 Die Münchener Lokomotivfabrik Krauß & Co. errichtet in Linz ein Zweigwerk (Produktionsaufnahme 1882).

1882 Errichtung der *K.k.Direktion für Staatseisenbahnbetrieb* in Wien.

1883 Der *Orient-Express* verkehrt als erster Luxuszug Europas zweimal wöchentlich zwischen Paris und Giurgiu (ab 1. Juni 1884 täglich).

1884 Betriebseröffnung der Arlbergbahn nach vorausgegangenem Preiswettbewerb über die zweckmäßigste Lokomotivbauart.

1891 Berufung Karl Gölsdorfs in die Konstruktionsabteilung der Generaldirektion der kkStB.

1894 Die Kaiser-Ferdinands-Nordbahn führt unter Maschinendirektor Rayl die Atlantic-Bauart (2B1) in Europa ein.
Gölsdorf setzt mit der Reihe 6 (2B-n2v) neue Maßstäbe im Bau von Schnellzuglokomotiven.

1897 Gölsdorf baut für die Arlbergstrecke die 1D-n2v-Reihe 170 mit dem größten Lokomotivkessel in Europa.

1900 Gölsdorf baut ersten kurvengängigen Fünfkuppler mit verschiebbaren Achsen (Reihe 180).
Aufnahme des Lokomotivbaues bei der Ersten Böhmisch-Mährischen Maschinenfabrik in Prag-Lieben.

1904 Gölsdorfs 2B1-n4v-Schnellzuglokomotive Reihe 108 erreicht bei Versuchsfahrten über 140 km/h.

1905 Einführung der Heißdampftechnik in Österreich durch die NÖLB (C1-Schmalspurlokomotive Uh 1, spätere Bh 1).
Mit der 1C1-n4v-Schnellzuglokomotive Reihe 110 besitzt erneut eine österreichische Lokomotive den größten Kessel auf dem europäischen Kontinent.

1908 Gölsdorf baut die erste Heißdampf-Schnellzuglokomotive für die kkStB (2B-Reihe 306) und kommt aus Sachzwängen durch Umkehr der Pacific-Type zur Adriatic-Bauart (1C2-Reihe 210).

1909 Betriebseröffnung auf der Tauernbahn.

1911 Erster kurvengängiger Sechskuppler (1F-h4v-Reihe 100) von Gölsdorf; größte Lokomotive Europas.

1912 Erzbergbahn nimmt größte Zahnradlokomotive der Welt in Betrieb (Reihe 269).
Mit der Firma Breitfeld & Daněk in Schlan (Böhmen) nimmt ein weiteres Werk den Lokomotivbau auf.

1913 Erprobung der Ventilsteuerung bei den kkStB (Reihe 227).

1916 *Balkan-Zug* Berlin – Wien – Konstantinopel als Ersatz für den

Höhepunkt des österreichischen Dampflokomotivbaues: Die 1D2-h2-Schnellzuglokomotive Reihe 214 aus dem Jahre 1928. *Foto: TBA K. Pfeiffer*

bei Kriegsausbruch 1914 eingestellten *Orient-Expreß* in Betrieb genommen. Längster Lokomotivlanglauf Europas zwischen Wien und Tetschen (sächs. Grenze) durch Loks der Reihen 110 und 910 mit dem Balkan-Zug.
Johann Rihosek tritt nach Gölsdorfs Tod dessen Nachfolge an.

1918 Auflösung der kk.österreichischen Staatsbahn durch den Zerfall der Donaumonarchie nach dem Ersten Weltkrieg. In der österreichischen Republik tritt die *Deutschösterreichische Staatsbahn* (später *Österreichische Staatsbahn*) ihre Nachfolge an.

1921 Einsatz angemieteter Lokomotiven der Deutschen Reichsbahn auf österreichischen Strecken; Reihe 38^{10} (preuß. P8) für die Westbahn, Reihe 57^{10} (preuß. G 10) für die Brennerbahn (bis 1929).

1923 Umwandlung der Österreichischen Staatseisenbahnen in den selbständigen Wirtschaftskörper *Österreichische Bundesbahnen* (Initialen BBÖ).

Übernahme des österreichischen Netzes der in Finanznöte geratenen Südbahn-Gesellschaft durch die Bundesbahnen.

1928 Unter der technischen Leitung Alexander Lehners erhalten die BBÖ die größte Dampflokomotive Europas (Reihe 214).

1930 Die Lokomotivfabrik Wiener Neustadt (vorm. Georg Sigl) stellt mangels Auftragseingangs die Produktion ein.

1932 Auch die Maschinenfabrik der ehem. Staatseisenbahn-Gesellschaft (StEG-Werke) und die Krauß-Filiale in Linz müssen die Pforten schließen.

1936 Lok 214.13 erreicht mit 155 km/h die höchste Geschwindigkeit aller österreichischer Triebfahrzeuge.

1938 Einverleibung der Österreichischen Bundesbahnen in die Deutsche Reichsbahn.

1941 Die Wiener Lokomotivfabrik liefert die größte Zahnradlokomotive der Welt an die DRB (Reihe 97.4).

1945 Wiederaufbau eines österreichischen Staatsbahnbetriebes nach Ende des Zweiten Weltkrieges in den vier Besatzungszonen.

1947 Ablieferung der letzten Neubau-Dampflokomotiven (42 2717) durch die Wiener Lokomotivfabrik.
Wiedererrichtung der *Österreichischen Bundesbahnen* mit eigenem Fahrpark.

1949 Dr. v. Giesl-Gieslingen konstruiert eine neuartige Blasrohranlage mit Siederohrdrosselung als letzte große Errungenschaft zur Verbesserung der Wärmewirtschaft der Dampflokomotive; es kommen weltweit 2500 derartige Anlagen zum Einbau.

1952 Der elektrische Fahrdraht erreicht auf der Westbahn Wien.

1976 Einstellung des planmäßigen Dampfbetriebes bei den Österreichischen Bundesbahnen.

Der zeitgeschichtliche Hintergrund

1815 Wiener Kongreß zur Neuordnung Europas nach dem Ende der napoleonischen Kriege; Ziel: politisches Gleichgewicht der fünf Großmächte England, Frankreich, Rußland, Österreich und Preußen; der Deutsche Bund tritt an die Stelle des „Heiligen römischen Reiches deutscher Nation" als lose Föderation aus 35 souveränen Mitgliedsstaaten und vier Freien Städten; Österreich bleibt „Kaiserthum" unter der Herrschaft des Hauses Habsburg und geht durch die geschickte Hausmachts- und Restaurationspolitik Fürst Metternichs (1822 zum Staatskanzler erhoben) gestärkt aus den Friedensverhandlungen hervor; es behält seine Erblande Tirol mit Vorarlberg und Salzburg, gewinnt das Innviertel, Krain, das nordadriatische Küstenland, die Lombardei, Venetien und den Großteil Galiziens gegen die Abtretung des fernen Belgiens an das vereinigte Königreich der Niederlande und des Breisgaus an Baden und Württemberg; Österreich und Preußen gehören nur mit ihren deutschsprachigen Gebieten dem Deutschen Bund an, in welchem aber auch die Königreiche der Niederlande, England mit Hannover und Dänemark mit Holstein vertreten sind; obwohl Österreich als Vielvölkerstaat aus Deutschland herausgewachsen war, bleibt es die führende Macht in der Föderation.

1834 Gründung des Deutschen Zollvereins unter Preußens Führung auf Initiative des Schwaben Friedrich List.

1848 Franz Joseph I. besteigt nach Abdankung Kaiser Ferdinands I. den österreichischen Thron.
Verfassunggebende Nationalversammlung in der Frankfurter Paulskirche; Slawenkongreß in Prag; Bauernbefreiung; revolutionäre Bewegungen in vielen Teilen Europas; Wiener Hof flieht nach Olmütz, Metternich nach England; Fürst Windischgrätz bricht mit militärischer Gewalt den Widerstand; Massenhinrichtungen; zentralistisch-absolutistische Staatsführung unter Ministerpräsident Schwarzenberg.

1849 Ende der deutschen Nationalversammlung; König Wilhelm IV. von Preußen lehnt Wahl zum Erbkaiser ab; Radetzky schlägt Aufstand in Oberitalien nieder.

1851 Österreichische Militärdiktatur in Ungarn und in den oberitalienischen Besitzungen.

1854/56 Beteiligung Österreichs am Krim-Krieg löst Spannung zu Rußland aus.

1859 Österreich unterliegt im italienischen Einigungskrieg gegen das mit Frankreich verbündete Königreich Sardinien und verliert im Frieden von Zürich die Lombardei; Gegensätze zwischen Zentralgewalt, Kronländern und Nationalitäten erschweren Bildung einer neuen Staatsverfassung; Abkehr vom Neoabsolutismus.

1861 Maximilian von Habsburg (Bruder Kaiser Franz Josephs) wird zum Kaiser von Mexiko proklamiert, bald darauf von Revolutionsregierung gefangen gesetzt und hingerichtet.

1862 Teilung der Legislative zwischen Krone und Reichsrat (Herren- und Abgeordnetenhaus).

1864 Im Bündnis mit Preußen Krieg gegen Dänemark; nach dem Frieden von Wien Holstein unter österreichischer Verwaltung.

1866 Krieg zwischen Österreich und Preußen wegen Bruchs des Gasteiner Vertrages von 1865 über die Verwaltung Schleswigs und Holsteins durch Preußen; das neue Königreich Italien verbündet sich mit Preußen; im Doppelfrieden von Prag und Wien verliert Österreich Venetien, behält jedoch Südtirol, das Trentino und Istrien; Ende des Deutschen Bundes mit Ausschluß Österreichs aus Deutschland.

1867 Ungarn erzwingt den staatspolitischen Ausgleich; Gründung der Doppelmonarchie Österreich-Ungarn mit gemeinsamer (k.u.k.) Außen-, Heeres- und Finanzpolitik bei getrennten Verfassungen; Krönung Kaiser Franz Josephs I. zum König von Ungarn.

1875 Balkankrise.

1878 Berliner Kongreß zur Regelung der Balkanfrage nach russischem Sieg im Krieg gegen die Türkei; Rumänien, Serbien und Montenegro werden selbständige Staaten; Bosnien und Herzegowina werden österreichischer Verwaltung unterstellt.

1879 Zweibund Deutschland – Österreich-Ungarn.

1882 Erweiterung zum Dreibund durch Beitritt Italiens.

1889 Selbstmord des österreichischen Thronfolgers Kronprinz Rudolf im Jagdschloß zu Mayerling.

1898 Ermordung der österreichischen Kaiserin Elisabeth in Genf durch Anarchisten.

1908 Annexion Bosniens und der Herzegowina durch Österreich.

1912 Verdrängung der Türkei aus Europa nach zweitem Balkankrieg.

1914 Ermordung des österreichischen Thronfolgers Erzherzog Franz Ferdinand und seiner Gemahlin durch serbischen Extremisten in Sarajewo; Ausbruch des Ersten Weltkrieges.

1915 Italien kündigt Bündnis und tritt auf der Seite der Gegner Österreichs und Deutschlands in den Krieg ein.

1916 Auch Rumänien erklärt den Mittelmächten den Krieg.

1917 Revolution in Rußland; Eintritt der USA in den Krieg gegen die Mittelmächte.

1918 Deutschland, Österreich-Ungarn, Bulgarien und die Türkei unterliegen der militärischen Übermacht der Alliierten; ab November Waffenstillstand an allen Fronten; Ende der Monarchie in Deutschland und Österreich; Karl Renner bildet am 31. Oktober erstes Kabinett der Republik Deutsch-Österreich, die sich als Teil des Deutschen Reiches erklärt; Verbot der Vereinigung durch die Siegermächte; Proklamation neuer National- und Pseudo-Nationalstaaten auf dem Boden der Donaumonarchie (Tschechoslowakei, Polen, Königreich der Serben, Kroaten und Slowenien); Ungarn wird selbständig.

1919 Friede zu St. Germain und Trianon; Südtirol, Istrien und das dalmatinische Küstenland wird Italien zugesprochen; die Bukowina fällt an Rumänien; das Teschener Industriegebiet wird zwischen der Tschechoslowakei und Polen geteilt.

1920 Nach Volksabstimmungen verbleibt Kärnten bei Österreich, vom Burgenland wird der westliche Teil Österreich, die Hauptstadt Ödenburg (Sopron) Ungarn zugesprochen; in Deutsch-Böhmen wird die Abstimmung unterdrückt.

1931 Zusammenbruch der Österreichischen Kreditanstalt als Folge der durch den New Yorker Börsensturz von 1929 ausgelösten Weltwirtschaftskrise; Niedergang der österreichischen Volkswirtschaft; Zollunion mit Deutschland scheitert am Widerstand der Westmächte und der Tschechoslowakei; innenpolitische Machtkämpfe.

1932 Österreich erhält Wirtschaftshilfe durch den Völkerbund (Protokoll von Lausanne) gegen Erneuerung des Anschlußverbots an Deutschland.

1934 Bundeskanzler Dollfuß wird Opfer eines nationalsozialistischen Mordanschlags; sein Nachfolger Kurt Schuschnigg setzt ständestaatliche Innenpolitik mit Zugeständnissen an die nationalsozialistische Opposition fort.

1938 Nach erfolglosen Verhandlungen Schuschniggs mit dem deutschen Reichskanzler Hitler in Berchtesgaden und gescheiterter Volksbefragung Einmarsch deutscher Truppen in Österreich; Verkündigung des Anschlusses an das Deutsche Reich am 13. März; der Name *Österreich* wird durch *Ostmarkt* ersetzt, die Bundesländer in Reichsgaue nach deutschem Muster aufgegliedert; Eingliederung der deutschsprachigen Sudetengebiete der ČSR in das Deutsche Reich am 1. Oktober.

1939 Böhmen und Mähren werden nach dem Einmarsch deutscher Truppen zum Reichsprotektorat erklärt; die Slowakei wird nach Gebietsabtretungen an Ungarn selbständiger Staat; 1. September: Ausbruch des Zweiten Weltkriegs durch deutschen Angriff auf Polen.

1945 Die provisorische Regierung Figl erklärt am 27. April noch vor der Kapitulation der deutschen Streitkräfte (8. Mai) die Wiederherstellung Österreichs als unabhängiger Staat.

1955 Österreich erhält in einem Staatsvertrag gegen die Verpflichtung zur Neutralität seine uneingeschränkte Souveränität zurück; Abzug der Besatzungstruppen.

Als älteste betriebsfähige Lokomotive des europäischen Kontinents wurde die 289.10 (KFNB VII 17 „Liacon") für die 150-Jahrfeier der Eisenbahn in Österreich aufgearbeitet, Erbauer StEG-Werke, Fabr. Nr. 171/1851
Foto: Lichtbildstelle der ÖBB

Die großen Privatbahnen Österreich-Ungarns

Bezeichnung und Hauptlinien	*Gründung*	*Verstaatlichung*
Kaiser-Ferdinands-Nordbahn (KFNB)	1836	1907
Wien – Brünn Wien – Krakau		
Südbahn-Gesellschaft (SB)	1858	1923
Wien – Bruck a. d. Mur – Marburg a. d. Drau – Agram – Sissek (– Karlstadt, – Fiume, – Triest) Marburg a. d. Drau – Villach – Franzensfeste (– Innsbruck) Marburg a. d. Drau – Nagykanizsa – Ofen (Budapest) Wiener Neustadt – Ödenburg – Nagykanizsa – Ofen (Budapest) Wiener Neustadt – Vordernberg (Erzberg) Kufstein – Innsbruck – Bozen – Ala		
Österreichische Nordwestbahn (ÖNWB)	1868	1909
Seit 1871 vereinigt mit der Süd-Norddeutschen Verbindungsbahn (SNDVB, gegründet 1856) Wien – Tetschen (sächsische Grenze), (– Prag)		
Österreichisch-Ungarische Staatseisenbahn-Gesellschaft (StEG)	1854	1909
Bodenbach (sächs. Grenze) – Brünn – Wien – Raab – Uj Szöny Wien – Budapest – Orsova (rumänische Grenze), (– Zwardoń (Ungarn))		
Kaiser-Franz-Josef-Bahn (KFJB)	1866	1884
Wien – Pilsen – Eger Wien – Budweis – Prag		
Kaiserin-Elisabeth-Bahn (KEB)	1858	1884
Wien – Linz – Salzburg – Wörgl Linz – Simbach Selzthal – Bischofshofen Selzthal – Linz – Budweis		
Kronprinz-Rudolf-Bahn (KRB)	1868	1884
Amstetten – Selzthal – Villach – Laibach Schärding – Attnang – Selzthal St. Valentin – Eisenerz		
Eisenbahn Wien-Aspang (EWA)	1881	1937
Wien – Wiener Neustadt – Aspang		
Böhmische Nordbahn (BNB)	1865	1908
Prag – Böhmisch Leipa – Bodenbach (– Georgswalde) Prag – Turnau		
Böhmische Westbahn (BWB)	1859	1895
Prag – Pilsen – Furth i. Wald		
Buschtěhrader Eisenbahn AG (BEB)	1855	1924 (ČSD)
Prag – Komotau – Karlsbad – Eger		
Aussig – Teplitzer-Eisenbahn (ATE)	1858	1924 (ČSD)
Komotau – Dux – Aussig (– Elbehafen) Komotau – Lobositz – Reichenberg		
Dux-Bodenbacher Eisenbahn (DBE)	1871	1892
Komotau – Bodenbach (– Elbehafen)		
Prag-Duxer Eisenbahn (PD)	1870	1892
Prag – Dux – Brüx – Moldau		
Eisenbahn Pilsen-Priesen (– Komotau) (EPPK)	1872	1884
Dux – (Brüx –) Komotau – Pilsen – Bayer. Eisenstein		

Mährisch-Schlesische-Centralbahn (MSCB)	1872	1895
Olmütz – (Troppau –) Ziegenhals (preußische Grenze)		
Kaschau-Oderberger-Bahn (KOB)	1869	1924 (ČSD)
Galizische Carl-Ludwig-Bahn (CLB)	1858	1892
Krakau – Lemberg – Tarnopol – Podwoloczyska (russ. Grenze)		
Erzherzog-Albrecht-Bahn (EAB)	1871	1892
Lemberg – Stanislau		
Lemberg – Czernowitz – Jassy-Eisenbahn (LCJE)	1868	1889
Belsec – Lemberg – Czernowitz – Jassy		

Die staatlichen Eisenbahnverwaltungen

Erste Staatsbahn-Epoche	*Verkauf an/Datum*
Südliche Staatsbahn (Sektion I und II)	
Betriebsaufnahme: 23. Oktober 1844 Betriebsdirektion in Graz, ab 1856 in Wien	Südbahn-Gesellschaft, 23. September 1858
Nördliche Staatsbahn	
Betriebsaufnahme: 1. September 1845 Betriebsdirektion in Prag	Staatseisenbahn-Gesellschaft, 1. Januar 1855
Südöstliche Staatsbahn	
Gründung durch Kaufvertrag: 7. März 1850 Betriebsdirektion in Budapest	Staatseisenbahn-Gesellschaft, 1. Januar 1855
Östliche Staatsbahn	
Gründung durch Kaufvertrag: 30. April 1850 Betriebsdirektion in Krakau	Kaiser-Ferdinands-Nordbahn und Carl-Ludwigs-Bahn, 1. August 1858
Lombardisch-Venetianische Staatsbahn	
Gründung durch Kaufverträge: 19. März 1851 und 9. Juni 1852 Betriebsdirektion in Verona	Südbahn-Gesellschaft, 14. März 1856

Zweite Staatsbahn-Epoche	*Datum*
Sequestrationsgesetz zur Verstaatlichung privater Bahnlinien	14. Dezember 1877
Errichtung der k.k. Direktion für Staatsbahnbetrieb (Wien)	1. Juli 1882
Kaiserlich-königliche österreichische Staatsbahnen (kkStB)	1. August 1884
Deutschösterreichische Staatsbahnen (DÖStB)	12. November 1918
Österreichische Staatseisenbahnen (ÖStB)	21. Oktober 1919
Österreichische Bundesbahnen (BBÖ)	1. April 1921
Deutsche Reichsbahn (DRB)	18. März 1938
Österreichische Staatseisenbahnen (ÖStB)	27. April 1945
Österreichische Bundesbahnen (ÖBB)	5. August 1947

Bezeichnungssysteme

In der Frühzeit der Eisenbahn trugen auch in Österreich die Lokomotiven Namen. Im Zeichen wiedererstarkten Nationalstolzes nach den napoleonischen Kriegen trat der erste Eisenbahnzug mit der aus England importierten Lokomotive *Austria* die Fahrt ins technische Zeitalter an. Patriotisches Hochgefühl verkündete auch die erste im Lande gebaute Lokomotive, die 1840 mit dem stolzen Namen *Patria* die Nordbahn-Werkstätte verließ, wogegen die *Philadelphia* als erste Lokomotive der Wien-Raaber-Bahn aus dem Hause Norris an ihre amerikanische Herkunft erinnerte. In der Folgezeit waren bei der Namensvergabe der Phantasie keine Grenzen gesetzt. Der Bogen spannte sich von der antiken Götterwelt bis hinab zu den böhmischen Provinzstädten und führte von den Tempeln der Musen bis ins Reich der Fauna. Die wachsende Zahl der Lokomotiven ließ sich jedoch mit mehr oder weniger klangvollen Namen auf die Dauer nicht überschaubar verwalten, so daß man bald zur Vergabe von Katasternummern gezwungen war.

Aber erst die 1882 errichtete kkDirektion für Staatseisenbahnbetrieb ging zu einer systematischen Bezeichnung der Lokomotiven über. Großbuchstaben, die unterhalb der Inventarnummer angebracht waren, kennzeichneten den Verwendungszweck der Maschine. Es bedeuteten

A Personenzuglokomotiven
B Güterzuglokomotiven
S Sekundärzuglokomotiven
V Verschublokomotiven

Ein zweiter Großbuchstabe wies auf die Herkunft von der früheren Privatbahngesellschaft hin. So stand AR für eine Personenzuglokomotive der ehemaligen Kronprinz-Rudolf-Bahn, BE für eine Güterzuglokomotive der früheren Kaiserin-Elisabeth-Bahn und SF für eine Lokomotive untergeordneter Verwendung aus dem Bestand der Kaiser-Franz-Josef-Bahn, um nur einige Beispiele zu nennen. Um eine weitergehende Unterscheidung zu ermöglichen, führten die kkStaatsbahnen 1886 ein numerisches Bezeichnungssystem ein, das die Lokomotiven über ihren Verwendungszweck hinaus auch nach der Zahl ihrer angetriebenen Achsen einteilte. Die Lokomotivnummer setzte sich sodann aus einer ein- bis dreistelligen Seriennummer (der Ausdruck *Reihe* entstand erst später) und einer zweistelligen Ordnungszahl zusammen, die nicht voneinander getrennt waren. Die einzelnen Gattungen waren folgenden Serien zugeordnet:

1 bis 9	Eilzuglokomotiven (damalige Bezeichnung für Schnellzuglokomotiven)
10 bis 29	Personenzuglokomotiven
30 bis 68	Güterzuglokomotiven mit drei gekuppelten Achsen
69	Zahnradlokomotiven
70 bis 79	Güterzuglokomotiven mit vier gekuppelten Achsen
80 bis 89	Sekundärzuglokomotiven mit zwei gekuppelten Achsen
90 bis 99	Sekundärzuglokomotiven mit drei gekuppelten Achsen

Dem System lag die Vorstellung zugrunde, daß auch technisch nicht vorgebildetes Personal die Eignung einer Lokomotive für eine bestimmte betriebliche Verwendung aus ihrer Nummer ablesen können sollte. So war zum Beispiel die 5612 als dreifach gekuppelte Güterzuglokomotive (Serie 56 mit der Ordnungsnummer 12) zu erkennen. Wurde eine höhere Stückzahl als 99 erreicht, mußte von der gleichen Gattung auch die nächsthöhere Seriennummer in Anspruch genommen werden. Die 7401 war somit das 100. Exemplar der Reihe 73. War die nächsthöhere Seriennummer bereits besetzt, behalf man sich mit dem Voranstellen einer Zehntausenderstelle. Die 19727 war dann die 126. Einheit der Serie 97.

Mit der Inbetriebnahme größerer Bauserien konnte dieses System nicht mehr befriedigen. Auf Vorschlag Johann Rihoseks wurde es 1904 dahingehend geändert, daß die Reihennummer unverändert blieb, die Ordnungsnummer aber bei Bedarf auf vier Stellen erweitert werden konnte. Zur Verdeutlichung wurden beide Nummernkomponenten durch einen Punkt getrennt. Das neue Reihenschema sah folgende Einteilung vor:

1 bis 30	Schnell- und Personenzuglokomotiven
31 bis 67	Güterzuglokomotiven mit drei gekuppelten Achsen
68 bis 69	Zahnradlokomotiven
70 bis 79	Güterzuglokomotiven mit vier gekuppelten Achsen
80 bis 82	Güterzuglokomotiven mit fünf gekuppelten Achsen
83 bis 89	leichte Lokomotiven mit zwei gekuppelten Achsen
90 bis 99	leichte Lokomotiven mit drei gekuppelten Achsen

Die ab 1905 gebauten vier- und fünffach gekuppelten Hügelland- und Gebirgsschnellzuglokomotiven wurden den entsprechenden Baureihen für Güterzuglokomotiven zugeordnet, da Reisezuglokomotiven mit mehr als drei Kuppelachsen nicht vorgesehen waren. Wurde eine Baureihe weiterentwickelt, erfolgte die Unterscheidung durch Voranstellen einer Hunderterstelle. Es konnte aber auch eine frei gewordene niedrigere Nummer der Stammreihe besetzt werden. Der Nachteil der fehlenden Unterscheidung zwischen Schlepptender- und Tenderlokomotiven verschiedener Radsatzfolge blieb dagegen bestehen. Das Beispiel der Chronologie der Stammreihe 29 mag dies verdeutlichen:

1902	**129**	1C-n2vt Tenderlokomotive
1904	**229**	1C1-n2vt Tenderlokomotive
1908	**329**	1C1-n2v Schlepptenderlokomotive
1911	**429**	1C1-h2(v) Schlepptenderlokomotive
1912	**29**	1C1-h2vt Tenderlokomotive
1913	**629**	2C1-h2t Tenderlokomotive
1931	**729**	2C2-h2t Tenderlokomotive

Die Altbau-Reihe 29 (C-n2 von 1868) wurde 1912 in Reihe 929 umgezeichnet.

Zur Kennzeichnung technischer Bauartänderungen wurden in der Folgezeit Index-Ziffern eingeführt, die der Ordnungsnummer vorangestellt wurden:

100 für Verbundtriebwerk
300 für Brotankessel
500 für Dampftrockner
900 für Heißdampf-Zwilling

Bei Ordnungsnummern mit Indexzahl begann die Numerierung mit 00, sonst mit 01. Für Tender galt ein eigenes, von der Lokomotive unabhängiges Numerierungssystem, das die Fahrzeuge nach der Anzahl der Achsen und in aufsteigender Reihenfolge nach dem Fassungsvermögen wie folgt ordnete:

1 bis 9 zweiachsige Tender
10 bis 79 dreiachsige Tender
80 bis 99 vierachsige Tender

Die getrennten Bezeichnungssysteme machten eine Umzeichnung bei einem Tendertausch entbehrlich.

Abweichend vom numerischen Reihenschema für die Normalspurlokomotiven wurden die Schmalspurlokomotiven mit einem Großbuchstaben bezeichnet, der vom ersten Einsatzgebiet abgeleitet war und durch einen Kleinbuchstaben ergänzt werden konnte, der Aufschluß über die Kessel- oder die Triebwerksbauart gab. So stand beispielsweise Y für Ybbstalbahn, M für Mariazellerbahn, P für Triest – Parenzo, die Ergänzungen v für Verbundtriebwerk, h für Heißdampf und z für Zahnradantrieb.

Das Rihosek'sche Bezeichnungssystem mit seinen späteren Ergänzungen hat sich trotz einiger Unzulänglichkeiten bewährt. Es wurde auch von der Südbahn übernommen und bis 1938 beibehalten. Technische Neuerungen im Lokomotivbau führten bei den Bundesbahnen zur Einführung weiterer Index-Zahlen. 400 stand für Rauchrohrüberhitzer, 500 (nach Ausscheiden des Dampftrockners) für Caprotti-Ventilsteuerung und 600 für Kleinrohrüberhitzer. Die geänderten Nummernschilder waren meistens in Bronze gegossen und wurden liebevoll gepflegt.

Mit der Eingliederung Österreichs in das Deutsche Reich wurden die österreichischen Lokomotiven nach dem Reihenschema der DRB vom Jahre 1923 umgezeichnet, welches folgende Einteilung vorsah (in Klammern die Betriebsgattungszeichen):

Reihe	*Gattung*
01 bis **19**	Schnellzuglokomotiven (S)
20 bis **39**	Personenzuglokomotiven (P)
40 bis **59**	Güterzuglokomotiven (G)
60 bis **79**	Schnell- und Personenzugtenderlokomotiven (St, Pt)
80 bis **96**	Güterzugtenderlokomotiven (Gt)
97	Zahnradlokomotiven (Z)
98	Lokalbahnlokomotiven (L)
99	Schmalspurlokomotiven (K)

Länderbahntypen gleicher Radsatzfolge sowie Bauartvarianten wurden durch Indexziffern, die Bestandteil der Ordnungsnummer waren, unterschieden. Dem in der rückwärtigen unteren Ecke des Führerhauses angebrachten Betriebsgattungszeichen war in Bruchform das Kupplungs-Radsatz-Verhältnis hinzugefügt (z. B. S 3/6, Pt 3/7, Gt 4/4). Dieses Bezeichnungssystem behielt man zunächst aus verwaltungsökonomischen Gründen auch nach 1945 bei. Erst 1953 führten die ÖBB ein neues Nummernschema ein, welches wieder Elemente des früheren Bezeichnungssystems enthielt. Um den Betriebs- und Werkstättenpersonalen eine erneute Umstellung zu ersparen, sah man von der Wiedereinführung des früheren Reihenschemas ab, da den überwiegenden Teil des Dampflokomotivbestandes inzwischen deutsche Bauarten ausmachten, für welche man zu gänzlich neuen Reihenbezeichnungen hätte finden müssen. Das am 12. März 1952 angenommene und ab 1953 an den Fahrzeugen angeschriebene Reihenschema war bereits für die automatische Datenverarbeitung angelegt und nach folgenden Gesichtspunkten aufgebaut:

Die Tausenderstelle der vierstelligen Reihennummer bezeichnete die Triebfahrzeuggattung. Die für Dampflokomotiven vorgesehene Kennziffer „0“ wurde jedoch nicht angeschrieben.

Die von der DRB eingeführten Stammreihen galten weiter mit Ausnahme der Reihe 98, die der Gattung der Schmalspurlokomotiven zugeordnet wurde; die normalspurigen Lokalbahnlokomotiven erhielten statt dessen neue Reihenbezeichnungen als Güterzugtenderlokomotiven. Hunderterstellen dienten nach früherem österreichischen System der Unterscheidung von Bauartvarianten nach folgender Einteilung:

0 bis 5 ehemalige österreichische Bauarten, Einheits- und Kriegslokomotiven der DRB
6 bis 8 deutsche Länderbahnbauarten
9 sonstige Bauarten ausländischer Herkunft

Die Tender erhielten wieder ihre frühere BBÖ-Bezeichnung unter Voranstellung der Kennziffer 9 als Tausenderstelle.

Da die ÖBB bereits vor Einführung des neuen Bezeichnungssystems beschlossen hatten, keine neuen Dampflokomotiven mehr zu beschaffen, werden im Schrifttum allgemein die historischen Bezeichnungen der früheren österreichischen Bahnverwaltungen verwendet, nach denen auch dieser EFA-Band gegliedert ist.

Außer der Betriebsnummer war an den österreichischen Lokomotiven sowohl der Staatsbahn als auch der privaten Gesellschaften bis 1918 am Führerhaus eine Tafel mit einer Sonderbezeichnung für die Heeresverwaltung, genannt *Kriegskategorie* angebracht. Sie enthielt in einem geheimgehaltenen Schema die technischen Daten für die *Kriegsfahrordnung* und sollte im Falle eines bewaffneten Konflikts den militärischen Leitstellen Aufschluß über die Verwendbarkeit jeder verfügbaren Maschine geben. Von den in Bruchform angegebenen Zahlen und Buchstaben standen im Zähler eine römische Ziffer für die Zahl der angetriebenen Achsen, gefolgt von einer arabischen Zahl, die die Beförderungslast in Tonnen auf 10 ‰ bei 17 km/h angab. Einer verschlüsselten Buchstabenzahlenkombination im Nenner waren die Belastungsgruppe und das Metergewicht zu entnehmen. So führte beispielsweise die D-n2-Güterzuglokomotive Reihe 73 die Kriegskategorie-Bezeichnung $\frac{\text{IV } 450}{\text{A } 2}$.

Farbgebung

Neben der ästhetischen Durchgestaltung des Lokomotivkörpers und der gefälligen Proportionierung seiner Einzelteile spielt im äußeren Erscheinungsbild das Farbkleid eine entscheidende Rolle. Schon in der Frühzeit der Eisenbahn war man bestrebt, dem von vielen Zeitgenossen als furchterregendes Ungeheuer empfundenen „Dampfwagen" eine freundliche Note zu verleihen. Wunsch und Wirklichkeit standen dabei in ständigem Widerstreit, da die Emissionen des Betriebes und die Einflüsse der Witterung hochgesteckten künstlerischen Ambitionen ein allzu rasches Ende bereiteten und einer nüchternen Betrachtungsweise weichen mußten.

Wie in fast allen europäischen Ländern dominierten auch in Österreich vor der Jahrhundertwende die Farben Grün für Kessel, Aufbauten, Zylindermäntel, Führerhaus und Tenderkasten, Rot für Radsterne, Speichen, Rahmen und Pufferbrust und Schwarz für Rauchkammer, Kamin und Zurüstteile. Radreifen, Triebwerksgestänge und Pufferteller waren meist blank gehalten. Die Auflagen der Bahnverwaltungen waren nicht eng gefaßt und ließen den Herstellern noch beträchtlichen Spielraum. Allerdings ließ die wachsende Zahl der Lokomotiven ihre Sauberhaltung zum Problem werden. Aus praktischen Erwägungen setzte sich bald nach der Jahrhundertwende der deckende schwarze Einheitsanstrich aller Bauteile durch. Zur Fertigung von Werk- und Werbeaufnahmen wurden die hierfür ausgewählten Maschinen vor der Endlackierung mit einem hellgrauen Fotografieranstrich mit dunkler Randbetonung versehen, welcher die technischen Strukturen deutlicher hervortreten ließ.

Für den Lieferanstrich stellten die kkStaatsbahnen folgende Bedingungen auf (nach A. Hofbauer (†), „Über die Farbgebung im Dampflokomotivbau unter besonderer Berücksichtigung Österreichs", Lok-Magazin Nr. 91):

a) Rauchkammer mit Schornstein mattschwarz
b) Lang- und Stehkessel und Zylinderverschalung schwarz lackiert
c) Führerhaus außen schwarz lackiert, innen ockergelb, Armaturen in blankem Rotguß
d) Rahmen, Pufferbrust, Umlaufseitenkanten schwarz lackiert, Pufferteller blank;
e) Radsterne und Speichen schwarz lackiert, Radreifen und Naben blank
f) Stangennuten schwarz lackiert, Triebwerk blank
g) Reihenbezeichnungstafeln und Firmenschilder mit schwarzem Untergrund, Ziffern und Buchstaben in Bronze, Datentafel auf der rechten Führerhausseite schwarz mit weißer Schrift

Kesselbänder, Zylinderverkleidung, Führerhaus und Radreifen waren durch Zierlinien betont, die bis 1906 in Rot, danach in Gelb gehalten waren, bei Anstrichserneuerung jedoch weggelassen wurden. Lokomotiven, die mit einem Rauchverzehrer Bauart Langer ausgestattet waren, waren durch einen 10 cm breiten Messingring am Kamin gekennzeichnet. Blanke Rauchkammerscharniere, Verschlußleiste und Reiberflächen, bei einigen Bauarten durch einen schmalen Messingring am Dom ergänzt, verliehen der österreichischen Dampflokomotive insgesamt ein unaufdringliches, dezent elegantes Erscheinungsbild.

Darüber hinaus gab es auch bemerkenswerte Abweichungen von der Norm. In einer besonders schmucken Aufmachung mit einem Kesselmantel aus russischem Glanzstahl, schwarzen Spannbändern, goldfarben abgesetzten Kanten und weißen Zierlinien präsentierte sich die 2B1-Schnellzuglokomotive 108.22 auf der Mailänder Industriemesse von 1906. Ebenso, aber mit einer Domhaube aus blankem Messing, waren die drei ersten Heißdampf Schnellzuglokomotiven der kkStB Reihe 306 ausgeführt. Mit Glanzblech verkleidet war auch der Kessel der 10.18, die als 5000ste Lokomotive die Wiener Neustädter Fabrik verließ. Eine Domhaube und Spannbänder aus blankem Messing vollendeten ihre Eleganz. In gleicher Aufmachung gaben sich die beiden Probemaschinen 470.01 und 02 von Floridsdorf ihr Debut, wogegen die mächtigen Gebirgslokomotiven der Reihe 380.100 in einer schmukken Sonderlackierung in dunklem Rotbraun mit schwarzen, gelb geränderten Spannringen ihre Karriere begannen. Die Privatbahnen orientierten sich im allgemeinen an den Standardrichtlinien der kkStaatsbahnen. Das einheitlich schwarze Erscheinungsbild des österreichischen Lokomotivparks erfuhr nach dem Ersten Weltkrieg eine Auflockerung durch die Wiederkehr des grünen Farbelements. So ließ die Direktion Linz an ihre im Schnellzugdienst verwendeten Lokomotiven der Reihen 110, 310, 429 und 470 wieder einen Farbanstrich in dunklem Olivgrün, Schwarz und Rot anbringen, wie er vor der Jahrhundertwende üblich war. In dieser prächtigen, aber wenig dauerhaften Lackierung erschienen auch eine Anzahl von Privatfirmen und den deutschen Hanomag-Werken instandgesetzte Maschinen. 1923 ließen die Österreichischen Bundesbahnen erstmals an den Neubaulokomotiven der Reihe 113 grüne statt gelbe Zierleisten auftragen, die in der Folgezeit zur Regel wurden. Als weiterer Farbakzent kam ab 1928 die Auslegung der Stangennuten in Rot hinzu. In einer recht farbenfrohen Lackierung gingen die 1926/27 von Krauß gelieferten 2C1-Tenderlokomotiven Reihe 629, die durch Umbau entstandenen 1A1-Tenderlokomotiven und die als Dampftriebwagen bezeichneten 1B1-Maschinen in Betrieb. Lang- und Stehkessel mit Aufbauten, Führerhaus, Vorratsbehälter und Zylindermäntel waren grün lackiert und mit roten Zierlinien gerändert, Rauchkammer, Kamin, Radsterne und der gesamte Unterbau waren in mattschwarz gehalten. Einen von der Norm abweichenden Sonderanstrich hatte auch die 1D2-Drillingslokomotive 114.01 erhalten, mit der die Lokomotivfabrik Wiener Neustadt 1929 ihre Produktion beendete. Offenbar nach dem Vorbild der Deutschen Reichsbahn war die gewaltige Masse der Maschine im konventionellen Schwarz ohne Zierlinien gehalten, zu dem Rahmen, Räder, Pufferbohle und der Untergrund des an den Windleitblechen angebrachten Firmenemblems in hellem Rot vorwärtsstrebende Kraft suggerieren sollte. Mit der Eingliederung der Österreichischen Bundesbahnen in die Deutsche Reichsbahn traten deren Farbgebungsbestimmungen in Kraft mit der Folge, daß bei Hauptausbesserungen Rahmen, Räder und Pufferbohle rot lackiert wurden. Nur einzelne Exemplare der Elitegattungen erhielten auch neue Metallnummernschilder. In der Regel waren die Lokomotivnummer und das Betriebsgattungszeichen nur in weißer Farbe angeschrieben. Der Schriftzug *Deutsche Reichsbahn* wurde in den vierziger Jahren nach und nach durch den Hoheitsadler ersetzt.

Nach dem durch die Zonenteilung ausgelösten Beschriftungs-Chaos der ersten Nachkriegszeit setzte sich ab 1947 wieder die frühere Eigentumsbezeichnung *B.B. Österreich* durch, bis schließlich in den fünfziger Jahren die neue Bezeichnung *ÖBB* verbindlich wurde. 1953 ergingen auch neue Farbgebungsrichtlinien, welche eine mattschwarze Lackierung für Kessel, Aufbauten, Rahmen, Führerhaus und Tenderaufbau bzw. Vorratsbehälter bei Tenderlokomotiven vorsahen. Räder, Stangennuten, Pufferbohlen und Haltestangen waren rot zu lackieren, alle Anschriften in weißer Farbe aufzutragen. In Anbetracht des sich abzeichnenden Endes des Dampfbetriebes beschränkte sich die rote Farbkomponente meist nur auf die Haltestangen, wo sie ihren Zweck als Sicherheitsfaktor erfüllte.

Abweichend von der Norm wurden Anfang der siebziger Jahre an zwei Tenderlokomotiven der Reihe 77 (629) zum schwarzen Kessel und roten Triebwerk Vorratsbehälter und Führerhaus grün lackiert, um ihnen beim Einsatz zu Nostalgiefahrten ein besonders gefälliges Äußeres zu verleihen, das jedoch in diesem Falle keiner echten Tradition folgte.

Als vielbewährte Bauart war die 1912 von der Südbahn eingeführte 2C1-Tenderlokomotive Reihe 629 – der einzigen ihrer Art auf dem europäischen Kontinent – über 60 Jahre lang in allen Bereichen der Zugförderung anzutreffen. Zusammen mit den alten Rangiersignalen verbreitet die 77.66 (ehem. 629.01) mit dem P 2704 Lindau – Feldkirch bei der Einfahrt in Bregenz noch echte österreichische Eisenbahnatmosphäre (15.10.1953)
Foto: Schröpfer

Dampflokomotiv-Bestände

bei den staatlichen Eisenbahnen einschließlich der mitbetriebenen Privatbahnen

kk österreichische Staatseisenbahnen (Listenbestand vom 3. 11. 1918)

Normalspur 7235 Stück
(66 Stück Kriegsverlust)
Schmalspur 57 Stück
(11 Stück Kriegsverlust)
Gesamt 7292 Stück

Netzlänge 18.303,359 km, davon 399,890 km mitbetriebener Privatbahnen.

Verteilung auf die Nachfolgestaaten der österreichisch-ungarischen Monarchie (Status-quo-Abkommen von Portorose vom November 1921:

Staat	*Normalspur*	*Schmalspur*	*Gesamt*
Österreich	2001	16	2017
ČSR	2957	3	2960
SHS	189	10	199
Polen	1420	6	1426
Rumänien	140	1	141
Italien	462	10	472

Weitere 165 Stück mußten gemäß Beschluß der Reparationskommission bis 30. Juni 1925 an Italien (140), Rumänien (16), Polen (6) und SHS (3) abgegeben werden.

Österreichische Bundesbahnen (Stand Juni 1925)

Normalspur 2700 Stück
Schmalspur 52 Stück
Gesamt 2752 Stück

Netzlänge 6702 km (1936).

Bis zum 1. Januar 1939 wurden von der „Abwicklungsstelle Österreich" des Reichsverkehrsministeriums an Dampflokomotiven der BBÖ einschließlich der nach dem 18. März 1938 gelieferten Neubauten österreichischer Bauart in den Bestand der Deutschen Reichsbahn übernommen:

Normalspur 1858 Stück
Schmalspur 52 Stück
Gesamt 1910 Stück

In das Reihenschema der ÖBB vom 19. März 1953 aufgenommene Dampflokomotiven

(Bestand vom 1. 1. 1954)

Reihe	*Herkunft*	*frühere Bezeichnung*	*Stück*	
12	BBÖ	214	13	
15	BBÖ/kkStB	10	13	
16	BBÖ/kkStB	310	3	
617	DRB	17^{10-12} (pr. S 10^1)	3	
919	DRB	19^1 Nachbau PKP Pt 31)	3	
33	BBÖ	113	33	
133	BBÖ/SB	570	2	
35	BBÖ/kkStB	429 900	37	
135	BBÖ/kkStB	429	37	
38	BBÖ/SB	209	11	
638	DRB	38^{10-40} (pr. P 8)	5	
39	BBÖ/kkStB	670 (470)	5	
42	DRB/ÖStB		51	
50	DRB		12	
52	DRB		236	
152	DRB		36	
53	BBÖ/kkStB	47	3	
153	BBÖ/SB	49	1	
253	BBÖ/kkStB	56	2	
353	BBÖ/kkStB	59	1	
54	BBÖ/kkStB	60	7	
154	BBÖ/kkStB	260	2	
254	BBÖ/kkStB	360	1	
354	BBÖ/kkStB	460	13	
654	DRB	54^{15-17} (bay. G ¾)	6	
55	BBÖ/kkStB	73	30	
155	BBÖ/kkStB	174	11	
655	DRB	55^{0-6} (pr. G 7)	2	
755	DRB	55^{16-22} (pr. G 8)	2	
56	BBÖ/kkStB	170	9	
156	BBÖ/kkStB	270	21	
656	DRB	56^{2-8} (pr. G 8^1 U)	2	
956	USA	S 160	30	
57	BBÖ/kkStB	80 900	61	
157	BBÖ/kkStB	80	9	
257	BBÖ/SB	480	6	
657	DRB	57^{10-35} (pr. G 10)	82	
58	BBÖ	81	29	
258	BBÖ/SB	580	19	
658	DRB	58^{10-22} (pr. G 12)	4	
659	DRB	59^0 (wü K)	4	
64	DRB		1	
69	BBÖ	12	1	
770	DRB	70^0 (bay. Ptl ⅔)	4	
674	DRB	74^{4-13} (pr. T 12)	1	
75	BBÖ/kkStB	229	63	
175	BBÖ/kkStB	29	16	
77	BBÖ/kkStB	629	76	
78	BBÖ	729	26	
86	DRB		27	
88	BBÖ/NÖLB	184	1	
188	EWA	II d	1	
688	DRB	98^3 (bay. Ptl 2/2)	1	
788	Henschel	Werklok	1	
89	BBÖ/kkStB	97	16	
389	DRB/ČSD	98^{77} (310.1)	1	
689	DRB	89^{75} (Hfb. Bremen)	1	
789	DRB	89^8 (bay. R 3/3)	3	
989	USA		10	
90	BBÖ/kkStB	30	8	
91	BBÖ/kkStB	99	16	
91.100	BBÖ/NÖLB	199	9	
191	BBÖ/NÖLB	399	2	
691	DRB	91^{3-18} (pr. T 9^3)	2	
791	DRB	98^{4-5} (bay. Ptl ¾)	4	
891	DRB	98^6 (bay. D VIII)	1	
991	DRB	98^{15} (LAG 50)	1	
92	BBÖ/kkStB	178	49	
192	BBÖ	178 900	1	
292	BBÖ	578	8	
392	BBÖ	478	43	
692	DRB	92^4 (LBE)	4	
792	DRB	92^{10} (pr. T 13)	4	
892	HFB	49	2	
93	BBÖ	378	128	
693	DRB	94^{0-4} (pr. T 14)	2	
694	DRB	94^{5-18} (pr. T 16^1)	11	
95	BBÖ	82	22	
97	BBÖ/kkStB	69	16	
197	BBÖ/kkStB	269	3	
297	DRB	97^4 (369)	2	
198	BBÖ/kkStB	T	3	
298	BBÖ/kkStB	U	12	
298.100	BBÖ/Steyrt.	Steyrtal	5	
298.200	BBÖ/NÖLB	Uv	3	
398	BBÖ/NÖLB	Bh	1	
498	BBÖ	Uh	8	
598	BBÖ/kkStB	Yv	3	
698	HFB		1	
798	HFB		3	*Schmal-*
798.100	HFB		1	*spur*
898	HFB		1	
998	HFB		1	
199	BBÖ	P	2	
299	BBÖ/NÖLB	Mv	2	
399	BBÖ/NÖLB	Mh	6	
499	BBÖ	Kh	1	
699	HFB	KDL 11	7	
999	BBÖ	Z/Zz (Zahnrad)	11	

Abkürzungen

ATE Aussig-Teplitzer-Eisenbahn

BBÖ Österreichische Bundesbahnen (1921)

BDŽ Blgarski Drshavni Železnici/ Bulgarische Staatsbahnen

BEB Buschtěhrader Eisenbahn AG

BMB/ČMD Böhmisch-Mährische Bahnen/ Českomaravská Drahá (1939/45)

BNB Böhmische Nordbahn

BR Baureihe

Bw Bahnbetriebswerk

BWB Böhmische Westbahn

CCCP (kyrillische Schreibweise für SSSR), Sojus Sowjetskich Sozialistitscheskich Respublik = Union der Sozialistischen Sowjetrepubliken

CFR Caile Ferate Romine/ Rumänische Staatsbahnen

CLB Galizische Carl-Ludwigs-Bahn

ČSD Československé státní dráhy/ Tschechoslowakische Staatsbahnen

DB Deutsche Bundesbahn

DBE Dux-Bodenbacher-Eisenbahn

DÖStB Deutschösterreichische Staatsbahnen

DR Deutsche Reichsbahn (DDR)

DRB Deutsche Reichsbahn (1920/45)

EAB Erzherzog-Albrecht-Bahn

ED Eisenbahndirektion

EPPK Eisenbahn Pilsen-Priesen (-Komotau)

EWA Eisenbahn Wien-Aspang

FS Ferrovia dello Stato (Italia)/ Italienische Staatsbahn

GySEV Györ-Sopron-Ebenfurti Vasut/ Raab-Ödenburg-Ebenfurter Bahn

HFB Heeresfeldbahn

JDŽ Jugoslavenské Državna Železnice/ Jugoslawische Staatsbahn

JŽ Jugoslavenskè Železnice/ Jugoslawische Eisenbahn (seit 1953)

KEB Kaiserin-Elisabeth-Bahn

KFJB Kaiser-Franz-Josef-Bahn

KFNB Kaiser-Ferdinands-Nordbahn

kk (k.k.) kaiserlich-königlich; im Titel der Staatsbehörden und staatlichen Einrichtungen der österreichischen Reichshälfte der österreichisch-ungarischen Monarchie

kkStB Kaiserlich-königliche österreichische Staatsbahnen

KOB Kaschau-Oderberger-Bahn

KRB Kronprinz-Rudolf-Bahn

kuk (k.u.k.) kaiserlich und königlich; im Titel der gemeinsamen Staatsbehörden und staatlichen Einrichtungen in beiden Reichshälften (Ministerien, Armee, Auslandsvertretungen); (k = kirali (königlich) für ausschließlich ungarische Behörden und Staatseinrichtungen)

KTB Kremstalbahn

LCJE Lemberg-Czernowitz-Jassy-Eisenbahn

MÀV Magyar Allanvasutak/ Ungarische Staatsbahn

MSCB Mährisch-Schlesische Centralbahn

NÖLB Niederösterreichische Landesbahnen

ÖBB Österreichische Bundesbahnen (seit 1947)

ÖNWB Österreichische Nordwestbahn

ÖStB Österreichische Staatseisenbahnen

PD Prag-Duxer-Eisenbahn

PKP Polskie koleje panstwowe/ Polnische Staatsbahn

RbD Reichsbahndirektion

SB Südbahn-Gesellschaft

SchBB Schneebergbahn

SFR Schnellzug für Fronturlauber

SHS Kraljevina Srba, Hrvata i Slovenaca/ Königreich der Serben, Kroaten und Slowenen, seit 1935 Jugoslawien

SKGLB Salzkammergut-Lokalbahn

StEG Österreichisch-Ungarische Staatseisenbahn-Gesellschaft

StmLB Steiermärkische Landesbahnen

SOK Schienenoberkante

SŽ Slovenské Železnice/ Slowakische Eisenbahn (Staatsbahn der Slowakei 1939/44)

TSB Thunerseebahn (Schweiz)

UW Ungarische Westbahn

VB Vorarlberger Bahn

WLF Wiener Lokomotivfabrik Floridsdorf

ZB Zillertalbahn

Zfl Zugförderungsleitung

Zfst Zugförderungsstelle

Bei den folgenden Beschreibungen sind in den Köpfen außer der Bezeichnung nach dem Schema von kkStB und BBÖ auch Hinweise auf die Herkunft sowie die Bezeichnungen bei der DRB und bei der ÖBB vermerkt.

Der vorletzten Zeile ist das erste Lieferjahr sowie die letzte Ausmusterung zu entnehmen.

Beschreibung der Baureihen

Die Eisenbahnabteilung des Technischen Museums in Wien kann in seinem Freigelände einen ansehnlichen Querschnitt des österreichischen Lokomotivbaues vorweisen. Die Abbildung zeigt die 1C1-Heißdampf-Vierzylinderverbundlokomotive 10.15, die zur Zeit ihrer Inbetriebnahme (1909) zu einer der leistungsfähigsten Bauarten Europas zählte *Foto: Lichtbildstelle der ÖBB*

Schnell- und Personenzug-lokomotiven

4

und Vorläuferbauarten

2B-n2

1885 bis 1932

Techn. Daten: Seite 254

Revolutionäre Unruhen und völkische Unabhängigkeitsbewegungen in den Jahren 1848/49 erschütterten nachhaltig die Wirtschaft der Österreichisch-Ungarischen Monarchie. In dem Streben nach einer Sanierung des zerrütteten Staatshaushalts entschied sich die Regierung, den größten Teil des unter staatlicher Verwaltung stehenden Eisenbahnnetzes – es waren 68 Prozent – privaten Kapitalgesellschaften zu überantworten. Die Eisenbahnen gerieten dadurch in den Sog schwer überschaubarer Spekulationen. Die Situation endete in den siebziger Jahren erneut in einer Krise, die die technische Fortentwicklung erheblich hemmten. Ein gut funktionierendes Eisenbahnwesen war jedoch längst als unerläßliche Voraussetzung sowohl für eine intakte Wirtschaft und effektive Verwaltung als auch für den Aufbau einer leistungsfähigen Industrie im zweitgrößten Flächenstaat des europäischen Kontinents erkannt worden, und in den Kriegen von 1864 und 1866 bewiesen die Eisenbahnen auch ihre hochrangige Bedeutung als militärische Transportmittel. Auf eine wenig fruchtbare Epoche privater Betriebsführung folgte nun die stufenweise Verstaatlichung strategisch wichtiger Linien. Die Neurorganisation fand durch kaiserliches Statut über die Errichtung der *k. k. Generaldirektion der Staatsbahnen* mit Wirkung vom 1. August 1884 ihren Abschluß.

Der übernommene Lokomotivpark bot ein höchst uneinheitliches Bild. Jede Bahngesellschaft hatte – meist in kleinen und kleinsten Serien – auf ihre eigenen Bedürfnisse zugeschnittene Typen beschafft, die sich meist nur ganz geringfügig von denen anderer Unternehmen unterschieden. Für den an noch bescheidenen Ansprüchen ausgerichteten Eilverkehr verwendeten die großen Privatbahnen immerhin bereits Zweikuppler mit einem führenden Drehgestell nach Kamper'scher Bauart, das über eine Deichsel an einem vorverlegten Drehpunkt angelenkt war. Im benachbarten Deutschland setzte sich das führende Drehgestell allgemein erst in den neunziger Jahren durch. Gemeinsam war den österreichischen Schnellzuglokomotiven jener Epoche eine tiefe Kessellage, der Außenrahmen und die durch Achskurbeln und Exzenterscheiben charakterisierten Antriebs- und Steuerungsorgane. Hohe Aufbauten unterschiedlicher Form, Federwaag-Sicherheitsventile und Füllschalen verliehen ihnen eine recht unruhige Silhouette.

2.24, ehemalige KRB AR 307
StEG-Fabrik 1851/1885
Foto: TBA K. Pfeiffer

4.46, Werkaufnahme,
Floridsdorf 456/1889
Sammlung Ostendorf

Die Kessel mit einer Heizfläche zwischen 115 und 130 m^2 erzeugten eine Dampfspannung von 10 kg/cm^2 und wurden über einen ca. 2 m^2 großen Feuerrost beschickt. Den Antrieb besorgte eine Zweizylinder-Naßdampfmaschine, deren Flachschieber über eine Kulissensteuerung bewegt wurden. Schnellzuglokomotiven dieser Grundform besaßen die Kronprinz-Rudolf-Bahn, die Kaiserin-Elisabeth-Bahn, die Kaiser-Franz-Josef-Bahn, die Ferdinand-Nordbahn und die Südbahn. Aus dem Bestand der Kronprinz-

4

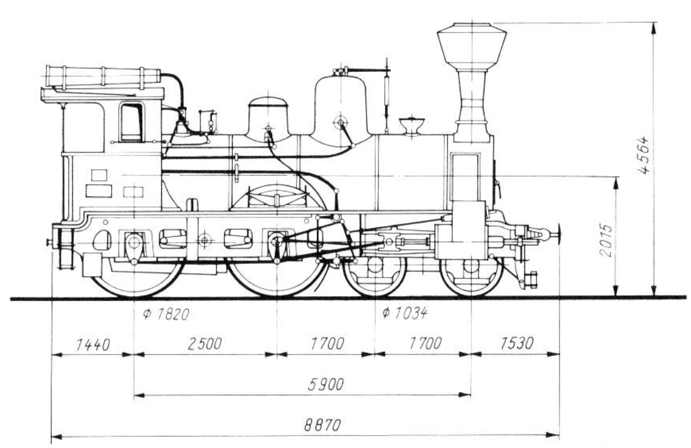

Rudolf-Bahn gelangten noch 27 Stück als Reihe 1 und 2 (Serie AR) und nach Verstaatlichung der Südbahn im Jahre 1923 noch 32 Stück (Serie 17 a bis d) als Reihen 103, 403, 503 und 603 in den Fahrpark der Österreichischen Bundesbahnen, die jedoch wegen zu geringer Leistung alle bis 1929 der Kassierung anheim fielen. Lediglich diejenigen Maschinen, die im Dienste der Graz-Köflacher-Bahn standen – bis 1923 ein Regieunternehmen der Südbahn – blieben bis in die 60er Jahre im Einsatz, wovon die Nr. 372 – erbaut 1891 bei Floridsdorf – bis heute in betriebsfähigem Zustand als Traditionsexemplar erhalten blieb.

Auch die erste von den kkStB beschaffte Schnellzuglokomotive, Reihe 4, lehnte sich noch eng an die konventionellen Vorbilder an und basierte auf dem aus dem Jahre 1879 stammenden Entwurf der Serie AF III der Kaiser-Franz-Josef-Bahn. Das Drehgestell dieser 2'B-Lokomotive war wieder nach rückwärts verschoben an einem Mittelzapfen angelenkt, so daß die vordere Laufachse ihren Platz unterhalb von Kamin und Zylindern hatte. Zur Steigerung der Leistung wurde die Dampfspannung von 10 auf 11 kg/cm^2 erhöht und der Zylinderdurchmesser von 425 auf 432 cm vergrößert. Äußerlich fiel der Kobel-Funkenfänger auf.

Bei ihrer Inbetriebnahme oblag den Lokomotiven die Beförderung von Schnellzügen, deren Garnituren überwiegend aus zweiachsigen Wagenmaterial gebildet und nicht schwerer als 100 bis 150 t waren, mit Fahrgeschwindigkeiten von 60 bis 80 km/h. Mit dem Übergang zum drei-und vierachsigen Durchgangswagen und der vermehrten Führung von Schlaf- und Speisewagen gerieten die leichten Zweikuppler bald an die Grenze ihrer Leistungsfähigheit, so daß unwirtschaftliche Doppelbespannungen immer häufiger wurden.

Von 1885 bis 1897 gelangten insgesamt 214 Stück als Neubauten, durch Übernahme verstaatlichter Privatbahnen oder durch Neubekesselung und Umzeichnung ehemaliger Privatbahnloks in den Bestand der kkStB. Herstellerwerke waren die Lokomotivfabriken Wiener Neustadt, Krauß, Floridsdorf und die Maschinenfabrik der StEG.

Sieben Stück wurden ab 1904 mit Brotan-Kessel ausgestattet, bei dem der Brennraum der Feuerbüchse von aneinandergereihten Wasserumlaufrohren umschlossen war, die in einem hohlen Bodenring verankert waren und oben in einen zylindrischen Dampfsammelbehälter mündeten, der sich über den Langkessel erstreckte.

Die Reihe 4 beherrschte über ein Jahrzehnt den hochwertigen Reisezugdienst der kkStB. Wegen des noch häufig notwendigen Lokwechsels waren die Maschinen über eine große Anzahl von Heizhäusern von Vorarlberg bis zur Bukowina und vom Mährischen Altvatergebirge bis zur Adria verteilt.

Nach ihrer Verdrängung aus dem Schnellzugdienst erschienen sie auch auf Strecken abseits des großen Durchgangsverkehrs.

Nach dem Zerfall der Österreichisch-Ungarischen Monarchie überließ die aus Vertretern der Nachfolgestaaten und der Siegermächte gebildeten Fahrparkverteilungskommission 81 Stück der Staatsbahn der Deutsch-Österreichischen Republik, der nominellen Vorläuferin der Österreichischen Bundesbahnen. Wegen ihrer geringen Leistung wurde die Reihe 4 bis 1932 ausgemustert. Allein die 4.164 (Erbauer Lokfabrik Wiener Neustadt 1895) überdauerte – in der Hauptwerkstätte Linz hinterstellt – die BBÖ-Ära und war von der Deutschen Reichsbahn zur Umzeichnung als Reihe 36.70 vorgesehen, wurde aber schließlich 1940 zur Kassierung freigegeben.

Der überwiegende Teil der Reihe 4 ging nach dem Ersten Weltkrieg auf die Bahnen der übrigen Nachfolgestaaten der Donaumonarchie über und erschien in den Beständen der ČSD als Reihe 254.2, der PKP als Reihe Od-13, der JDŽ als Reihe 4ö, der FS als Reihe 543 und der CFR unter alter Bezeichnung.

Am längsten, nämlich bis 1937, blieben die Loks bei der ČSD im Einsatz.

Konstruktive Merkmale

Kessel: Dreischüssiger Naßdampfkessel mit 127 m^2 wasserberührter Heizfläche, 2,06 m^2 Rostfläche, Dampfspannung 11 kg/cm^2, Dampfdom auf dem zweiten Kesselschuß mit Federwaagsicherheitsventilen.

Rahmen: Äußerer Blechrahmen

Triebwerk: Zwillingsdampfmaschine mit Flachschiebern, Zylinderdurchmesser 2 × 435 mm, Hub 630 mm, Treibraddurchmesser 1800 mm; Kulissensteuerung System Stephenson.

Fahrwerk: Drehgestell mit rückversetztem Mittelzapfen, Tragfedern der Kuppelachsen unterhalb der Achsen mit Ausgleichshebel; Federn der Laufräder oberhalb der Achsen.

Ausrüstung: Vakuum-Bremse mit Ejektorrohr auf dem vorderen Stehkessel.

Tender: Dreiachsiger Tender Reihe 66 mit 12 m^3 Wasserinhalt und 5,76 t Kohlevorrat.

5 (StEG I)
105 (StEG I b)
205 (StEG I a)

1B1-n2
1883 bis 1928
Techn. Daten: Seite 255

Nicht selten wird die *Privilegierte österreichisch-ungarische Staatseisenbahn-Gesellschaft,* wie sie sich seit 1882 mit vollem Namen nannte, mit der staatlichen Eisenbahnverwaltung der Donau-Monarchie verwechselt. Abgesehen davon, daß die Staatsbahnen der beiden Reichshälften völlig voneinander getrennt betrieben und verwaltet wurden, handelte es sich bei der *Staatseisenbahn-Gesellschaft* (StEG) um ein grenzübergreifendes Privatunternehmen, das am 17. Oktober 1854 mit französischem Kapital gegründet worden war und durch kaiserliches *Privileg* die Konzession zum Erwerb und Betrieb der vom Staat aus finanzieller Not veräußerten Eisenbahnlinien erhalten hatte. Mit dem Erwerb der Wien – Raaber Bahn ging gleichzeitig die älteste, von dem Engländer John Haswell gegründete Maschinenfabrik in den Besitz der StEG über. Sie entwickelte sich in der Folgezeit zu einer der bedeutendsten Lokomotivbauanstalten Österreich-Ungarns.

Es nimmt nicht Wunder, daß sich mit dem neuen Management auch westeuropäischer Einfluß im Lokomotivbau des Unternehmens geltend machte. Als Beispiele seien die *Combermere,* eine nach dem Prinzip des leitenden Maschinen-Ingenieurs der London & North Western-Bahn, Francis Webb, gebaute Dreizylinder-Verbund-Lokomotive mit ungekuppelten Treibachsen oder die mit außenliegender Doppel-Zwillingsmaschine ausgestattete 2A-Lokomotive *Duplex* genannt. Obwohl diesen Experimenten der Erfolg versagt blieb, konnte es nicht ausbleiben, daß mit der Berufung Polonceaus zum Leiter des Maschinenwesens der StEG die neu zu beschaffenden Schnellzuglokomotiven seinem Entwurf für die Paris-Orleans-Bahn folgten, in deren Diensten er bis 1882 gestanden war. Der Vorteil dieser im angelsächsischen Schrifttum als *Columbia* bezeichneten 1B1-Bauart be-

StEG I 86, 1897 in 2322 umgezeichnet, ab 1909 kkStB 5.22, mit eindomigem Ersatzkessel von 1906/, Hanomag 1823/1884
Foto: Archiv Töpelmann

stand darin, einen größeren Kessel auf vier Achsen unterzubringen als dies bei der 2'B-Achsformel möglich gewesen wäre. Die Fahreigenschaften ließen indessen zu wünschen übrig, weil beide Endachsen ohne radiale Einstellung im Hauptrahmen gelagert waren und die Zylinder einen vorderen Überhang bildeten. Das Seitenspiel wurde durch eine aus Keilflächen bestehende Rückstellvorrichtung stabilisiert. Von der französischen Urform wich der Entwurf durch die Anlage eines für energiearme Kohle geeigneten größeren Rostes sowie durch einen besseren Wetterschutz für das Fahrpersonal ab. Ansonsten blieb die Polonceau-Konstruktion mit ihrem Zwillingstriebwerk, der äußeren Gooch-Kulissensteuerung und dem auf nur 9 kg/cm^2 eingestellten Kesseldruck in ihrem recht eigenwilligen Gesamtaufbau erhalten. Auffallend waren vor allem die beiden wuchtigen Dampfdome, von denen der vordere dicht hinter der kurzen Rauchkammer, der rückwärtige in großem Abstand auf dem erhöhten Stehkesselrücken montiert war. Beide verband ein enges, durch den runden Sandbehälter geführtes Verbindungsrohr. Anders als bei den zeitgenössischen österreichischen Konstruktionen waren die beiden Kuppelachsen in einem Innenrahmen gelagert und über einem Wiegebalken mit nur einem Federbündel niveauregulierend abgefedert. Um den Raum für die Feuerbüchse nicht einzuengen, war die Schleppachse in Außenlagern geführt.

Wegen Kapazitätsauslastung der gesellschaftseigenen Maschienenfabrik mußte der Auftrag für die erste Serie von 26 Stück der Kategorie I nach Deutschland an die Hanomag-Werke vergeben werden, welche die Lokomotiven zwischen 1883 und 1885 lieferten. Um durch niedrige Drehzahlen das Triebwerk zu schonen, wurde eine weitere Serie von 30 Stück mit einem Treibraddurchmesser von 2120 mm ausgestattet und von 1886 bis 1896 im eigenen Werk als Kategorie Ib hergestellt. Diese Maschinen hatten Federwaag-Sicherheitsventile an beiden Domen. 1888 wurde in nur zwei Exemplaren eine dritte Version mit größerem Rost von 3 m^2 bei verkleinerter Kesselheizfläche als Kategorie Ia in Betrieb genommen. Bei dieser ebenfalls in der gesellschaftseigenen Produktionsstätte gebauten Lokomotiven kam die von Polonceau entwickelte Feuerbüchse zur Anwendung, deren Decke durch U-förmige Kupferbögen gebildet war und eine Befestigung durch Deckenanker entbehrlich machte. Die

StEG Ib 115, spätere 142, ab 1909 kkStB 105.22, StEG-Fabrik 1991/1888
Foto: Archiv Töpelmann

205

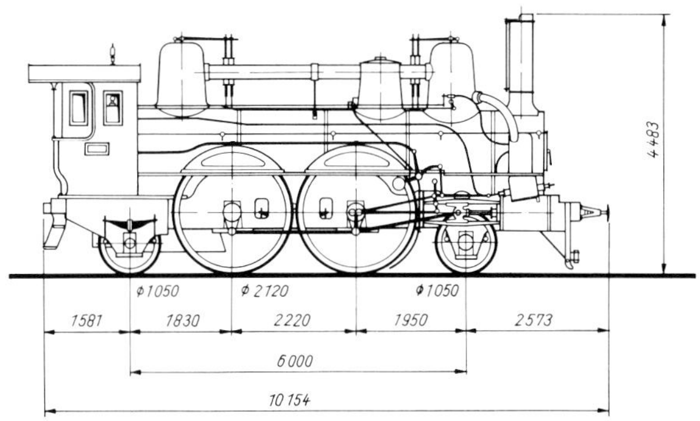

Konstruktion hatte sich jedoch nicht bewährt. Die letzte Lieferung in der Normalform der Kategorie I ging 1891 an die ungarische Staatsbahn, welche im gleichen Jahr die Linien der StEG in Ungarn übernommen hatte.

Mit der Verstaatlichung der österreichischen Strecken im Jahre 1909 wurden die Lokomotiven der Kategorie I (spätere Serie 23) zur kkStB-Reihe 5, die Kategorie Ia (spätere Reihe 23.5) zur kkStB-Reihe 105 und die großrädrige Version der Kategorie Ib (spätere Reihe 24) zur kkStB-Reihe 205. Ein Teil der Lokomotiven erhielt neue Kessel mit nur einem Dom und sattelförmigem Sandkasten sowie die einfache Westinghouse-Druckluftbremse zur Anpassung an die ungarischen Wagenzüge. Der Hauptluftbehälter mußte auf dem Stehkessel postiert werden, was bei den Kesseln der alten Bauform eine Versetzung des rückwärtigen Dampfdoms notwendig machte.

Im allgemeinen war man mit den Lokomotiven, die sich als robust und langlebig erwiesen, recht zufrieden. Sie lösten im Schnellzugsdienst die bis dahin verwendeten Engerth-Lokomotiven der Achsfolge B-2 und B-3 ab und verblieben zeitlebens bei ihren Stamm-Heizhäusern: Reihe 5 in Wien Ost und Wessely, Reihe 105 in Wessely und Reihe 205 in Prag und Böhmisch Trübau. Zu den Traktionsaufgaben der 5er gehörte u. a. die Beförderung des Orient-Express östlich von Wien. Nach dem Ersten Weltkrieg gelangten noch 24 Stück der Reihe 5 und die beiden 105er in den Bestand der BBÖ, während alle 205er zur ČSD kamen und als Reihe 254.3 bezeichnet wurden. In Österreich wurden die Loks bis 1928, in der Tschechoslowakei bis 1930 kassiert. Sechs Stück wurden 1923 von der *Raab-Ödenburg-Ebenfurter Eisenbahn* (GySEV) erworben, wo sie – in hervorragendem Pflegezustand – bis in die vierziger Jahre Personenzüge führten.

Konstruktive Merkmale

Kessel: Dreischüssiger Naßdampfkessel mit 131,8 m^2 Heizfläche und 2,31 m^2 Rostfläche; vergrößerter Dampfraum durch Stehkesselerhöhung; je ein Dampfdom auf dem ersten Kesselschuß und auf dem Stehkessel, durch Überströmrohr verbunden; Federwaag-Sicherheitsventile an hinterem Dom; Dampfdruck 9 kg/cm^2. Abweichend bei Reihe 105: Polonceau-Feuerbüchse ohne Deckenanker mit größerem Rost von 3 m^2; rückwärtiger Dom vor dem Stehkessel, nach Umbau Einzeldom am Vorderkessel. Reihe 205: Sicherheitsventile an beiden Domen.

Rahmen: Innerer Blechrahmen mit Erweiterung zur Aufnahme der außengelagerten Schleppachse.

Triebwerk: Zwillingsmaschine mit Zylinderdurchmesser von 2 × 460 mm und 650 mm Hub; Treibraddurchmesser 1820 mm (Reihe 205: 2120 mm); äußere Gooch-Kulissen-Steuerung.

Fahrwerk: Im Hauptrahmen seitlich verschiebbare Vorlauf- und Schleppachse mit Rückstellvorrichtung durch Stellkeile; Schleppachse mit Außenlagern; gemeinsame Federung mit Niveauausgleich durch Wiegebalken für beide Antriebsachsen.

Ausrüstung: Sandbehälter auf dem vorderen Kesselrücken, vom Domverbindungsrohr durchzogen; Vakuum-Bremse; teilweise mit Westinghouse-Druckluftbremse nachgerüstet.

Tender: Dreiachsiger Steifrahmentender.

6

2B-n2v

1894 bis 1932

Mit der Berufung des Ingenieurs der Maschinenfabrik der *Österreich-Ungarischen Staatseisenbahn-Gesellschaft* (StEG) Dr. Karl Gölsdorf in das Konstruktionsbüro der kkStB im Jahre 1891 begann die große Zeit des österreichischen Lokomotivbaues, der nicht nur mit erstarrten Traditionen im eigenen Lande brach, sondern über die Grenzen der Donau-Monarchie hinaus neue Maßstäbe setzte. In keinem anderen Land war der Konstrukteur mit derart gegensätzlichen Forderungen und einschränkenden Vorgaben konfrontiert. Die überwiegend gebirgige Landesnatur mit ihren extremen Klimabedingungen verlangte nach starken, robusten Lokomotiven mit großen Leistungsreserven. Für die Energieerzeugung stand aber nur landeseigene Kohle von geringem Heiwert zur Verfügung. Gölsdorfs viel beachtete Leistung bestand in der Koordinierung dieser kontroversen Bedingungen ohne Überschreitung der zulässigen Achslast von nur 14,5 t.

Die in den neunziger Jahren des vorigen Jahrhunders öffentlich erhobene Forderung nach schnelleren Zugverbindungen und höherem Reisekomfort durch vermehrte Führung von Schlaf- und Speisewagen konnte mit den vorhandenen 1'B-und 2'B-Schnellzuglokomotiven nicht erfüllt werden. Darüber hinaus ließ der um die gleiche Zeit eingeleitete Ersatz der bis dahin im Schnellzugverkehr verwendeten zweiachsigen Wagen durch dreiachsige Typen der Lenkachs- oder Drehgestellbauart die Zuggewichte sprunghaft ansteigen, so daß unwirtschaftliche Doppelbespannungen immer häufiger wurden. Als Ersatz für die Reihe 4 entwarf Gölsdorf die erheblich stärkere 2'B-Lokomotive Reihe 6 mit Zweizylinder-Verbundtriebwerk, die sowohl in Fachkreisen als auch in der öffentlichen Presse viel Beachtung fand. Bislang galt eine niedrige Kessellage in Verbindung mit einem Außenrahmen als unerläßlicher Stabilitätsfaktor für schnelles Fahren. Ein führendes Drehgestell mit kurzem Radstand und nach vorn verlegtem Drehpunkt diente mehr der vorderen Abstützung als der Führung im Gleis. Gölsdorfs Entwurf sah ein weitgespreiztes Drehgestell mit 2700 mm Achsstand vor und der Kessel lag um einen halben Meter höher als bei der Reihe 4, womit die Längsachse das bis dahin unerreichte Maß von 2580 mm über Schienenoberkante erreichte. Der Dampfdom wurde mit einem vorderen Reglerdom durch ein Überströmrohr verbunden, welches die beiden hintereinander angeordneten Federwaag-Sicherheitsventile trug. Diese Einrichtung sollte das Wasserüberreißen verhindern und wurde in der Folgezeit ein häufig anzutreffendes Bauelement österreichischer Lokomotiven, fand aber auch in Württemberg, Sachsen und der Tschechoslowakei Anwendung. Die hohe Kessellage ermöglichte die Durchbildung einer tiefen Feuerbüchse mit großem Rost, der für die Verbrennung landeseigener Kohle mit hohem Schlackegehalt ge-

6

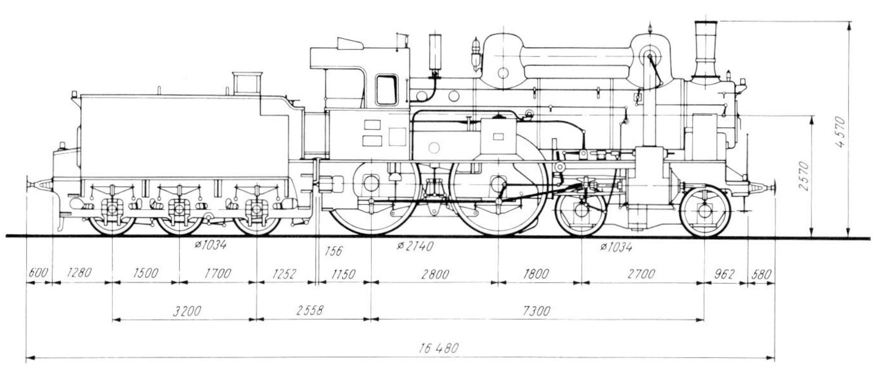

eignet war. Die großen Treibräder von 2140 mm Durchmesser wurden in einem Innenrahmen gelagert und das Verbundtriebwerk mit der in Österreich noch unüblichen äußeren Heusinger-Steuerung ausgestattet. Niedrige Drehzahlen auch bei höheren Fahrgeschwindigkeiten sollten den Brennstoffverbrauch senken, den Verschleiß mindern und eine ruhige Gangart bewirken.

Die neue Lokomotive erwies sich als durchschlagender Erfolg. Sie übertraf an Leistung alle zeitgenössischen Konstruktionen gleicher Achsfolge im In- und Ausland. Bei Probefahrten wurden mühelos 130 km/h erreicht und Dauerleistungen von 800 PS mit Spitzenwerten von über 1000 PS gemessen. Auf ebener Strecke konnte eine Anhängelast von 210 t mit 100 km/h gefahren werden und auf einer 10 %-Steigung sank die Geschwindigkeit nicht unter 58 km/h. Als Höchstgeschwindigkeit wurden 90 km/h zugelassen. Gölsdorfs Fähigkeiten zeigten sich nicht zuletzt darin, daß trotz aller technischen Verbesserungen von der Reihe 6 die Achslast von 14,3 t nie überschritten wurde.

Die konstruktive Durcharbeitung wurde der Lokomotivfabrik Floridsdorf übertragen, welche 1894 die ersten drei Exemplare an die kkStB ablieferte. Bis 1898 wurden insgesamt 68 Maschinen der Reihe 6 in Dienst gestellt, an deren Herstellung dann auch die Lokomotivfabrik Wiener Neustadt (vorm. Sigl) und die Maschinenfabrik der Österreich-Ungarischen Staatseisenbahn Gesellschaft beteiligt waren.

6.51 der kkStB mit Ersatzkessel der Reihe 106 (Sicherheitsventile am zweiten Dom) im Jahre 1913, StEG-Fabrik 2567/1897)
Foto: TBA K. Pfeiffer

Mit den neuen Lokomotiven konnten die Fahrzeiten der wichtigsten Verbindungen der kkStB erheblich gekürzt werden, so u. a. auf der Strecke Wien–Prag trotz längerer Steigungen von zwölf auf acht Stunden. Weitere Einsatzstrecken waren Wien – Eger mit Lokwechsel in Budweis, Prag – Linz und Wien – Salzburg. Daß mit den „Sechsern" auch der legendäre Orient-Express, der Ostende-Express und die

Bäderzüge nach Karlsbad bespannt wurden, versteht sich von selbst.

Nach ihrer Ablösung durch neuere Baureihen fanden sich für sie neue Verwendungsmöglichkeiten auf den langen Flachlandstrecken Galiziens zwischen Krakau, Lemberg und den russischen Anschlußstrecken. Die 6.53 tat Dienst bei der Lemberg – Czernowitz – Jassy – Eisenbahn, bevor sie zur kkStB gelangte. Vor Ausbruch des Ersten Weltkrieges war die Reihe 6 auf folgende Heizhäuser verteilt: Wien II, Linz, Budweis II, Prag FJB, Pilsen, Lemberg, Stanislau, Przemysl und Stryj, wobei in Wien und Prag nur noch wenige Exemplare verblieben sind.

Nach der Aufteilung des Lokomitivparks der kkStB auf die Bahnen der Nachfolgestaaten der österreichisch-ungarischen Monarchie verblieben von der Reihe 6 20 Stück der Deutsch-Österreichischen Staatsbahn (den späteren BBÖ), 32 Stück erhielt die Tscheschoslowakei, von denen 28 Stück als Reihe 264.001 bis 028 in den Bestand der ČSD übergingen und neun von weiteren zehn Maschinen wurden von der Polnischen Staatsbahn als PKP-Reihe Pd 12-1 bis 9 eingereiht. Fünf Maschinen mußten als Kriegsverlust abgeschrieben und eine mit schwerem Unfallschaden bereits 1916 ausgemustert werden.

In den schwierigen Nachkriegsjahren fand sich für die schon in die Jahre gekommenen leichten Zweikuppler kein geeignetes Betätigungsfeld mehr, so daß sie bei den BBÖ bis 1932 ausgemustert wurden, wogegen bei der ČSD einige noch bis 1938 im leichten Expreßgutdienst Verwendung fanden.

Mit der Reihe 6 hatte Gölsdorf eine neue Ära im Lokomotivbau eingeleitet, deren charakteristische Merkmale im In- und Ausland große Beachtung fanden.

Konstruktive Merkmale

Kessel: Zweischüssiger Langkessel mit 205 Heizrohren von 4,4 m Länge, kupferne Feuerbüchse, Rostfläche 2,9 m^2, feuerberührte Heizfläche 155,5 m^2; Doppeldom, Verbindungsrohr mit aufgesetzten Federwaag-Sicherheitsventilen; teilweise Ersatzkessel mit Sicherheitsventilstutzen an Rückseite des zweiten Domes; Speisung durch Injektor; Betriebsdruck 13 kg/cm^2.

Trieb- und Fahrwerk: Zweizylinder-Naßdampf-Verbundmaschine, Zylinder-Durchmesser 500 mm (Hochdruck), 740 mm (Niederdruck), Hub 680 mm, Treibraddurchmesser 2140 mm, Laufraddurchmesser 994 mm, Drehgestell mit 2700 mm Radstand, ohne Seitenspiel, mit rückversetztem Drehpunkt, außenliegende Heusinger-Steuerung mit Flachschiebern.

Rahmen: Genietete Plattenrahmen, rechtsseitig zur Aufnahme des Niederdruckzylinders eingezogen.

Ausrüstung: Sandkästen seitlich neben Radverkleidung auf niedrigem Umlauf, selbsttätige Vakuumbremse, ab Nr. 6.50 Laufradbremse (Vorlieferung nachgerüstet).

Tender: Dreiachsiger Steifrahmentender Reihe 56, Fassungsvermögen 16,75 m^3 Wasser und 5,76 t Kohle oder Reihe 156 für 16 m^3 Wasser und 6,8 t Kohle, seitliche Füllklappen.

106 (kkStB und SB)

DRB-Baureihe 13[1]

2B-n2v

1898 bis 1942

Techn. Daten: Seite 255

Trotz allgemein guter Bewährung der Reihe 6 wurde für die Weiterbeschaffung eine Überarbeitung als notwendig erachtet. In Verbindung mit einer verbesserten Rahmenkonstruktion wurden der Rost auf 3 m^2 vergrößert und die Sicherheitsventile vom Verbindungsrohr an die Rückseite des zweiten Dampfdoms versetzt. In dieser Form wurden von 1898 bis 1902 99 Exemplare als Reihe 106 von den Lokomotivfabriken Floridsdorf, Wiener Neustadt und der Maschinenfabrik StEG geliefert und in den bisherigen Einsatzbereichen der Reihe 6 eingesetzt.

An Leistung übertrafen sie die Vorgänger nur geringfügig. Nach Verdrängung durch neuere Typen in der Folgezeit ersetzten sie auch auf weniger wichtigen Strecken in Österreichisch-Schlesien und Ostgalizien ältere Bauarten im Schnell- und Personenzugdienst, wie die Verteilung auf die folgenden Heizhäuser im letzten Friedensjahr 1914 erkennen läßt: Wien II, Linz, Innsbruck, Landeck, Feldkirch, Prag-Nusle, Pilsen, Budweis II, Tabor, Mährisch Schönberg, Jägerndorf, Prag (StEG-Heizhaus), Lemberg, Przemysl, Stanislau und Stryj. Ein Teil der in Galizien eingesetzten Maschinen wurde auf Ölfeuerung umgebaut.

Gleichzeitig mit der kkStB beschaffte auch die Südbahn die Reihe 106 in 27 Einheiten und reihte sie als 106.101 bis 122 und 106.125 bis 129 ein. Die Lieferung teilten sich die Lokomotivfabrik Floridsdorf, die StEG-Maschinenfabrik und die staatliche Maschinenfabrik Budapest. Äußerlich waren die Südbahn-Lokomotiven an der abweichenden Bauart der Sicherheitsventile (Federwaagen) und der typischen Anordnung der Lampen auf dem Laufsteg erkennbar. Zugeteilt wurden sie den Heizhäusern Marburg (Drau) und Nagykanizsa (ungarisches Netz).

Nach der Aufteilung des österreichisch-ungarischen Lokomotivparks nach dem Ersten Weltkrieg verblieben 42 Maschinen bei der Deutsch-Österreichischen Staatsbahn (spätere BBÖ), 45 erhielt die ČSD, welche sie abzüglich zweier Ausmusterungen als Reihe 264.101 bis 143 einreihte, acht Stück die PKP als Reihe Pd-1 bis 8 und je eine die JDŽ (104 bis 001) und die FS (554.001). Zwei Stück waren als Kriegsverlust zu verbuchen.

Mangels ausreichender Reibungsmasse fanden sich für die Loks nur noch wenig geeignete Zugförderungsaufgaben. Dank ihrer einfachen Wartung wurden einige bis Ende der Dreißiger Jahre im leichten Personenzugdienst auf den Wiener Vorortstrecken, in der Steiermark und in Vorarlberg verwendet, obwohl sie sich durch die schlechte Feueranfachung bei der niedrigen Drehzahl der großen Treibräder hierfür wenig eigneten und Schwierigkeiten beim Anfahren und Beschleunigen hatten. 1937 waren die Maschinen den Heizhausleitungen Wien West, Wien Nordwest, Wien Süd, Linz I und Knittelfeld zugeteilt.

1938 wurden noch 17 Einheiten von der Deutschen Reichsbahn übernommen und als 13 101 bis 117 (Zweitbesetzung) eingereiht, jedoch nur noch sporadisch eingesetzt und bald danach zu Vorheiz- und Waschanlagen umgestaltet.

Auch die übrigen Nachfolgeverwaltungen begannen bald mit der Ausmusterung. Einige der in Ungarn verbliebenen Maschinen kamen noch bis zu Beginn des Zweiten Weltkrieges im grenzüberschreitenden Verkehr bis Wiener Neustadt.

Konstruktive Merkmale

Aufbau und Abmessungen entsprechen weitgehendst der Reihe 6; davon abweichend: Rostfläche 3 m², Sicherheitsventilstutzen an der Rückseite des zweiten Domes, bei Südbahn vom Federwaagtyp; Nr. 106.80 vorübergehend mit nach oben verjüngtem Kobelkamin ausgestattet; für den Einsatz in Galizien waren mehrere Einheiten auf Ölfeuerung umgebaut; zusätzliche Ausrüstung mit Druckluftbremse nach dem Ersten Weltkrieg (bei Südbahn ab Lieferung); Sandkästen in kastenförmige Radverkleidung integriert.

Tender: Reihe 56 und 156 (dreiachsig), Fassungsvermögen: 16 bis 16,75 m³ Wasser, 5,76 bis 6,8 t Kohle. Einige Maschinen waren für längere Durchläufe mit dem vierachsigen Drehgestelltender Reihe 86 für 21 m³ Wasser und 8,3 t Kohle gekuppelt.

106.21, Werkaufnahme,
Wiener Neustadt 4176/1899
Foto: TBA K. Pfeiffer

206 (kkStB und SB)
DRB-Baureihe 13[1]

2B-n2v

1903 bis 1942

Techn. Daten: Seite 255

In dem Bestreben, Bewährtes weiter zu verbessern, wurden an der Grundform der Reihe 6 ab 1903 weitere konstruktive Änderungen vorgenommen. Der Kessel wurde noch höher gelegt, so daß seine Längsachse nun bei 2800 mm über Schienenoberkante lag. Durch die größere Krebstiefe wuchs die direkte Strahlungsheizfläche der Feuerbüchse. Trotz der geringeren Rohrlänge von 3,9 m gegenüber 4,4 m bei den Reihen 6 und 106 konnte durch eine geänderte Rohrteilung die Leistung gesteigert werden. Bei der Höchstgeschwindigkeit von 90 km/h wurden 940 PS über einen längeren Zeitraum abgegeben.

War das Erscheinungsbild der Reihen 6 und 106 im wesentlichen durch funktionelle Faktoren geprägt, so ließ Gölsdorf – auf seinen Reisen vom englischen Lokomotivbau beeindruckt – in hohem Maße ästhetische Gesichtspunkte zur Geltung kommen. Der Doppeldom mit Verbindungsrohr, dessen Vorteile nicht unumstritten waren, wich einem einfachen halbhohen Dampfdom von leicht konischer Form mit aufgesetzten Sicherheitsventilen, die Seitenwände des Führerhauses erhielten einen schwungvollen Ausschnitt und der Umlauf wurde bogenförmig um den oberen Teil der Treibräder gezogen, die sich – abweichend von der englischen Praxis – in ihrer vollen Größe dem Betrachter darboten. Die Reihe 206 galt als eine der formvollendetsten Schnellzuglokomotiven ihrer Zeit.

Erstlieferant war 1903 die Lokomotivfabrik in Wiener Neustadt. Des weiteren waren an der Herstellung die StEG-Maschinenfabrik, die Erste Böhmisch-Mährische Maschinenfabrik in Prag-Lieben und die Lokomotivfabrik Floridsdorf beteiligt. Bis 1907 wurden 70 Einheiten in Dienst gestellt und den Heizhausleitungen Wien I und II, Linz, Prag-Nusle, Lemberg und Stanislau zugeteilt. Sie lösten teilweise die Reihen 6 und 106 ab und machten diese für den Einsatz in anderen Landesteilen verfügbar.

Die Reihe 206 wurde von 1904 bis 1908 in 19 Einheiten auch von der Südbahn beschafft. Lieferwerke waren neben der Maschinenfabrik Wiener Neustadt die staatliche Maschinenfabrik Budapest. Einsatzstellen waren

206.33 der kkStB, 1908, BMMF 160/1905
Foto: TBA K. Pfeiffer

206

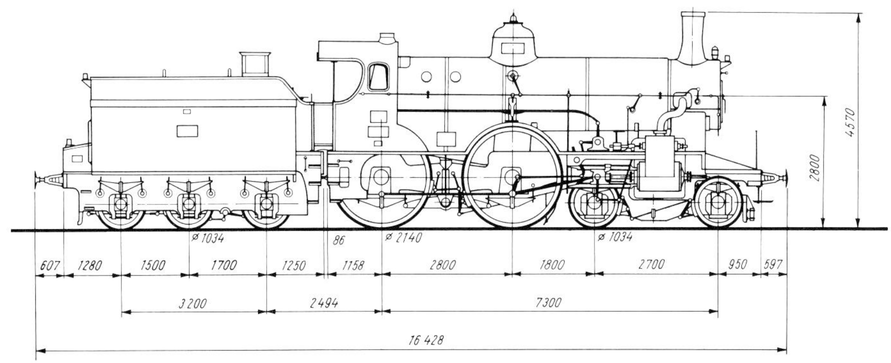

die Südbahn-Heizhäuser Wien (bis 1912), Innsbruck, Bozen, Marburg und Nagykanizsa.

Wie schon zuvor die Reihen 6 und 106 wurden auch die 206er zur Beförderung der besten Züge eingesetzt. So fand man diejenigen der Staatsbahn an der Spitze des Orient- und Ostende-Express, der Bäderzüge (bis Eger) und der schnellen Züge nach Prag, die der Südbahn vor dem Wien-Nizza-Cannes-Express bis Gloggnitz und vor den durch das Etschtal geführten Luxuszügen, wie dem Berlin-Rom-Express und dem Nord-Süd-Express (Berlin – Verona).

Nach dem Ersten Weltkrieg gingen 44 Maschinen der kkStB in den Bestand der Deutsch-Österreichischen Staatsbahn bzw. der späteren Österreichischen Bundesbahnen (BBÖ) über, 15 wurden der Tschechoslowakei zugesprochen, von denen nach einer Ausmusterung 14 als Reihe 265.001 bis 014 von der ČSD übernommen wurden, die restlichen elf kamen als Reihe Pd 14-1 bis 11 zur PKP. Von den Südbahn-Maschinen gelangten 15 Stück in Südtirol als Reihe 555.001 bis 015 in den Besitz der FS, die vier restlichen wurden in Ungarn zur MAV-Reihe 225.301 bis 304. Letztere kamen bis Mitte der vierziger Jahre bis Wiener Neustadt. Die 225.303 gelangte nach Kriegsende noch in den Bestand der Jugoslawischen Staatsbahn, wo sie alsbald als JDŽ 103.101 der Ausmusterung anheimfiel. Die bei den BBÖ verbleibenden Maschinen waren 1937 auf die Heizhäuser Wien West, Wien Nordwest, Wien FJB, Wien Süd und Knittelfeld verteilt.

17 Maschinen wurden 1938 von der Deutschen Reichsbahn übernommen und als 13 151 bis 167 eingereiht und noch bis 1941 in untergeordneten Diensten verwendet. Einzelne gelangten nach Ende des Zweiten Weltkrieges als fahrbare Dampferzeugungsanlagen noch in den Besitz der neu erstandenen Österreichischen Bundesbahnen. Auch von den PKP-Maschinen überlebten einige mehr oder weniger beschädigt den Krieg, dürften jedoch kaum mehr in Betrieb genommen worden sein.

Konstruktive Merkmale

Kessel: Zweischüssiger Normalkessel, Rohrlänge 3,9 m, kupferne Feuerbüchse, feuerberührte Gesamtheizfläche 140 m^3, Rostfläche 3 m^2; Betriebsdruck 13 kg/cm^2, halbhoher Dampfdom mit aufgesetzten Sicherheitsventilen (bei Südbahn auf seitlichen Stutzen) auf dem ersten Kesselschuß, ab 206.04 auf den zweiten verlegt.

Trieb- und Fahrwerk: Zweizylinder-Naßdampf-Verbundmaschine mit 500 mm Durchmesser für Hochdruck und 760 mm für Niederdruckteil, Hub 680 mm, Treibraddurchmesser 2140 mm, Laufraddurchmesser 994 mm, Drehgestell ohne Seitenspiel mit 2700 mm Radstand und rückversetztem Drehpunkt; außenliegende Heusinger-Steuerung.

Rahmen: Genieteter Plattenrahmen.

Ausrüstung: Sandkästen am Rahmen, selbsttätige Vakuumbremse aus der Mitte auf die Kuppelräder wirkend, Nachrüstung mit Westinghouse-Druckluftbremse in den 30er Jahren (bei Südbahn ab Werk vorhanden), Laufradbremse, bei BBÖ teilweise mit Dabeg-Speisepumpe ausgerüstet.

Tender: Reihe 56 oder 156 (dreiachsig) für 16 bis 16,75 m^3 Wasser und 5,76 bis 6,8 t Kohle, für Langläufe vierachsiger Drehgestelltender Reihe 86 für 21 m^3 Wasser und 8,72 t Kohle.

306 (kkStB und SB)

DRB-Baureihe 13^2

2B-h2v

1908 bis 1942

Techn. Daten: Seite 255

Der beträchtliche Energiegewinn durch Überhitzung des im Lokomotivkessel erzeugten Dampfes auf Temperaturen von über 300 Grad Celsius war eine der bedeutendsten Errungenschaften im Lokomotivbau. Der Kasseler Ingenieur Wilhelm Schmidt als Erfinder und der Maschinendirektor der Preußischen Staatsbahn Prof. Garbe als überzeugter Verfechter dieses verblüffend einfachen, aber in der Praxis mit vielen Problemen behafteten thermodynamischen Prinzips brachten nach vielfältigen, von Rückschlägen begleiteten Versuchen schließlich 1902 den Rauchrohrüberhitzer zur Serienreife. Nachdem bald darauf auch in Österreich Versuche mit Heißdampflokomotiven bei kleineren Privatbahnen erfolgreich verlaufen waren und 1906 die Aussig–Teplitzer–Eisenbahn ihre neuen 1'C1'-Schnellzuglokomotiven Serie If in Heißdampfausführung bauen ließen, stellte auch die kkStB Überlegungen an, sich die wirschaftlichen Vorteile der Heißdampftechnik zu Nutze zu machen. Zwar hatte auch Gölsdorf ihren Effekt bei der Brennstoffnutzung erkannt, es waren jedoch mehr finanzielle als technische Erwägungen, die ihn zunächst eine zögernde Haltung einnehmen ließen, insbesondere, weil das benötigte hitzebeständige Zylinderschmieröl teuer aus dem Ausland eingeführt werden mußte. Nachdem ein Überhitzer eigener Konstruktion, der unter dem Langkessel angebracht war, sich bei der 206.03 ebenso wenig bewährt hatte wie der wenig wirksame Rauchkammer-Dampftrockner, gab die kkStB 1907 bei der Maschinenfabrik der StEG drei 2'B-Schnellzuglokomotiven auf der Grundlage der Reihe 206 in Heißdampfausführung in Auftrag. Anders als Garbe begnügte sich Gölsdorf nicht mit einer einfachen Zwillingsmaschine, sondern kombinierte die Vorteile des Heißdampfprinzips mit jenen der zweistufigen Dampfdehnung.

Die neuen Lokomotiven wurden 1908 als Reihe 306 in Dienst gestellt. Der Kessel wies eine feuerberührte Verdampfungsheizfläche von 118,1 m^2 und einen – für heutige Begriffe kleinen – Überhitzer von 27 m^2 effektiver gasberührter Fläche auf. Zur Schonung des Schmierfilms in den Zylindern vermied Gölsdorf allzu hohe Temperaturen und wagte indessen den Schritt zu einem Betriebsdruck von 15 kg/cm^2 gegenüber 13 bei den Reihen 6 bis 206 oder gar nur zwölf bei den preußischen Heißdampf-Lokomotiven jener Epoche. Gegenüber der Reihe 206 konnte eine Ersparnis an Kohle bis zu 18 % erzielt werden.

Das elegante Erscheinungsbild der Lokomotive mit ihrer hohen Kessellage und den großen freiliegenden Treibrädern wurde durch eine Glanzblechverschalung des Kessels, die niedrige Domhaube aus blankem Messing und die damals obligatorischen blanken Radreifen, Gestängeteile, Pufferteller und Rauchkammerscharniere noch zusätzlich aufgewertet. Eigentlich war an den Lokomotiven nur eines zu bemängeln: Sie waren zu spät gekommen. Die Zeit der zweifach gekuppelten Schnellzuglokomotive – noch dazu mit einer Reibungsmasse von

306

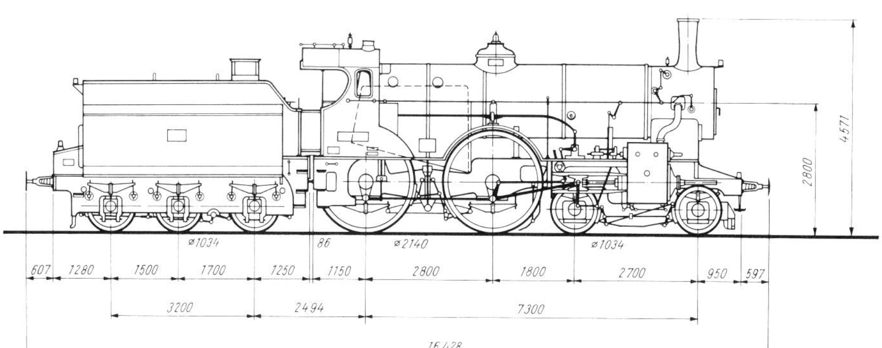

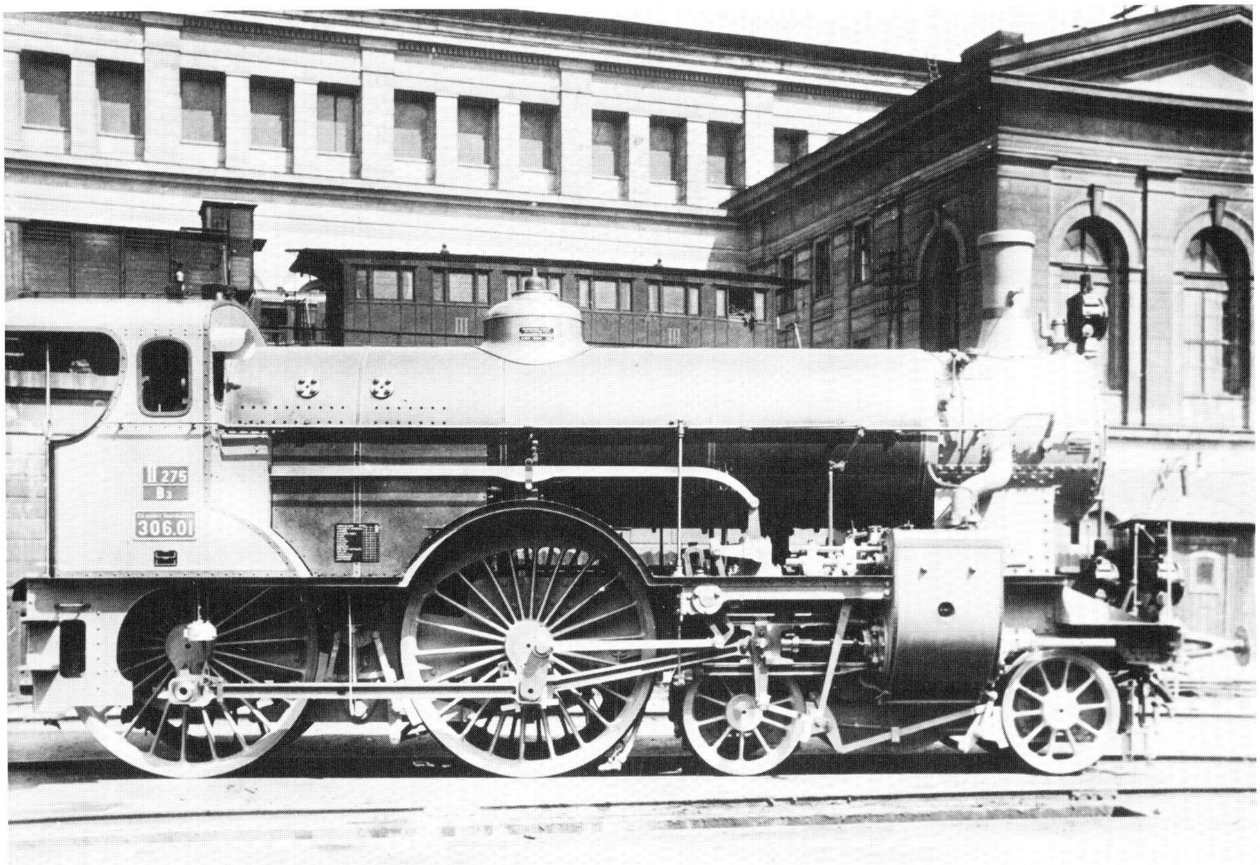

306.01, Werkaufnahme
StEG-Fabrik 3501/1908
Foto: Sammlung Ostendorf

weniger als 30 t – ging unwiderruflich ihrem Ende zu. Zwar waren die 306er in der Lage, Züge von 180 bis 200 t in der Ebene mit ihrer zulässigen Höchstgeschwindigkeit von 100 km/h sicher zu befördern. Zum Ingangsetzen der inzwischen auf mehr als 300 t angewachsenen Regellasten waren jedoch drei Kupelachsen erforderlich. So kam es, daß die drei dem Heizhaus Wien West zugeteilten Edelrenner hauptsächlich von Gelegenheitsarbeit lebten, zu deren vornehmster die Bespannung der Hofzüge des österreichischen Kaiserhauses gehörte. Ende der 30er Jahre war die 306.01 dem Heizhaus Linz I zugeteilt, während die 02 und 03 in Wien Nordwest stationiert waren. in der Zwischenkriegszeit zeitweise abgestellt, wurden 1938 alle drei von der Deutschen Reichsbahn übernommen und ein Jahr später in 13 201 bis 203 umgezeichnet. Wie auch die übrigen 2'B-Lokomotiven österreichischer Herkunft fanden sie noch eine Zeitlang Beschäftigung in untergeordneten Diensten, bis sie während des Zweiten Weltkrieges zu Heiz- und Waschanlagen umgebaut wurden. Als solche gelangte die 306.03 noch in den Bestand der ÖBB und wurde erst 1959 als fahrbarer Heißwasserspeicher in Wiener Neustadt ausgemustert.

1910 erhielt auch die Südbahn zwei Exemplare, die von der Staatlichen Maschinenfabrik Budapest geliefert wurden und die Nummern 306.01 und 02 erhielten. Nach Übernahme der Südbahn durch den ungarischen Staat wurden sie als 225.901 und 902 der MAV umgezeichnet. Erstere wurde nach dem Zweiten Weltkrieg als 101.102 der JDŽ ausgemustert. Bis Ende der vierziger Jahre waren beide Maschinen beim Heizhaus Nagykanizsa stationiert und versahen zusammen mit den ehemaligen 206ern weiterhin leichten Reisezugdienst auf den überwiegend flachen Strecken des einstigen ungarischen Netzes der Südbahn.

Konstruktive Merkmale

Kessel: Zweischüssiger Normalkessel mit 123 Rauchrohren und 18 Überhitzerelementen, 118,1 m² feuerberührte Heizfläche, 3 m² Rostfläche, Betriebsdruck 15 kg/cm², niedriger, messingverkleideter Dampfdom mit aufgesetzten Sicherheitsventilen.

Trieb- und Fahrwerk: Zweizylinder-Heißdampf-Verbundmaschine mit 520 mm Durchmesser für Hochdruck- und 760 mm für Niederdruckteil bei 680 mm Hub, Treibraddurchmesser 2100 mm, Laufraddurchmesser 994 mm, Drehgestell ohne Seitenspiel mit 2700 mm Radstand, außenliegende Heusinger-Steuerung mit Hochdruck-Kolbenschieber und Niederdruck-Flachschieber.

Rahmen: Genieteter Blechrahmen.

Ausrüstung: Sandkästen zwischen den Rahmenwangen, selbsttätige Vakuumbremse aus der Mitte auf beide Kuppel- und Laufräder wirkend, bei BBÖ mit Westinghouse-Druckluftbremse nachgerüstet (bei Südbahn ab Lieferung), Speisung durch Injektor, bei BBÖ mit Dabeg-Speisepumpe ausgerüstet.

Tender: Reihe 56 (dreiachsig) für 16,75 m³ Wasser und 5,76 t Kohle, Leergewicht 15,5 t.
Reihe 156 (dreiachsig) für 16,00 m³ Wasser und 6,8 t Kohle, Leergewicht 17 t, beide Bauarten mit seitlichen Füllklappen.
Reihe 86 (vierachsig) für 21,00 m³ Wasser und 8,72 t Kohle, mit seitlich erhöhter Fülltasche, Leergewicht 22,9 t.

108 (kkStB und SB)

2B1-n4v

1901 bis 1934

Techn. Daten: Seite 255

Das Jahrzehnt nach der Jahrhundertwende war die große Zeit der Atlantic-Lokomotiven. Die für den schnellen Reisezugdienst prädestinierte Type erschien in rascher Folge bei den meisten Bahnverwaltungen, die über Strecken mit günstigen Neigungsverhältnissen verfügten, und ermöglichte bemerkenswerte Kürzungen der Reisezeiten gegenüber den überforderten 2'B-Lokomotiven. Ihre Blütezeit währte jedoch nicht lange. Schon nach wenigen Jahren wurde ihr Leistungsvermögen von den weiter anwachsenden Zuggewichten eingeholt.

Um im Verkehr zwischen der Hauptstadt Wien und Prag als der zweitwichtigsten Stadt der österreichischen Reichshälfte der Konkurrenz der kkStB und der privaten StEG nicht zu unterliegen, stellte die Österreichische Nordwestbahn 1901 acht 2'B1'-Schnellzuglokomotiven Reihe XVIb in Dienst. Der technische Fortschritt gegenüber der Nordbahn-IId (später Reihe 308) zeigte sich in der zweistufigen Dampfdehnung, dem höheren Dampfdruck von 13 kg/cm³ und dem Innenrahmen. Der etwas größere Kessel wies hingegen noch eine verhältnismäßig tiefe Schwerpunktlage auf. Obwohl keine der Lokomotiven nach dem Ersten Weltkrieg in Österreich verblieb, bedarf die Baureihe aus entwicklungsgeschichtlicher Sicht der Erwähnung. Mit einer wasserberührten Heizfläche von 178,3 m² und einer Rostfläche von 2,9 m² leistete diese Zweizylinder-Verbund-Type etwa 1000 PS und brachte auf den steigungsärmeren Streckenabschnitten Wien–Znaim und Groß – Wosek – Tetschen der ÖNWB-Magistrale eine Beschleunigung der Schnellzüge. Die auf der Elbetallinie eingesetzten Loks waren zur Verminderung des Funkenfluges bei Verfeuerung böhmischer Braunkohle mit Kobel-Kamin ausgestattet, der das skurrile Erscheinungsbild – bedingt durch den trommelförmigen Sandbehälter mit hindurchgeführtem Domverbindungsrohr und drittem Sicherheitsventil – noch verstärkte. Nach der Verstaatlichung der Nordwestbahn wurden die Loks unter der kkStB-Reihe 208 geführt. Alle acht verbliebenen nach 1918 in Böhmen, wo sie als Reihe 264.4 von ihrem Stammheizhaus Tetschen aus leichte Güterzüge führten, später nach Komotau verlegt wurden und u. a. Vorspann vor den Schnellzügen nach Prag und Eger leisteten. Die letzte wurde erst 1938 kassiert.

Im gleichen Jahr wie die ÖNWB stellte auch die kkStB parallel zu den in Serien gebauten 2'B-Lokomotiven der Reihe 106 eine Atlantic-Lokomotive in Dienst. Diese über die Grenzen Österreichs hinaus berühmt gewordene Reihe 108 war die erste 2'B1'-Bauart mit einem Vierzylinder-Verbundtriebwerk. Nach langjährigen Vorstudien wurde sie Gölsdorfs hervorragendste Konstruktion. Sie stellte sowohl in technischer als auch in ästhetischer Hinsicht einen Höhepunkt in der Entwicklung der Dampflokomotiven schlechthin dar. Die Längssachse des Kessels mit einer Rohrlänge von 4 Metern und einer wasserberührten Heizfläche von 227 m² lag auf einer Höhe von 2830 mm über SOK und ermöglichte die Unterbringung einer geräumigen Feuerbüchse mit großer Krebstiefe und einem Rost von 3,5 m². Sie erreichte allerdings eine Länge von 3,5 Metern und stellte hohe Anforderungen an den Heizer.

Alle vier Zylinder trieben die erste Kuppelachse an, wobei die Bewegung der inneren Hochdruckschieber durch Umkehrhebel von der äußeren Heusinger-Steuerung abgeleitet wurde. Dank des perfekten Massenausgleichs, der 2,14 m hohen Treibräder und der tadellosen Führung im Gleis konnte die Lokomotive auf Versuchsfahrten mühelos 143 km/h erreichen. Nach Gölsdorfs Bericht soll sie sogar noch schneller gewesen sein. Für den Betrieb konnten aus signal- und bremstechnischen Gründen jedoch nur 100 km/h zugelassen werden. Nicht minder beachtlich war die Leistungsfähigkeit der 108. Der für einen Dampfdruck von 15 kg/cm² ausgelegte Kessel gab dauernd etwa 1400 PS mit Spitzen von 1600 PS her, womit Züge von 300 t auf ebener Strecke mit der Höchstgeschwindigkeit gefahren werden konnten. Auf einer Probefahrt beschleunigte die Lok einen 230 t-Zug auf einer Steigung von 10‰ in 7 Minuten vom Stand auf 74 km/h, ein für die Zeit erstaunliches Ergebnis. Um längere Strecken ohne Ergänzung der Vorräte durchfahren zu können, konstruierte Gölsdorf den Drehgestelltender Reihe 86 mit seitlichen Fülltaschen. Aus Gründen der Achslastbegrenzung mußte die Vorratskapazität auf 21 m³ Wasser und 8,3 t Kohle beschränkt werden.

Besonderes Augenmerk widmete er der architektonischen Durchbildung der Lokomotive, die in der Ausgewogenheit ihrer Proportionen bei klarer Linienführung kaum jemals übertroffen wurde. Die konstruktive Durcharbeitung wurde der Ersten Böhmisch-Mährischen Maschinenfabrik in Prag-Lieben übertragen, welche 1901 den Prototyp unter der Fabrik-Nummer 30 ablieferte. Bis 1910 stellte die kkStB 25 Einheiten in Dienst, an deren Lieferung auch die Lokomotivfabrik Wiener

108.22 der kkStB mit Tender 86.12, Werkfoto, BMMF 161/1906
Foto: Sammlung Ostendorf

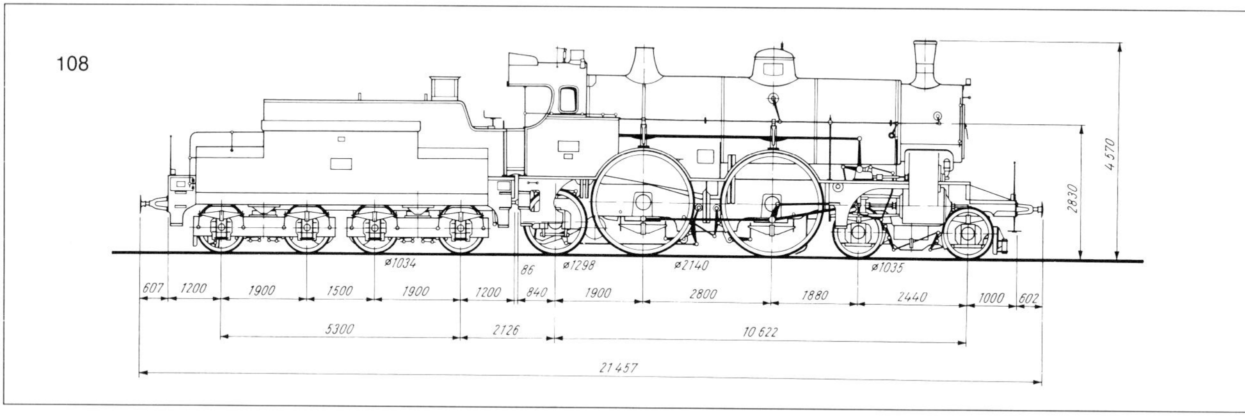

Neustadt und die StEG-Maschinenfabrik beteiligt waren. Eine besondere Auszeichnung war die Verleihung des Grand Prix für die Lok 108.22 auf der Industrie-Ausstellung in Mailand im Jahre 1906.

Mit den neuen Lokomotiven konnte die 351 km lange Hauptstrecke der Franz-Josef-Bahn Wien – Prag in 5½ Stunden bewältigt werden, eine Reisedauer, die erst in jüngster Zeit geringfügig unterboten wurde. Auch die Bäder-Schnellzüge konnten mit der Reihe 108 schneller ans Ziel gebracht werden. Weitere Einsatzstrecken waren die von Prag nach Eger über Pilsen und nach Budweis (– Linz). 1908 wurden einige Maschinen vom Heizhaus Wien FJB zur verstaatlichten Nordbahn verlegt, wo sie Züge bis zu 390 t befördern mußten und in den drei Bespannungsabschnitten der Strecke Wien – Prerau – Krakau – Lemberg gegenüber den Reihen 308 und 106 weitere Fahrzeit einsparen konnten. Weniger geeignet erwies sich die 108 für den Einsatz auf der Westbahn mit ihren steigungsreichen Abschnitten im Wiener Wald, weshalb sie von dort bald abgezogen wurde.

Zwischen 1903 und 1908 beschaffte auch die Südbahn elf Einheiten, die von der Lokomotivfabrik Wiener Neustadt und der StEG-Fabrik geliefert und unter den Bahn-Nummern 211 bis 221 eingereiht wurden. Sie sollten u. a. die Luxuszüge, wie den (St. Petersburg-)Wien-Nizza-Cannes-Express zwischen Wien und Gloggnitz sowie den Nord-Süd-Express (Berlin – Verona) und den Berlin-Rom-Express im Etschtal beschleunigen. Bei Versuchsfahrten konnte eine Schnellzugsgarnitur von 165 t trotz einer längeren Steigung südlich von Wien mit 93 km/h gefahren und mit einer Anhängelast von 340 t ein Schnitt von 62,5 km/h eingehalten werden. Mit derart ausgelasteten Zügen hatten die Loks dann im Regelbetrieb oft bis zu drei Touren am Tage zwischen Wien und Gloggnitz zurückzulegen.

Im letzten Friedensjahr 1914 waren die Lokomotiven der Staatsbahn auf die Heizhäuser Wien FJB (drei), Prag-Nusle I (elf), Pilsen (zwei), Budweis I (fünf) und Rzeszow (vier) verteilt, während die Südbahn-Maschinen den Heizhäusern Wien Süd und Bozen-Gries zugewiesen waren.

Bei der Aufteilung des österreich-ungarischen Lokomotivparks nach dem Ersten Weltkrieg gelangten alle Staatsbahn-Maschinen bis auf eine, die kriegsbedingt in Rumänien verblieb, in den Besitz der ČSD, die sie als 275.001 bis 24 einreihte. Drei davon, die bis zur Verstaatlichung auf der Südbahn fuhren, wurden erst 1923 übergeben. Die 275er beförderten vor allem leichte Eil- und beschleunigte Personenzüge auf den Strecken Prag – Pilsen – Furth i. W., Pilsen – Budweis und Prag – Bodenbach. Bis in die dreißiger Jahre führte eine 275.0 den aus zwei Teakholz-Schlafwagen und zwei Packwagen bestehenden L 103/104 Paris-Prag-Express zwischen Eger und der Hauptstadt. Erst 1948 endete ihre Laufbahn.

Weniger glorreich und wesentlich früher ging die Karriere der in Österreich verbliebenen Südbahn-Atlantics zu Ende. 1914 waren alle elf in Wien Süd vereinigt, ein Jahr darauf befanden sich wieder acht in Bozen-Gries. 1923, nach Übernahme des österreichischen Südbahnnetzes durch die BBÖ, wurden die Loks in 108.01 bis 11 (Zweitbesetzung) umgezeichnet. Sie teilten das Schicksal aller Zweikuppler in jener Zeit. Mangels geeigneter Einsatzmöglichkeiten verfielen sie bald der Kassierung, die bis 1934 abgeschlossen war.

Die Atlantic-Bauart scheiterte schließlich an ihrer eigenen Wesensart, die sie zwar als hervorragende Schnellläuferin auszeichnete, ihr aber mangels ausreichender Reibungsmasse die volle Nutzbarmachung der installierten Kesselleistung verwehrte.

Konstruktive Merkmale

Kessel: Zweischüssiger Naßdampfkessel für 15 kg/cm² Dampfdruck, 328 Rohre von 4 Meter Länge, Rostfläche 3,50 m²; halbhoher Dampfdom, Sicherheitsventilstutzen bei Prototyp auf erstem Kesselschluß über der zweiten Laufachse, ab 108.02 über der zweiten Kuppelachse.

Rahmen: Genieteter Blechrahmen, Mittelteil durch Barrenteil verstärkt.

Triebwerk: Vierzylinder-Verbund-Maschine nach von-Borries'scher Anordnung mit Antrieb auf der erste Kuppelachse, inneren Hochdruckzylindern von 350 mm, äußeren Niederdruckzylindern von 600 mm Durchmesser, gemeinsamem Hub von 680 mm und Treibraddurchmesser von 2140 mm, Flachschieber, äußere Heusinger-Steuerung mit kombiniertem Schiebergestänge für je ein Zylinderpaar.

Laufwerk: Drehgestell mit Seitenspiel, Adams-Schleppachse nahe am zweiten Kuppelradsatz, Gesamtradstand 9020 mm.

Ausrüstung: Vakuum-Bremse auf Drehgestell- und Kuppelräder wirkend; Sandbehälter zwischen den Rahmen, Streurohr vor der Treibachse.

Tender: Dreiachsiger Steifrahmen-Tender mit längsseitigem Wassereinlauf Reihe 56, 56a oder 156 für 16,75 m³ Wasser mit 5,76 bzw. 6,8 t Kohle. oder Drehgestelltender Reihe 86 mit seitlicher Einlauftasche für 21 m³ Wasser und 8,3 t Kohle.

308 (KFNB IId)

DRB-Baureihe 14⁰

2B1-n2 und 2B1-t2

1895 bis 1941

Techn. Daten: Seite 255

Gegen Ende des 19. Jahrhunderts ließen der stetig anschwellende Verkehrsstrom im Gefolge wirtschaftlichen Wachstums und das Verlangen nach höherem Reisekomfort die Zuggewichte in einem nicht vorhersehbaren Maße ansteigen. Vorspannleistungen bei Schnellzügen wurden immer häufiger und es wurde deutlich, daß die wachsenden Probleme der Zugförderung mit den herkömmlichen Zweikupplern nicht mehr zu meistern waren, ihre technische Entwicklungsfähigkeit aber bereits an die Grenzen des Machbaren gestoßen war. In den USA hatte man schon seit Ende der achtziger Jahre Versuche mit einer rückwärtigen Laufachse zur Aufnahme eines größeren Kessels angestellt, die jedoch über das Experimentierstadium nicht hinausgekommen waren. 1894 lieferten schließlich die Baldwin-Werke die erste brauchbare 2'B1'-Lokomotive an die Atlantic Coast Railroad, von der der Name „Atlantic" für dieses Achsbild hergeleitet wurde. Bereits ein Jahr darauf erschien die erste Schnellzuglokomotive dieses Typs in Europa bei Österreichs ältester Eisenbahngesellschaft, der Kaiser-Ferdinands-Nordbahn. Von ihrem Aufbau her war diese als IId bezeichnete Pionier-Baureihe jedoch noch weitgehend durch konventionelle Anschauungen geprägt. Im Gegensatz zu Gölsdorf hielt Maschinendirektor Rayl an der tiefen Schwerpunktlage des Kessels fest, die er als Garant für gute Laufeigenschaften und Fahrstabilität betrachtete. Hierfür schien ein Außenrahmen besonders geeignet, da er Raum für eine breitere Feuerbüchse zwischen den Rahmenwangen ließ, deren rückwärtiger Teil sich auf die Laufachse abstützen konnte. Dieses fünfte Räderpaar war seitenverschiebbar außen im Hauptrahmen gelagert. Erst bei den Nachlieferungen ab 1905 wurde eine radial einstellbare Adams-Schleppachse eingebaut. Der Antrieb erfolgte durch ein außenliegendes Zwillingstriebwerk über Kurbeln auf das erste Paar der Treibräder, deren Durchmesser auf 2 Meter festgelegt wurde. Die Maschine arbeitete mit einer Dampfspannung von 12 kg/cm².

An Leistung übertraf die IId Gölsdorfs Reihe 6 nur geringfügig, ihr Lauf war indessen auch bei hohen Geschwindigkeiten noch so ruhig, daß sie als erste österreichische Lokomotive für 100 km/h zugelassen wurde. Die Belastungstafel sah die Beförderung einer Zuglast von 220 t mit 90 km/h vor.

Zwischen Wien und Krakau konnten spürbare Fahrzeitverkürzungen bei zweimaligem Lokwechsel realisiert werden. Besonders ausgezeichnet hatten sich die Nordbahn-Atlantics vor den leichten „Blitzzügen" dieser Verbindung. Diese aus fünf bis sechs dreiachsigen Schnellzugwagen der Polsterklasse gebildeten Züge waren damals die schnellsten in Österreich-Ungarn. Dank der guten Laufeigenschaften der IId-Maschinen vertraute man ihnen auch dann noch den berühmten St. Petersburg-Nizza-Cannes-Express an, als die übrigen Schnellzüge auf der Nordbahn bereits durch neuere Baureihen befördert wurden.

Von 1895 bis 1908 wurden 45 Stück in Dienst gestellt, die letzten vier bereits unter der Ägide der kkStB, welche ab 1. Januar 1907 den Betrieb der KFN übernommen hatte. Alleiniger Hersteller war die Lokomotivfabrik Wiener Neustadt.

Dringender Bedarf an Reisezuglokomotiven veranlaßte die Nordbahn-Direktion der kkStB zur Nachbestellung einer weiteren Serie von zwölf Stück der zwar technisch überholten, aber im Betrieb bewährten Baureihe, die nun mit Clench-Dampftrockner ausgestattet wurde und zur Gewichtseinsparung nur einen Dampfdom erhielt. Unter der staatlichen Regie wurden die Naßdampflokomotiven zur Reihe 308, jene mit Dampftrockner – der mangels Bewährung später wieder ausgebaut wurde – zur Reihe 308.500.

Vor Ausbruch des Ersten Weltkrieges waren die 57 Maschinen beider Ausführungen auf die Heizhäuser Wien Nord, Lundenburg, Prerau und Krakau verteilt. Bald zeigte sich jedoch, daß die großrädrigen Zweikuppler mit nur 28 t Reibungsmasse den gestiegenen Anforderungen im Schnellzugdienst nicht mehr gewachsen waren. Aus diesem Grunde wurden 1913 die 308.12 und 1915 die 308.36 und 38 in 2'C-Personenzug-Lokomotiven mit Treibrädern von 1614 mm umgebaut und unter Beibehaltung ihrer Betriebsnummern als Reihe 227 bezeichnet, wobei die 227.12 versuchsweise mit Lentz-Ventilsteuerung ausgestattet wurde. Diese Maschine und die 227.38 erhielten außerdem einen Kobel-Funkenfänger. Der Umbau brachte nicht den gewünschten Erfolg und wurde nicht fortgeführt.

Nach dem Ersten Weltkrieg verblieben 18 Stück der Reihe 308, alle zwölf 308.500 und die drei 227er in Österreich, 15 Stück wurden der ČSD (Reihe

308.44, ehemalige KFNB II d 268, im Betrieb der BBÖ. Die Lokomotive kam noch als 14 002 zur DRB, Wiener Neustadt 4780/1907
Foto: Archiv Töpelmann

308

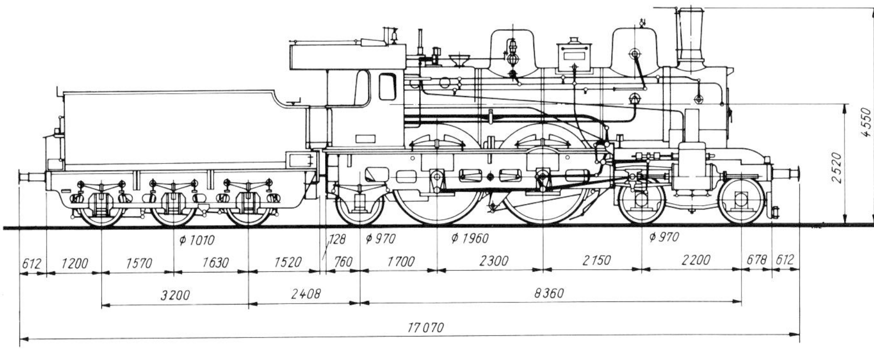

274.0) und neun Stück der PKP (Reihe Pf 12) zugesprochen. Nachdem bereits seit 1918 einige Loks leihweise bei der Südbahn Dienst taten, folgten ihnen weitere ab 1923 nach Übernahme der österreichischen Südbahnstrecken durch die BBÖ, während andere zur Franz-Josef-Bahn kamen. Beim Heizhaus Wien Nord verblieben bis 1926 alle zwölf 308.500. In Ermangelung geeigneter Zugförderungsaufgaben setzte bei allen Verwaltungen schon früh die Ausmusterung ein. Von der Deutschen Reichsbahn wurden 1938 nur noch die 308.29 und 44 übernommen und in 14 001 und 002 (Zweitbesetzung) umgezeichnet. Beide überlebten den Zweiten Weltkrieg und gelangten noch als Vorheizanlagen in den Bestand der ÖBB. Die 14 001 wurde als sowjetische Kriegsbeute sogar noch einmal reaktiviert und im Wiener Bereich eingesetzt.

Bei der ČSD verblieben die ehemaligen IId im leichten Personen- und Güterzugdienst bei den Heizhäusern Lundenburg und Prerau. Ihre Ausmusterung war bis 1938 abgeschlossen. Bei der PKP endete ihr Einsatz zu Beginn des Zweiten Weltkrieges.

Der Vollständigkeit halber sei noch erwähnt, daß auch die auf russischem Territorium befindliche normalspurige Warschau-Wiener Bahn zwischen 1898 und 1900 18 Lokomotiven (Nr. 219 bis 231) nach dem Baumuster der Nordbahn-IId mit nur geringfügigen Änderungen von der Lokomotivfabrik Wiener Neustadt bezog, von denen zehn nach dem Ersten Weltkrieg als Pf 12–10 bis 19 den Bestand dieser PKP-Reihe aufstockten.

Bedauerlicherweise blieb kein Exemplar dieser ersten Atlantic-Type Europas der Nachwelt erhalten.

Konstruktive Merkmale

Kessel: Dreischüssiger Naßdampfkessel mit zwei Dampfdomen und Füllschale auf dem Stehkessel, Zugfeder-Sicherheitsventile beiderseits des rückwärtigen Domes; Serie 308.500 mit einem Dom auf rückwärtigem Kesselschuß mit aufgesetzten Sicherheitsventilen. Clench-Dampftrockner (später ausgebaut), Heizfläche (wasserberührt) 168,9 m^2 für Naßdampfausführung, 128,6 m^2 mit Dampftrockner von 39 m^2 Fläche; Rost 2,9 m^2.

Rahmenbauart: Außenrahmen aus genieteten Platten.

Triebwerk: Außenliegende Zwillings-Maschine, Heusinger-Steuerung mit Flachschiebern, Antrieb über Kurbeln außerhalb des Rahmens, Treibraddurchmesser 2000 mm.

Fahrwerk: Tragfedern oberhalb der Achsen, Laufraddurchmesser vorn und hinten 1010 mm; rückwärtige Tragachse seitenverschieblich in Außenlagern im Hauptrahmen geführt, ab 308.36 Adams-Schleppachse mit Innenlagern.

Ausrüstung: Eckiger Sandkasten zwischen beiden Domen, bei Serie 308.500 vor dem Dom; Vakuumbremse auf beide Kuppelradsätze von vorn wirkend; bei BBÖ teilweise mit Dabeg-Fahrpumpe ausgestattet.

Tender: Dreiachsiger Nordbahn-Tender Reihe (kkStB Reihe 74) für 14,8 m^3 Wasser und 7,5 t Kohle, Leergewicht 16,1 t.

9 (kkStB und SB)

409 (Umbau ab 1923)

DRB-Baureihe 17⁶

2C-n2v / 2C-h2

1898 bis 1945

Techn. Daten: Seiten 256/257

Um gegen die Konkurrenz durch die Südbahn im Verkehr nach den südlichen Kronländern und den Adriahäfen nicht an Boden zu verlieren, entwarf Gölsdorf in den neunziger Jahren für die kkStB die dreifachgekuppelte Hügelland-Schnellzuglokomotive Reihe 9, die auch in der Lage sein sollte, auf günstiger trassierten Talstrecken Geschwindigkeiten bis zu 80 km/h einzuhalten. Er entschied sich für die Achsfolge 2'C mit einem Treibraddurchmesser von 1820 mm und einem führenden Drehgestell mit Pendelaufhängung und Seitenspiel. Unter Verzicht auf risikobehaftete Neuerungen hielt er am Außenrahmen mit tiefer Schwerpunktlage des reichlich dimensionierten Kessels fest. Darüberhinaus erhielt die Lokomotive ein Innentriebwerk mit zweistufiger Dampfdehnung, das zwar einen hohen Grad an Laufruhe versprach, aber durch seine schlechte Zugänglichkeit die Wartung erschwerte. Der Niederdruckzylinder mit einem Durchmesser von 810 mm war einer der größten in Europa hergestellten Lokomotivzylinder. Ungewöhnlich war auch die durch Exzenterringe bewegte äußere Heusinger-Steuerung an der ersten Kuppelachse. Augenfälligstes Bauelement dieser archaischen Konstruktion war aber der zylindrische Dampfsammelbehälter, der sich in einer Länge von 4,4 Metern über den Kessel erstreckte und der Lokomotive ein äußerst eigenwilliges Aussehen verlieh. Er hatte den Zweck, die für Bergfahrten notwendige große Dampfreserve vorzuhalten. Dem Gölsdorf'schen Stil jener Zeit entsprach das oberhalb der Fensterbrüstung stufenförmig eingezogene Führerhaus mit einem die gesamte Dachlänge einnehmenden Lüfteraufsatz. Beachtlich war der Dampfdruck von 14 kg/cm².

Von 1898 bis 1903 stellte die kkStB 38 Stück in Dienst, die von der Maschinenfabrik der StEG, der Lokomotivfabrik Floridsdorf und der Ersten Böhmisch-Mährischen Maschinenfabrik hergestellt wurden. Vier Stück beschaffte 1900 die Südbahn (Nr. 1401 bis 1404) für den Einsatz auf

9.37 der kkStB
BMMF 114/1903
Foto: TBA K. Pfeiffer

der Pustertalbahn. Die Staatsbahn-Loks waren den Heizhausleitungen Linz, Salzburg, Bischofshofen und Knittelfeld, die der Südbahn dem Heizhaus Lienz zugeteilt. Als bemerkenswerter Langlauf ist die Strecke Knittelfeld – Pontafel der ehem. Kronprinz-Rudolf-Bahn zu erwähnen.

Die Reihe 9 entsprach nicht den Erwartungen. Vor allem litt sie unter Schwergängigkeit infolge hohen Eigenwiderstandes durch überdimensionierte Triebwerkselemente und Steuerungsorgane. Trotz des führenden Drehgestells ließen auch die Laufeigenschaften zu wünschen übrig.

40.9.28 der BBÖ, Umbau 1923 aus 9.28, BMMF 25/1901
Foto: Sammlung Ostendorf

409

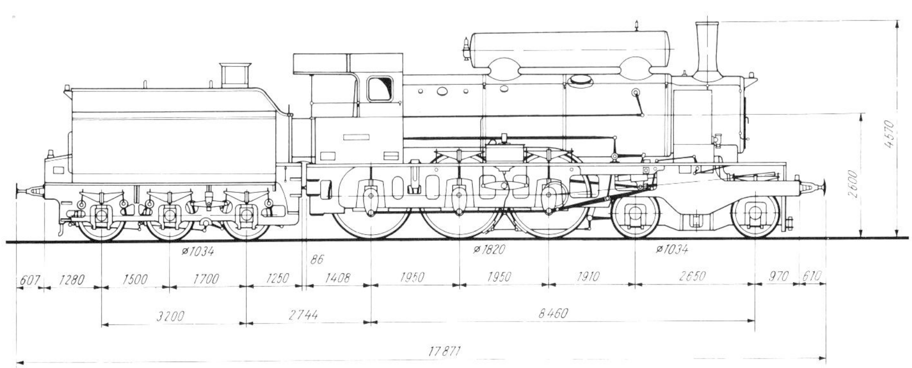

Nach dem Ersten Weltkrieg verblieben alle Staatsbahn-Neuner in Österreich. Als robuste Dreikuppler hatten sie trotz verschiedener Mängel gute Überlebenschancen, weshalb zwischen 1922 und 1928 neunzehn einem Modernisierungsprogramm unterzogen wurden. Die restlichen wurden bis 1938 ausgemustert. Der in den StEG-Werken ausgeführte Umbau zu Heißdampf-Zwillings-Maschinen und der Ersatz der schwergängigen Exzenter-Steuerung durch eine von Umkehrhebeln betätigte Lentz-Ventilsteuerung brachte neues Leben in die Maschinen, so daß sie nun Leistungen von über 1200 PS entwickelten und ohne heiß zu laufen längere Zeit mit 90 km/h fahren konnten. Die angeschmiedeten Exzenterringe schwangen dabei funktionslos um die Treibachse. Der technischen Umgestaltung wurde durch die neue Reihenbezeichnung 409 Rechnung getragen, wogegen die äußere Form bis auf den Wegfall des langen Dachlüfters im wesentlichen unverändert blieb. Mit ihrem charakteristischen Dampfsammelbehälter wurden die 409er für mehr als drei Jahrzehnte geradezu zu einer Institution der landschaftlich großartigen Gesäuse- und Ennstalstrecke, wo sie sich vorzüglich bewährten. Sie vermochten 305 t schwere Züge mit 50 km/h über Steigungen von 10‰ zu schleppen und übertrafen an Leistung und Zugkraft sogar die fünffach gekuppelten Güterzuglokomotiven der Reihen 180 und 80, welche bei gleicher Geschwindigkeit nur 170 bzw. 200 t nehmen konnten. In ihrer modernisierten Form waren sie vergleichsweise der bayerischen P 3/5 H ebenbürtig.

Bei der Übernahme durch die Deutsche Reichsbahn wurden noch elf Stück – trotz ihrer antiquierten Erscheinung – entsprechend ihrer Eignung als Schnellzuglokomotiven klassifiziert und als 17 601 bis 611 (Zweitbesetzung) eingereiht, und es ist wohl nur den erlittenen Kriegsschäden zuzuschreiben, daß die letzte schon im Oktober 1945 aus dem Betrieb ausschied. Stationiert waren die 409er in Amstetten, Knittelfeld und Bruck an der Mur.

Konstruktive Merkmale

Kessel: Naßdampfkessel mit 207,9 m² wasserberührter Heizfläche, 3,1 m² Rostfläche, zylindrischer Dampfsammelbehälter statt Dampfdome mit Sicherheitsventilen am rückwärtigen Ende; Dampfdruck 14 kg/m².

Rahmen: Außen- Blechrahmen.

Triebwerk: Zweizylinder-Verbund-Maschine mit Innenantrieb auf der ersten Kuppelachse, Hochdruckzylinder rechts, Heusinger-Steuerung außen durch Exzenterscheibe bewegt; Loks 9.34 bis 38 mit Joy-Umkehrhebelsteuerung, Treibraddurchmesser 1820 mm.

Fahrwerk: Tragfedern über den Achsen, seitenverschiebliches Drehgestell, Laufraddurchmesser 1094 mm, zwischen verjüngtem Hauptrahmen.

Ausrüstung: Vakuum-Bremse aus der Mitte auf das erste und zweite Kuppelradpaar wirkend; Sandbehälter auf niedrigem Umlauf, Streurohr zum Treibradsatz.

Tender: Dreiachsiger Steifrahmentender Reihe 56 oder 156 für 16,75 m³ Wasser und 5,76 bzw. 6,8 t Kohle, längsseitiger Wassereinlauf.

Umbau-Reihe 409: Rauchrohrüberhitzer mit 42,3 m² Fläche, wasserberührte Verdampfungsheizfläche 164,3 m² (feuerberührt 150,5 m²); Zwillingstriebwerk innen mit äußerer Lentz-Ventil-Steuerung und Umkehrhebeln.

109 (StEG 36.5)

2C-n4v

1902 bis 1934

Techn. Daten: Seite 256

Mit der Fertigstellung der Ergänzungsstrecken zu den am 1. Januar 1855 übernommenen Linien der Nördlichen und Südöstlichen Staatsbahn betrieb die StEG ein beide Reichshälften mit ihren Hauptstädten umspannendes Streckennetz von der sächsischen Grenze bis zum Eisernen Tor. Der anwachsende Verkehrsstrom im Gefolge wirtschaftlichen Wachstums zum Ende des neunzehnten Jahrhunderts, der mit der Einstellung neuer, schwerer Wagentypen einherging, trieb innerhalb weniger Jahre die Zuggewichte derart in die Höhe, daß selbst die neuesten, mit nur zwei Kuppelachsen ausgestatteten Lokomotiven schon nach kurzer Zeit überfordert waren. Erst 1900 hatte die StEG mit ihrer Reihe 26 die stärksten 2'B-Schnellzuglokomotiven Österreichs (spätere kkStB-Reihe 406) in Dienst gestellt, die den von Gölsdorf entwickelten Baugrundsätzen folgten, deren Kessel jedoch jenen der kkStB-Reihe 106 an Heizfläche um 25 Prozent übertraf. Seine Leistungsfähigkeit konnte allerdings mangels ausreichenden Treibgewichts des Zweikupplers nicht voll für die erforderliche Zugkraft genutzt werden. Um die Mehrkosten einer Neukonstruktion einzusparen, entschloß man sich, lediglich die Zahl der Kuppelachsen um eine weitere zu vermehren und die so entstandene 2'C-Lokomotive mit einem Vierzylinder-Verbund-Triebwerk auszustatten. Die inneren Hochdruck- und die äußeren Niederdruckzylinder hatten getrennte Steuerungen, die zwar eine individuelle Dosierung der Füllungsgrade ermöglichten, dabei aber viel Feingefühl bei der Bedienung erforderten. Der Durchmesser der Kuppelradsätze war mit 1820 mm mehr auf gutes Anzugs- und Beschleunigungsvermögen als auf hohe Geschwindigkeit ausgelegt. Das äußere Erscheinungsbild der Lokomotiven war wieder durch zwei hohe Dampfdome mit Verbindungsrohr geprägt, die lange Zeit ein Markenzeichen des österreichischen Lokomotivbaues waren. StEG-spezifisch war die getrennte Anordnung der Federwaag-Sicherheitsventile beiderseits des vorderen Domes.

Der von der 2B-Reihe 26 übernommene Kessel entsprach in seinen Dimensionen dem der 2'C-Lokomotiven der Südbahn und der Nordwestbahn, blieb aber hinter dem der kkStB-Reihe 9 zurück. Sein Betriebsdruck war auf 13 kg/cm^2 eingestellt.

Die 14 Stück umfassende Serie wurde von 1902 bis 1904 von der gesellschaftseigenen Maschinenfabrik geliefert und als Reihe 36.5 beim StEG-Heizhaus Wien (Ost), das sie niemals wechselten, in Dienst gestellt.

Nach der im Jahre 1909 erfolgten Verstaatlichung der StEG wurden sie nach dem kkStB-Schema als Reihe 109 bezeichnet und führten weiterhin Schnellzüge von Wien nach Preßburg und Brünn. Sie lösten dort die 2B-Lokomotiven der Reihe 406 vor dem Orient-Express ab. Wie alle neueren Lokomotiven der StEG waren sie ab Werk mit der Westinghouse-Druckluftbremse ausgerüstet, die für den Verkehr nach Ungarn erforderlich war.

Bei der Fahrparkaufteilung nach dem Ersten Weltkrieg verblieben alle Loks der Reihe 109 in Österreich. Die beiden letzten schieden 1932 aus dem Einsatzbestand der BBÖ aus, da große Naßdampflokomotiven mit aufwendigem Mehrzylindertriebwerk nicht mehr gefragt waren. Einige wurden jedoch bis in die fünfziger Jahre als fahrbare Waschanlagen verwendet.

Foto: nächste Seite

Konstruktive Merkmale

Kessel: Dreischüssiger Naßdampfkessel mit 186,0 m^2 wasserberührter Heizfläche; Rostfläche 3,1 m^2; Doppeldom mit Verbindungsrohr, Federwaag-Sicherheitsventile auf vorderem (Regler-) Dom.

Rahmen: Innerer genieteter Blechrahmen.

Triebwerk: Vierzylinder-Verbund-Maschine mit inneren Hochdruckzylindern von 350 mm und äußeren Niederdruckzylindern von 580 mm Durchmesser, Hub 650 mm; Treibraddurchmesser 1820 mm; Dampfdruck 13 kg/cm^2; Einachsantrieb auf der ersten Kuppelachse, Flachschieber mit getrennten Heusinger-Steuerungen.

Laufwerk: Drehgestell mit beweglichen Drehzapfen; Tragfedern der Kuppelachsen unterhalb der Achslager.

Ausrüstung: Vakuumbremse und Westinghouse-Druckluftbremse für Wagenzug; Sandkästen beiderseitig auf Umlaufsteg vor der ersten Kuppelachse.

Tender: Dreiachsiger Steifrahmentender der Bauart StEG Reihe 37.

109

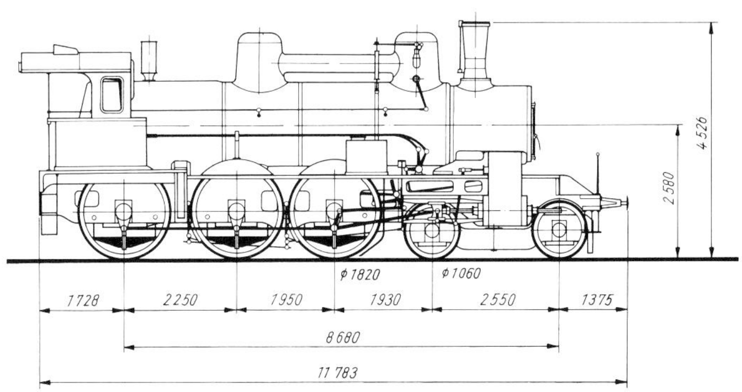

209 (SB 109)
DRB-Baureihe 38^{41}
ÖBB-Baureihe 38

2C-h2

1910 bis 1968

Techn. Daten: Seite 256

Als Ersatz für die 1896 in Dienst gestellten 2'C-n2-Lokomotiven Reihe 32f, die den stark angestiegenen Zuggewichten nicht mehr gewachsen waren, beschaffte die Südbahn 1910 eine wesentlich stärkere Schnellzuglokomotive gleicher Achsanordnung in Heißdampfausführung als Reihe 109, die in der Folgezeit eine der erfolgreichsten österreichischen Lokomotiven werden sollte. Der von Maschinendirektor Prossy stammende Entwurf war für die Beförderung der ausgelasteten Schnellzüge auf den slowenischen Karststrecken ausgelegt. Mit ihrem Treibraddurchmesser von 1740 mm sollte sie auf den ebenen Abschnitten noch 90 km/h einhalten können. Gegenüber der gleichartig konzipierten preußischen P8 besaß die Südbahn-Maschine bei einer Achsfahrmasse von nur 14,4 t einen Kessel mit einer 19% größeren Verdampfungsheizfläche von 173,8 m² und einen um 24% größeren Rost mit 3,55 m² Feuerungsfläche, der breit über dem Rahmen angelegt war. Bei Verfeuerung englischer Importkohle, die in den Adriahäfen zur Verfügung stand, konnte die Lokomotive Leistungen bis zu 1500 PS entwickeln. Bei Betriebsmeßfahrten beschleunigte sie einen 320 t schweren Zug auf der 28 km langen Rampenstrecke nördlich von Triest mit Steigungen von 14‰ und sehr engen Kurvenradien auf 65 km/h und nahm einen Anstieg von 10‰ mit einer Schnellzugsgarnitur von 400 t mit 50 km/h. Im Vergleich zur Vorgängertype Reihe 32f erbrachte die Reihe 109 durch Heißdampftechnik und von 12 auf 14 kg/cm² erhöhtem Dampfdruck eine Brennstoffersparnis von 22% und ermöglichte überdies, die Reisezeit zwischen Wien und Triest von 13½ auf 10½ Stunden zu kürzen.

StEG 3659, später kkStB/BBÖ 109.09, StEG-Fabrik 2986/1903
Foto: Sammlung Dr. Scheingraber

209

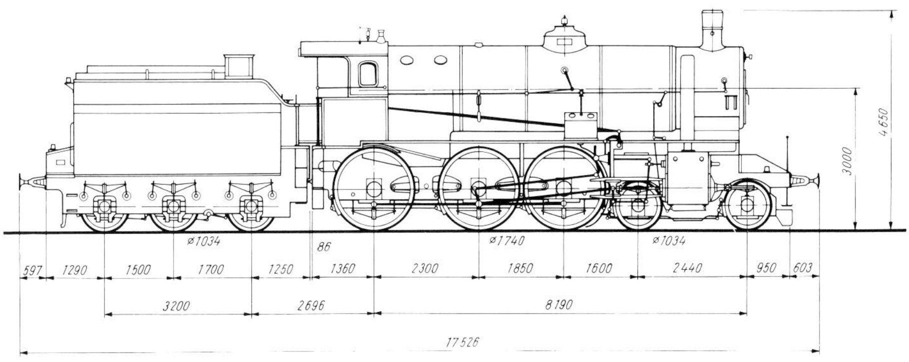

Äußerlich beeindruckte die Reihe 109 durch die klare, übersichtliche Linienführung ihres Baustils, der jenem der späteren Gölsdorf-Lokomotiven sehr ähnlich war und im österreichischen Lokomotivbau bestimmend blieb. Von 1910 bis 1914 stellte die Südbahn 44 Stück auf ihrem österreichischen Streckennetz in Dienst, die von der StEG-Maschinenfabrik als Erstlieferant und den Lokomotivfabriken Wiener Neustadt und Floridsdorf geliefert und den Heizhausleitungen Wien Süd, Innsbruck, Marburg/Drau und Triest zugewiesen wurden. Nur 17 Stück verblieben nach dem Ersten Weltkrieg in Österreich und wurden nach der Verstaatlichung der Südbahn 1923 in Reihe 209 (Zweitbesetzung) umgezeichnet. (Als Staatsbahn-Reihe 109 war bereits die ehemalige StEG-Reihe 36.5 vorhanden.) In der Zwischenkriegszeit waren die 209er in Wien Ost und Graz beheimatet. Zu ihren Aufgaben gehörte u. a. die Führung des Orient-Express östlich von Wien.

13 Stück kamen 1919 nach Festlegung der neuen Grenzen zur Staatsbahn des neuen Südslawischen Königreiches (SHS) und wurden zur späteren JDŽ-Reihe 03. Bis in die dreißiger Jahre versahen sie unangefochten den Schnellzugdienst von Laibach nach Jesenice und Pula. Zwei weitere Maschinen kamen im Zweiten Weltkrieg aus Ungarn hinzu. In Marburg/Drau und Laibach, dann in Pula beheimatet, leisteten sie in vorzüglichem Pflegezustand bis 1968 leichteren Reisezugdienst auf ihren angestammten Strecken.

Ebenfalls 13 Stück kamen nach der Fahrparkaufteilung zur FS (Italien), wo sie als Reihe 653 vorwiegend Eilzüge von Triest nach Venedig und Udine führten und nach Elektrifizierung dieser Strecken in den vierziger Jahren abgestellt wurden.

1913 stellte die Südbahn auch auf ihrem ungarischen Netz neun Stück als Reihe 109.100 in Dienst, die von der Maschinenfabrik der Ungarischen Staatsbahn in Budapest und der Lokomotivfabrik Floridsdorf geliefert und im Heizhaus Nagykanizsa stationiert wurden. Als zehnte kam die 109.26 aus Österreich hinzu. In ihrer grünen Lackierung mit blanken Messingbändern und roten Rädern wirkten diese Maschinen besonders attraktiv. Zur Beförderung der 500 t schweren Schnellzüge auf der Plattensee-Strecke wurden 1927 bis 1930 weitere vier mit höherem Achsdruck gebaut. Mit der Verstaatlichung der ungarischen Südbahn-Strecken im Jahre 1934 erhielten die 109er die MÀV-Reihenbezeichnung 302. Durch die Ausrüstung mit Speisewasserreinigern hatten diese Loks drei gleichgroße Kesselaufbauten. In Zugkraft und Leistung waren sie den 2C-Lokomotiven der MÀV (Reihen 327 und 328) deutlich überlegen und wurden wie diese für 100 km/h zugelassen.

Die Deutsche Reichsbahn übernahm 1938 alle 17 Stück der BBÖ als Reihe 38 4101 bis 4117, zu denen 1941 nach Eingliederung der Strecken Südkärntens und der Untersteiermark in die RbD Villach die 13 Stück aus dem JDŽ-Bestand als 38 4118 bis 4130 hinzukamen.

Während des Zweiten Weltkrieges wurden mehrere Loks der Reihe 38.41 als Reserve für die Korridorschnellzüge nach Berlin und Ostpreußen durch Böhmen und Mähren in Lundenburg vorgehalten.

Nach Kriegsende kamen noch elf Stück zu den ÖBB. Trotz ihres Alters von mehr als 40 Jahren wurden acht Stück durch Einbau eines Giesl-Ejektors (Flachkamin) mit Siederohrdros-

38.4102 der ÖBB mit Giesl-Esse, ehemalige Südbahn 109.14 bzw. 209.14 der BBÖ, Wiener Neustadt 5076/1912
Foto: Deutinger/Sammlung Schröpfer

selung technisch aufgewertet, wobei die Leistung bei sparsamerem Verbrauch bis zu 30% gesteigert werden konnte. Ihre letzten Einsätze erfolgten bei der Zfl. Amstetten vor Eil-und Personenzügen auf der Gesäusestrecke und vor LEIG-Zügen nach Wien Nordwest. Die Außerdienststellung erfolgte 1967, nach einer Dienstzeit von 57 Jahren.

Ein Jahr darauf endete auch der Plandienst dieser bewährten Lokomotiv-Baureihe in Jugoslawien. Das Schicksal der dort verbliebenen Südbahn-109.38 mit der JŽ-Nummer 03-002 stand jedoch unter einem besonders guten Stern. 1914 von der Lokomotivfabrik Wiener Neustadt geliefert und dem Heizhaus Marburg/Drau zugeteilt, ging sie nach dem Ersten Weltkrieg in den Besitz der Staatsbahn des neuen Königreichs der Südslawen (SHS) über. Während des Zweiten Weltkrieges wurde sie vorübergehend in den Fahrpark der FS (Italien) eingereiht, ohne jedoch umgezeichnet zu werden. Nach Kriegsende gelangte sie wieder in jugoslawischen Besitz und wurde nach ihrer Außerdienststellung im Jahre 1968 für das geplante Eisenbahnmuseum in Laibach hinterstellt. Im Jahre 1986 beschloß man, sie in der Hauptwerkstätte Laibach für den Einsatz vor Sonderzügen von Grund auf überholen zu lassen. Im April 1987 absolvierte die prächtig herausgeputzte Maschine erfolgreich ihre Probefahrten auf der Strecke nach Jesenice und stand ab Sommer dieses Jahres für den vorgesehenen Verwendungszweck zur Verfügung.

Konstruktive Merkmale

Kessel: Dreischüssiger Heizdampfkessel mit 173,8 m^2 wasserberührter Heizfläche, 52 m^2 Überhitzerfläche; Rostfläche 3,55 m^2; Dampfdruck 14 kg/m^2, Kesselmitte 3 m über SOK; Feuerbüchse und Rost über dem Rahmen; niedriger Dampfdom mit aufgesetzten Sicherheitsventilen.

Rahmen: Genieteter Blechrahmen.

Triebwerk: Zwillings-Maschine mit 2 × 550 mm Zylinderdurchmesser, Hub 660 mm; Kolbenschieber mit äußerer Einströmung; Heusinger-Steuerung außen; Treibraddurchmesser 1740 mm.

Fahrwerk: Führendes Drehgestell mit Seitenspiel und Rückstellfedern.

Ausrüstung: Vakuumbremse und Westinghouse-Druckluftbremse, alle Achsen mit einklötzigen Bremsen versehen; Sandkästen auf Umlaufstegen mit Streurohr vor erstem Kuppelradsatz; 1954 Ausstattung mit Giesl-Flachejektor und Siederohrdrosselung.

Tender: Dreiachsiger Streifrahmentender Reihe 456.

110 (kkStB und SB)

DRB-Baureihe 35⁰

1C1-n4v / 1C1-t4v

1905 bis 1951

Techn. Daten: Seite 257

Nachdem der 2'C-n2v-Reihe 9 kein voller Erfolg beschieden war, entwarf Gölsdorf für den Schnellzugdienst auf den Gebirgsstrecken der kkStB eine wesentlich leistungsfähigere 1'C1'-Lokomotive mit Vierzylinder-Verbund-Triebwerk als Reihe 110. Die Lokomotive sollte in der Lage sein, 400 t schwere Schnellzüge mit 50 km/h über Steigungen von 10‰ zu schleppen, wofür eine Leistung von 1400 bis 1500 PS aufzubringen war. Der hierzu erforderliche Feuerrost von 4 m² konnte nicht mehr über der rückwärtigen Kuppelachse untergebracht werden. Gölsdorf sah deshalb eine weit nach rückwärts versetzte Adams-Schleppachse vor, um Raum für eine breite und tiefe Feuerbüchse bei ungehinderter Zufuhr von Verbrennungsluft zu schaffen. Zur Verminderung der baulichen Länge mit Rücksicht auf die Wendemöglichkeit auf den 16-Meter-Drehscheiben mußte der Abstand zwischen der führenden Adams-Laufachse und der ersten Kuppelachse möglichst gering gehalten werden, was eine Schräglage der äußeren Niederdruckzylinder von 1 : 8 bedingte.

Der im dritten Schuß konisch erweiterte Kessel mit einer Heizfläche von 257,8 m² war für einen Dampfdruck von 15 kg/cm² ausgelegt. Er gilt als der größte in Naßdampfausführung gebaute Lokomotivkessel in Europa. Gölsdorf hat sich in seiner Kunst der Gewichtseinsparung hierin selbst übertroffen. Seine bekannte Devise, wonach der Konstrukteur zwar an keiner Stelle eine Tonne, aber an tausend Stellen ein Kilogramm an Gewichtsmasse einsparen kann, wurde bei keiner anderen Type in so hohem Maße realisiert wie bei der Reihe 110. Auf diese Weise war es möglich, die geforderte Leistung aus einer Lokomotive mit nicht mehr als fünf Achsen herauszuholen, ohne die zulässige Achslast von 14,3 t zu überschreiten. Als Kompromiß mußte allerdings auf ein führendes Krauß-Helmholtz-Lenkgestell, ja selbst auf eine Rückstellvorrichtung für die Adamsachse unter Inkaufnahme eines unruhigen Laufes bei Geschwindigkeiten von mehr als 80 km/h verzichtet werden. Immerhin konnte die Lokomotive bei Versuchsfahrten anstandslos bis zu 118 km/h ausgefahren werden. Die Erfüllung des betrieblichen Leistungsprogramms bereitete keinerlei Schwierigkeiten.

In der Gestaltung des äußeren Erscheinungsbildes folgte Gölsdorf dem bei den Reihen 206 und 108 eingeschlagenen neuen, am englischen Lokomotivbau orientierten Baustil mit nur einem Dom und dem um die Treibräder gewölbten Umlauf, wobei der glatte, konisch erweiterte Kessel der Lokomotive eine kraftvoll elegante Note verlieh.

Von 1905 bis 1907 lieferte die Lokomotivfabrik Floridsdorf 16 Stück an die kkStB, die 1914 auf die Heizhäuser Wien NW, Linz, Salzburg, Bischofshofen, Wörgl, Landeck und Villach verteilt waren. Bis zum Eintreffen der großen 1C2-Lokomotiven Reihe 310 waren 110er auch in Wien West und Wien FJB stationiert, andere vorübergehend in Knittelfeld. In den Jahren

110

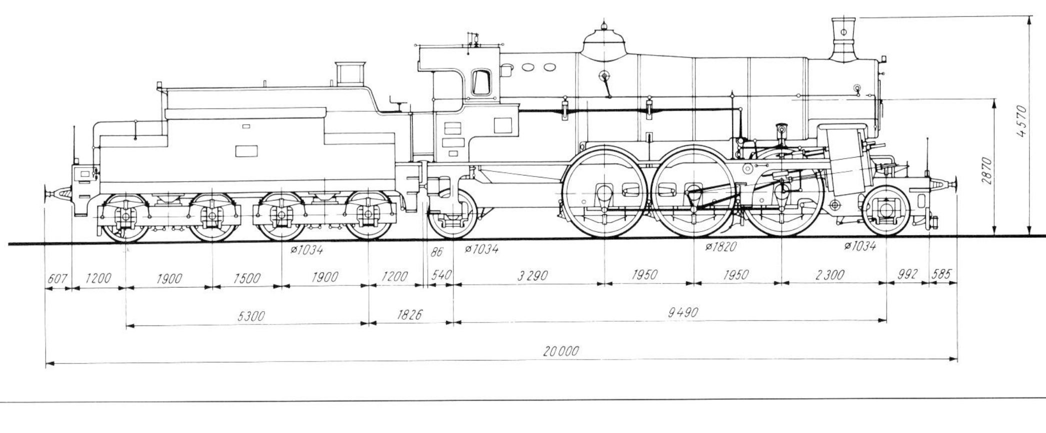

1907 bis 1909 wurden 19 Einheiten mit Clench-Dampftrockner gebaut, davon sechs von der Lokomotivfabrik Wiener Neustadt, und als Reihe 110.500 bezeichnet. Die Einrichtung trieb bei nur geringer thermischer Wirkung die Wartungskosten in die Höhe und wurde deshalb in der Folgezeit ausgebaut. Diese Lokomotiven hatten danach eine geringere Rohrheizfläche als jene der Naßdampfausführung.

Erste Einsatzbereiche waren die Westbahn, die Franz-Josef-Bahn, die Wocheiner-Bahn und nach ihrer Eröffnung im Jahre 1909 die Tauernbahn. Mit der Reihe 110 wurde erstmals die 314 km lange Strecke Wien – Salzburg ohne Lokwechsel durchfahren und der Orient- und Ostende-Express bis Wels vereinigt geführt. Nach ihrer Ablösung durch die Reihe 310 konnten zwölf 110er dem Mangel an leistungsstarken Schnellzuglokomotiven auf der verstaatlichten Nordwestbahn abhelfen, wo sie u. a. ab 1916 im Turnus mit den beiden leichteren 1C1-h2-Loks der Reihe 910 mit dem berühmten Balkan-Zug die 458 km lange Strecke Wien NW – Tetschen ohne Lok- und Personalwechsel in sieben Stunden zurücklegten. Nach Verbesserung des störanfälligen Steuerungsgestänges konnte die Höchstgeschwindigkeit auf 90 km/h heraufgesetzt werden. Weitere beachtliche Langläufe erfolgten auf den Strecken Wien – Prag, Amstetten – Bischofshofen und Pontafel – Triest. Vier Loks waren kurzzeitig in Lemberg für den schweren Schnellzugdienst über Czernowitz nach Itzkany (rumänische Grenze) stationiert. Für Langstreckeneinsätze wurde ein Teil der Loks mit dem Drehgestell-Tender Reihe 86 gekuppelt.

Zur Deckung ihres Bedarfs an starken Schnellzuglokomotiven beschaffte auch die Südbahn 14 Einheiten, davon drei mit Dampftrockner, die von 1906 bis 1909 von der Lokomotivfabrik Floridsdorf geliefert und dem Heizhaus Marburg/Drau zugewiesen wurden. Sie bedienten alle von dort ausstrahlenden Strecken und wendeten in Lienz, St. Michael, Mürzzuschlag und Nagykanizsa.

110.01, Werkaufnahme Floridsdorf 1585/1905
Foto: Sammlung Schröpfer

Ab 1908 stellte auch die private Kaschau-Oderberger Bahn, deren Streckennetz östlich von Karwin auf ungarischem Gebiet verlief, 18 Lokomotiven nach dem Grundmuster der Reihe 110 als Serie Ip in Dienst, die bis 1912 von der Maschinenfabrik der Ungarischen Staatsbahn und den Lokomotivfabriken Floridsdorf und Wiener Neustadt geliefert wurden. Mit einem vierachsigen Tender der ungarischen Regelbauart gekuppelt, durchliefen die in Sillein beheimateten Maschinen die 351 km lange steigungsreiche Hauptstrecke der Hohen Tatra ohne Lokwechsel, bedurften aber mit schweren Schnellzügen einer Vorspannlok auf den 15‰-Rampen. Äußerlich unterschieden sich die KOB-Loks von den österreichischen Schwestern durch die in Ungarn gebräuchliche kegelförmige Rauchkammertür. Die gesamte Serie verblieb nach dem Ersten Weltkrieg in der Tschechoslowakei und wurde als Reihe 354.9 bezeichnet.

Von 1929 bis 1938 erfolgte der Umbau zu Heißdampf-Zwillingslokomotiven mit waagrecht angeordneten Zylindern bei vorgeschobener Laufachse. Hierbei wurde auch eine gewölbte Rauchkammertür mit Zentralverschluß nach ČSD-Norm angebracht. Aufgrund der Heraufsetzung ihrer Höchstgeschwindigkeit von 80 auf 90 km/h erfolgte die Umzeichnung in Reihe 365.3. In dieser Form hatten sich die Maschinen sehr gut bewährt. Während der von 1939 bis 1944 währenden Eigenstaatlichkeit der Slowakei führten sie auch Schnellzüge von Sillein nach der Hauptstadt Preßburg (Bratislava). Erst 1968 schieden sie aus dem Einsatzbestand der ČSD aus.

Nach dem Ersten Weltkrieg verblieben die 110er der kkStB in Österreich, die 14 der Südbahn in Jugoslawien. Da große Naßdampflokomotiven wegen ihres hohen Kohleverbrauchs nicht mehr gefragt waren, wurden nur noch drei als Reihe 35.0 von der Deutschen Reichsbahn übernommen. Diese gelangten noch in den Bestand der 1947 neu gebildeten ÖBB und wurden 1951 ausgemustert. Ihr sporadischer Einsatz erfolgte auf der Gesäusestrecke Amstetten – Selztal – Bischofshofen.

10

DRB-Baureihe 15^0
ÖBB-Baureihe 15

1C1-h4v

1909 bis 1960

Techn. Daten: Seite 257

Konstruktive Merkmale

Kessel: Dreischüssiger, konisch erweiterter Naßdampfkessel mit 257,8 m² wasserberührter Heizfläche, davon 13,7 m² Strahlungsheizfläche der Feuerbüchse, 4 m² Rostfläche, Rohrlänge 5572 mm (110.500 5200 mm), Dampfdruck 15 kg/cm², Kesselmitte 2870 mm über SOK, Dampfdom auf rückwärtigem Kesselschuß.

Rahmen: Genieteter Blechrahmen.

Triebwerk: Vierzylinder-Verbund-Maschine mit inneren Hochdruckzylindern, Flachschieber mit äußerer Heusingersteuerung, kombiniert für innere Hochdruck- und äußere Niederdruckzylinder einer Maschinenseite, Treibraddurchmesser 1820 m.

Fahrwerk: Führende Laufachse mit 35 mm und Schleppachse mit 36 mm Seitenspiel nach System Adams ohne Rückstellvorrichtung.

Ausrüstung: Vakuum-Bremse auf Treibradsätze wirkend; Nachrüstung mit Druckluftbremse für Wagenzug.

Tender: Reihen 56, 156 und 86.

Zur Zeit ihrer Indienststellung galt die Reihe 110 als eine der stärksten Schnellzuglokomotiven mit der günstigsten Leistungs-Gewichts-Relation Europas. Es lag deshalb nahe, sie in Anpassung an den technischen Fortschritt in Heißdampfausführung weiterzubeschaffen. Wegen anfänglicher Schwierigkeiten mit dem Dichthalten der Kolbenschieber durch die hohen Temperaturen mangels hitzebeständiger Schmieröle hatte sich Gölsdorf mit der Einführung des Schmidt'schen Rauchrohrüberhitzers abwartend verhalten und dem von ihm modifizierten Clench-Dampftrockner den Vorzug gegeben. Inzwischen hatte aber der Überhitzer seine Betriebstauglichkeit bewiesen und seine wirtschaftlichen Vorteile waren überzeugend.

Von dieser als Reihe 10 bezeichneten Heißdampfvariante der Reihe 110 bauten die Maschinenfabrik der StEG, die Lokomotivfabrik Wiener Neustadt und die Böhmisch-Mährische Maschinenfabrik in den Jahren 1909/10 19 Stück.

Die regelwidrige Zuweisung der niedrigeren Reihennummer beruhte auf der bereits erfolgten Vergabe der Reihenbezeichnung 210 an die größere 1C2-Type.

Äußerlich war ein Unterschied zur Reihe 110 kaum erkennbar, da für die äußeren Niederdruckzylinder die Flachschieber beibehalten wurden. Die 10.18 erhielt als 5000. Lieferexemplar der Wiener Neustädter Lokomotivfabrik eine attraktive Glanzblech-Kesselverschalung mit Spannbändern und Domhaube aus Messing. Das Gewicht des Überhitzers wurde durch Kürzung der Rauchrohre und Verminderung deren Zahl eingespart. Nach Beseitigung eines fabrikationsseitigen Einstellungsfehlers an der Anfahrvorrichtung des Verbundtriebwerkes entfaltete die Lokomotive eine erstaunliche Leistungsfähigkeit. Anhängelasten von 400 t vermochte sie mit 55 km/h auf einer Steigung von 10‰ und 615 t mit 90 km/h in der Ebene zu befördern, wobei sie indizierte Leistungen bis zu 1600 PS entwickelte. Nicht in gleichem Maße befriedigten die Fahreigenschaften, da wie bei der Reihe 110 aus Gründen der Gewichtseinsparung auf ein führendes Krauß-Helmholtz-Gestell verzichtet wurde und stattdessen nur eine einfache Adamsachse zur Anwendung kam, so daß die Höchstgeschwindigkeit im Betrieb auf 90 km/h begrenzt werden mußte.

Soweit die Lokomotiven auf stark geneigten Strecken zum Einsatz kamen, beeinträchtigte dies nicht ihre Verwendbarkeit im Schnellzugsdienst. Durch den Überhitzer ergab sich eine Kohlenersparnis bis zu 30 %. Beeindruckend für eine fünfachsige Lokomotive waren demzufolge die nach der Belastungstabelle im regulären Betrieb zumutbaren Wagenlasten, wobei noch eine Leistungsreserve von ca. 10 % einkalkuliert war. Danach konnten auf ebener Trasse 810 t mit 80 km/h und 415 t auf einer Steigung von 10 ‰ mit 50 km/h sicher befördert werden und selbst auf einer Rampe von 20 ‰ fiel mit einem 200-t-Zug die Geschwindigkeit nicht unter 50 km/h. Nach ihrer Ablösung durch die Reihe 310 auf der Westbahn waren im letzten Friedensjahr (1914) acht 10er in Salzburg und elf in Villach zur Führung von Schnellzügen nach Innsbruck und Landeck sowie auf der Tauernbahn beheimatet. Alle 19 verblieben nach dem Ersten Weltkrieg in Österreich. Infolge der fortschreitenden Elektrifizierung wurden die Ennstalstrecke und die Pyhrn-Bahn zu ihrem Einsatzgebiet, das sie von Linz aus bedienten. Nach Übernahme durch die Deutsche Reichsbahn (1938) wurden die Loks – anders als die Reihe 110 – in die Gruppe der Schnellzuglokomotiven als 15 001 bis 019 eingereiht. Eine Gruppe von sechs Maschinen wurde 1940 dem Bw Bischofshofen für den Eil- und Personenzugdienst auf der Gesäusestrecke zugeteilt. Die Reihe 15 kam noch vollzählig in den Bestand der ÖBB. Als letzte versah die 15.13 von der Zfl. Amstetten Eilgüterzugdienst auf der Wiener Vorortlinie nach Wien Nordwestbahnhof. Nach ihrer Außerdienststellung im Oktober 1957 wurde sie bis 1962 als Heizkessel weiterverwendet und schließlich im Freigelände des Eisenbahnmuseums aufgestellt (Foto: Seite 31).

Konstruktive Merkmale

Kessel: Dreischüssiger Heißdampfkessel mit konischer Erweiterung zur Feuerbüchse; 189,0 m² feuerberührte

10

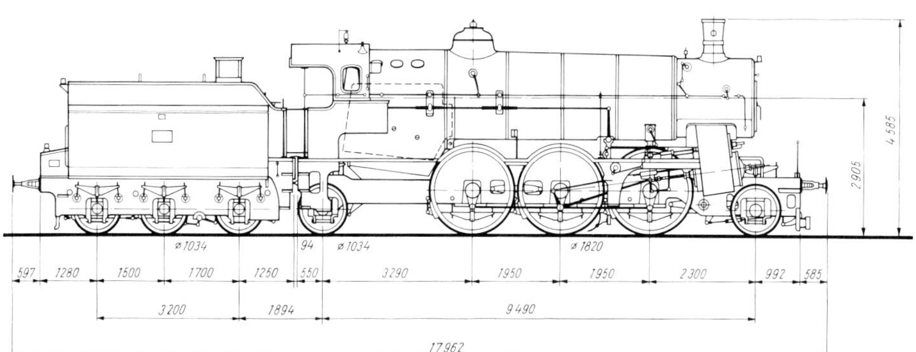

Heizfläche; 65,1 m² Überhitzerfläche; 3,67 m² Rostfläche; Dampfdom auf dem hinteren Kesselschuß; Kesselmitte 2905 mm über SOK; Rohrlänge 5272 mm; Dampfdruck 15 kg/cm².

Rahmen: Genieteter Blechrahmen.

Triebwerk: Vierzylinder-Verbundmaschine mit inneren Hochdruckzylindern von 390 mm Durchmesser mit Kolbenschiebern und äußere Niederdruckzylinder von 390 mm Durchmesser mit Flachschiebern in einer Ebene; Einachsenantrieb auf mittlerer Kuppelachse; äußere Heusinger-Steuerung für je ein HD/ND-Zylinderpaar kombiniert.

Fahrwerk: Adamsachsen an beiden Enden ohne Rückstellvorrichtung; Tragfedern der Kuppelachsen unterhalb der Lager.

Ausrüstung: Sandkästen zwischen den Rahmenwangen, Streurohre zum Treibachs-Radsatz, Vakuum-Bremse, Nachrüstung mit Westinghouse-Druckluftbremse; Laufachsen ungebremst; teilweise Ausstattung mit Dabeg-Fahrpumpe durch BBÖ.

Tender: Reihen 56, 156 oder 86.

210

DRB-Baureihe 16^0

1C2-t4v

1908 bis 1948

Techn. Daten: Seite 257

Schon im ersten Jahrzehnt des zwanzigsten Jahrhunderts war abzusehen, daß auch die modernsten fünfachsigen Lokomotivbauarten den steigenden Anforderungen im Schnellzugverkehr auf Dauer nicht gewachsen sein werden. Als erste gingen 1907 die Paris – Orleans – Bahn und die Badische Staatsbahn zur Beschaffung der in den USA bereits gut eingeführten Pacific-Bauart über. Andere Bahnverwaltungen folgten in kurzen Zeitabständen. Die 2C1-Bauform vereinigte die Vorteile der 2B1- und der 2C-Bauform: einer größeren Gewichtsaufnahme durch das Fahrwerk mit der zwanglosen Unterbringung einer tiefen und breiten Feuerbüchse bei dreifacher Radsatz-Kupplung. Die Pacific-Bauart blieb bis zum Ende der Dampftraktion in Mitteleuropa die klassische Form der Schnellzuglokomotive schlechthin.

Die Betriebsverhältnisse bei der kkStB verlangten indessen nach einer anderen Lösung. Schnellzüge von 400 t Gewichtsmasse mit 100 bis 110 km/h in der Ebene und mit 60 km/h auf 10 ‰-Steigungen zu befördern, erforderte eine Lokomotivleistung von ca. 1800 PS. Bei der Verfeuerung energiearmer Kohle aus landeseigenem Abbau war hierfür ein besonders großer Feuerrost mit breitem Stehkessel die Grundbedingung. Um die Überlastung der Schleppachse zu vermeiden, verlegt Gölsdorf das Drehgestell nach hinten und verband die führende Laufachse mit der ersten Kuppelachse zu einem zwar aufwendigen, aber gewichtssparenden Krauß-Helmholtz-Gestell. Durch die Umkehrung des klassischen 2C1-Achsbildes war es dem für unkon-

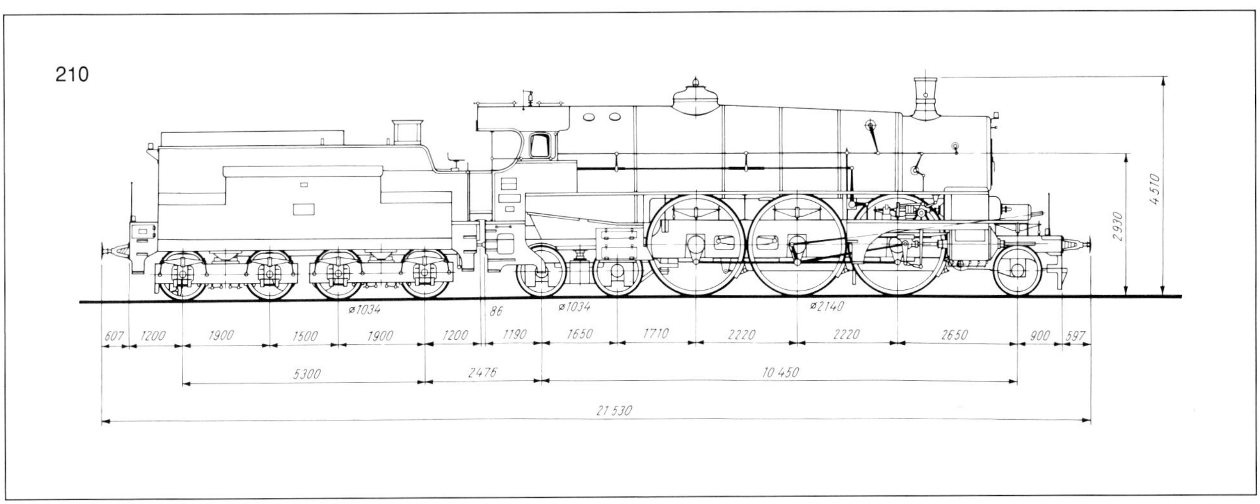

210.09 mit Tender Reihe 86, Werkaufnahme, BMMF 358/1908
Foto: Sammlung Schröpfer

ventionelle Lösungen aufgeschlossenen Konstrukteur möglich, durch bessere Gewichtsverteilung gleichwertige Leistungen herauszuholen wie mit einer Pacific-Lokomotive, ohne dabei die anachronistische, von der Militärverwaltung aufrecht erhaltene Achslastbegrenzung von 14,5 t zu überschreiten. Dieser, bei Schlepptenderlokomotiven nur in Österreich angewandten 1C2-Achsanordnung wurde in Anbetracht der Lage Österreich-Ungarns am Adriatischen Meer im amerikanisch-angelsächsischen Schrifttum der Name *Adriatic* verliehen.

Wie schon die Reihe 110 erhielt auch die als Reihe 210 bezeichnete 1C2-Type einen zur Feuerbüchse konisch erweiterten „Wagontop"-Kessel mit 222,5 m² wasserberührter Heizfläche und nur einem Dampfdom. Der breite Rost von 4,6 m² Feuerungsfläche war mit seitlich ausladenden Taschen für eine reichliche Zufuhr an Verbrennungsluft versehen. Für einen Schmidt'schen Rauchrohrüberhitzer konnte sich Gölsdorf noch nicht entscheiden. Stattdessen ließ er wieder den billigeren, aber technisch weniger effektiven Clench-Dampftrockner eigener Prägung einbauen, bei dem man jedoch nicht auf das teure amerikanische Zylinderschmieröl angewiesen war.

Unter dem Zang zu extensiver Gewichtseinsparung wurde der innere Hochdruck- und der äußere Niederdruckzylinder je einer Maschinenseite mit dem gemeinsamen Kolbenschiebergehäuse in einem Gußstück gefertigt. Die hintereinander angeordneten Rohrschieber großen Durchmessers wurden von einer gemeinsamen Schieberschubstange der äußeren Heusinger-Steuerung bewegt. Die Konstruktion war demzufolge mit dem Nachteil eines hohen Eigenwiderstandes behaftet. Da eine unabhängige Einstellung der Zylinderfüllungen nicht möglich war, ergab sich auch eine ungleiche Arbeitsverteilung zwischen Hoch- und Niederdruckzylindern. Die 2140 mm hohen Treibräder mit dem Antrieb aller vier Zylinder auf der mittleren Kuppelachse und das knapp bemessene, bündig mit dem Kesselscheitel abschließende Führerhaus ließen die Lokomotive äußerst kraftvoll erscheinen. Das Dienstgewicht konnte mit 83,8 t noch unterhalb jenem vergleichbarer Pacific-Lokomotiven (Bayer. S 3/6 88,3 t, bad. IV f 88,6 t) gehalten werden.

1908 wurden sechs Stück von der Lokomotivfabrik Floridsdorf und fünf von der Böhmisch-Mährischen Maschinenfabrik an die kkStB geliefert. Die Reihe 210 erwies sich als vorzügliche Flachland-Maschine und konnte auf Versuchsfahrten in der Ebene einen Zug von 406 t mit Geschwindigkeiten von 100 bis 110 km/h befördern. Der mit der 210.01 gelieferte dreiachsige Tender der Reihe 56 wurde später allgemein durch den Drehgestelltender Reihe 86 für 21 m^3 Wasserinhalt und 8,3 t Kohle ersetzt. Einsatzgebiete der Reihe 210 waren die Franz-Josef-Bahn mit Langläufen von 351 km von Wien bis Prag und die Nordbahn mit zeitweiligem Durchlauf über 415 km von Wien Nord bis Krakau. Nach Erscheinen der Heißdampf-Ausführung Reihe 310 verblieben nur eine 210er in Wien FJB und zwei in Prag, während die übrigen acht nach Lemberg verlegt wurden.

Bis auf die 210.01 und 08, die als Kriegsverluste abgeschrieben werden mußten, gingen die verbliebenen neun als Reihe Pn 11 in den Bestand der PKP über. In der Folgezeit teilweise auf Heißdampf umgebaut, versahen sie weiterhin Seite an Seite mit den jüngeren Varianten der ehem. Reihen 310 und 310.300 (Pn 12) Dienst auf ihren galizischen Stammstrecken. Nach der Besetzung Polens durch deutsche und sowjetische Truppen im September 1939 verlief ihr Schicksal recht wechselhaft. Drei Stück gelangten alsbald in deutschen Besitz und verblieben zunächst – als 16 051 bis 053 umgezeichnet – bei der „Ostbahn"-Direktion Lemberg im sogenannten Generalgouvernement. Vier weitere, die 1941 nach dem deutschen Einmarsch in die Sowjetunion im früheren Ostpolen in betriebsunfähigem Zustand vorgefunden wurden, kamen nach Instandsetzung ebenfalls zur „Ostbahn", wurden aber nicht mehr umgezeichnet. Wegen chronischen Lokomotivmangels wurden einige zur RbD Wien überstellt und dem Bw Wien Ost zugeteilt. Nach Kriegsende wurden die meist beschädigten Loks verschrottet oder – soweit lauffähig – von der sowjetischen Besatzungsmacht als Kriegsbeute nach Osten abtransportiert, wo sich ihr Schicksal im Dunkeln verliert.

Konstruktive Merkmale

Kessel: Dreischüssiger, zur Feuerbüchse konisch erweiterter Naßdampfkessel („Wagontop"-Typ) von 212,5 m^2 wasserberührter Heizfläche; 4,62 m Rostfläche; Dampftrockner System Clench-Gölsdorf mit 69,9 m^2 Trockenfläche, Dampfdom mit aufgesetzten Sicherheitsventilen auf drittem Kesselschuß, Aschkasten mit großen seitlichen Lufttaschen; Dampfdruck 15 kg/cm^2.

Rahmen: Genieteter Blechrahmen.

Triebwerk: Vierzylinder-Verbund-Maschine mit innerem Hochdruckteil, gemeinsame Rohrkolbenschieber für beide Dampfstufen mit Schiebergehäuse in einem Stück gegossen; Hochdruckschieber mit innerer, Niederdruckschieber mit äußerer Einströmung; Zylinderdurchmesser im Hochdruckteil 390 mm, in Niederdruckteil 600 mm; Kolbenhub 720 mm; Treibraddurchmesser 2140 mm, Einachs-Antrieb auf der mittleren Kuppelachse.

Fahrwerk: Führendes Krauß-Helmholtz-Lenkgestell; rückwärtiges Deichselgestell nach System Bissel; Laufraddurchmesser 1034 mm; Tragfedern oberhalb der Treibachsen.

Ausrüstung: Sandbehälter innen am Rahmen, Streurohr vor Treibachse, Vakuumbremse, Westinghousebremse für Zug, Umrüstung auf Knorr-Bremse unter Beibehaltung der Vakuumbremse für die Lok, keine Laufradbremsen.

Tender: 210.01 bei Lieferung mit dreiachsigem Tender Reihe 56, später allgemein mit Drehgestelltender Reihe 86 gekuppelt.

310

DRB-Baureihe 16^0
ÖBB-Baureihe 16

1C2-h4v

1911 bis 1957

Techn. Daten: Seite 258

Wie die meisten Erfindungen auf dem Gebiet der Technik, ließ sich auch der Schmidt'sche Rauchrohrüberhitzer nicht problemlos in die Praxis einführen. Erst nachdem mit den preußischen P6- und P8-Lokomotiven der Nachweis für seine Betriebstüchtigkeit erbracht worden war, stand dem weltweiten Siegeszug der Heißdampflokomotive nichts mehr im Wege. Als bei der kkStB erneut Bedarf an leistungsfähigen Schnellzuglokomotiven entstand, wollte auch Gölsdorf auf den Spar- und Leistungseffekt des Rauchrohrüberhitzers nicht länger verzichten und ließ deshalb seine 1C2-Type ab 1911 unter Beibehaltung des Vierzylinder-Verbund-Triebwerks in Heißdampfausführung als Reihe 310 weiterbauen. Äußerlich unterschied sie sich von der Reihe 210 nur geringfügig durch die längere Rauchkammer. Die konische Verjüngung im vorderen Kesselschuß ließ nur den Einbau eines verhältnismäßig kleinen Überhitzers zu, der aber dennoch mit 55 m^2 Fläche nicht kleiner als jener der ersten Pacific-Typen anderer Bahnen war (Bayer. S3/6 : 50 m^2, württ. C : 53 m^2). Sein Gewicht mußte durch Kürzung der Rauchrohre von 5,75 m auf 5,15 m eingespart werden, wodurch sich die wasserberührte Heizfläche von 222,5 m^2

bei der Reihe 210 auf 212,9 m² verringerte.

Das Antriebssystem mit dem für beide Dampfstufen kombinierten Doppel-Kolbenschieber wurde von der Reihe 210 übernommen, jedoch durch eine Aufteilung in drei Gußstücke leichter austauschbar gestaltet.

Geblieben ist deshalb die dieser Konstruktion anhaftende Schwergängigkeit der Steuerung infolge hohen Eigenwiderstandes der schweren Doppel-Kolbenschieber, die sich im Hochdruckteil dennoch als zu knapp erwiesen, zu Drosselverlusten mit starkem Druckabfall im niedrigeren Drehzahlbereich führten und mit hohem Kohleverbrauch bezahlt werden mußte. Bei den Erprobungsfahrten konnte die Lokomotive nur auf ebener Strecke die veranschlagte Leistung erbringen. Durch eine Vergrößerung der Hochdruckschieber ab 310.29 ließen sich diese Mängel soweit korrigieren, als nun auf Steigungen von 10 ‰ Anhängelasten on 360 t mit 60 km/h anstandslos befördert und das Leistungsprogramm erfüllt werden konnte. Ihrem Charakter nach blieb die Reihe 310 aber eine ausgesprochene Flachland-Schnellzuglokomotive. Auf ebener Strecke konnte sie mühelos eine Anhängelast von 400 t mit 100 bis 110 km/h befördern und dabei bis zu 1800 PS entwickeln. Immerhin erlaubte ihr Einsatz die Fahrzeit der nun überwiegend aus Drehgestellwagen gebildeten Schnellzüge zwischen der Residenzstadt und der Metropole Böhmens ab Sommer 1913 auf fünf Stunden 25 Minuten zu verkürzen. Entsprechende Fahrzeitgewinne von 30 bis 40 Minuten ließen sich auch bei den Bäderschnellzügen zwischen Budweis und Eger sowie auf der Nordbahn im Durchlauf von Wien bis Krakau erzielen. Weitere Einsätze erfolgten auf der Westbahn im Durchlauf bis Salzburg und zwischen Krakau und Lemberg. Die Beförderung des Orient-Ostende-Express gehörte ebenso zum Aufgabengebiet der 310er wie auf der Nordbahn der St.-Petersburg-Nizza-Cannes-Express mit den klassischen Teakholz-Garnituren jenes „Goldenen Zeitalters" der Eisenbahn.

Die Reihe 310 war von Anfang an mit dem großen Drehgestelltender der Reihe 86 gekuppelt. Ob sie – wie vielfach im Schrifttum behauptet – zu den formvollendetsten aller Dampflokomotiven zu zählen war, muß dem individuellen Geschmack überlassen bleiben. Mit ihrer glatten Oberflächenstruktur, die noch durch keine Apparate und Leitungen verunstaltet war, dem mit einem schmalen Messingring verzierten Dom und den blanken Rauchkammerscharnierleisten zur schlichten schwarzen Lackierung gehörte sie zweifellos zu den elegantesten Erscheinungen auf den

310.20 im Dienste der BBÖ in Wien West, BMMF 395/1911
Foto: Sammlung Schröpfer

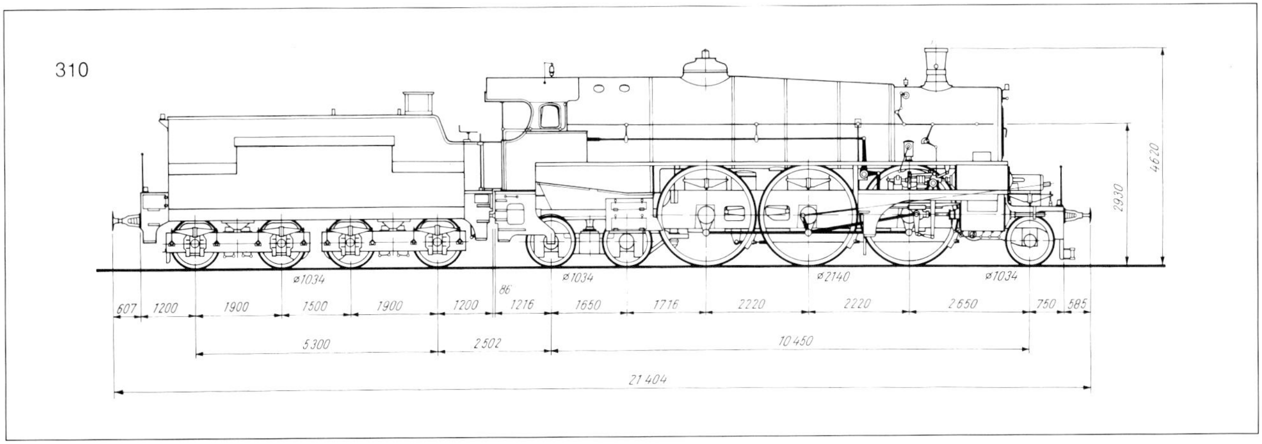

europäischen Schienensträngen jener Epoche.

Erstlieferant war die Lokomotivfabrik Floridsdorf. Von 1911 bis 1916 wurden insgesamt 90 Einheiten in Dienst gestellt, an deren Herstellung auch die Lokomotivfabrik Wiener Neustadt, die Böhmisch-Mährische Maschinenfabrik, die der StEG und die böhmische Firma Breitfeld und Daněk beteiligt waren. Zugeteilt wurden sie den Heizhausleitungen Wien FJB, Wien West, Wien Nord, Prag-Nusle, Budweis I, Lemberg und Rzeszow. Sie bildeten fortan das Rückgrat des Schnellzugverkehrs der kkStB.

Nach dem Zerfall der Monarchie im November 1918 wurden die Lokomotiven entsprechend dem Verteilungsschlüssel vom Juni 1914 auf die Bahnverwaltungen der Nachfolgestaaten aufgeteilt. Danach verblieben 43 Stück der deutsch-österreichischen Staatsbahn, 35 gingen als Reihe 375.0 in den Bestand der ČSD über, die restlichen zwölf erhielt die PKP, die sie als Reihe Pn 12 bezeichnete.

Lange Durchläufe waren in dem zu einem Alpenstaat reduzierten Österreich nur noch auf der Westbahn möglich, für deren Neigungsverhältnisse die großrädrigen Flachlandlokomotiven wenig geeignet waren. Meßfahrten unter der Leitung Dr. Sanzins, dem verantwortlichen Departementchef im Eisenbahnministerium, ergaben bei forciertem Fahren hohe Verbrauchsziffern. Als genügend Vierkuppler der neuen Baureihe 113 zur Verfügung standen, verblieben den einstigen Stars nur noch einige leichte Schnellzüge und der nur 240 t schwere Arlberg-Express. Ein Teil wanderte zur Südbahn ab, wo sie mit Triebwagen-Ersatzgarnituren sogar über den Semmering geschickt wurden. Der Fernpersonenzugdienst wurde jedoch mehr und mehr zu ihrem Hauptverwendungszweck. Zahlreiche der durch ihr Vierzylinder-Verbund-Triebwerk sehr wartungsaufwendigen Maschinen waren während der Rezession der dreißiger Jahre aus dem Verkehr gezogen, drei sogar ausgemustert worden. Die einsatzfähigen waren auf die Heizhäuser Wien West, Linz und Graz verteilt.

Mit dem „Anschluß" Österreichs an das Deutsche Reich am 13. März 1938 erwuchsen der Bahn umfangreiche neue Verkehrsaufgaben, die zur Reaktivierung aller noch brauchbaren Lokomotiven, wie auch der 310er zwang. Als 16 001 bis 040 umgezeichnet, wurden sie wieder in Wien West, Nord und Ost im Schnell- und Personenzugdienst eingesetzt. Nach der Besetzung Polens im Herbst 1939 kamen eine und im Verlaufe des Ostfeldzuges im Sommer 1941 neun weitere, in Ostpolen verbliebene Pn 12 in deutschen Besitz. Nach ihrer Instandsetzung wurden sie als 16 041, 16 045 bis 050 der RbD Wien zur Aufstockung des dortigen Bestandes zugewiesen. Sie lösten 1942 u. a. die Reihe 33.1 (BBÖ Reihe 113) im Korridor-Verkehr durch das Protektorat Böhmen und Mähren zwischen Wien Nord und Wildenschwert ab, wo sie sich gegenüber den auf der Parallelstrecke nach Oderberg eingesetzten Lokomotiven der Reihen 03 und 17.10 durch größere Zuverlässigkeit auszeichneten. Ab Wien Ost bespannten die 16er auch Schnell-, Personen- und Leergüterzüge auf den Strecken nach Preßburg, Brünn, Lundenburg und fallweise nach Oderberg. Ende 1944 wurden sie wegen des hohen Wartungsaufwandes für das Vierzylindertriebwerk abgestellt. Sechs Stück wurden daraufhin zur RbD Mainz überstellt, vier von ihnen als Heizanlagen für Depots der Kriegsmarine nach Bremen, Cuxhaven, Nordholz und Farge weitergeleitet und zwei dem Bw Darmstadt zugewiesen. Keine von diesen kehrte nach Österreich zurück.

Nach Kriegsende wurden die meisten als sowjetische Beute signiert. Soweit lauffähig, wurden die aus dem Eigentum der PKP stammenden Loks 1948 restituiert, die übrigen verschrottet. Fünf befanden sich auf dem Gebiet der Tschechoslowakei und eine in Ungarn. Als einzige der Reihe befand sich die 16 032 (ehem. 310.71, BMF 1915) in Wien West in betriebsfähigem Zustand. Sieben Loks standen im Bezirk der zur amerikanischen Besatzungszone gehörenden Direktion Linz, von denen fünf nach einer Hauptausbesserung in den Bestand der wiedererrichteten Österreichischen Bundesbahnen aufgenommen und nach dem 1952 abgeänderten Bezeichnungssystem in 16.04, 05, 08, 20 und 35 umgezeichnet wurden. Die beiden letzteren waren auf Ölfeuerung umgebaut. Nach vorübergehendem Einsatz in Wien West leisteten die letzten drei – 16.04, 05 und 08 – Personenzug- und Triebwagenersatzdienst in Wien Süd und Mürzzuschlag. Als letzte beendeten 1957 die 16.04 und 05 ihre Tage beim Heizhaus Villach.

In Österreich blieb allein die 16.08 der Nachwelt erhalten. Anläßlich des 150. Jubiläums der Eisenbahn wurde sie in der Hauptwerktstätte Knittelfeld wieder in ihren Ursprungszustand als 310.23 (StEG Fabr. Nr. 3791, Baujahr 1911) versetzt und als betriebsfähige Traditionslokomotive aus der großen Zeit des Dampfbetriebes zu nostalgischen Sonderfahrten eingesetzt.

Bessere Zeiten waren aufgrund der günstigeren Einsatzbedingungen den 35 Maschinen beschieden, die 1918 teils in neuwertigem Zustand als 375.001 bis 035 in den Fahrpark der ČSD eingereiht wurden. Bis zu ihrer allmählichen Ablösung durch Neubautypen trugen sie die Hauptlast des Schnellzugverkehrs auf den internationalen Durchgangsstrecken. Von den Heizhäusern Prag-Vršovice, Preßburg und Bodenbach aus bedienten sie die Strecken Prag – Pilsen – Eger, Prag – Brünn – Preßburg – Szob, Prag – Bodenbach und Prag – České Velenice (Böhm. Gmünd). Besonders die Schnellzüge R 147/148 Berlin – Budapest, R 63/64 Berlin – Wien und R 29/30 Prag – Paris waren in der Hauptreisezeit stark ausgelastet und erreicheten Zuggewichte von 550 t. Die Loks waren stets auf das Beste gepflegt. Durch den Ersatz der doppelflügeligen flachen Rauchkammertür gegen eine runde mit Zentralverschluß ohne seitliche Vorreiber nach ČSD-Norm erfuhren sie eine deutliche optische Aufwertung. Zur Rauchableitung wurde bei einigen ein halbkegelförmiges Leitblech hinter dem Kamin nach ungarischem Vorbild angebracht. Nach der deutschen Besetzung Böhmens und Mährens und der Verselbständigung der Slowakei im März 1939 verblieben 24 Stück der Reihe 375.0 bei den Protektoratsbahnen (BMB/ČMD), während neun Stück in den Bestand der kurzlebigen Slowakischen Staatsbahn (SŽ) übergingen.

1949/50, mit der Anlieferung neuer 2D1-Typen, wurde die 375er schließlich entbehrlich. Die hohe Wertschätzung, die Gölsdorfs große Schnellzuglokomotive bei der ČSD genoß, kommt letztlich darin zum Ausdruck, daß die

310.304, Werkaufnahme, spätere Pn12-17 der PKP und 16067 der DRB, Floridsdorf 2530/1918
Foto: Sammlung Schröpfer

375.007 einen Ehrenplatz im Technischen Museum ihrer Heimatstadt Prag erhalten hat, in der sie im Jahre 1911 als 310.15 unter der Fabrik-Nr. 390 von der Böhmisch-Mährischen Maschinenfabrik hergestellt worden war.

Konstruktive Merkmale

Kessel: Dreischüssiger „Wagontop"-Heißdampf-Kessel, wasserberührte Heizfläche 212,9 m^2, davon 15,1 m^2 Anteil der Feuerbüchse, 43,4 m^2 dampfberührte (innere) Überhitzerfläche; Rostfläche 4,62 m^2; Dampfdom mit aufgesetzten Sicherheitsventilen am rückwärtigen Kesselschuß; Rohrlänge 5150 mm.

Rahmen: Genieteter Blechrahmen.

Triebwerk: Vierzylinder-Verbund-Maschine mit inneren Hochdruckzylindern von 390 mm, äußerem Niederdruckzylinder von 660 mm Durchmesser, Kolbenhub 720 mm; Doppel-Kolbenschieber mit äußerem Heusingergestänge und gegabelter Schieberschubstange, Treibraddurchmesser 2140 mm, Einachsenantrieb auf der mittleren Kuppelachse.

Fahrwerk: Führendes Krauß-Holmholtz-Lenkgestell, rückwärtiges Deichseldrehgestell, Laufraddurchmesser 1034 mm; Radsatzfederung oberhalb der Achslager.

Ausrüstung: Vakuumbremse, Nachrüstung mit Westinghouse-Druckluftbremse für Wagenzug, Laufräder ungebremst, bei BBÖ teilweise mit Dabeg-Pumpe ausgerüstet; Sandbehälter zwischen den Rahmenwangen, Streurohre vor Treibachssatz.

Tender: Reihe 86.

310.300

DRB-Baureihe 16^0

1C2-h4v

1918 bis 1948

Techn. Daten: Seite 258

Als 1915 seitens der kkStB der Ruf nach weiteren Schnellzuglokomotiven der Reihe 310 laut wurde, mußte aus Kupfermangel die Bauart der Feuerbüchse geändert werden. An Stelle der Verwendung von Flußeisen entschied man sich für den Einbau eines Brotan-Kessels, der sich bei ungarischen Lokomotiven gut bewährt hatte. Die Feuerbüchsseitenwände waren aus aneinandergereihten Wasserumlaufrohren gebildet, die in einem hohlen Bodenring verankert waren und oben in einen zylindrischen Dampfsammelbehälter mündeten, der sich in den Langkessel fortsetzte. Hierdurch entfiel zwar die konventionelle Befestigung durch die bruchanfälligen Stehbolzen, um so größer war jedoch der Kostenaufwand für die Herstellung und die Dichthaltung der seitlichen Wasserrohrwände, die unmittelbar dem Feuer ausgesetzt waren. Zwangsläufig verminderte sich durch den breiteren Bodenring die Rostfläche von 4,62 m^2 auf 4,12 m^2 und die wasserberührte Verdampfungsheizfläche durch geänderte Rohrteilung von 212,9 m^2 auf 200,9 m^2. Unverändert blieb der Überhitzer mit 43,4 m^2 dampfberührter Fläche. Um die Intervalle der Auswaschfristen zu verlängern, wurden die Lokomotiven mit einem Speisewasserreiniger ausgerüstet, der in einem Dom auf dem vorderen Kesselschuß untergebracht war, dem der Dampfdom höhenmäßig angepaßt wurde. Die Sicherheitsventile erhielten ihren eigenen Platz auf dem Heizkessel. Die beiden wuchtigen Aufbauten haben das Äußere der Lokomotiven eher nachteilig beeinflußt. Nicht zuletzt hat sich durch die baulichen Veränderungen das Dienstgewicht dieser als Reihe 310.300 bezeichneten Bauartvariante von 86 t auf 88,7 t erhöht mit der Folge, daß auch die Radsatzlast auf 15,4 t anstieg.

Um die Fahrstrecken ohne Vorratsergänzung auf mindestens 200 km auszudehnen, wurden den Lokomotiven Tender der Reihe 88 mit einem Wasserinhalt von 30 m^3 und einem Kohlevorrat von 8 t beigestellt. Auffälliges Merkmal dieser 1916 von den StEG-Werken entwickelten Bauart sind die inneren Drehgestellrahmen. Dieser Tender fand sich später auch bei einigen Lokomotiven der Reihe 310 (Normalform). Aus Gründen der Achslastbegrenzung konnte seine Kapazität nur bis zu einer Wasseraufnahme von 27 m^3 genutzt werden. Obwohl der Bauauftrag für zehn Lokomotiven bereits 1915 an die Floridsdorfer Fabrik erging, erfolgte die Auslieferung wegen der vorrangigen Herstellung kriegswichtiger Güterzuglokomotiven erst 1918. Für die 310.300 bis 306 nahm die Werkprobefahrten noch die kkStB ab.

Nachdem durch den Zusammenbruch der österreichisch-ungarischen Monarchie die vorgesehenen Einsatzgebiete verloren gegangen waren, hatte die neue Staatsbahn der deutsch-österreichischen Republik mit ihren überwiegend gebirgigen Streckenverhältnissen keine Verwendung für diese sehr wartungsaufwendigen Maschinen. Dem Herstellerwerk blieb deshalb keine andere Wahl, als sie zum Verkauf anzubieten. Wahrscheinlich hat aber auch die überhöhte Radsatzlast zu diesem Entschluß beigetragen. Als Interessent trat die Preußische Staatseisenbahn-Verwaltung auf, deren Lokomotivbestand durch Kriegsverluste und Reparationsabgaben schmerzliche Einbußen erlitten hatte. Angesichts des fabrikneuen Zustandes und des preisgünstigen Angebots setzte man sich im Eisenbahnministerium über die Bedenken gegen die von den preußischen Normen abweichende Bauart hinweg und erwarb 1919/20 sieben Stück als Reihe S11 1301 bis 1307 *Berlin.* Die restlichen drei nahm 1920 die polnische Staatsbahn ab und reihte sie wie die von der kkStB übernommenen 310er als Pn 12 ein.

Die preußischen S11 wurden der Eisenbahndirektion Berlin zugeteilt und in einem für die Zeit beispiellosen Langlauf von 500 km im schweren Schnellzugdienst zwischen Berlin und Kattowitz mit Personalwechsel in Frankfurt/Oder eingesetzt. Die Loks entsprachen jedoch nicht den Erwartungen. Gemessen an ihrer Größe erschien ihre Leistung als zu gering. Zu niedrige Heißdampftemperaturen und hoher Kohleverbrauch, vor allem aber die ungewohnte Konstruktion des Kessels und der Rohrschieber mit der schwer handzuhabenden Steuerung brachten die Maschinen bei den Fahr- und Werkstattpersonalen in Mißkredit. Nachdem anläßlich einer vom Eisenbahn-Zentralamt Grunewald durchgeführten Überprüfung eine zu geringe Dampfreserve des Kessels bemängelt wurde, entschloß man sich trotz allgemeiner Zuverlässigkeit der Lokomotiven zur Abgabe an die Eisenbahndirektion Kattowitz. Mit der Abtretung Ostoberschlesiens an Polen gelangten sie 1921 in den Besitz der PKP, die sie ihrem vorhandenen Pn 12-Bestand zuordnete. Nach dem deutschen Einmarsch in Polen gingen zunächst drei und bei der Besetzung Ostpolens im Verlaufe des Krieges gegen die Sowjetunion auch die übrigen sieben in deutschen Besitz über. Die Umzeichnung in Reihe 16 (042 bis 44, 065 bis 070) wurde bei einigen nur mehr buchungsmäßig vollzogen. Zusammen mit 51 ehemaligen 310ern aus österreichischem und polnischem Bestand wurden sie zur Dienstleistung den Bw Wien West, Wien Ost und Wien Nord zugewiesen und wie diese zur Führung der Korridor-Schnellzüge Wien – Breslau – Königsberg und Wien – Berlin bis Wildenschwert sowie vor allen Zugarten nach Preßburg, Marchegg und Brünn eingesetzt. Nach ihrer Ablösung durch die stärkeren und wirtschaftlicheren 1D1-Zwillings-Lokomotiven Reihe 19.1 (poln. Pt 31) wurden je zwei an die RbD Mainz (Bw Darmstadt) und das Marine-Depot Farge als Heizanlagen überstellt. Die 16 042 befand sich zum Kriegsende im Bw Frankfurt/M. Soweit lauffähig, wurden die mit dem russischen Beutezeichen (T = Trofea) versehenen Loks 1947/48 nach Polen rückgeführt.

Wenn Gölsdorfs große Schnellzuglokomotive auch nicht die Perfektion seiner berühmten Reihe 108 erreichte, so war es allein durch die Umkehr der 2C1-Radsatzfolge möglich, bei all den einengenden Bedingungen den vom Betriebsdienst gestellten Forderungen zu entsprechen.

(Foto: Seite 68)

Bauartabweichungen gegenüber Reihe 310: Dreischüssiger „Wagontop"-Heißdampfkessel Bauart Brotan, Heizfläche 200,9 m², davon 16,1 m² Feuerbüchsanteil, Rostfläche 4,12 m², Sicherheitsventile getrennt vom Dampfdom auf Kesselrücken.

Ausrüstung: Speisewasserreiniger Bauart Pogany auf vorderem Kesselschuß.

Tender: Reihe 88.

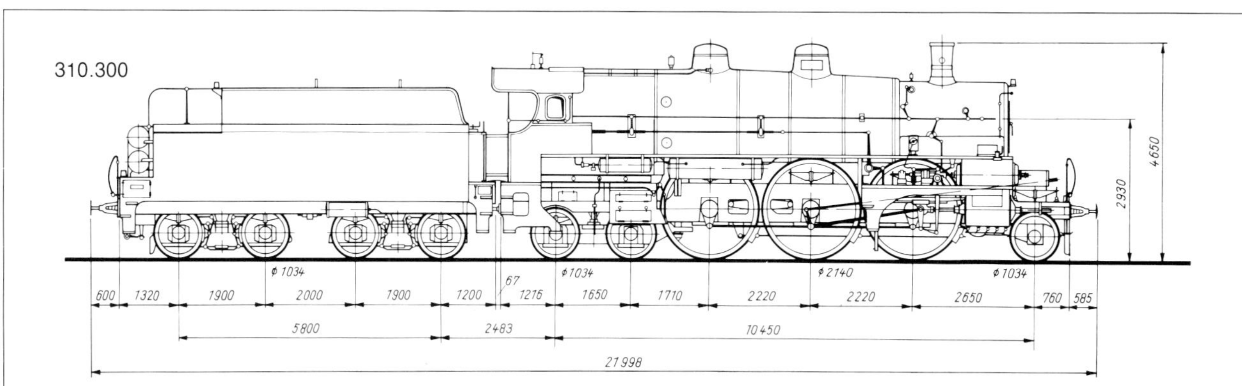

910

DRB-Baureihe 35^5

1C1-h2

1916 bis (1950)

Techn. Daten: Seite 258

Obwohl diese Baureihe sich nie im Bestand der Österreichischen Bundesbahn befand, soll sie als Gölsdorfs letzte Schöpfung und Ausklang des altösterreichischen Lokomotivbaus nicht unerwähnt bleiben. Ihre Entstehung verdankt sie dem Bedarf an einer leichten Schnellzuglokomotive für schwächer belastete Strecken, insbesondere der verstaatlichten Privatbahnen, auf denen die Vierzylinder-Verbund-Typen Reihe 110 und 10 nicht ausgelastet waren. Gölsdorfs Bemühen war stets auf eine technisch optimale Bauform unter weitgehender Verwendung vereinheitlichter Bauteile gerichtet. Die noch immer nicht gelockerte Achslastbegrenzung von 14,5 t setzte dabei dem Handlungsspielraum des Konstrukteurs weiterhin enge Grenzen.

So entstand inmitten des Ersten Weltkrieges die 1'C1-h2-Reihe 910 als eine Synthese der Baureihen 10 und 429.900 unter Übernahme zahlreicher Bauteile weiterer im Betrieb bewährter Typen, um die Beschaffungs- und Instandhaltungskosten möglichst niedrig zu halten. Schon äußerlich ist die starke Anlehnung an die Zwillingsversion der Reihe 429 unverkennbar, von welcher der Kessel bis auf eine Verlängerung der Rohre zur Vergrößerung der Heizfläche unverändert übernommen wurde. Wegen des kriegsbedingten Kupfermangels mußte die Feuerbüchse aus Flußstahl gefertigt werden. Die beiden ersten Einheiten hatten nur einen Dampfdom auf dem rückwärtigen Kesselschuß und Pop-Coale-Sicherheitsventile auf dem Hinterkessel. Zur Verlängerung der Auswaschfristen kam bei der Serienausführung ein Kesselsteinabscheider in einem vorderen Speisedom zum Einbau. Der Überhitzer war mit einem Anteil von weniger als einem Viertel an der Heizfläche wieder sehr knapp bemessen, da gegen hohe Heißdampftemperaturen wegen des Mangels an hitzefestem Schmieröl noch immer erhebliche Vorbehalte bestanden.

Verbesserte Fahreigenschaften gewährleistete ein führendes Krauß-Helmholtz-Gestell, welches von der Reihe 310 übernommen wurde. Aus Gewichtsgründen mußte die rückwärtige Adams-Achse einen kleineren Laufraddurchmesser als die Führungsachse erhalten und auf eine Laufradbremse verzichtet werden. Um Triebwerksdrehzahlen und Kolbengeschwindigkeit niedrig zu halten, übernahm Gölsdorf die größeren Treibradsätze der Reihe 10 von 1820 mm Durchmesser anstelle jener der Reihe 429 von nur 1614 mm. Das Zwillings-Triebwerk mit einem Zylinderdurchmesser von 2 × 540 mm bei 680 mm Kolbenhub wurde durch kurze Rohrschieber gesteuert, deren Bewegung von einer äußeren Heusinger-Steuerung abgenommen wurde. Die Dampfspannung war auf 14 km/cm^2 eingestellt. Bei Verfeuerung guter Kohle gab die Lokomotive eine Leistung von 1180 PS ab und erreichte bei der Werkabnahmefahrt mühelos 120 km/h. Für den Betrieb wurden jedoch zur Vermeidung von Lagerschäden und aus bremstechnischen Gründen nur 90 km/h zugelassen. Das Betriebsprogramm sah die Beförderung von 300-t-Zügen über Steigungen von 10 ‰ vor.

Die beiden Prototypen 910.01 und 02 wurden 1916 von der Lokomotivfabrik Floridsdorf geliefert und auf Veranlassung der Militärverwaltung sogleich zur Beförderung des Balkan-Zuges bestimmt, der als Ersatz für den zu Kriegsbeginn eingestellten Orient-Express zweimal wöchentlich von Berlin über Dresden nach Wien und von dort über Budapest, Belgrad, Sofia nach Konstantinopel fuhr und eine Direktverbindung zwischen den Hauptstädten der verbündeten Mittelmächte herstellte. Dieser teils aus beschlagnahmten Teakholzwagen der ISG, teils aus Sechsachsern der preußischen Staatsbahn gebildeten Luxuszug wurde von Tetschen (sächsische Grenze) bis Wien Nord über die schwach frequentierte Nordwestbahnstrecke geleitet. Auf dem gesamten Laufweg wurde er ohne Personalwechsel von den beiden 910ern im Turnus mit Maschinen der Reihe 110 des Heizhauses Wien Nordwest geführt, welche die 458 km lange Strecke in sieben Stunden mit einer Reisegeschwindigkeit von 64,7 km/h bewältigten. Die Lokomotiven stellten mit diesem europäischen Langstreckenrekord jener Zeit ihrem Konstrukteur ein hervorragendes Zeugnis aus. Für die Fahrpersonale bedeutete diese Tour allerdings eine physische Beanspruchung bis an die Grenze des menschlichen Leistungsvermögens.

Aufgrund der guten Betriebsergebnisse wurde noch 1916 eine Serie von 20 Stück in Auftrag gegeben, die erst Ende 1918 geliefert werden konnten. Die Maschinen waren noch kurzfristig auf den Strecken von Wien nach Brünn, Znaim, Marchegg und Bruck a. d.

910.02 mit Tender 156.920, Werkaufnahme, Floridsdorf 2320/1916
Foto: TBA K. Pfeiffer

Leitha eingesetzt. Ein Teil war bereits wegen des Verkehrs mit Ungarn mit der Westinghouse-Druckluftbremse ausgerüstet. Bei der Aufteilung des Fahrparks der kkStB wurden alle 22 Stück der ČSD zugesprochen und dort als Reihe 364.0 bezeichnet. Sie waren wegen ihres einfachen Aufbaues sehr geschätzt und fanden weiterhin Verwendung im leichten Schnellzugdienst. Von Tetschen aus bedienten sie die Strecken nach Prag und Nimburg und von Lundenburg nach Brünn und Prerau. Mitte der zwanziger Jahre wurden 14 Stück dem Heizhaus Eger für den Schnellzugdienst nach Prag und Reichenberg zugeteilt, den sie bis 1934 versahen. Während dieser Zeit bespannten sie u. a. auch den mit Schlaf-und Speisewagen be-

910

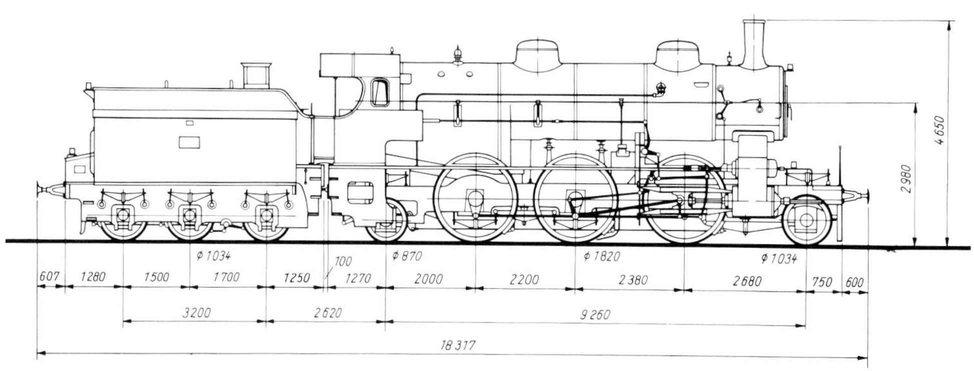

stückten Saison-Bäderzug R 29/30 Bukarest – Prag – Karlsbad wie auch den von Reichsbahn und Mitropa gestellten R 63/64 Berlin–Karlsbad ab Bodenbach. Bei dem Zuggewicht von 388 t waren die Lokomotiven auf der 10 ‰-Steigung der ATE-Strecke bis an die Grenze ihrer Leistungsfähigkeit gefordert und bedurften nicht selten einer Vorspannlokomotive der Reihe 264.4 (ehem. Reihe 208).

Um ein Wasserüberreißen zu vermeiden, hatte die ČSD alle 22 Loks unter Verzicht auf den Kesselsteinabscheider mit zwei höheren, durch ein Überströmrohr verbundene Dampfdome ausgestattet.

In der Folgezeit wurden die Loks nach Bodenbach verlegt, von wo sie Personenzüge nach Prag, Nimburg und Komotau bespannten. Mit der Annexion der Sudetengebiete gingen 1938 alle in den Besitz der Deutschen Reichsbahn über, die sie als 35 501 bis 522 bezeichnete. Sie bedienten nun zusätzlich die Strecken über Warnsdorf bis Görlitz sowie von Böhmisch Leipa nach Reichenberg und Zittau (Sachsen). Auch Güterzugeinsätze bis Dresden sind bekannt. Kurzzeitig waren einige Maschinen in Wien West stationiert. Alle überlebten zwar den Zweiten Weltkrieg, wurden aber wegen starken Verschleißes bis 1950 von der ČSD ausgemustert.

Für die vorgesehene Verwendung im leichten Reisezugdienst auf schwach frequentierten Strecken erwies sich die Reihe 910 als wirtschaftlich und zweckentsprechend, für eine Schnellzuglokomotive par exellence fehlte ihr jedoch die Qualifikation. Nichtsdestoweniger erlangte sie Berühmtheit als „Balkan-Zug-Lokomotive“ mit verbrieftem Langlaufrekord, aber auch als Meilenstein des Standardisierungsgedankens.

Konstruktive Merkmale

Kessel: Dreischüssiger Heißdampfkessel mit 163,83 m^2 wasserberührter Heizfläche, 34,59 m^2 heizgasberührter Überhitzerfläche und 3 m^2 Rostfläche; Dampfspannung 14 kg/cm^2; Prototypen mit einem Dampfdom auf dem rückwärtigen Kesselschuß; Coale-Sicherheitsventile auf dem Stehkessel; ab 910.03 Speisedom mit Kesselsteinabscheider auf dem vorderen Kesselschuß; bei ČSD durch zweiten Dampfdom mit Überströmrohr ersetzt.

Rahmen: Genieteter Blechrahmen, durch Rauchkammersattel versteift, niedriger Umlaufsteg.

Triebwerk: Zwillings-Dampfmaschine mit 2 × 540 mm Zylinderdurchmesser und 680 mm Hub; Treibraddurchmesser 1820 mm; Rohrschieber durch äußere Heusingersteuerung betätigt.

Laufwerk: Führendes Krauß-Helmholtz-Lenkgestell mit 1034 mm Laufraddurchmesser, rückwärtige Adams-Achse mit 870 mm Durchmesser; Tragfedern der ersten Kuppelachse oberhalb der Treib-und rückwärtigen Kuppelachse unterhalb der Achslager.

Ausrüstung: Hardy-Vakuum-Bremse, Westinghouse-Druckluftbremse für Wagenzug; Laufräder ungebremst; Sandbehälter zwischen den Rahmenplatten; Streurohre zum Treibachsradsatz.

Tender: Dreiachsiger Tender Reihe 156.

113

DRB-Baureihe 33[1]
ÖBB-Baureihe 33

2D-h2

1923 bis 1968

Techn. Daten: Seite 259

Nach dem Untergang der Donau-Monarchie wurde – der geographischen Ost-Westausrichtung folgend – die Westbahn zur Magistrale der deutsch-österreichischen Republik. Ihr von Kurven und Steigungen geprägtes Strekkenprofil erforderte stets große Lokomotivleistungen, die mit der rasanten Verkehrszunahme nur mühsam Schritt halten konnten. Für den Schnellzugdienst stand Anfang der zwanziger Jahre außer den längst zu schwachen Zweikupplern der 6er-Reihe nur die überwiegend für Flachlandstrecken konzipierte Reihe 310 zur Verfügung. Während erstere gerade noch zur Bespannung der leichten Luxuszüge geeignet waren, konnte die „Große“ immerhin noch Zuglasten bis zu 430 t nehmen, obwohl auch sie sich dabei auf den anhaltenden Steigungen des Wiener Waldes schon recht schwer tat. Bei stärkerer Auslastung der Züge zu den Hauptreisezeiten oder im Festtagsverkehr mußte daher immer häufiger unwirtschaftlicher Vorspann in Anspruch genommen werden. Die Beschaffung einer neuen, vierfach gekuppelten Schnellzuglokomotive wurde deshalb zum Gebot der Stunde. Von der lauftechnisch günstigen 1D1-Bauart mußte mit Rücksicht auf die kleinen Drehscheiben wegen der zu großen baulichen Länge Abstand genommen werden, wollte man zwanghafte Konstruktionen des Fahrwerks und der Antriebsanlage vermeiden. Der Leiter der Konstruktionsabteilung und frühere enge Mitarbeiter Gölsdorfs, Johann Rihosek, entschied sich deshalb für die 2D-Bauart in enger Anlehnung an die Reihe 570 der Südbahn. Unter Ausnutzung des großzügigen österreichischen Lichtraumprofils konnte die Kesselmitte auf die bis dahin unerreichte Höhe von 3250 mm gebracht werden, so daß bei dem vorgesehenen Treibraddurchmesser von 1740 mm noch eine breite Feuerbüchse mit einem Rost von 4,5 m^2 Fläche über den Rädern angelegt werden konnte. Gegenüber der Südbahnmaschine wurde bei der neuen, als Baureihe 113 bezeichneten Type der Zylinderdurchmesser zur Schonung der Stangenlager von 610 mm auf 560 mm zugunsten einer Hubverlängerung von 650 auf 720 mm verkleinert und der Dampfdruck von 14 auf 15 kg/cm^2 heraufgesetzt. Eine wesentliche Neuerung war der Ersatz der Kolbenschieber durch die Lentz-Ventilsteuerung mit oszillierenden Nocken, die sich schon bei anderen Neubauten bewährt hatte und in der Folgezeit noch verbessert wurde. Die erste Bauserie hatte eine einschichtige Kreuzkopfführung, die später bei allen Maschinen mit einer Ausnahme durch eine zweischienige Gleitbahn ersetzt wurde. Besonderes Augenmerk galt der Ausbildung des Fahrwerks. Dem führenden Drehgestell wurde am Drehzapfen ein seitlicher Spielraum von 45 mm gegeben, der durch Rückstellfedern stabilisiert wurde. Die Spurkränze des Treibrad- und des vierten Kuppelradsatzes waren geschwächt, wobei letzterer noch ein Seitenspiel von 26 mm besaß, so daß die Lokomotive Gleisbögen von 150 Meter Radius durchlaufen konnte. Die Tragfedern waren für die beiden ersten Kuppelachsen oberhalb, für die beiden rückwärtigen unterhalb der Lager angeordnet und durch Ausgleichshebel verbunden. Da die beengenden Platzverhältnisse der alten Südbahnwerkstätten keine Rolle mehr spielten, konnte das Führerhaus geräumiger als bei der Reihe 570 gestaltet werden. An die Stelle der zweiflügeligen flachen Rauchkammertür – ein typisches Merkmal des altösterreichischen Lokomotivbaues – trat erstmals die gewölbte einteilige Form ohne Zentralverschluß mit seitlichen Vorreibern, die das kraftvolle Erscheinungsbild der Lokomotive nach modernen Gesichtspunkten betonte.

Der Kessel mit einer wasserberührenden Heizfläche von 221 m^2 und einem Überhitzer von 69,5 m^2 gasberührter Fläche wurde fast unverändert vom Südbahn-Prototyp übernommen. An Aufbauten hoben sich neben dem kurzen Kamin nur der Dampfdom auf dem dritten Kesselschuß und die Pop-Coale-Sicherheitsventile auf dem Stehkessel ab. Eine dem thermischen Wirkungsgrad sehr förderliche Neuerung war die spätere Ausstattung mit der Dabeg-Vorwärmepumpe, die ihren Platz auf dem linken Umlaufsteg erhielt und durch eine Gegenkurbel an der dritten Kuppelachse angetrieben wurde.

Sie paßte sich der jeweiligen Arbeitslage der Maschine an und erbrachte eine um 12 ‰ höhere Dampferzeugung. Wegen der Stoßwirkung auf das Triebwerk durch den Pumpenwiderstand wurden die Dabeg-Anlagen in der Folgezeit wieder ausgebaut und erst nach dem Zweiten Weltkrieg durch den noch wirksameren, ebenfalls in Österreich entwickelten Heinl-Mischvorwärmer ersetzt, der nahezu ohne Energieverlust nach dem Prinzip eines auf Kondensation beruhenden Wärmekreislaufs arbeitete.

Die Lokomotiven wurden ab Werk mit dem vierachsigen Steifrahmentender Reihe 85 mit 27 m^3 Wasserinhalt und einem Kohlenvorrat von 7,5 t geliefert. Wegen der begrenzten Wendemöglichkeiten auf der Gesäusestrecke mußte er bei den dort eingesetzten Maschinen bis zum Einbau größerer Drehscheiben gegen einen dreiachsigen Tender der Reihe 156 ausgetauscht werden. Zwei Loks mußten ihre Tender der Reihe 85 an die beiden 1D2-Prototypen 114.01 und 214.01 gegen Gölsdorf-Drehgestelltender der Reihe 86 abtreten.

Als betriebstechnische Besonderheit ist der Kesseltausch mit der 570.02 der ehemaligen Südbahn zu vermerken. Anläßlich einer Hauptuntersuchung im Jahre 1931 ging der Kessel dieser Lok zuerst auf die 113.33 und 1937 auf die 113.35 über, so daß diese Maschinen danach eine geteilte Rauchkammertür alter Bauart besaßen. Ab 1941 fuhren mit diesem Kessel und einer Rauchkammertür deutscher Kriegsbauart noch die 33 110, die 33 133 (113.33) und zuletzt bis zur Ausmusterung im Jahre 1962 die 33 109.

Die ersten acht Lokomotiven der Reihe 113 wurden 1923 von den StEG-Werken geliefert. Ihnen folgten bis 1928 weitere 32 Stück, von denen 1924 sieben Stück aus der Lokomotivfabrik Floridsdorf kamen. Obwohl bei der polizeilichen Abnahmefahrt ohne Mängel im Fahrverhalten bis zu 130 km/h gefahren wurden, sind von der Aufsichtsbehörde als Höchstgeschwindigkeit nur 90 km/h zugelassen worden, die in der Folgezeit noch auf 85 km/h reduziert wurde. Es bedarf der Erwähnung, daß damals nur wenige Streckenabschnitte eine höhere Fahrgeschwindigkeit zuließen.

Nach inoffiziellen Quellen soll diese Maßnahme zur Schonung des Triebwerks wegen der noch minderwertigen Schmieröle und verschleißanfälligen Lagermetalle getroffen worden sein. 1924 wurde die 113.08 einer eingehenden Betriebserprobung auf dem Semmering unterzogen. Messungen mit dem Dynamometerwagen ergaben eine indizierte Leistung von 1610 PS. Nach Ausrüstung mit Mischvorwärmer betrug die Grenzleistung ca. 1800 PSi.

Im selben Jahr wurden mit den Reihen 113 und 310 Versuchsfahrten auf der Westbahn unternommen mit dem Ziel, die kürzestmögliche Fahrzeit zwischen Wien und Salzburg zu ermitteln. Die nach der letzten Friedensfahrordnung von 1914 mit dem 240 t schweren Orient-Express gefahrene und noch nicht wieder erreichte Bestzeit von drei Stunden für die 189 km lange Strecke von Wien nach Linz wurde von beiden Baureihen um 35 Minuten unterboten, wobei die Reihe 310 320 t, die Reihe 113 jedoch 395 t nehmen konnte. Die um 10 km/h geringere Höchstgeschwindigkeit hat die 2D durch ihr größeres Beschleunigungsvermögen und ihre Überlegenheit als Vierkuppler auf den Steigungsabschnitten wettgemacht. Als Bravourstück beförderte die 113er auf dieser schwierigen Strecke einen 466-t-Schnellzug in zwei Stunden 37 Minuten mit einem Reisedurchschnitt von 72 km/h.

Die Lokomotiven waren den Heizhausleitungen Wien West, Wien FJB, Linz, Salzburg, Knittelfeld, Mürzzuschlag und vorübergehend Graz zugeteilt. Nach dem Anschluß Salzburgs an das von Westen herangeführte elektrifizierte Streckennetz wurden die dort stationierten Maschinen nach Wien FJB verlegt. 1933 kamen 16 Stück nach Wien Süd. Ihr Bestand wurde bis 1937 auf 21 Stück aufgestockt. Die Reihe 113 bewältigte dann den gesamten Fernreiseverkehr auf der Südbahn und einen beträchtlichen Anteil auf der Westbahn. Bis zur Aufnahme des elektrischen Betriebes bediente sie auch die Tauernbahn, die schwierige Strecke Salzburg – Innsbruck, die Pyhrn-Bahn und die Gesäuse-Strecke. In einem herausragenden Langlauf von 342 km führten Linzer 113er die bis 1936 verkehrenden D-Züge von Wien nach Innsbruck über Amstetten und Selzthal bis Bischofshofen. Ihnen oblag auch die Bespannung der Schnellzüge Prag – Split und – Sušak zwischen der tschechischen Grenze und Selzthal.

Nach Übernahme durch die Deutsche Reichsbahn im März 1938 wurde die Baureihe aufgrund ihres Treibraddurchmessers von weniger als 1,80 m nach den Eingruppierungskriterien

113.13 als 33 113 der DRB, StEG-Fabrik 4705/1923
Foto: Archiv Töpelmann

der DRB den Personenzuglokomotiven zugeordnet und als Reihe 33.1 bezeichnet, was nichts an ihrer überwiegenden Verwendung im Schnellzugdienst änderte. Vielmehr wurde ihre ursprünglich vorgesehene Höchstgeschwindigkeit von 100 km/h in Kraft gesetzt. Mit der Einrichtung neuer Direktverbindungen von Berlin und Ostpreußen nach Wien durch das damalige Protektorat Böhmen und Mähren weitete sich ihr Einsatzbereich auf die Strecke Wien – Brünn – Wildenschwert (244 km) aus. Zur Beförderung dieser Korridorschnellzüge wurden 1940 sechs Stück in Wien Ost stationiert, die auch Schnellzüge nach Hegyeshalom (-Budapest) bespannten. In dieser Zeit erhielt als einzige die 33 119 (113.19) große Windleitbleche nach deutschem Muster und einen Sandkasten unter gemeinsamer Domverkleidung. Da die vierfach gekuppelten Lokomotiven vorteilhafter auf den Hügellandstrecken eingesetzt werden konnten, wurden sie 1942 in Wien Ost durch die Reihe 16 (ex 310) abgelöst und dem Bw FJB für den schweren Schnellzugdienst nach Gmünd (– Prag – Berlin) zugewiesen. Die Loks des Bw Linz fuhren in den Kriegsjahren D-Züge bis Budweis und Nürnberg. Ab 1942 wurden die Linzer Maschinen nach Villach und Knittelfeld verlegt. Villacher 33er übernahmen die über die Tauernbahn nach dem Balkan verkehrenden SFR-Züge in Spittal und brachten sie bis Marburg/Drau. Durch die Eingliederung der Strecken der Südsteiermark und Südkärntens in die RbD-Bezirke Wien und Villach im Jahre 1941 ließ man 33er des Bw Wien Süd die 447 km lange Strecke bis Zagreb durchlaufen. Die 33 105, 112, 123, 126 und 132 gelangten 1945 in den Besitz der JDŽ, die sie zunächst als 106–101 bis 105 einreihte und endgültig in 10–001 bis 005 umzeichnete. Sie versahen bis Ende der sechziger Jahre Schnellzugdienst in Slowenien.

Zwei weitere Loks gingen durch Kriegsereignisse verloren, so daß noch 33 Stück in den Bestand der ÖBB kamen. Die Reihe 33 – nun mit Trennpunkt vor der Betriebsnummer angeschrieben – blieb neben den Reihen 12 (214) und 919 (poln. Pt 31) das dritte Standbein des Schnellzugdienstes auf den Dampfstrecken. Sie überlebte beide Reihen um zwölf Jahre und ihr Einsatz endete erst mit dem Abschluß der Südbahn-Elektrifizierung im Jahre 1968. Letzte Beheimatungen waren in wechselnder Folge Villach, Graz und Knittelfeld. Auf der Südbahnstrecke erfreuten sie sich stets größerer Beliebtheit als die zuletzt ebenfalls dort eingesetzten Loks der Reihe 12, denen sie nach ihrer Modernisierung an Leistungsfähigkeit sehr nahe kamen. Ab 1951 erfuhren sie nämlich eine viel beachtete technische Aufwertung durch den Einbau der von Prof. Dr. Giesl-Gieslingen entwickelten Ejektordüse mit Flachkamin. Viel zu spät hatte man während der gesamten Entwicklungsgeschichte der Dampflokomotive dem Einfluß der Saugzuganlage auf die Energieerzeugung die gebührende Beachtung geschenkt. Es blieb einem österreichischen Konstrukteur vorbehalten, dem häufigen Mangel einer unzulänglichen Saug-Zugwirkung zu später Stunde durch die Erfindung einer neuartigen Blasrohranlage abzuhelfen, die von vielen Fachleuten als die wirkungsvollste Einrichtung zur Verbesserung des thermischen Wirkungsgrades der Dampflokomotive seit Einführung des Schmidt'schen Überhitzers angesehen wird. Wenn auch durch den Giesl-Ejektor bei der fortschreitenden Traktionsumstellung die Lebenszeit der Dampflokomotive nicht mehr wesentlich verlängert wurde, so hat die mit geringem finanziellen Aufwand installierbare neue Blasrohran-

113

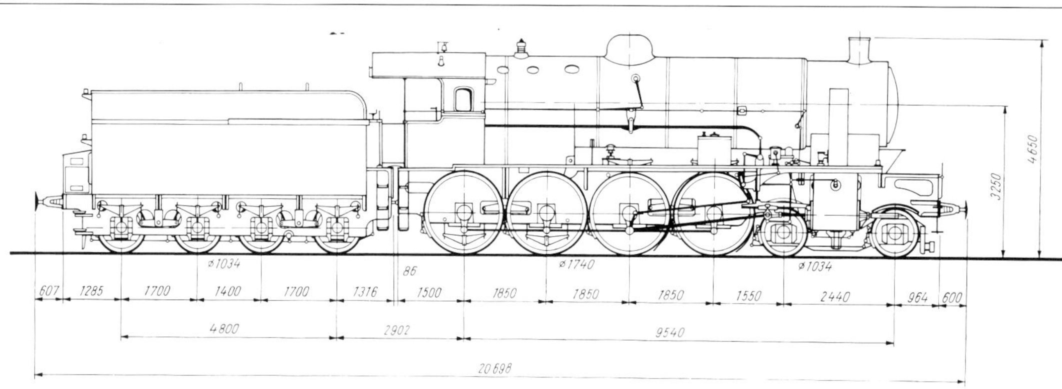

113.27 als 33.127 der ÖBB im letzten Bauzustand mit Giesl-Esse, StEG-Fabrik 4736/1925
Foto: Lichtbildstelle der ÖBB

lage, insbesondere im Zusammenwirken mit der gleichzeitig eingeführten Siederohrdrosselung, die Wirtschaftlichkeit und Leistungsfähigkeit der noch benötigten Dampflokomotiven beträchtlich gesteigert. Weltweit kamen ca. 2500 Giesl-Ejektoren mit dem augenfälligen länglichen Flachkamin in Lokomotiven verschiedenster Bauart und Größe zum Einbau. Es kam 1951 der ÖBB-Reihe 33 zu, seine Effizienz im schweren Schnellzugdienst auf der Semmeringstrecke unter Beweis zu stellen. Meßwerte von über 2400 PSi bei 84 km/h und einem spezifischen Dampfverbrauch von 6,57 kg/PSih belegten einen Leistungszuwachs von nicht weniger als 35 Prozent gegenüber der Ursprungsform. Selbst schwerste, aus 17 D-Zugwagen gebildete Züge von 700 t Gewichtsmasse nahm die Lokomotive ohne Schwierigkeit von Wien bis Gloggnitz. Stellvertretend für die zahlreichen Bravourleistungen aus dem Betriebsalltag der Giesl-Maschinen seien hier nur die Beförderung des in der Hauptreisezeit regelmäßig auf 15 Wagen angewachsenen, 640 t schweren D 580 Wien – Rom und des ebenso schweren D 198 *Österreich-Express* mit Kurs- und Schlafwagen nach diversen Zielbahnhöfen in Italien und Frankreich genannt, die sie mit gleicher Sicherheit und geringerem Kohleverbrauch zwischen Wien und Villach zu führen vermochten wie die viel größeren 1D2-Loks der Reihe 12 (214), wobei zur Einhaltung der Fahrzeiten anstandslos 100 km/h gefahren wurden. Der Umbau verhalf den Lokomotiven auch zu einem neuzeitlichen Erscheinungsbild. Sandkasten, Dampfdom und Heißwasserspeicher des Heinl-Mischvorwärmers waren unter einer gemeinsamen langen Verkleidung untergebracht und kleine Windleitbleche an der Rauchkammer sorgten für die Rauchableitung. Mit Ausnahme der 33.116 wurden alle übrigen 32 Maschinen mit dem Flachejektor ausgestattet.

Mag diese mit einer 45jährigen Einsatzzeit erfolgreichste österreichische Reisezuglokomotive auch nicht alle Eigenschaften einer klassischen Schnellzuglokomotive besessen haben, so war sie doch – insbesondere in ihrem letzten Bauzustand – wie keine andere den Besonderheiten des Streckencharakters ihrer Heimat angepaßt.

Ihr erfolgreicher Einsatz veranlaßte 1924 die Polnische Staatsbahn (PKP), 60 derartige Lokomotiven mit geringen Änderungen als Reihe Os 24 zu beschaffen. 16 Stück gingen im Verlaufe der Kriegsereignisse in deutschen Besitz über und wurden als 33 201 bis 216 eingereiht, von denen 1944 acht Stück als Rückführlokomotiven zur RbD Villach kamen, jedoch nur die 33 202 und 209 beim Bw Knittelfeld in Betrieb genommen wurden. Vor ihrer Rückgabe an die PKP kamen sie mit englischen Militärzügen bis Wien Aspang-Bahnhof.

Nur zwei Lokomotiven der ehemaligen Reihe 113 blieben für die Nachwelt erhalten. Die 33.102 (113.02), geliefert von der StEG-Maschinenfabrik Nr. 4694/1923, fand Aufnahme im österreichischen Eisenbahn-Museum. Durch Privatinitiative wurde die noch im Ursprungszustand befindliche 10-005 der Jugoslawischen Eisenbahnen erworben und anläßlich der 150-Jahrfeier der Österreichischen Eisenbahnen 1987 in der Hauptwerkstätte St. Pölten in betriebsfähigen Zustand versetzt. Sie entstammt einer StEG-Lieferung des Jahres 1925 und agierte unter der ÖBB-Nummer 33.132 als einer der Stars im Jubeljahr 1987 bei zahlreichen Sonderfahrten.

Konstruktive Merkmale

Kessel: Dreischüssiger Heißdampfkessel mit 203,7 m² feuerberührter bzw. 221 m² wasserberührter Heizfläche, 69,5 m² Überhitzerfläche und 4,47 m² Rostfläche; Dampfdom auf dem dritten Kesselschuß, Pop-Sicherheitsventile auf dem Stehkessel; Kesseldruck 15 kg/cm²; Rohrlänge 5200 mm.

Rahmen: Genieteter Blechrahmen.

Triebwerk: Zwillingsmaschine mit 2 × 560 mm Zylinderdurchmesser und 720 mm Kolbenhub; Lentz-Ventilsteuerung mit oszilierenden Nocken und Heusinger-Gestänge; Antrieb auf der zweiten Kuppelachse; Treibraddurchmesser 1740 mm.

Fahrwerk: Führendes Drehgestell mit 45 mm Seitenspiel; Rückstellfedern; Spurkranz am Treibrad- und vierten Kuppelradsatz geschwächt, letzterer mit 26 mm Seitenspiel; Tragfedern der beiden ersten Kuppelachsen oberhalb der beiden rückwärtigen unterhalb der Achslager.

Ausrüstung: Vakuumbremse, Nachrüstung mit Druckluftbremse; Dabeg-Vorwärmerpumpe, später durch Heinl-Mischvorwärmer ersetzt; Sandkästen neben Schmierpumpe auf Umlaufstegen; alle Achsen einseitig abgebremst. Zwischen 1951 und 1958 Ausstattung mit Giesl-Ejektor (Flachkamin) und teilweise mit Siederohrdrosselung; Heißwasserspeicher unter langer Domverkleidung; kleine Windleitbleche; Besandung aller Kuppelachsen von vorn.

Tender: Vierachsiger Steifrahmentender Reihe 85.

214

DRB-Baureihe 12⁰
ÖBB-Baureihe 12

1D2-h2

1928 bis 1962

Techn. Daten: Seite 259

Mit der Stabilisierung der politischen und wirtschaftlichen Lage nach dem Ersten Weltkrieg intensivierten die europäischen Bahnen ihre Bemühungen nach einer durchgreifenden Verbesserung ihres Verkehrsangebots. Neben der Einführung neuer Luxuszüge und einer allgemeinen Anhebung des Reisekomforts konzentrierten sich die Aktivitäten auf eine drastische Kürzung der Reisezeiten. Obwohl man den Kraftwagen oder gar das Flugzeug noch nicht als ernstzunehmende Konkurrenten ansehen zu müssen glaubte, so zeigten sich doch schon erste Einbrüche in die Monopolstellung der Bahn und es bedurfte aller Anstrengungen, den Anschluß an die Zukunft nicht aus dem Auge zu verlieren. Österreich als bedeutendes Durchgangsland im internationalen Reiseverkehr und mit seinem durch landschaftliche und kulturelle Anziehungspunkte aufblühenden Fremdenverkehr war hierin besonders gefordert. Beachtenswertes Etappenziel auf diesem Wege war die Elektrifizierung der 453 km langen Strecke von Bregenz bis Salzburg mit Anbindung der Schweiz in Buchs, deren Vollendung 1930 zu erwarten war. Auf dieser, die westlichen Alpen durchquerenden Hauptverkehrsader mit dem

10,25 km langen Arlberg-Tunnel hat die Einführung des elektrischen Betriebes nicht nur eine wesentliche Erleichterung im Betriebsablauf, sondern auch eine spürbare Beschleunigung des Zugverkehrs mit größerer Streckendurchlässigkeit gegenüber der Dampftraktion gebracht. Die führenden Unternehmen der Elektro-Industrie traten deshalb vehement für die Weiterführung des Fahrdrahtes bis Wien ein. Von seiten der Bahn wurde eine Verkürzung der Fahrzeit auf der 314 km langen Strecke zwischen Salzburg und Wien von fünf auf zunächst viereinhalb Stunden auch für die schweren internationalen Schnellzüge angestrebt. Nur der Arlberg-Express mit seiner geringen Wagenlast von 240 t benötigte schon bisher nicht mehr als 4 Stunden 23 Minuten. Mit der Einführung schwerer Stahlwagen genieteter Bauart und ihrem um 20 bis 30 % höheren Gewicht kam ein D-Zug von zwölf Wagen auf 600 bis 650 t Gewichtsmasse, die saisonal nicht selten 700 t überschritt.

Die seit 1923 auf der Westbahn eingesetzte 2'D-Reihe 113 konnte einen solchen Zug auf horizontaler Strecke zwar noch mit 90 km/h befördern. Bei einem leichten Anstieg von 5 ‰ fiel die Geschwindigkeit jedoch schon auf 60 km/h, und bei den 10 bis 11 ‰ im Wiener Wald oder östlich von Salzburg kam die Tachometernadel höchstens noch an die 40 heran. Das Zugförderungsprogramm für die dreißiger Jahre konnte deshalb nur mit einer wesentlich stärkeren und schnelleren Lokomotive bewältigt werden, die in der Lage war, 630 t in der Ebene mit 110 km/h zu befördern und auf den Steigungen mit einer Anhängelast von 550 t noch 60 km/h einzuhalten. So gut sich die Reihe 113 auf den zahlreichen Mittelgebirgsstrecken unter den herkömmlichen Geschwindigkeitsanforderungen auch bewährte, die gesteckten Ziele für Österreichs Hauptverkehrsstrecke ließ sich mit ihr nicht verwirklichen.

Für die Fortführung der Elektrifizierung hatte die Elektro-Industrie den Bundesbahnen kostengünstige Angebote unterbreitet. Sie konnte aber zur damaligen Zeit keine Lokomotive anbieten, die die betrieblichen Forderungen hätte erfüllen können. Aber auch Projekte der Lokomotiv-Industrie und der BBÖ einer verstärkten 1C2-Dampflokomotive, als mögliche

214.01, Werkaufnahme, noch ohne Windleitbleche, Floridsdorf 2970/1928
Foto: TBA K. Pfeiffer

Reihe 410, die sowohl in Vierzylinder-Verbund-, als auch in Dreizylinderausführung zur Diskussion stand, mußte ebenso wie diverse 1D1-Entwürfe wieder fallen gelassen werden, weil die Durchrechnung auch unter Ausnutzung der inzwischen auf 16 t angehobenen Achslastgrenze nicht den erforderlichen Leistungsgewinn erwarten ließ. Der rechnerischen Beweisführung des jungen Konstrukteurs der Floridsdorfer Lokomotivfabrik, Dr. Giesl, dem nachmaligen Erfinder der nach ihm benannten Blasrohranlage, war es zu verdanken, daß die 1D2-Bauart als die für die Traktionsaufgaben zweckmäßige und notwendige Bauart akzeptiert wurde. Den Ausschlag gaben letztlich die gesunkenen Kohlepreise jener Zeit, die für eine Beibehaltung des Dampfbetriebes östlich von Salzburg sprachen.

Um den Bauauftrag bewarben sich die beiden großen Lokomotivfabriken. Dem von Wiener Neustadt befürworteten Drillings-Projekt trat Floridsdorf mit dem Entwurf einer Zwillingsmaschine entgegen. Um die Vorzüge beider Antriebskonzepte im Vergleich zu erproben, gaben die Bundesbahnen zunächst je einen Prototyp in Auftrag. Soweit die unterschiedliche Triebwerksbauart es zuließ, wurden die Hauptabmessungen vereinheitlicht. Die technische Bauleitung und die geforderte Koordinierung beider Ausführungen wurde Oberbaurat Lehner übertragen.

Die Zwillingslokomotive 214.01 wurde Ende 1928 ausgeliefert, der Drilling aus Wiener Neustadt folgte im April 1929.

In der 1D2-Bauart ließen sich die Vorteile guten Laufverhaltens (Krauß-Helmholtz-Lenkgestell), großer Zugkraft (vierfache Kupplung) und der Anlage eines großen Rostes über dem rückwärtigen Laufgestell mit einer geringen Baulänge in idealer Weise vereinigen. Zudem erlaubte die Heraufsetzung des zulässigen Achsdrucks auf 18 t einen nach neuen Herstellungsmethoden ausgesteiften Rahmen zu bauen, der die großen Triebwerkskräfte besser aufnehmen konnte. Unübertroffen zur damaligen Zeit war der gewaltige Kessel mit einer wasserberührten Heizfläche von 283 m², einer dampfberührten Überhitzerfläche von 77,8 m² und einem Rost von 4,7 m² bei einer Höhe der Mittelachse von 3,4 m über der Schienenoberkante. Dampfdom und Sandkasten erhielten eine gemeinsame Verkleidung. Der Treibraddurchmesser von 1940 mm ließ die konstruktive Auslegung der Höchstgeschwindigkeit von 120 km/h zu, die im Bertrieb jedoch zunächst auf 100 km/h beschränkt blieb. Kuppel- und Drehgestellräder waren einseitig abgebremst. Das führende Krauß-Helmholtz-Lenkgestell und das rückwärtige Laufgestell, beide mit Federrückstellung, hatten Laufräder von einem einheitlichen Durchmesser von 1034 mm und verliehen in Verbindung mit der stabilen Rahmenkonstruktion der Lokomotive eine hervorragende Laufruhe, die von den Fahrpersonalen mit großem Lob bedacht wurde. Das Zwillingstriebwerk mit einem Zylinderdurchmesser von 650 mm und einem Hub von 720 mm arbeitete mit einer Dampfspannung von 15 kg/cm². Auch bei der Reihe 214 kam anstelle von Kolbenschiebern die in Österreich bewährte wälzhebelbetätigte Lentz-Ventilsteuerung mit Heusinger-Schwinge zur Anwendung. Zur Reduzierung der vertikalen Triebwerkskräfte erfolgte der Antrieb auf der dritten Kuppelachse. Dies erforderte eine 4250 mm lange Treibstange, die im gesamten Lokomotivbau unübertroffen blieb, jedoch nie Grund zur Beanstandung gab.

Die Prototyp-Maschine 214.01 wurde im Sommer 1929 einer eingehenden Leistungserprobung unterzogen. Gegenüber der Drillings-Variante 114.01 ergab sich ein um 9 ‰ geringerer Kohleverbrauch. Das bessere Abschneiden der Zwillingsmaschine ist auf die geringeren Wärmeverluste bei der Dampfzufuhr, die bessere Saugzugwirkung durch die tiefe Blasrohrlage und die geringere innere Reibung zurückzuführen. Bei Versuchsfahrten mit dem Dynamometer-Meßwagen schleppte die 214.01 einen aus 19 Wagen älterer Bauart gebildeten Zug von 672 t mit 46 km/h über den kurvenreichen Anstieg von 11 ‰ bei Rekawinkel, wofür eine Leistung von mindestens 2300 PS erforderlich war. Die Werksgarantie auf die Beförderung von 620 t in der Horizontalen mit 100 km/h und von 550 t auf einer 10 ‰-Steigung mit 60 km/h wurde auch im Regelbetrieb nicht selten um gut 15 % übertroffen. Die Belastungstafel sah auf ebener Strecke bei 100 km/h eine Zuglast von 925 t vor. Die Lokomotive vermochte selbst 750 t schwere Züge auf einer 10 ‰ Steigung anstandslos in Gang zu setzen. Auswertungen aus dem Plandienst ergaben Leistungen von ca. 2700 PS, womit sich die 214 einst den Ruf als eine der stärksten europäischen Dampflokomotiven erwarb. Bei einem Dienstgewicht von 123,5 t in der letzten Bauform zählte sie auch zu der schwersten.

Ihre größere Wirschaftlichkeit gegenüber der Drillingsvariante führte schließlich zum Weiterbau in leicht abgewandelter Form. Das rückwärtige Laufgestell wurde nicht mehr an einem seitenbeweglichen Drehzapfen, sondern an einer Deichsel geführt, die Dabeg-Vorwärmerpumpe durch den wirksameren Heinl-Mischvorwärmer mit internem Wärmekreislauf ersetzt und die Windleitbleche, die erstmals bei

214.13 als 12013 der ÖBB mit Rauchkammertür der Reihe 42 und noch mit DRB-Nummernschildern und russ. Beutezeichen, Tender Reihe 84 (4 T 29,5), Floridsdorf 3104/1936
Foto: Eisenbahntechnisches Bildarchiv/ Sammlung Schröpfer

einer österreichischen Lokomotive zur Anwendung kamen, wurden in ihren Konturen geändert. Mit diesen Änderungen wurden 1931 die 214.02 bis 07 in Dienst gestellt. Eine weitere Nachlieferung folgte 1936 als 214.08 bis 13, deren Ausstattung mit Friedmann-Achslagern und automatischer Schmierung die Heraufsetzung der Höchstgeschwindigkeit auf 120 km/h gestattete. Von der 214.13 wurde auf einer Versuchsfahrt mit 155 km/h die höchste von einer österreichischen Dampflokomotive gefahrene Geschwindigkeit erreicht. Bei dieser letzten Serie hatte sich das äußere Erscheinungsbild erneut gewandelt, indem die Kesselaufbauten von einer durchgehenden, mit dem Lüfteraufsatz des Führerhauses bündig abschließenden „Skyline"-Verkleidung umschlossen waren und die großen Windleitbleche durch kleine, beiderseits des Kamins angebrachte Leitbleche ersetzt wurden, nachdem Versuche mit verschiedenen anderen Rauchableitungsvorrichtungen nicht befriedigt hatten.

Die 13 Parade-Maschinen versahen vom Heizhaus Wien West aus den schweren Schnellzugdienst nach Passau und Salzburg und ermöglichten beachtliche Fahrzeitverkürzungen.

Mit der Eingliederung Österreichs in das Deutsche Reich am 13. März 1938 wurden die Lokomotiven als 12 001 bis 013 in den Fahrpark der Deutschen Reichsbahn eingereiht. Die Umzeichnung erfolgte im Laufe des Jahres 1939. Ihr Einsatzbereich weitete sich nun bis Regensburg aus. Obwohl sie durch das gestiegene Verkehrsaufkommen reichlich Konkurrenz durch Lokomotiven aus dem „Altreich" bekamen, blieb ihre dominierende Stellung auf der Westbahn bis zum Ende der Dampftraktion unangefochten.

Im Frühjahr 1939 ließ das Reichsverkehrsministerium je eine Lokomotive der Reihen 12.0 (214), 78.6 (729), 35.2 (429) und 57.2 (80.900) durch das Versuchsamt Berlin-Grunewald einer systematischen thermischen und leistungsspezifischen Untersuchung unter Verwendung eines Meßwagens mit Bremslok unterziehen. Die Leistungs- und Verbrauchskurven ergaben für alle vier ungünstigere Werte im Vergleich zu den deutschen Einheitslokomotiven der gleichen Verwendungsbereiche. Insbesondere enttäuschte

214.01 bis 07

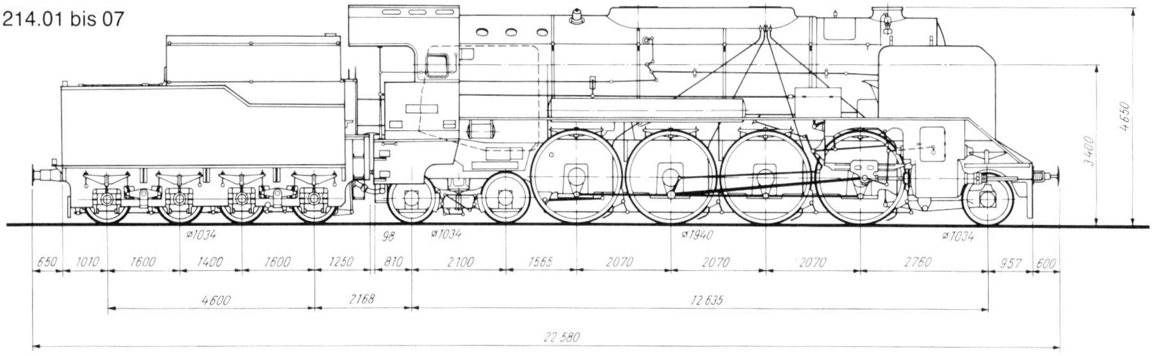

das schlechte Abschneiden der auf den Strecken Berlin – Hamburg und Potsdam – Magdeburg untersuchten 12 011, die – außer in ihrer Überlegenheit als Vierkuppler beim Ingangsetzen schwerer Züge – nicht die Meßwerte der ihr gewichtsmäßig nachstehenden 2C1-Einheits-Schnellzuglokomotive 01 093 erreichte. Die Ursachen dieses in krassem Widerspruch zu den erfolgreichen Betriebsmeßfahrten des Jahres 1929 stehenden Ergebnisses wurden in Fachkreisen viel diskutiert, aber nie restlos geklärt. Durch hervorragende Leistungen im Plandienst bewies die 214 (12.0) jedoch unausgesetzt ihre den Verhältnissen der heimatlichen Westbahnstrecke bestens angepaßten Betriebseigenschaften. Letztlich lassen die Grunewalder Versuchsergebnisse schon deshalb keine abschließende Wertung zu, weil sie wegen vorzeitiger Abberufung der Lok durch die Heimatdirektion nicht zu Ende geführt werden konnten.

Seit 1939/40 waren alle 13 Loks einheitlich mit stehenden Windleitblechen nach dem Muster der zweiten Bauausführung ausgestattet. Einige Maschinen hatte man nach Kriegsende wegen des herrschenden Kohlemangels vorübergehend auf Ölfeuerung umgebaut und die 12 005 zur Ausdehnung des Fahrbereichs zeitweise mit einem zweiten Tender gekuppelt.

Am 3. Januar 1953 verließ der D 233 als letzter, planmäßig von einer Dampflokomotive geführte Schnellzug mit der 12 013 an der Spitze den Wiener Westbahnhof.

214.08 bis 13

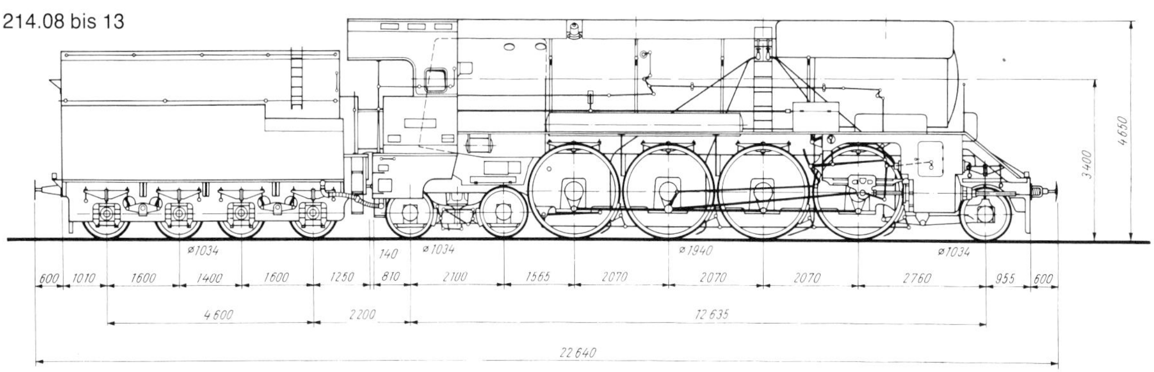

Nach dem am 19. März 1953 in Kraft getretenen Reihenschema wurden die Maschinen als 12.01 bis 12.13 bezeichnet. Die 12.01, 03, 08, 10 und 11 fanden in wechselnder Folge nach Elektrifizierung der Westbahn noch weitere Verwendung auf der Südbahnstrecke, wo sie im Dienstplan mit Lokomotiven der Reihe 919 (poln. Pt 31) vorwiegend zur Führung des bis zu 17 Wagen starken D 580 Wien – Rom (– Triest, – Genua, – Marseille), aber auch von Güterzügen eingesetzt wurden. Anders als auf der Westbahn erfreuten sie sich bei den Südbahnpersonalen keiner großen Beliebtheit, welche über sperrigen Bogenlauf und hohen Kohleverbrauch klagten. Nur wenige der an die 2D-Reihe 113 (33) gewohnten Mannschaften kamen mit den großen Maschinen zurecht. Am 23. September 1956 trat die 12.10 zu ihrer letzten Fahrt an. Als einzige ihrer berühmten Reihe blieb sie vor der Zerlegung verschont, um im Eisenbahnmuseum an den technischen Höhepunkt im österreichischen Dampflokomotivbau zu erinnern. Die übrigen wurden 1961/62 der Zerlegung zugeführt.

Beeindruckt vom Erfolg der Reihe 214 ließ die Rumänische Staatsbahn nach den Originalzeichnungen der letzten Bauform in den landeseigenen Resita- und Malaxa-Werken von 1937 bis 1940 79 Stück als Reihe 142 für den Schnellzugdienst auf den überwiegend gebirgigen Strecken Siebenbürgens nachbauen. Ihre Bewährung stand jener des österreichischen Vorbildes nicht nach. Erst Mitte der 70er Jahre endete ihr Planeinsatz. Die 142.065 wurde von der österreichischen Gesellschaft für Eisenbahngeschichte erworben, um nach Aufarbeitung als betriebsfähiges Exemplar mit der fiktiven Bezeichnung 12.14 die stolze Tradition der größten österreichischen Dampflokomotive lebendig zu erhalten.

Konstruktive Merkmale

Kessel: Dreischüssiger Heißdampfkessel mit 283 m² wasserberührter Heizfläche; dampfberührte Überhitzerfläche 77,8 m²; Rostfläche 4,7 m²; Dampfdruck 15 kg/cm²; Rohrlänge 6000 mm; Kesselmitte 3,4 m über SOK.

Rahmen: Genieteter Blechrahmen, durch horizontale Stahlgußplatten versteift.

Triebwerk: Zwillings-Maschine, Zylinderdurchmesser 2 × 650 mm, Kolbenhub 720 mm; Antrieb auf der dritten Kuppelachse, Treibstangenlänge 4250 mm; Lentz-Ventilsteuerung mit Nokkenbewegung durch Wälzhebel und Heusingerantrieb; Treibraddurchmesser 1940 mm.

Laufwerk: Führendes Krauß-Helmholtz-Lenkgestell; rückwärtiges Drehgestell mit Schwanenhalsträger bei 214.01 mit seitenbeweglichem Mittelzapfen, ab 214.02 mit Deichselführung und 20 mm Seitenspiel der vierten Kuppelachse; Tragfedern oberhalb der Achslager.

Ausrüstung: 214.01 ursprünglich Dabeg-Mischvorwärmerpumpe, nach Umbau und ab 214.02 Heinl-Mischvorwärmer auf dem linken Umlauf; Kuppel- und Drehgestellachsen einklotzig abgebremst; Westinghouse-Druckluftbremse mit Zusatzventil; Besandung aller Kupplachsen; Dampfdom und Sandkasten unter gemeinsamer Verkleidung; große Windleitbleche (214.08 bis 13 bei Ablieferung kleine Rauchleitbleche seitlich vom Kamin).

Tender: 214.01 vierachsiger Steifrahmentender Reihe 85 (von Lok-Reihe 113), später wie die Nachlieferungen mit vierachsigem Tender Reihe 84 gekuppelt.

114

DRB-Baureihe 12[1]

1D2-h3

1929 bis 1953

Techn. Daten: Seite 259

Ihre Entstehungsgeschichte teilte die glücklose Einzelgängerin mit der Reihe 214. Noch bevor in der Floridsdorfer Lokomotivfabrik die Pläne für eine Zwillingsvariante der projektierten 1D2-Schnellzuglokomotive heranreiften, hatten sowohl der Leiter der Konstruktionsabteilung der Bundesbahnen, Alexander Lehner, als auch die Sigl'schen Werke in Wiener Neustadt Entwürfe einer Drillingslokomotive mit Einachsantrieb auf der zweiten Kuppelachse ausgearbeitet. Schließlich wurde zum Zweck eines objektiven Vergleichs je ein Prototyp beider Antriebsvarianten in Auftrag gegeben, die in ihren Hauptabmessungen weitgehend übereinstimmten.

Die Drillingslokomotive 114.01 wurde im April 1929 von der Lokomotivfabrik Wiener Neustadt abgeliefert und wie die Zwillingsmaschine 214.01 in ihrem Leistungsverhalten eingehend untersucht. Der Vorteil der Dreizylinderanordnung liegt nach allgemeinen Erfahrungen in der Drittelung der Kolbenkräfte, dem günstigeren Drehmoment, im besseren Ausgleich der rotierenden Triebwerksmassen und dem hierdurch bedingten geringeren Verschleiß sowie im guten Anzugsvermögen. Dem steht jedoch ein höherer Verbrauch an Wärmeenergie durch die dreifachen

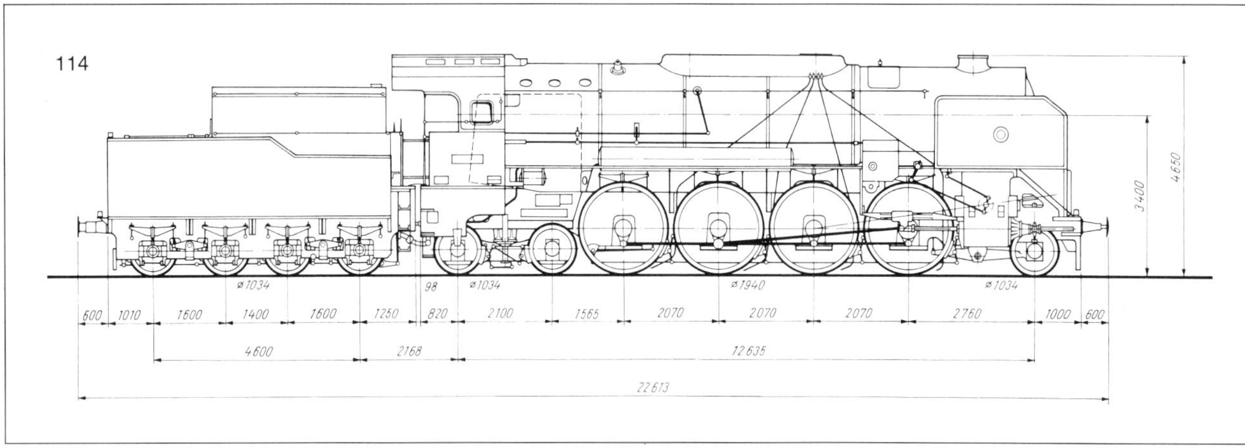

Dampfwege gegenüber, so daß zur Erzielung der gleichen Leistung eine 8 bis 10 % größere Dampfmenge im Vergleich zum Zwilling benötigt wird. Demzufolge wies die 114.01 auch einen um 9 % höheren Kohleverbrauch auf. Ungünstig wirkte sich bei ihr auch die durch den Mittelzylinder bedingte höhere Blasrohrlage aus, wodurch der Kesselwirkungsgrad abfiel. Als weitere Nachteile kamen der Mehraufwand an Wartung und Pflege und die schlechte Zugänglichkeit des Innentriebwerks hinzu. Bei vielen Bahnverwaltungen stießen allein aus den letztgenannten Gründen Mehrzylinder-Lokomotiven in jedweder Form auf Ablehnung. Angesichts dieser Tatsache fand auch die

114.01 im Betrieb der BBÖ, Wiener Neustadt 5817/1929
Foto: Archiv Töpelmann

114.01 weniger Anklang als ihre Rivalin, die bei den Versuchsfahrten eindeutig besser abschnitt.

So blieb die Drillingslokomotive aus Wiener Neustadt eine Einzelgängerin, deren Schicksal unter keinem guten Stern stand. Schon ein Jahr nach ihrer Auslieferung mußte das Herstellerwerk infolge anhaltenden Auftragsmangels während der erneuten Wirtschaftskrise für immer seine Pforten schließen. Die Lokomotive, welche an sich wenig Anlaß zu Klagen gab, war 1936 und 1938 in folgenschwere Unfälle verwickelt, und einen Bruch des Innenzylinderkolbens im Jahre 1945 überlebte sie nur, weil es gelang, passenden Ersatz durch den Kolbenkörper aus dem Hochdruckzylinder einer als Vorheizanlage verwendeten 2B-h2v-Lokomotive Reihe 13.2 (306) herzustellen.

Als technische Besonderheit ist die Ventilsteuerung System Marshall mit rotierender Nockenwelle hervorzuheben, deren Hebelmechanismus an der Außenseite der Zylinder unschön in Erscheinung trat. Sieht man davon ab, war die Lokomotive mit ihren unüblicherweise rotlackierten Rädern nicht minder beeindruckend als die 214.01. Wie jene war auch sie ab Werk mit der Dabeg-Vorwärmerpumpe auf dem linken Umlaufsteg ausgestattet und mit einem vierachsigen Steifrahmentender der Reihe 84 gekuppelt, den eine 113er abtreten mußte. Ihr Einsatz erfolgte ebenfalls beim Heizhaus Wien West im Dienstplan der Reihe 214. Von der Deutschen Reichsbahn wurde sie als 12 101 eingereiht. Sternstunde in ihrem Dasein war die Führung des ersten Arlberg-Orient-Express nach dem Kriege, mit dem sie am 13. Oktober 1945, reichlich mit Fahnen und Girlanden geschmückt, in den noch vom Bombenkrieg gezeichneten Wiener Westbahnhof einfuhr. 1948 war sie wie viele andere Lokomotiven wegen des herrschenden Kohlemangels vorübergehend auf Ölfeuerung umgestellt worden.

Das Ende brach rasch und unerwartet am 6. August 1949 durch einen irreparablen Bruch des Mittelzylinders über sie herein. Die Lok wurde von der Ausbesserung zurückgestellt und schließlich im Dezember 1953 der Zerlegung zugeführt.

Das dreizylindrige Konzept einer 1D2-Schnellzuglokomotive wurde bald auch von der ČSD aufgegriffen. Sie ließ drei solcher Maschinen in etwas leichterer Ausführung mit getrennten Kolbenschiebersteuerungen und kleineren Treibrädern für den Einsatz auf steigungsreichen Strecken bauen. Sie wurden 1933 von den ČKD-Werken (der ehemaligen Böhmisch-Mährischen Maschinenfabrik) in Prag-Lieben geliefert und als 486.101 bis 103 in Betrieb genommen. Während des Krieges fuhren sie gelegentlich Schnellzüge von Prag bis Dresden. Trotz ihres hohen Kohleverbrauchs blieben sie bis 1967 im Einsatz.

Konstruktive Merkmale

Kessel, Rahmen, Fahrwerk und Ausrüstung: Wie bei Reihe 214.01 (S. 83).

Triebwerk: Zylinderdurchmesser 3 × 530 × 720 mm, Hub 720 mm; Treibraddurchmesser 1940 mm.

Tender: Vierachsiger Steifrahmentender der Reihe 85, später gegen Tender Reihe 84 und 1941 gegen einen Reichsbahn-Tender der Lokreihe 50 (4T26) ausgetauscht, ab 1945 wieder mit einem Tender der Reihe 84 gekuppelt.

15 (ÖNWB)	**21** (KEB)
116 (SB)	**121** (KFNB)
118 (SB)	**23** (VB)
19 (UW)	

2B-n2 und 1B-n2

1869 bis 1932

Der Erste Weltkrieg hinterließ in allen beteiligten Staaten einen stark heruntergewirtschafteten Fahrzeugpark. Österreich mußte darüberhinaus eine große Anzahl an Lokomotiven der neuesten Bauarten in betriebstüchtigem Zustand an die Bahnen der auf dem Gebiet der untergegangenen Vielvölker-Monarchie entstandenen Nachfolgestaaten abgeben, so daß die Werkstattkapazitäten langfristig ausgelastet waren.

Die neue deutsch-österreichische Staatsbahn war deshalb gezwungen, noch für eine Anzahl von Jahren auch völlig veraltete und unwirtschaftliche Lokomotiven längst nicht mehr existierender Privatbahnen weiterhin einzusetzen. Unter diesen befanden sich auch noch mehrere Bauarten von Personenzuglokomotiven der Achsfolge 1B und 2B, die ihrem Aufbau nach noch aus dem „Mittelalter" der Eisenbahntechnik stammten.

Kennzeichnend für diese Bauarten war die extrem niedrige Kessellage mit hohen Aufbauten, der Außenrahmen mit Antrieb über Hall'sche oder Aufsteckkurbeln, Kulissensteuerung mit Exzenterantrieb und beidendige Überhänge durch Zylinder und Feuerbüchse. Ihre Abmessungen waren be-

21

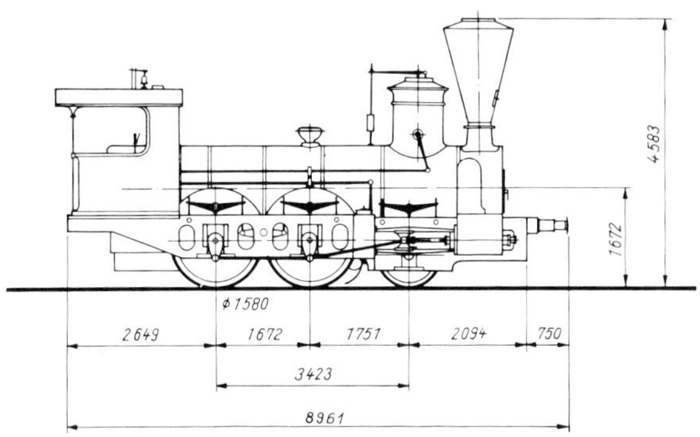

scheiden und demzufolge auch die Leistung, welche 350 bis 400 PS nur selten überstieg. Einige Typen wurden noch mit offenem Fühererstand geliefert und erhielten erst durch späteren Umbau ein einfaches Schutzhaus.

Das Drehgestell der 2B-Bauarten hatte einen kurzen Radstand und wurde rückversetzt an einer Zugstange geführt. Von diesen Veteranen befanden sich 1925 noch drei 2B-n2-Loks als Reihe 15 (ÖNWB-Serie IIb und IIc), eine 1B-n2- als Reihe 19 (Ungarische Westbahn), 22 1B-n2 als Reihe 21 (KEB A II), 13 1B-n2 als Reihe 121 (KFN Serie III) und vier 1B-n2 als Reihe 23 (KRB AR) im Bestand der BBÖ. Sie wurden teilweise im Rangier- und Überstelldienst verwendet, teilweise nur noch buchungsmäßig geführt. 1923 kamen mit der Verstaatlichung der auf österreichischem Gebiet befindlichen Südbahnstrecken 29 2B-n2-Lokomotiven der Serie 19 als Reihe 116 und 19 Stück der Serie 18 als Reihe 118 hinzu. Sie wurden bis Mitte der zwanziger Jahre noch vielfach im Personenverkehr auf den südlichen Vorortstrekken von Wien eingesetzt. Die letzte Lok der Reihe 118, deren Ursprung auf das Jahr 1859 zurückgeht, schied erst 1932 aus.

Während die vorgenannten, aus dem Nachlaß der kkStB stammenden Lokomotiven vielfach mit dem bekannten Kobelfunkenfänger ausgestattet wurden, behielten die von der Südbahn stammenden Loks ihren charakteristischen Trichterkamin.

Sie alle wurden nachträglich mit der einfach wirkenden Vakuum-Bremse ausgerüstet. Mehrere erhielten neue leistungsfähigere Kessel. Schon in den neunziger Jahren begann ihre Ablösung durch zeitgemäßere Bauarten.

Als typische Vertreterin dieser archaischen Lokomotivgeneration sei die 1B-n2-Lokomotive Serie A II der ehemaligen Kaiserin-Elisabeth-Bahn und spätere Reihe 21 herausgegriffen, deren technische Daten nachstehend aufgeführt sind:

Naßdampfkessel mit 129 m² wasserberührter Heizfläche; 1,93 m² Rostfläche, Dampfdruck 9 kg/cm²; genieteter Außen-Blechrahmen; Zwillingsdampfmaschine mit Zylindern von 395 mm Durchmesser und 632 mm Hub; innere Exzentersteuerung; Dienstgewicht (ohne Tender) 35 t; Reibungsgewicht 23,2 t; Trichterkamin, teilweise durch Kobelfunkenfänger ersetzt, Dampfdom mit Federwaag-Sicherheitsventilen auf vorderem Kesselschuß, Füllschale.

Die 30 Stück umfassende Serie wurde von der Maschinenfabrik der StEG und bei Sigl in Wiener Neutstadt gebaut und zwischen 1868 und 1873 in Dienst gestellt. 1918 war die noch vollständig vorhandene Reihe auf die Heizhäuser Wien West, Wien FJB, Krems, Wels und Linz verteilt. Bis 1928 waren alle aus dem Bestand der BBÖ ausgeschieden.

Die Lokomotive *Erfurt* dieser Baureihe erlangte Berühmtheit durch die Führung des ersten aus Paris kommenden Orient-Express-Zuges von Linz nach dem Wiener Westbahnhof.

227

(Umbau aus R.308)

2C-n2

1913 bis 1932

Techn. Daten: Seite 260

227.12 nach Umbau aus 308.12 (ehemalige KFNB II d 236) im Jahre 1913, Wiener Neustadt 3879/1896
Foto: Sammlung Jocham/Ostendorf

Die 1895 von der Kaiser-Ferdinands-Nordbahn als erste europäische Atlantic-Type in Dienst gestellte 2B1-n2-Schnellzuglokomotive Reihe II d (spätere kkStB-Reihe 308) erwies sich zwar als hervorragende Schnelläuferin vor leichten Zügen. Aber schon bald nach der Jahrhundertwende reichte die geringe Reibungsmasse des Zeikupplers von nur 28 t zur Beförderung der immer schwerer gewordenen Schnellzüge nicht mehr aus. Um die für ihre Zeit nicht geringe Kesselleistung von ca. 900 PS in höhere Zugkraft umzusetzen, ließ die kkStB 1913 auf Vorschlag Dipl. Ing. Rihoseks, Gölsdorfs engen Mitarbeiter in der Konstruktionsabteilung, in den StEG-Werken die 308.12 (Baujahr 1898) unter Beibehaltung aller wesentlichen Bauelemente durch Änderung der Rahmenkonstruktion in eine 2C-Personenzuglokomotive umbauen. Als Treibraddurchmesser wurde das für diese Gattung übliche Standardmaß von 1614 mm gewählt. Ihrem neuen Verwendungszweck folgend, erhielt die Maschine die neue Reihennummer 227. Als technische Neuerung wurde erstmals die Lentz-Ventilsteuerung erprobt, die zwar in der angewandten Form mit stehenden Ventilen noch nicht voll befriedigte, jedoch einer Steuerungsstechnik den Weg bereitete, die in der Folgezeit in Österreich in einem Grade vervollkommt wurde, daß sie den herkömmlichen Kolbenschieber weitgehend verdrängte. Als weitere Exemplare wurden 1915

die 308.38 und ein Jahr danach die 308.36, beide der Wiener Neustädter Lieferung von 1905 entstammend, in 2C-Lokomotiven unter Beibehaltung der Flach-Schiebersteuerung umgebaut. Die 227.12 und 227.38 wurden außerdem mit Kobelfunkenfänger zur Verminderung des Funkenfluges bei Verfeuerung minderwertiger Kohle ausgestattet. Die Lokomotiven behielten ihre frühere Betriebsnummer bei. Da sich der Leistungsgewinn in Grenzen hielt und die Bauform als Naßdampfmaschinen mit Außenrahmen bereits veraltet war, wurde von weiteren Umbauten abgesehen.

Die drei Lokomotiven verblieben zunächst beim Heizhaus Wien Nord, kamen aber dann nach Wien FJB, wo sie im Schatten der moderneren 1C1-h2-Lokomotiven der Reihe 429 keine große Zukunft hatten. 1927 wurden die 227.12, 1929 die 227.38 und 1932 die 227.36 ausgemustert.

Konstruktive Merkmale

Bis auf geänderte Treibradsätze und Wegfall der Schleppachse wie Reihe 308 (S. 49).

329

DRB-Baureihe 35^1

1C1-n2v

1907 bis (1941)

Techn. Daten: Seite 260

1904 stellte die kkStB die von Gölsdorf entworfene 1C1-n2v-Tenderlokomotive Reihe 229 in Dienst, welche sich im regionalen Personenverkehr, aber auch vor Schnellzügen auf Kurzstrecken bestens bewährte. Im Personenzugdienst auf längeren Strecken wurden hauptsächlich ältere zweifachgekuppelte Schnellzuglokomotiven verwendet, die ihrem ursprünglichen Verwendungszweck nicht mehr genügten. Doch auch dieser, von der Öffentlichkeit am meisten in Anspruch genommenen Zuggattung hatte der sprunghaft angestiegene Verkehr höhere Zuggewichte beschert und die Beschaffung dreifach-gekuppelter Lokomotiven dringlich werden lassen. Großer Wert wurde auf ein gutes Anzugs- und Beschleunigungsvermögen gelegt, wogegen eine Höchstgeschwindigkeit von 80 km/h als ausreichend erschien. Gölsdorf, der schon frühzeitig die Vorteile der Standardisierung ganzer Baugruppen erkannt hatte, übernahm für die neue Schlepptenderlokomotive unverändert das Fahrwerk der Reihe 229, deren Treibraddurchmesser von 1614 mm in Verbindung mit dem langen Kolbenhub von 720 mm dem angestrebten Verwendungszweck bestens entsprach. Die 1C1-Bauart ermöglichte überdies eine günstige Gewichtsverteilung unter Einhaltung der maximalen Achslast von 14,5 t. Bei der von Gölsdorf praktizierten hohen Kessellage ließ sich auch der für die Verfeuerung landeseigener Kohle notwendige Rost von 3 m^2 zwanglos über dem Rahmen und den rückwärtigen Kuppelrädern unterbringen. Die endseitig angeordneten Adams-Achsen ohne Rückstellvorrichtung gewährleisteten im vorgesehenen Geschwindigkeitsbereich noch befriedigende Laufeigenschaften, halfen aber auf jeden Fall Kosten und Gewicht gegenüber einem Krauß-Helmholtz-Lenkgestell einzusparen.

227

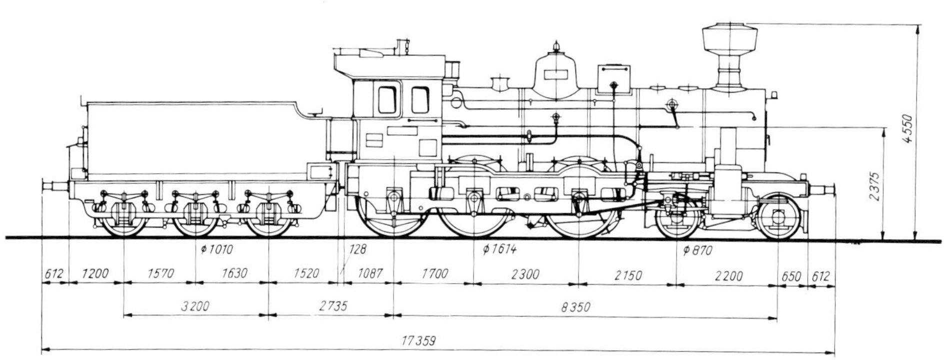

Anstelle eines Schmidt'schen Rauchrohrüberhitzers, der Gölsdorf noch nicht hinreichend ausgereift erschien, bevorzugte er den von ihm modifizierten Dampftrockner, der im Zusammenwirken mit der zweistufigen Dampfdehnung eine wirtschaftliche Arbeitsweise der Lokomotive versprach.

Von der als Reihe 329 bezeichneten 1C1-h2v-Personenzuglokomotive stellte die kkStB von 1907 bis 1909 93 Stück in Dienst, die von den Lokomotivfabriken Floridsdorf, Wiener Neustadt, der Maschinenfabrik der StEG und der Böhmisch-Mährischen Maschinenfabrik geliefert und den Heizhäusern

329.01, Werkaufnahme, Sicherheitsventile auf dem ersten Kesselschuß, Floridsdorf 1652/1907
Foto: TBA K. Pfeiffer

Wien FJB, Wien Ost, Prag-Bubna, Pilsen, Laun, Budweis I, Iglau, Eger, Friedek, Mährisch Ostrau, Jägerndorf, Lundenburg, Lemberg, Stanis-

329

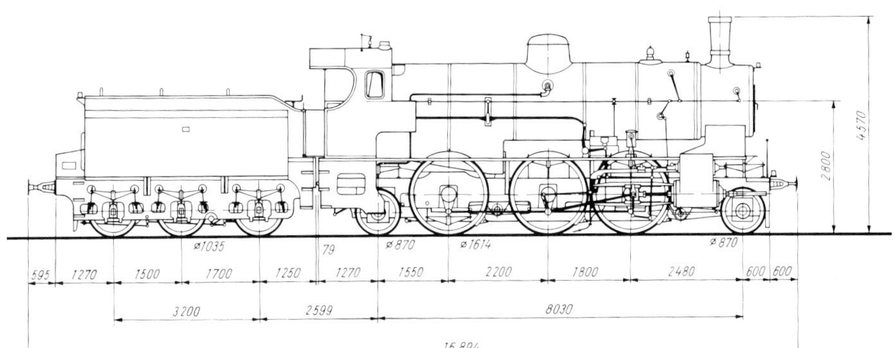

lau, Rzeszow und Görz zugeteilt wurden. Mit ihrer Leistung von etwa 900 PS bewährten sich die Lokomotiven nicht nur im Personenzugdienst, sondern waren auch vor Schnellzügen mit zahlreichen Zwischenhalten anzutreffen und ersetzten auf neigungsarmen Strecken ältere dreifach gekuppelte Güterzuglokomotiven. Auf der Nordbahn hatten sie sogar Kohlenzüge von 1100 t aus dem Ostrauer Revier zu befördern. Den in Wien Ost stationierten Maschinen fiel sogar die vornehme Aufgabe der Führung des Orient-Express bis Preßburg zu.

Der Erfolg der Reihe 329 veranlaßte auch die Ungarische Staatsbahn zur Beschaffung von 65 Stück als Reihe IIIt (später 323). Zwei weitere gingen 1908 als Nr. 61 und 62 an die k. u. k. Heeresbahn Banjaluka-Doberlin. Einige der in Galizien eingesetzten Maschinen waren zeitweilig auf Ölfeuerung umgebaut.

Nach dem Auseinanderbrechen der österreichisch-ungarischen Monarchie befand sich die Mehrzahl der 329er auf dem Gebiet der neugegründeten Nachfolgestaaten, so daß nur 20 Stück der Deutsch-Österreichischen Staatsbahn verblieben. Soweit nicht reparaturbedürftig abgestellt, leisteten sie Dienst beim Heizhaus Wien Ost.

1938 wurden noch 14 Stück als Reihe 35.1 von der Deutschen Reichsbahn übernommen. Im Zuge der Typenbereinigung wurden 1941 die noch betriebsfähigen Loks der damaligen „Ostbahn"-Direktion Krakau zur Aufstokkung ihres Bestandes zugewiesen, so daß sich nach dem Zweiten Weltkrieg keine ehemalige 329er mehr in Österreich befand.

Bei der PKP waren die als Reihe Ol 11 bezeichneten Loks nach dem Ersten Weltkrieg weiterhin auf ihren Stammstrecken der einstigen Nordbahn eingesetzt. Im Verlaufe des Zweiten Weltkrieges gingen 19 Stück in deutschen Besitz über und wurden als 35 115 bis 133 eingereiht. Die der JDŽ zugefallenen Loks erhielten die Reihenbezeichnung 107 und versahen Personenzugdienst in Slowenien.

Die FS (Italien) bezeichnete die übernommenen Loks als Reihe 687 und beließ sie in ihrem Einsatzgebiet um Görz.

Wie so manche andere alt-österreichische Lokomotiv-Baureihe hielt sich die 329 dank einer durchgreifenden

329.33 im Dienst der BBÖ, flacher Dom, Sicherheitsventile auf dem Stehkessel, Graugußvorlaufräder, Wiener Neustadt 4902/1909
Foto: Archiv Töpelmann

Modernisierung am längsten in der Tschechoslowakei. Von den dort verbliebenen 38 Maschinen wurden 35 von der ČSD als 354.650 bis 685 eingereiht und drei ausgemustert. Wegen Schwierigkeiten mit dem Dampftrockner wurden bereits 1923 drei Stück von der Böhmisch-Mährischen Maschinenfabrik in Heißdampf-Zwillings-Maschinen umgebaut. Eine zweijährige Betriebserprobung zeigte gute Ergebnisse, so daß bis 1931 alle übrigen in gleicher Weise rekonstruiert wurden.

An dem Programm waren dann auch die Bahnwerkstätten Nimburg und Laun beteiligt. Die Arbeiten umfaßten eine neue Rohrteilung mit Einbau eines Kleinrohrüberhitzers von großer Berührungsfläche, eine dadurch bedingte Verlängerung der Rauchkammer nach vorn und den Ersatz des Verbundtriebwerks durch Zwillingszylinder mit Kolbenschiebern und innerem Dampfeintritt. Hinzu kam eine einschienige Kreuzkopfführung, Druckluftbremsausrüstung und elektrische Beleuchtung. Der Dampfdruck wurde auf den bei der ČSD üblichen Wert von 13 kg/cm^2 abgesenkt. Auch das Äußere wurde durch eine gewölbte Rauchkammertür mit Zentralverschluß, einen die Lichtraumhöhe nutzenden gußeisernen Kranzschornstein und eine Schutzverkleidung für die Sicherheitsventile den Normen der Bahn angeglichen. Der Umbau erwies sich als voller Erfolg. Bei Versuchsfahrten wurden bis zu 1220 PS indiziert, so daß die nun in 354.601 bis 635 umgezeichneten Loks jenen der Reihe 354.7 (der früheren Reihe 429) in jeder Hinsicht ebenbürtig waren. Ihre Domäne blieb der Personenzugdienst im Bereich der Direktionen Pilsen, Brünn und Olmütz.

Selbst nach dem Zweiten Weltkrieg konnten die Lokomotiven neben den Neubautypen der ČSD noch lange ihre Wirtschaftlichkeit beweisen. Ihr Einsatz endete erst 1968, 61 Jahre nach Indienststellung der ersten 329er auf der Karawankenbahn beim Heizhaus Görz.

Konstruktive Merkmale

Kessel: Dreischüssiger Naßdampfkessel mit Dampftrockner Bauart Clench-Gölsdorf, Verdampfungsheizfläche (wasserberührt) 167,2 m^2, Rostfläche 3 m^2; breite Feuerbüchse über den rückwärtigen Kuppelrädern, Kesselmitte 2,8 m über SOK; Dampfdom auf dem rückwärtigen Kesselschuß, Rohrlänge 4400 mm; Coale-Sicherheitsventile auf dem vorderen Kesselschuß, bei Serienlieferung auf dem Dampfdom; Dampdruck 15 kg/cm^2.

Rahmen: Genieteter Blechrahmen, durch Rauchkammersattel verstärkt;

Triebwerk: Zweizylinder-Verbundmaschine, Zylinderdurchmesser HD = 450 mm, ND = 690 mm; Kolbenhub 720 mm, Treibraddurchmesser 1614 mm; Flachschieber mit äußerer Heusingersteuerung.

Fahrwerk: An beiden Enden Adamsachsen ohne Rückstellvorrichtung, Seitenspiel vorn 55 mm und hinten 45 mm; Laufraddurchmesser 870 mm, Tragfedern für vordere Laufachse und die beiden ersten Kuppelachsen oberhalb, für die dritte Kuppelachse und die rückwärtige Laufachse unterhalb der Achslager.

Ausrüstung: Vakuumbremse (Nachrüstung mit Druckluft-Bremse für Wagenzug), einseitige Abbremsung der Kuppelachsen, Sandkästen zwischen den Rahmenwagen, Streurohr zur Treibachse.

Tender: Reihe 56, 76 und 156.

429 (kkStB und SB)

DRB-Baureihe 35$^{2-3}$
ÖBB-Baureihe 35/135

1C1-h2v und 1C1-h2

1909 bis 1968

Techn. Daten: Seite 260

Nach der erfolgreichen Erprobung des Schmidt-Überhitzers bei verschiedenen Privatbahn- und Staatsbahn-Lokomotiven in Österreich stand seiner allgemeinen Einführung nichts mehr im Wege. Ab 1909 wurde deshalb auch die bewährte 1C1-Verbund-Personenzuglokomotive Reihe 329 in Heißdampfausführung weitergebaut. Zur Aufnahme des Überhitzersammelkastens mußten die Rauchkammer um 340 mm verlängert und die Rohre aus Gewichtsgründen um das gleiche Maß verkürzt werden. Der auf der rechten Maschinenseite befindliche Hochdruckzylinder erhielt Kolbenschieber mit äußerem Dampfeintritt und wurde wegen der längeren Stopfbüchsen weiter nach vorn verlegt. Auf der Niederdruckseite wurde der Flachschieber beibehalten. Alle übrigen Grundmaße blieben unverändert. Mit Rücksicht auf die mangelhafte Qualität der Zylinder- und Schieberschmieröle gab Gölsdorf dem Überhitzer nur eine effektive Fläche von 28,25 m^2, um zu hohe Heißdampftemperaturen zu vermeiden. In dieser Bauform stellte die kkStB 1909/10 57 Stück als Reihe 429 in Dienst. Herstellerwerke waren die Lokomotivfabriken Floridsdorf und Wiener Neustadt sowie die Maschinenfabrik der StEG. Trotz der nur mäßi-

429

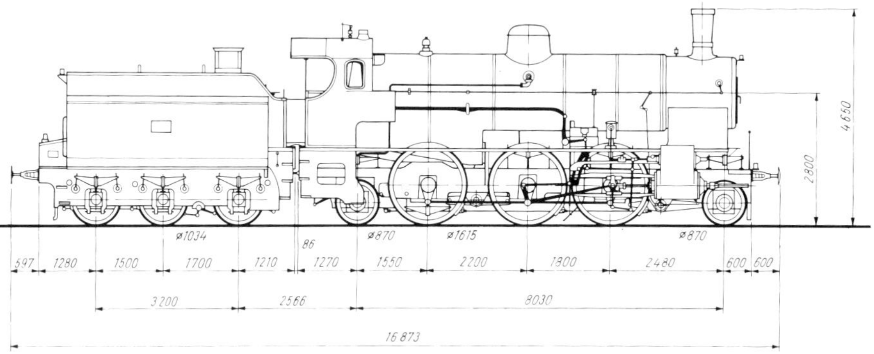

gen Heißdampftemperaturen traten Schwierigkeiten mit dem Niederdruckflachschieber auf, so daß dieser bei den ab 1911 vergebenen Baulosen durch einen Kolbenschieber ersetzt wurde. Im selben Jahr wurde versuchsweise ein Exemplar mit Zwillingstriebwerk gebaut und dem Reihenschema gemäß als 429.900 bezeichnet. Die zweijährige Betriebserprobung ließ die Zwillingslokomotive in der Mehrheit der Einsatzbereiche als wirtschaftlicher in Unterhalt und Verbrauch hervortreten, so daß ihr schließlich bei der Weiterbeschaffung der Vorzug gegeben wurde. Von der Reihe 429.900 wurden bis 1917 197 Stück in Dienst gestellt, an deren Lieferung neben den oben genannten Herstellern auch die Böhmisch-Mährische Maschinenfabrik in Prag-Lieben beteiligt war. Die drei Bauvarianten wurden wie folgt eingereiht:

429.01 bis 57
Baujahre 1909/10
1C1-h2v
Flachschieber auf der Niederdruckseite

429.100 bis 225
Baujahre 1911 bis 1916
1C1-h2v
Kolbenschieber für beide Dampfstufen

429.900 bis 999 und 1900 bis 1996
Baujahre 1911 bis 1917
1C1-h2
Zwillingsmaschine, Kolbenschieber

Sechs Verbundlokomotiven beschaffte 1912 auch die Südbahn, die nach deren Verstaatlichung zur Reihe 323.9 der MAV wurden.

Der große Kolbenhub bei dem mäßigen Treibraddurchmesser von 1614 mm war den österreichischen Streckenverhältnissen gut angepaßt und verlieh den Lokomotiven beider Antriebsformen ein hervorragendes Beschleunigungsvermögen.

In der an englischen Vorbildern ausgerichteten Harmonie im Gesamtaufbau offenbarte sich der durch Übersichtlichkeit geprägte spätere Gölsdorf-Stil. Im Betrieb erwies sich die Reihe 429 als Universallokomotive und war in dieser Hinsicht mit der preußischen P8 vergleichbar. Mit guter Kohle befeuert, vermochte sie Leistungen bis zu 1200 PS zu erbringen. Ihre Höchstgeschwindigkeit wurde auf 80 km/h festgesetzt.

Nach und nach erschien die Reihe 429 bei den meisten kkStB-Direktionen und bewältigte bald den Großteil des überregionalen Personenzugverkehrs. Wie schon ihre Vorläuferin, die Reihe 329, wurde sie auch bevorzugt zur Führung oft haltender Schnellzüge auf Mittelgebirgsstrecken wie auch im leichten bis mittelschweren Güterzugdienst verwendet. Nach dem Stand vom 1. Juni 1918 waren die Verbundloks bei den Heizhausleitungen Wien West, Wien Nord, Wien FJB, Knittelfeld, Prag-Nusle, Prag-Bubna, Pilsen, Lundenburg, Prerau, Iglau, Mährisch Ostrau, Jägerndorf, Krakau, Lemberg, Stanislau, Rzeszow und Wola Duchacka, die Zwillingsmaschinen in Wien West, Prag-Bubna, Iglau, Salzburg und Knittelfeld vertreten. Auch von der Reihe 429 gelangte die Mehrzahl der Loks in den Besitz der Bahnen der Nachfolgestaaten Österreich-Ungarns und einiger Siegermächte. Über den „Status quo" hinaus mußten nach dem endgültigen Verteilungsplan bis 1925 noch 27 Lokomotiven in generalüberholtem Zustand den Staatsbahnen Italiens (22), Polens (drei) und Rumäniens (zwei) übergeben werden. Die ehemalige kkStB-Reihe 429 war danach verteten als Reihe 354.7 bei der ČSD, als Reihe Ol 12 bei der PKP, als Reihe 106 bei der JDŽ, als Reihe 688 bei der FS (Italien) und unter alter Bezeichnung bei der CFR. 87 Stück, davon 46 Verbund- und 41 Zwillingslokomotiven, verblieben in Österreich und bildeten bei den Heizhausleitungen Wien West, Wien FJB, Wiener Neustadt, Amstetten, Linz, Attnang-Puchheim, Knittelfeld und Villach die Hauptstütze des überregionalen Personenzugdienstes.

Der gesamte Bestand wurde 1938 von der Deutschen Reichsbahn übernommen und in 35 201 bis 241 (Zwillingsloks) und 35 301 bis 346 (Verbundloks) umgezeichnet. Nach Wiedererrichtung der Österreichischen Bundesbahnen befanden sich noch 85 Stück im Bestand, davon 46 Zwillingsloks (ÖBB-Reihe 35) und 39 Verbundloks (ÖBB-Reihe 135). Während erstere noch bis 1968 im Einsatzbestand geführt wurde, schied die Verbundausführung bereits 1962 aus.

429.30, Werkaufnahme, spätere 354.717 der ČSD und 35 246 der DRB, Floridsdorf 1940/1910
Foto: TBA K. Pfeiffer

Wie so manche andere Lokomotivbaureihe österreichischen Ursprungs erlangte die Reihe 429 ihre größte Bedeutung bei der ČSD. Von den 152 übernommenen und in Reihe 354.7 umgezeichneten Maschinen gehörten 27 der ersten Bauform (Verbund-Triebwerk mit Flachschieber auf der Niederdruckseite), 57 der zweiten (Verbund-Triebwerk mit beidseitigen Kolbenschiebern) und 68 der dritten Variante mit Zwillings-Triebwerk an.

Die unterschiedlichen Antriebs- und Steuerungsanordnungen verteuerten den Unterhalt und bei den Flachschiebern traten überdies Schwierigkeiten mit der Dichthaltung auf. Man entschloß sich deshalb, alle Verbundmaschinen in die Zwillingsform umzubauen, wobei der Einheitlichkeit wegen Kolbenschieber mit äußerer Einströmung zur Anwendung kamen und der Kreuzkopf eine einschienige Führung erhielt. Der Umbau begann 1926 in der Bahnwerkstätte Laun und wurde danach bei jeder Hauptrevision vorgenommen. Als letzte wurde 1945 die 354.784 (429.225) angeglichen. Die Lokomotiven waren trotz ihres nur kleinen Überhitzers sparsam im Verbrauch und dank ihres großen Rostes für böhmische Kohle bestens geeignet, so daß sie in den zwanziger und dreißiger Jahren einen beträchtlichen Teil des Personenzug- und leichten Schnellzugdienstes bewältigten. Einsatzschwerpunkte waren die Heizhäuser Prag Masaryk Bf., Pilsen, Eger, Aussig, Reichenberg, Königgrätz, Brünn, Prerau, Mährisch Ostrau, Iglau, Lundenburg und Mährisch Schönberg.

Im Betrieb zeigten die Lokomotiven zwar gute Leistungen, jedoch wurden Klagen wegen Wasserüberreißens durch den knappen Dampfraum laut. Bereits 1919 wurde deshalb bei drei Maschinen versuchsweise ein zweiter Dampfdom mit integriertem Reglergehäuse montiert und durch Überströmrohr mit dem rückwärtigen Dom verbunden. Diese Maßnahme bewährte

sich so gut, daß sie bis auf eine (354.7102) nicht nur bei allen Loks der Reihe 354.7, sondern auch bei mehreren anderen Baureihen durchgeführt wurde. Als weitere technische Verbesserung wurden auf der linken Seite ein Abdampf-Injektor für die Kesselspeisung und ein Saugventil über dem Überhitzersammelkasten installiert sowie die Luftsaugbremse durch die Druckluftbremse ergänzt.

Nach der Eingliederung der Sudetengebiete in das Deutsche Reich am 1. Oktober 1938 mußte die ČSD unter anderem 60 Lokomotiven der Reihe 354.7, darunter noch zwei Verbundmaschinen, der Deutschen Reichsbahn überlassen, die sie in 35 242 bis 299, 347 un 348 umzeichnete. Einsatzstellen wurden die Bw Eger (24 Stück!), Saaz, Reichenberg, Troppau, Mährisch Schönberg, Trautenau, später aber auch Wien West, Wien Nord, Hütteldorf, Attnang-Puchheim, Hof, Schwandorf und Görlitz. Bemerkenswert war die Führung des Schnellzuges Berlin – Reichenberg ab Görlitz. In den vierziger Jahren wurden die Maschinen der Bw Saaz und Görlitz an die Bahnen des Protektorates Böhmen und Mähren (BMB-ČMD) verkauft.

Durch die Besetzung Polens kamen aus dem Bestand der PKP (Ol 12) weitere ehemalige 429er aller drei Varianten als 35 349 bis 388, 392 bis 400 und 801 bis 829 in deutschen Besitz, von denen zahlreiche durch Kriegseinwirkung verloren gingen. Aus dem Bestand der JDŽ (Reihe 106) übernahm die DRB 1943 drei Loks als 35 389 bis 391.

Die 35 347 (354.792 der ČSD, ex 429.225), eine Verbundlok des Bw Knittelfeld, überlebte den Krieg abgestellt im Karawanken-Tunnel und wurde von der JDŽ an die ČSD zurückgegeben. Der Einsatz der bewährten Baureihe endete bei der ČSD ebenfalls 1967. Die 354.7152 (429.1996) blieb für das Technische National-Museum in Prag erhalten.

Konstruktive Merkmale

Kessel: Dreischüssiger Heißdampfkessel mit 133,1 m^2 Verdampfungsheizfläche, 23 m^2 Überhitzerfläche, Rostfläche 3 m^2; Rohrlänge 4060 mm.

Rahmen: Genieteter Blechrahmen.

Triebwerk: 1. Bauform: Zweizylinder-Verbund-Maschine, Kolbenschieber auf (rechter) Hochdruckseite, Flachschieber auf (linker) Niederdruckseite, Heusinger-Steuerung außen; Zylinder-Durchmesser HD = 475 mm, ND = 690 mm; Hub 720 cm; Treibraddurchmesser 1614 mm, Antrieb auf der mittleren Kuppelachse.

2. Bauform: Wie erste, jedoch mit Kolbenschieber auch auf Niederdruckseite.

3. Bauform: Zwillings-Maschine mit 2 × 475 cm Zylinderdurchmesser; Kolbenschieber.

Fahrwerk: Führende Laufachse und Schleppachse als Adamsachsen ohne Rückstellvorrichtung, Seitenspiel vorn 55 mm, hinten 45 mm; Tragfedern der ersten bis dritten Achse oberhalb, der vierten und fünften unterhalb der Achslager.

Ausrüstung: Vakuum-Bremse, Nachrüstung mit Druckluftbremse; Laufachsen ungebremst; Sandkästen; bei BBÖ vereinzelt mit Dabeg-Vorwärmepumpe ausgestattet; beidseitig auf vorderem Umlaufsteg, Streurohr vor erster Kuppelachse; Lok 429.961 versuchsweise mit Speisewasserreiniger ungarischer Bauart (Lage vor dem Dom) ausgestattet.

Tender: Dreiachsiger Steifrahmentender Reihe 156.

470
670 (Umbau ab 1926)

DRB-Baureihe 39^3
ÖBB-Baureihe 39

1D1-h4v (1D1-h2)

1914 bis 1957

Techn. Daten: Seiten 264/265

Schon vor dem Ersten Weltkrieg machte sich auf der durch gebirgiges Gelände führenden Nord-Süd-Strecke von Wien und Böhmen über Selzthal – Villach – Pontafel nach Triest das Fehlen einer starken, vierfach-gekuppelten Gebirgs-Schnellzuglokomotive bemerkbar. Eine solche sollte sowohl in der Lage sein, eine Zugmasse von 400 t auf den Steigungen von 18 ‰ ohne Vorspann zu führen, als auch auf den Talstrecken eine angemessene Geschwindigkeit einzuhalten. Die Strecke der ehemaligen Kronprinz-Rudolf-Bahn stand unter der scharfen Konkurrenz durch die Südbahn und war als zweite Magistrale nach den Adriahäfen auch militärstrategisch von großer Bedeutung.

Während heutzutage, im Zeitalter der elektrischen Bahntraktion, die Koordinierung konträrer Forderungen des Betriebes keine nennenswerten Probleme mehr aufwirft, bereiteten sie dem Konstrukteur einer Dampflokomotive, die ihre Antriebsenergie aus schlackenreicher Kohle erzeugen mußte und zu alledem eine Achsfahrmasse von 14,5 t nicht überschreiten durfte, doch eine Reihe von Schwierigkeiten.

Dr. Gölsdorf als Leiter der Konstruktionsabteilung bei der Generaldirek-

470.01 mit Tender Reihe 86, Lieferzustand, Floridsdorf 2186/1914
Foto: TBA K. Pfeiffer

tion der kkStB legte seinem Entwurf die Achsfolge 1D1 mit dem für die Personenzuglokomotiven standardisierten Treibraddurchmesser von 1614 mm zugrunde. Auf dieser Basis ließ sich unter Ausnutzung des großzügigen Lichtraumprofils der erforderliche große Rost von 4,62 m² freizügig über den rückwärtigen Kuppelrädern unterbringen, wobei die Schleppachse zur weiteren Abstützung herangezogen werden konnte. Die mäßige Größe der Kuppelräder gewährleistete ein sicheres Ingangsetzen schwerer Züge bei gutem Beschleunigungsvermögen, aber auch die Einhaltung von Geschwindigkeiten von mindestens 80 km/h auf geeigneten Streckenabschnitten.

Zur Erlangung eines einwandfreien Bogenlaufs bei dem festen Radstand von 5070 mm erhielt die zweite Kuppelachse 26 mm Seitenspiel und bei dem folgenden Treibradsatz entfiel der Spurkranz. Aus Gewichtsgründen mußte wiederum auf ein führendes Krauß-Helmholtz-Gestell zugunsten einer Adamsachse ohne Rückstellvorrichtung verzichtet werden. Der Lauf in der Geraden war demzufolge recht unruhig und bedingte eine Begrenzung der Höchstgeschwindigkeit auf 80 km/h.

Den zur Feuerbüchse konisch erweiterten Kessel mit einer Verdampfungsheizfläche von (wasserberührt) 191,1 m² und einem Überhitzer von 49,4 m² (dampfberührter) innerer Fläche übernahm Gölsdorf von der 1'E-h4v-Universal-Gebirgslokomotive Reihe 380 und fügte auch andere standardisierte Bauteile in die Konstruktion ein. Der Antrieb erfolgte wieder durch ein Vierzylinder-Verbund-Triebwerk mit inneren Hochdruck- und äußeren Niederdruckzylindern und einer für jede Maschinenseite kombinierten Rohrschiebersteuerung mit äußerem Heusingerantrieb. Alle vier Zylinder trieben die dritte Kuppelachse an, bei einer Neigung der inneren Hochdruckzylinder von 1 : 7,24. Der Dampfdruck war auf 15 kg/cm² festgesetzt.

Bei den Probefahrten konnte die Forderung des Pflichtenheftes, eine Zugmasse von 390 t auf einer Steigung von 10 ‰ mit 55 km/h zu befördern, mühelos erfüllt werden. Die beiden Prototyp-Maschinen 470.01 und 02 lieferte 1914 die Lokomotivfabrik Floridsdorf in einer attraktiven Kesselverkleidung aus Glanzblech mit blan-

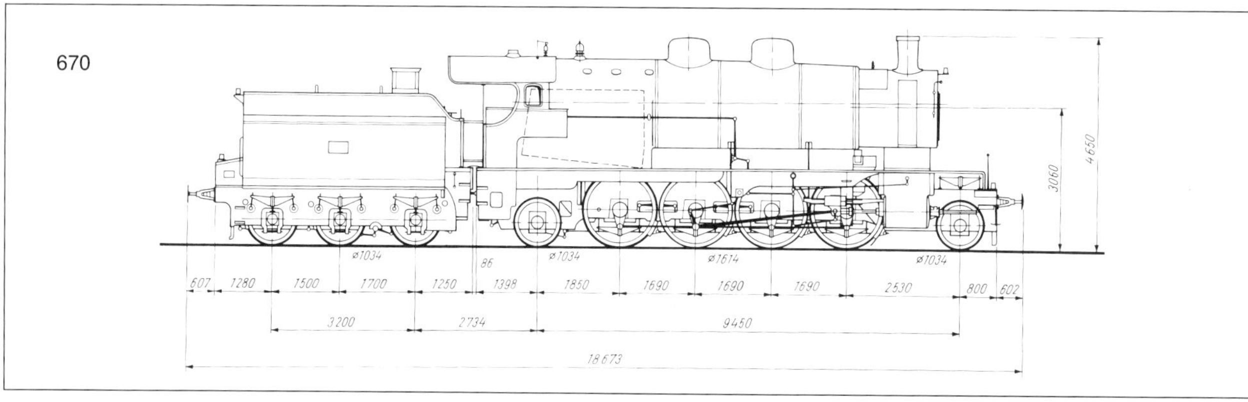

670.06 mit Tender Reihe 156 (BBÖ-Umbau aus 470.06), Floridsdorf 2519/1918 *Foto: Sammlung Griebl/Ostendorf*

ken Messingbändern und ebensolcher Domhaube. Mit ihrem hochliegenden Kessel, der nur einen flachen Dampfdom mit aufgesetzten Sicherheitsventilen trug und mit dem Führerhausdach bündig abschloß, wirkten die Lokomotiven gleichermaßen kraftvoll wie elegant.

Nach zufriedenstellenden Probeeinsätzen auf den Strecken Knittelfeld – Villach, Salzburg – Innsbruck und der Tauernbahn erfolgte 1916 eine Nachbestellung über 25 Stück. Wegen der vorrangigen Herstellung kriegswichtiger Güterzuglokomotiven mußte das an die Lokomotivfabrik Wiener Neustadt vergebene Baulos für 15 Stück storniert werden, die zehn bei Floridsdorf in Auftrag gegebenen Lokomotiven 470.03 bis 12 wurden erst Ende 1918 bis Anfang 1919 geliefert.

Gegenüber den Probemaschinen wies die Serie verschiedene Verbesserungen, aber auch den kriegsbedingten Ersatz der kupfernen Feuerbüchse durch eine aus Stahl auf. In einem vorderen Dom wurde ein Kesselsteinabscheider Bauart Pogany installiert, durch die Tieferlegung des Blasrohres und Erweiterung des Kamins die Feueranfachung und der Strom der Heizgase verbessert und das Führerhausdach nach rückwärts verlängert. Für die in Aussicht genommene Heraufsetzung der Höchstgeschwindigkeit auf 90 km/h bestand bei dem schlechten Zustand der Gleisanlagen in der Nachkriegszeit kein Bedarf mehr.

Im Betrieb fielen die an sich kräftigen Lokomotiven durch einen überdurchschnittlich hohen Kohleverbrauch auf, der durch den großen Eigenwiderstand der schweren Doppel-Rohrschieber bedingt war, so daß selbst talwärts mit geöffnetem Regler gefahren werden mußte.

Die auf Sparsamkeit bedachten Bundesbahnen des seiner Kohlegruben verlustig gegangenen Landes ließen deshalb von 1927 bis 1929 acht der zwölf Lokomotiven (470.03, 04, 06 bis 08, 10 bis 12) beim Herstellerwerk in Zwillingsmaschinen umbauen, die die neue Reihenbezeichnung 670 unter Beibehaltung ihrer Betriebsnummern erhielten. Die restlichen wurden ausgemustert. Gleichzeitig kam die bei der Reihe 113 bewährte Version der Lentz-Ventilsteuerung und bei einigen Maschinen außerdem die Dabeg-Vorwärmerpumpe zum Einbau.

Der Umbau erwies sich als voller Erfolg. Die Lokomotiven waren in ihrer neuen Form leichtgängig und sparsam im Betrieb, und dank ihres verbesserten Fahrverhaltens konnten sie nun für 90 km/h zugelassen werden. Nach Einsätzen beim Heizhaus Bischofshofen, auf der Tauernbahn und im Gesäuse wurden sie 1931 nach Wien FJB zur Beförderung der Schnellzüge nach Prag (– Berlin) und Eger (– Karlsbad) verlegt, wo sie auf ihrem Streckenabschnitt bis Gmünd Steigungen bis zu 11 ‰ zu bewältigen hatten. Sie blieben auch nach ihrer Übernahme durch die Deutsche Reichsbahn (1938) als 39 301 bis 308 auf dieser Strecke. Nach Ende des Zweiten Weltkrieges kamen noch sieben Stück in den Bestand der ÖBB. Neben Einsätzen auf der Westbahn und der Franz-Josefs-Bahn, wo sie ab 1952 auch den für die amerikanische Besatzungsmacht verkehrenden *Mozart* bis Hütteldorf zu befördern hatten, wurde die Zfl. Amstetten zu ihrer letzten Heimstätte. Im Einsatz vor Eil- und Personenzügen nach Selzthal und zuletzt nur noch vor LEIG-Zügen nach Wien Nordwest ging am 17. Oktober 1957 mit der 39.301 (670.03) der Plandienst dieser Reihe zu Ende.

Konstruktive Merkmale

Kessel: Dreischüssiger, zur Feuerbüchse konisch erweiterter Heißdampfkessel, Prototypen mit einem Dampfdom und aufgesetzten Sicherheitsventilen; bei Serie (ab 470.03) Speisewasserreiniger im vorderen (zweiten) Dom, Sicherheitsventile auf dem Stehkessel; wasserberührte Verdampfungsheizfläche 191,1 m^2, dampfberührte (innere) Überhitzerfläche 49,9 m^2, Rostfläche 4,62 m^2; Dampfdruck 15 kg/cm^2; Rohrlänge 4700 mm.

Rahmen: Genieteter Blechrahmen.

Triebwerk: Vierzylinder-Verbund-Maschine mit inneren Hochdruckzylindern von 450 mm und äußeren Niederdruckzylindern von 690 mm Durchmesser; Hub 680 mm, Treibraddurchmesser 1614 mm, Antrieb auf der dritten Kuppelachse; kombinierte Rohrschieber für jede Maschinenseite mit äußerer Heusinger-Steuerung; einschienige Kreuzkopfführung mit umgekehrtem Voreilhebel.

Fahrwerk: Beidendige Adamsachsen ohne Rückstellvorrichtung, Seitenspiel vorn 53 mm, hinten 35 mm; Tragfedern der Kuppelachsen unterhalb der Lager; Treibradsatz ohne Spurkranz, vierte Kuppelachse mit 26 mm Seitenspiel.

Ausrüstung: Vakuum-Bremse und Westinghouse-Druckluftbremse von hinten auf alle vier Kuppelradsätze wirkend; Sandkästen zwischen den Rahmenwangen, Streurohr zur ersten Kuppelachse; teilweise Ausrüstung mit Dabeg-Vorwärmepumpe.

Tender: Vierachsiger Drehgestelltender Reihe 86; nach Umbau Reihe 156; ab 1952 Lok 39.301 und 39.307 mit freigewordenen Tendern der Reihe 17^{10} (preuß. 10^1) gekuppelt.

570 (SB 570)

DRB-Baureihe 33^0
ÖBB-Baureihe 133

2D-h2

1915 bis 1954

Techn. Daten: Seite 264

Auch die kk. privilegierte Südbahn sah sich infolge des sprunghaft angestiegenen Verkehrs gedrängt, für den Einsatz auf ihren Karststrecken eine vierfach gekuppelte Schnellzuglokomotive zu beschaffen. Angesichts des Erfolges mit der 1910 in Dienst gestellten 2C-h2-Reihe 109 (spätere BBÖ-Reihe 209) beschritt Maschinendirektor Prossy den folgerichtigen Weg der Fortentwicklung zur 2 D. Bei einer entsprechend hohen Kessellage, die das Lichtraumprofil gestattete, ließ sich auch bei einem Treibraddurchmesser von 1740 mm der erforderliche große Rost breit über den rückwärtigen Kuppelrädern anlegen. Das führende Drehgestell mit 45 mm Seitenspiel und Rückstellfedern wurde unverändert von der Reihe 109 übernommen. Um bei dem festen Radstand von 5550 mm einen zwangsfreien Bogenlauf zu erzielen, erhielt die vierte Kuppelachse 20 mm Seitenspiel und der Treibradsatz geschwächte Spurkränze. Auf neigungsschwachen Abschnitten sollte die Lokomotive bis zu 100 km/h ausfahren können. Im Gegensatz zu Gölsdorfs Reihe 470 gab Prossy einer einfachen Zwillingsmaschine den Vorzug und wagte erstmals im österreichischen Lokomotivbau den Schritt zu einem großflächigen Überhitzer, der Heißdampftemperaturen bis 350 Grad erzeugte. Der zylindrische Kessel wies für die damalige Zeit europäische Rekordmaße sowohl in bezug auf seine Verdampfungsheizfläche von 217,9 m^2 (wasserberührt) als auch auf die Höhe seiner Längsachse von 3250 mm über der Schienenoberkante auf. Er arbeitete mit einem Druck von 14 kg/cm^2.

Das Erscheinungsbild der Lokomotive drückte kraftvolle Eleganz aus. Der Kessel mit dem kurzen Kamin trug nur einen niedrigen Dampfdom und die Coale-Sicherheitsventile auf dem Stehkessel. Das Führerhaus mußte den beengten Verhältnissen der Werkstätten angepaßt werden. Die auf 100 km/h festgesetzte Höchstgeschwindigkeit wurde später auf 85 km/h herabgesetzt, um dem Heißlaufen der Lager bei Verwendung minderwertiger Schmieröle während der Kriegs- und Nachkriegszeit vorzubeugen.

Die beiden Lokomotiven 570.01 und 02 wurden 1915 von der StEG-Maschinenfabrik als Fabrik-Nummern 4000 und 4001 geliefert und zeigten auf Anhieb hervorragende Leistungen. Bei Probefahrten wurden bei zufriedenstellender Laufruhe 130 km/h erreicht und eine Zugmasse von 449 t mit 50 km/h über eine 10 ‰-Steigung gezogen. Die Fortdauer des Krieges verhinderte jedoch eine Nachbestellung.

Die beiden Maschinen bespannten zunächst von Wien Süd aus Schnellzüge über den Semmering bis Mürzzuschlag, wobei sie Wagenlasten bis zu 520 t ohne Vorspann bis Gloggnitz nahmen. Ihre Fahrstrecke wurde dann bis Laibach verlängert. 1916 erfolgte ihre Verlegung nach Triest. Als der Erste Weltkrieg endete, stand die 570.02 im Heizhaus Marburg, das ab 1918 zum neuen Südslawischen Königreich gehörte. Dort befand sich auch der Kes-

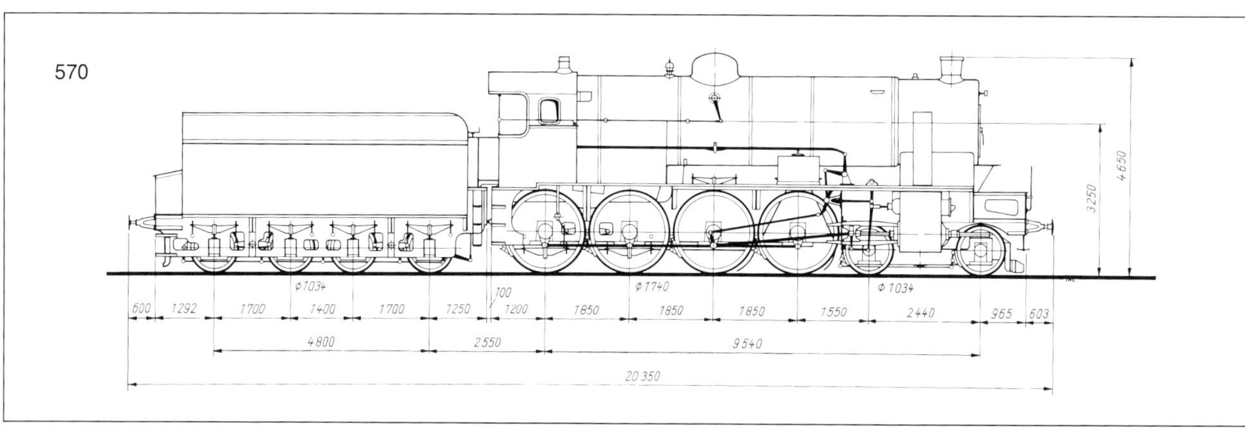

570.02 mit Tauschkessel der 113.33 und Südbahn-Messing-Ziffern am Führerhaus während der dreißiger Jahre, StEG-Fabrik 4001/1915
Foto: Ing. O. Zell/Sammlung Schröpfer

sel der 570.01, deren Trieb- und Fahrwerk jedoch in Triest verblieben war, das zu Italien kam. Jede der beiden Bahnverwaltungen beanspruchte die ganze Lokomotive. Beide 570er wurden schließlich Jugoslawien zugesprochen, dessen Staatsbahn sie bald darauf gegen vier 2B-n2-Lokomotiven Reihe 17c der Südbahn (Nr. 374 bis 377) austauschte.

Auch die 570.02 hatte ein bewegtes Leben. Ihr Kessel wurde 1931 bei einer Hauptrevision mit dem der 113.33 getauscht, kam 1937 auf die 113.35, 1941 auf die 33 110 (133.10), 1948 erneut auf die 33 133 (113.33) und 1956 auf die 33 109 (113.09), mit der er 1962 ausgemustert wurde. Die 570.02 präsentierte sich deshalb ab 1931 mit einer runden, ungeteilten Rauchkammertür. In diesem Jahr kam sie mit ihrer Schwesterlok zum Heizhaus Mürzzuschlag. 1933 wurden beide nach Wien Süd und 1937 nach Wien West verlegt und in Dienstplänen der 113 eingesetzt. Von der DRB wurden sie in 33 001 und 003 umgezeichnet und nach Villach umstationiert. Die 33 002 kam 1948 erneut nach Wien Süd. Beide Loks wurden von der ÖBB als 133.01 und 02 bezeichnet und 1954 ausgemustert.

Beeindruckt von der Leistungsfähigkeit der großen 2D-Lokomotiven führte 1916 die Kaschau-Oderberger Bahn (Ks. OD) Versuchsfahrten mit der 570.01 auf ihrer durch Kriegstransporte stark frequentierten Hauptstrecke durch. Ihr erfolgreicher Abschluß führte zur Bestellung von fünf geringfügig modifizierten Lokomotiven als Reihe It 351 bis 355. Äußerlich unterschieden sie sich von den Südbahn-Maschinen durch die kegelige Rauchkammertür ungarischer Prägung. Mit ihnen konnten erheblich größere Zugmassen ohne Vorspann über die 15 ‰-Steigungen des Ruttka-Passes geführt und auf einem Anstieg von 10 ‰ 450 t mit 50 km/h befördert werden. Nach 1918 ging die Ks. OD in tschechoslowakischen Besitz über. Mit Einführung des neuen Reihenschemas wurden die Loks als 455.001 bis 005 bezeichnet. Sie blieben bis zum Eintreffen der neuen 2D1-Lokomotiven Reihe 486.0 die stärksten Schnellzuglokomotiven in der Slowakei. Während der kurzen Eigenstaatlichkeit des Landes von 1939 bis 1944 verblieben sie im Eigentum der Slowakischen Staatsbahn (SŽ) und wurden erst Mitte der sechziger Jahre von der ČSD ausgemustert.

Die 2D-h2-Reihe 570 der Südbahn erwies sich bei etwas geringerem Gewicht der um die gleiche Zeit entstandenen 1D1-h4v-Reihe 470 der kkStB vor allem durch ihren Kessel mit einer um 10 % größeren Verdampfungsheizfläche und ihre Leichtgängigkeit überlegen. Ihre Konstruktion diente als Grundlage für die 1923 von den BBÖ in Dienst gestellte Reihe 113, die zu einer der erfolgreichsten österreichischen Lokomotiven wurde.

Konstruktive Merkmale

Kessel: Dreischüssiger Heißdampfkessel normaler Bauform, 217,9 m² wasserberührte Verdampfungsheizfläche, 58,1 m² (innere) Überhitzerfläche; Rostfläche 4,47 m²; ein Dampfdom, Coale-Sicherheitsventile auf dem Stehkessel, Kesselmitte 3250 mm über SOK; Dampfdruck 14 kg/cm².

Rahmen: Genieteter Blechrahmen; durch Rauchkammersattel verstärkt.

Triebwerk: Zwillings-Maschine mit 2 × 610 mm Durchmesser, Hub 650 mm; Kolbenschieber mit innerer Einströmung und äußerer Heusingersteuerung; Treibraddurchmesser 1740 mm; Antrieb auf der dritten Kuppelachse.

Fahrwerk: Führendes Drehgestell mit 45 mm Seitenspiel am Drehzapfen; Treibradsatz mit geschwächtem Spurkranz; vierte Kuppelachse mit 26 mm Seitenspiel; geführter Radstand 5550 mm; Tragfedern für die beiden ersten Kuppelachsen oberhalb für die beiden rückwärtigen unterhalb der Lager.

Ausrüstung: Vakuum- und Westinghouse-Druckluftbremse auf alle Radsätze von hinten wirkend; Sandkästen beidseitig auf den Umlaufstegen, Streurohre zum ersten und zum zweiten Kuppelradpaar.

Tender: Vierachsiger Steifrahmentender (Bauart Südbahn) Reihe 87.

112

DRB-Baureihe 69^0

1A1-n2vt

1907 bis 1942

Techn. Daten: Seite 270

Im Zuge der allgemeinen Fahrzeitverkürzungen in den Jahren nach der Jahrhundertwende verfolgte man bei der kkStB den Plan, einen schnellen Zubringerdienst durch leichte Zugeinheiten zu bestimmten Schnellzugstationen einzurichten. Für diese aus zwei bis vier Wagen zu bildenden Lokalschnellzüge entwarf Gölsdorf eine höchst originelle, aber in allen technischen Details gut durchkonstruierte 1A1-n2v-Tenderlokomotive als Reihe 112, die durch größtmögliche Sparsamkeit die Wirtschaftlichkeit dieses Dienstes gewährleisten sollte. Die ungekuppelte Treibachse von 1450 mm Durchmesser erschien ausreichend für eine kurzzeitige Höchstgeschwindigkeit von 100 km/h und zur Beförderung einer Wagenlast von ca. 100 t mit 80 km/h in der Ebene. Von den beiden Laufachsen von 870 mm Durchmesser war die vordere vor den Zylindern starr, die rückwärtige mit einem Seitenspiel von 35 mm im Rahmen gelagert. Die kleine Verbunddampfmaschine war ganz auf sparsamen Verbrauch ausgelegt. Bemerkenswert war der Rauchkammer-Überhitzer von nur 3,29 m², der wegen seiner geringen Wirkung ebenso wie der Kobelfunkenfänger in leichter Blechausführung später entfernt wurde. Der bescheidene Wasservorrat von 3 m³ war in seitlichen Wannen, die Kohle in einem 1,36 t fassenden Behälter hinter dem Führerhaus untergebracht. Alle Details waren wohlproportioniert und ließen die zierlichen Maschinen durchaus gefällig erscheinen.

Die beiden 1907 von Krauß in Linz gelieferten Maschinen wurden entgegen dem ursprünglichen Vorhaben zur Beförderung von Zeitungstransporten mit ein bis zwei leichten Gepäckwagen zwischen Wien und Linz eingesetzt. 1928 fanden sie schließlich eine neue Verwendung im Pendelzugverkehr nach starrem Fahrplan zwi-

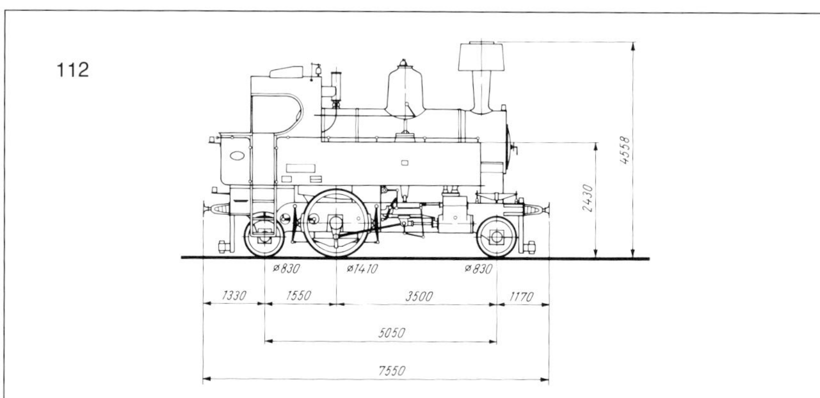

112.01 im Dienste der BBÖ, Krauß 5655/1907
Foto: Archiv Töpelmann

12

DRB-Baureihe 69^0
ÖBB-Baureihe 69

1A1-n2t
1934 (Umbau) bis 1973
Techn. Daten: Seite 270

schen Hütteldorf und Unterpurkersdorf, einer Anschlußlinie zur Wiener Stadtbahn mit eigenem Gleiskörper, wobei die Lokomotiven in Zugmitte eingestellt waren. Stationiert waren die beiden Maschinen in Wien West und zeitweise in Hütteldorf. Mitte der dreißiger Jahre erhielt die 112.01 Laufräder aus Grauguß und je einen eigenen Lüfteraufsatz pro Fahrtrichtung. 1938 wurde sie von der Deutschen Reichsbahn übernommen, in 69 011 umgezeichnet und 1942 in den Anlagenstand versetzt. Die 112.02 wurde schon 1937 ausgemustert.

Konstruktive Merkmale

Kessel: Zweischüssiger Kessel mit Rauchkammerüberhitzer (später ausgebaut); Verdampfungsheizfläche (wasserberührt) 52,16 m^2, Rostfläche 1,03 m^2, Rohrlänge 2500 mm, Dampfdom mit aufgesetzten Pop-Coale Sicherheitsventilen und äußerem Reglerzug; Dampfdruck 15 kg/cm^2; runde Rauchkammertür mit Zentralverschluß.

Rahmen: Genieteter Blechrahmen.

Triebwerk: Zweizylinder-Verbundmaschine, Zylinderdurchmesser 260 mm (HD) und 400 mm (ND), Kolbenhub 550 mm; Flachschieber mit äußerer Heusinger-Steuerung, einschienige Kreuzkopfführung, Treibraddurchmesser 1450 mm.

Fahrwerk: Vordere Laufachse starr im Rahmen gelagert, rückwärtige Laufachse mit 35 mm Seitenspiel, Laufkreisdurchmesser 870 mm; Tragfedern der Treibachse unterhalb der Achslager.

Ausrüstung: Vakuum-Bremse, Treibachse doppelseitig abgebremst, beidseitige Besandung der Treibachse.

Vorräte: Waser 3 m^3, Kohle 1,36 t.

Die technische Bewährung der auf größte Sparsamkeit ausgelegten 1A1-n2v-Tenderlokomotiven Reihe 112 bewog im Jahre 1934 auch die Bundesbahnen, die Experimente mit rationellen Kleinlokomotiven für den Nahschnellverkehr wieder aufzunehmen. Um die Kosten für eine Neukonstruktion einzusparen, wurde in der Bahnwerkstätte Floridsdorf die im Jahre 1898 bei Krauß in Linz gebaute C-n2-Tenderlokomotive 97.153 unter Änderung des Rahmens und Anhebung des Kessels mit der Achsfolge 1A1 versehen. Bei gleichem Treibraddurchmesser von 1450 mm wie Gölsdorfs Reihe 112 wurde bei der Umbau-Maschine infolge ihres Ursprungs als Dreikuppler die vordere Laufachse hinter den überhängenden Zylindern angeordnet und die rückwärtige ohne Seitenspiel fest im Rahmen geführt, so daß der Gesamtachsstand nur 3300 mm betrug. Beide Laufachsen erhielten Graugußräder. Der unverändert gebliebene Naßdampfkessel der Reihe 97 war zwar etwas größer als jener der Reihe 112, jedoch nur auf einen Betriebsdruck von 11 kg/cm^2 eingestellt.

Von der Ausgangsform übernommen wurde auch das zierliche Zwillingstriebwerk mit einem Zylinderdurchmes-

12

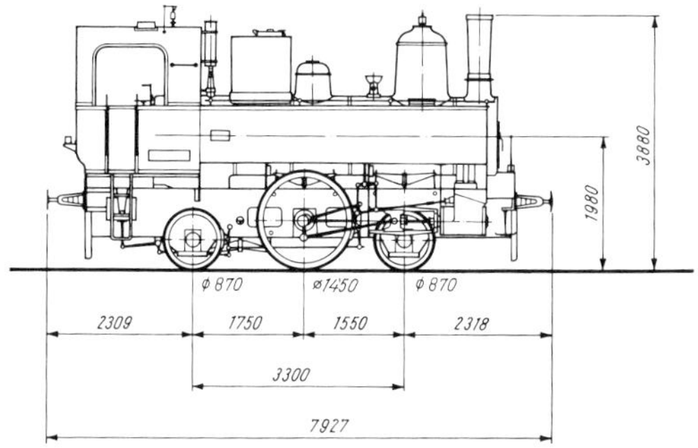

ser von 345 mm, einem Kolbenhub von 480 mm und der von einer äußeren Stephenson-Steuerung abgenommenen Bewegung der Flachschieber.

Die sich über die gesamte Kessellänge erstreckenden Wasserkästen hatten ein Fassungsvermögen von 4 m^3. Dem Niveauausgleich dienten Wiegefedern anstelle des üblichen Hebelsystems. Um eine einmännige Bedienung zu ermöglichen, wurde eine Rohölfeuerung eingerichtet, dessen kastenförmiger Tank auf dem rückwärtigen Kessel aufgesetzt war und das ohnehin nicht vorteilhafte Erscheinungsbild keineswegs verbesserte.

Eine hellgrüne Sonderlackierung an Wasserkästen und Führerhaus sollte für eine freundliche Note sorgen.

Bei Probefahrten konnte die Lokomotive in beiden Fahrtrichtungen eine Geschwindigkeit von 90 km/h erzielen und einen 50 t schweren Salonwagen in der Fahrzeit eines normalen Schnellzuges von Wien nach St. Pölten befördern, womit sie für den vorgesehenen Verwendungszweck als geeignet erschien. Die Bundesbahnen bewog dies, im Jahre 1937 auch die aus dem gleichen Baulos stammende 97.152 umzubauen. Für die Kurzschnellzüge standen jedoch bereits die 1935 eingeführten schnelleren und leistungsfähigeren 1B1-Dampftriebwagen mit Gepäckabteil der Reihe DT 1 zur Verfügung, so daß den 1A1-Tenderlokomotiven keine weiteren Umbauten folgten. Beide Maschinen fanden bis 1935 Beschäftigung in Fakultativ- und Lokalbahndiensten beim Heizhaus St. Veit a. d. Glan. Im darauffolgenden Jahr wurde die 12.01 nach Wien und schließlich nach Graz abgegeben und die 12.02 zur Heizhausleitung der 1937 verstaatlichten Eisenbahn Wien-Aspang verlegt. Die Deutsche Reichsbahn übernahm 1938 beide als 69 001 und 002 in ihren Fahrpark. Nur letztere überlebte den Zweiten Weltkrieg und

12.01, BBÖ-Umbau aus 97.153, spätere 69 001 der DRB, Krauß 3823/1898/Werkstätte Linz 1934
Foto: Archiv Töpelmann

wurde von den ÖBB zum Brückenprobefahrzeug umgebaut und der Zfl. Wien FJB zugeteilt. Durch Entlastung der Laufachsen konnte zu Prüfzwekken fast das gesamte Gewicht auf die Treibachse verlagert werden. Die Lokomotive wurde 1964 noch zu Sonderfahrten mit Triebwagenanhängern eingesetzt und blieb als Ergebnis eines interessanten Experiments erhalten.

Konstruktive Merkmale

Kessel: Zweischüssiger Naßdampfkessel mit 59 m^2 (wasserberührte) Heizfläche und 1,04 m^2 Rostfläche, Rohölfeuerung, Dampfdom mit aufgesetzten Sicherheitsventilen; Rohrlänge 3450 mm; Dampfdruck 11 kg/cm^2.

Triebwerk: Zwillings-Maschine mit 345 mm Zylinderdurchmesser und 480 mm Kolbenhub; Flachschieber mit äußerer Stephenson-Steuerung; Treibraddurchmesser 1450 mm.

Rahmen: Genieteter innerer Blechrahmen.

Fahrwerk: Alle Achsen fest im Rahmen gelagert bei überhängenden Zylindern; Gesamtradstand 3300 mm; Laufkreisdurchmesser der Graugußräder 870 mm; Niveauausgleich durch Feder-Wiegen.

Ausrüstung: Einklötzige Abbremsung aller drei Achsen durch Vakuumbremse, beidseitige Besandung der Treibachse von kesselmittig angeordnetem Sanddom.

Vorräte: Seitliche Wasserkästen zur Aufnahme von 4 m^3; Öltank auf dem Kessel; nach Umstellung auf Kohlefeuerung Kohlevorrat 1,2 t.

229 (kkStB, SB u. EWA)

DRB-Baureihe 75^7

ÖBB-Baureihe 75

1C1-n2vt

1904 bis 1962

Techn. Daten: Seite 271

Zur strukturellen Verbesserung des Personennahverkehrs bezog die kkStB siebzehn 1C-n2v-Tenderlokomotiven Reihe 129 von den Lokomotivfabriken Floridsdorf und Wiener Neustadt, welche die in diesem Betriebsbereich verwendeten zweifach gekuppelten Schlepptenderlokomotiven veralteter Bauarten ersetzen und das Wenden an den Endpunkten erübrigen sollten. Gölsdorf hatte das konstruktive Hauptaugenmerk auf gutes Anzugs- und Beschleunigungsvermögen gelegt und dem Verbund-Triebwerk einen langen Kolbenhub von 720 mm bei einem Treibraddurchmesser von nur 1614 mm gegeben. Der Naßdampfkessel mit einer wasserberührten Heizfläche von 106 m^2 und einem Rost von 2 m^2 erzeugte Dampf für einen Arbeitsdruck von 14 kg/cm^2 und entwickelte ca. 600 PS.

Technisch erfüllte die Lokomotive die in sie gesetzten Erwartungen, so daß auch die Südbahn-Gesellschaft für ihre weitverzweigten Vorortlinien südlich von Wien Interesse an ihr bekundete. Sie machte jedoch die Unterbringung größerer Vorräte zur Bedingung. Gölsdorf überarbeitete deshalb die Pläne dahingehend, daß durch Verlängerung des Rahmens ein größerer Vorratsbehälter von einer rückwärtigen Laufachse getragen wurde, so daß bei der Radsatzfolge 1C1 insgesamt 9,3 m^3 Wasser und 3,9 t Kohle für einen Fahrbereich von ca. 100 km mitgeführt werden konnten. Der Antrieb erfolgte auf der mittleren Kuppelachse und eine äußere Heusinger-Steuerung betätigte die Flachschieber. Beide Endachsen waren nach System Adams ohne Rückstellvorrichtung radial einstellbar. Bei befriedigender Laufruhe wurden im Versuch 110 km/h gefahren, für den Betrieb jedoch zur Vermeidung starker Lagererwärmung die Höchstgeschwindigkeit auf 80 km/h begrenzt. Äußerlich wirkte die Lokomotive durch die sich über ihre ganze Länge erstreckenden Wasserkästen zwar eckig, aber insgesamt gut proportioniert. Zur Eindämmung des Funkenfluges bei der Verfeuerung von Braunkohlengemisch erhielt die Mehrzahl der Staatsbahn-Maschinen den in Österreich weit verbreiteten Kobelrauchfang. An Kesselaufbauten waren nur der Dampfdom und die verkleideten Pop-Sicherheitsventile vorhanden.

Von dieser als Reihe 229 bezeichneten 1C1-n2v-Tenderlokomotive bezog die Südbahn-Gesellschaft von 1903 bis 1907 elf Stück von der Lokomotivfabrik Floridsdorf. Die kkStB nahm in der Zeit von 1904 bis 1918 nicht weniger als 239 Exemplare in Betrieb, an deren Lieferung alle österreichischen Herstellerwerke beteiligt waren. Schließlich wurden auch noch die 17 Lokomotiven der Vorgänger-Reihe 129 auf 1C1 umgebaut und als Reihe 229.401 bis 417 bezeichnet. Vier Stück stellte die Böhmisch-Mährische Maschinenfabrik 1913 für die Serbische Staatsbahn her (Nr. 251 biw 254) und weitere 10 Stück baute die Wiener Neustädter Fabrik zwischen 1909 und 1920 für die Eisenbahn–Wien–Aspang (EWA-Serie IIIa Nr. 41 bis 50).

Die Reihe 229 erfreute sich wegen ihrer Laufruhe und vielseitigen Verwendbarkeit großer Beliebtheit und war bald in allen Teilen der Monarchie anzutreffen. Ihr Hauptaufgabengebiet blieb der Personenzugdienst. Aber auch vor Schnellzügen über kurze Entfernungen sowie im Vorspanndienst leistete sie gute Dienste. 1918, dem letzten Betriebsjahr der kkStB, waren deren Loks auf die Heizhausleitungen Wien West, Wien NWB, Hainfeld, Graz, Attnang, Wörgl, Feldkirch, Prag-Nusle, Prag-Bubna, Pilsen, Klattau, Tabor, Laun, Rakonitz, Bodenbach, Böhmisch Leipa, Tetschen, Geiersberg, Brünn, Mährisch Ostrau-Oderfurt, Prerau, Laibach, Triest, Trient, Dzieditz, Neusandez und Wola Duchacka verteilt. Die 229er der Südbahn befanden sich in Wien Süd. Nach Aufteilung der Fahrbetriebsmittel verlieben nur 69 Stück bei der Deutsch-Österreichischen Staatsbahn (ab 1923 BBÖ). Durch Verstaatlichung der Südbahn kamen 1923 deren elf Stück als 229.501 bis 511 und 1937 auch die zehn Maschinen der EWA als 229.801 bis 810 hinzu, womit sich der Bestand auf 90 erhöhte. Die BBÖ setzten die 229er bei den Heizhäusern Wien West und FJB sowie in Graz, Knittelfeld, Selzthal, Villach, Lienz, Bischofshofen, Salzburg, Simbach, Amstetten und St. Valentin ein.

Die Mehrzahl der Lokomotiven, nämlich 145 Stück, sprach die Verteilungskommission nach dem Ersten Weltkieg den Staatsbahnen der Tschechoslowakei (Reihe 354.0) zu, 22 erhielt Polen (Reihe Okl 12), 25 Jugoslawien (Reihe 116) und fünf Italien (Reihe 912). Sie blieben größtenteils in ihren angestammten Einsatzgebieten.

Ihre größte Bedeutung erlangte die vielseitig verwendbare Tenderlokomotive bei der ČSD, wo sie auch zahlenmäßig am stärksten vertreten war. Außer in den aus der kkStB-Zeit angestammten böhmisch-mährischen Heizhäusern erschien sie in Nimburg, Zditz, Budweis, Pardubitz, Böhmisch Trübau und Chotzen. Bereits 1919 wurden 20 Stück in die Slowakei verlegt und den Heizhausleitungen Kaschau und Berehovo zugewiesen. Mit der Abtretung der Südslowakei an Ungarn im März 1939 gelangten 15 Stück in den Besitz der MÀV, die sie als Reihe 343.301 bis 315 bezeichnete.

In den Jahren 1926 bis 1934 ließ die ČSD in den Bahnwerkstätten Nimburg und Böhmisch Trübau fünf ihrer 354.0 zu Heißdampf-Zwillingslokomotiven mit der neuen Reihenbezeichnung 355.0 umbauen. Die Rauchkammer wurde zur Aufnahme des Überhitzersammelkastens nach vorn verlängert und mit einer runden Rauchkammertür mit Zentralverschluß versehen. Ein zweiter Dampfdom mit Verbindungsrohr zum ersten vergrößerte den freien Dampfraum und trug an seiner Rückseite die Sicherheitsventile. Das Verbundtriebwerk wurde durch eine Zwillingsdampfmaschine mit 420 mm Zylinderdurchmesser und die Flachschieber durch Kolbenschieber mit innerer Einströmung ersetzt. Von 1936 bis 1940 wurden weitere fünf Loks der Reihe 354.0 in den Bahnwerkstätten Böhmisch Trübau auf diese Weise modernisiert mit dem erweiterten Ziel, durch Senkung der Achsfahrmasse den Einsatz auf Nebenstrecken mit leichtem Oberbau zu ermöglichen. Hierzu wurde die rückwärtige Adams-Achse durch ein Drehgestell ersetzt, das den vergrößerten Vorratsbehälter aufnahm, wogegen die seitlichen Wasserkästen um die Hälfte verkürzt wurden. Zur Anpassung an die geringere Reibungsmasse wurde der Zylinderdurchmesser auf 390 mm verkleinert. Ansonsten entsprach diese als Reihe 353.1 bezeichnete 1C1-h2-Umbauserie weitgehend der vorerwähnten Reihe 355.0. Gegenüber der ursprünglichen Naßdampfausführung bewirkte der Umbau eine erhebliche Leistungssteigerung. 1944 wurde schließlich noch die 354.081 von den damaligen BMB in -h2 umgebaut, jedoch unter Verzicht auf den zweiten Dom und die Änderung an den Vorratsbehältern. Ein genereller Umbau unterblieb nach dem Kriege wohl wegen des fortgeschrittenen Alters der Lokomotiven.

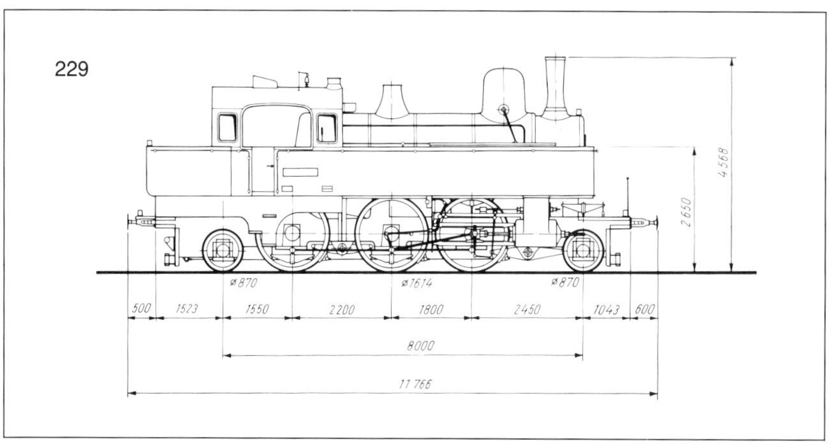

Mit dem „Anschluß" Österreichs an das Deutsche Reich im März 1938 wurde alle 90 229er der BBÖ von der

229.89, Werkaufnahme, die Lokomotive blieb 1918 in Italien (FS 912.002) StEG-Fabrik 3728/1910
Foto: Archiv Töpelmann

Deutschen Reichsbahn übernommen und in 75 701 bis 790 umgezeichnet. Im Oktober desselben Jahres kamen mit der Einverleibung der Sudetengebiete auch die fünf Heißdampflokomotiven der ČSD-Reihe 355.0 als 75 901 bis 905 zur DRB, jedoch keine 229er in der Ursprungsform (ČSD-Reihe 354.0), obwohl diese in den abgetretenen Gebieten reichlich vertreten waren. Die fünf Maschinen wurden bei den Bw Zauchtel und Troppau sehr intensiv eingesetzt und sogar zur Führung der Eilzüge Zauchtel - Breslau herangezogen.

Nach der Besetzung Polens wurden in den Jahren 1941 und 1944 noch 21 Einheiten der PKP-Reihe Okl 12 in 75 851 bis 871 und 1943 neun aus dem Bestand der JDŽ (Reihe 116) von der DRB bis zum Ende des Zweiten Weltkrieges als 75 791 bis 799 eingereiht.

Die wiedererstandenen ÖBB nahmen noch 63 Stück als Reihe 75 in ihr neues Bezeichnungsschema auf, deren Zahl in den folgenden Jahren kontinuierlich sank. Die letzten vier fanden bis 1962 im Nahverkehr und vor Bauzügen auf der Franz-Josefs-Bahn Verwendung.

Bei der ČSD verblieb die 354.0 bis 1967 im Plandienst auf der Strecke Chotzen – Leitomischl. 1969 wurde die 354.0130 im Tausch gegen die 56 3255 der Graz-Köflacher Bahn für das Eisenbahnmuseum in Wien erworben.

Konstruktive Merkmale

Kessel: Zweischüssiger Naßdampfkessel mit 106,1 m² (wasserberührter) Verdampfungsheizfläche, 2 m² Rostfläche, Rohrlänge 3,5 m, Dampfdruck 14 kg/cm²; Dampfdom auf dem ersten Kesselschuß, Pop-Sicherheitsventile mit Schutzverkleidung auf dem rückwärtigen Kesselschuß; Mehrzahl der Staatsbahn-Lokomotiven mit Kobel-Funkenfänger ausgestattet; Südbahn-Maschinen mit Prüßmann-Schlot.

Rahmen: Genieteter Blechrahmen.

Triebwerk: Zweizylinder-Verbund-Maschine, Zylinderdurchmesser hochdruckseitig 420 mm, niederdruckseitig 650 mm, Kolbenhub 720 mm; Flachschieber mit äußerer Heusingersteuerung, Treibraddurchmesser 1614 mm; Antrieb auf der mittleren Kuppelachse.

Fahrwerk: Endachsen nach System Adams ohne Rückstellvorrichtung, Seitenspiel vorn 53 mm, hinten 35 mm; Tragfedern der ersten und zweiten Achse oberhalb, der dritten bis fünften Achse unterhalb der Lager.

Ausrüstung: Vakuum-Bremse, einklötzige Abbremsung der Kuppelachsen; Nachrüstung mit Druckluftbremse mit Hauptluftbehälter auf dem Kessel; beidseitige Besandung des Treibradsatzes.

Vorräte: 9,8 m³ Wasser, 3,12 t Kohle / spätere Liefervarianten mit 9,5 bzw. 9,0 m³ Wasser.

29

DRB-Baureihe 75^8
ÖBB-Baureihe 175

1C1-h2vt

1912 bis 1962

Techn. Daten: Seite 271

Neben der Serienfertigung der Reihe 229 wurde 1912 in 36 Exemplaren von der Böhmisch-Mährischen Maschinenfabrik und der Lokomotivfabrik Floridsdorf auch eine Heißdampfversion als Reihe 29 hergestellt. Zum Gewichtsausgleich für die Aufnahme des Überhitzers in die verlängerte Rauchkammer mußten die seitlichen Wasserkästen gekürzt und der Dampfdom, der nun die Sicherheitsventile trug, vom ersten auf den zweiten Kesselschuß versetzt werden, um die maximale Achslast von 14,5 t nicht zu überschreiten. Bei dem geringeren Dampfverbrauch der Heißdampfmaschine blieb trotz des von 9,8 auf 8,3 m³ verringerten Wasservorrats der Aktionsradius erhalten.

Die gesamte Serie wurde mit dem leichten Kobelrauchfang Patent Rihosek in genieteter Blechausführung ausgestattet. Am Triebwerk wurden lediglich die Flachschieber durch Kolbenschieber unter Beibehaltung der äußeren Einströmung ersetzt.

Um die durch den Einbau des Überhitzers eingebüßte Verdampfungsheizfläche teilweise auszugleichen, wurde die Feuerbüchsdecke erhöht. Der dadurch verkleinerte Dampfraum und das geänderte Verhältnis zwischen Rohrheizfläche und Rost wirkten sich nachteilig aus, so daß anstelle einer Nachbestellung die Naßdampftype Reihe 229 weitergebaut wurde.

1918 waren die 36 Heißdampfloks auf die Heizhäuser Wien West, Wien Nordwest, Amstetten, Graz, St. Veit a. d. Glan, Prag-Nusle und Wola Duchacka verteilt. Neun Lokomotiven mußten nach dem Ersten Weltkrieg an Polen und eine Maschine an Jugoslawien ab-

29.01, Werkaufnahme, die Lokomotive verblieb 1918 in Polen (Okl 11-1) und stand zwischen 1939 und 1945 als 75 827 im Dienst der DRB, BMMF 410/1912
Foto: TBA K. Pfeiffer

29

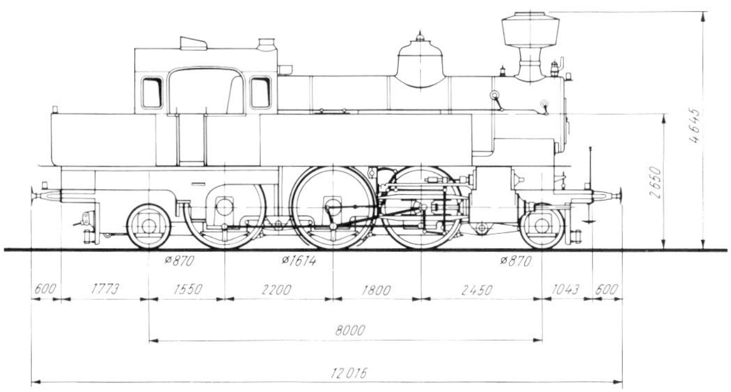

629 (SB, kkStB und BBÖ)

DRB-Baureihe 77²

ÖBB-Baureihe 77

2C1-h2t

1913 bis 1975

Techn. Daten: Seite 271

gegeben werden. Die 26 in Österreich verbliebenen setzten die BBÖ in Wien West, Wien Ost, Knittelfeld, Villach und St. Veit a. d. Glan ein.

1938 wurden alle von der Deutschen Reichsbahn übernommenen und in 75 801 bis 826 umgezeichnet. Im Verlaufe des Zweiten Weltkrieges gelangten die neuen Loks aus dem PKP-Bestand – dort als Reihe Okl 11 bezeichnet – in deutschen Besitz und wurden als 75 827 bis 835 in das DRB-Schema eingereiht und im Zuge des Lokaustausches mit der Ostbahn der RbD Wien zugeführt. Auch die einzige 29er der JDŽ, die 116-017, stand von 1943 bis 1945 als 75 836 im Dienste der DRB.

16 Stück waren noch als Reihe 175 bei den ÖBB im Einsatz. Die letzten drei schieden zusammen mit den Naßdampflokomotiven der Reihe 75 im Jahre 1962 aus dem Einsatzbestand aus.

Konstruktive Merkmale

Kessel: Zweischüssiger Heißdampfkessel mit 95,9 m² wasserberührter Verdampfungsheizfläche und 18,8 m² dampfberührter (innerer) Überhitzerfläche, Dampfdom mit aufgesetzten Pop-Sicherheitsventilen in Kesselmitte; Rohrlänge 3,5 m.

Triebwerk: Zweizylinder-Verbund-Dampfmaschine mit hochdruckseitig 450 mm und niederdruckseitig 650 mm Zylinderdurchmesser bei 720 mm Kolbenhub; Heusingersteuerung außen, Kolbenschieber mit äußerer Dampfeinströmung.

Vorräte: 8,3 m³ Waaser, 3,12 t Kohle.

Dienstgewicht 68,3 t, Reibungsgewicht 43,2 t.

Übrige Bauteile und Ausrüstung identisch mit Reihe 229 (S. 103).

Die Bewährung der 1C1-n2v-Reihe 229 veranlaßte die kk priv. Südbahn-Gesellschaft, stärkere Tenderlokomotiven mit größerem Verwendungsspielraum zu beschaffen. Gedacht war vor allem an die Beförderung von Personenzügen bis zu 300 t Gewichtsmasse auf den Strecken Wien – Gloggnitz und Triest – Nabresina mit Steigungen von 7,8 bzw. 13,5 ‰. Die Durchrechnung ergab, daß dieses Betriebsprogramm nur von einer Lokomotive mit sechsachsigem Fahrwerk und unter Anwendung der Heißdampftechnik erfüllt werden konnte. Mit Rücksicht auf die kurzen Schiebebühnen durfte der Gesamtradstand zehn Meter nicht überschreiten.

Ausgehend von den idealen Triebwerkmaßen der Reihen 229 und 109 entwarf Maschinendirektor Prossy in enger Zusammenarbeit mit den StEG-Werken eine 2C1-h2-Tenderlokomotive als Reine 629 für universelle Verwendung, die sich bis zum Ende der Dampftraktion als eine der gelungensten Konstruktionen des österreichischen Lokomotivbaues erweisen sollte.

Ihr Kessel mit einer wasserberührten Heizfläche von 142,7 m² und einer dampfberührten Überhitzerfläche von 29,1 m² konnte bei Verfeuerung guter

Kohle über 1100 PS entwickeln und war dem der 1C1-Schlepptenderlokomotive Reihe 429 der Staatsbahn mindestens ebenbürtig. Die Vorräte reichten je nach Wagenlast für einen Fahrbereich von ca. 200 km, womit auch die Übernahme von Zugförderungsaufgaben herkömmlicher Schlepptender-Lokomotiven möglich war.

Durch die hohe Lage des Kessels, dessen Mitte auf 2900 mm über SOK angelegt war, konnte der Rost über dem zweiten und dritten Kuppelradsatz untergebracht werden. Anders als die Staatsbahn legte die Südbahn die Kolbenschieber für die wärmewirtschaftlich günstigere innere Einströmung aus. Um ein Warmlaufen der bei vollen Vorräten stark belasteten Laufachsen zu vermeiden, erhielten die Laufräder einen Durchmesser von 1034 mm gegenüber von 970 mm bei der Reihe 229. Der Wasservorrat von 10,5 m^3 war so verteilt, daß 7 m^3 in den seitlichen Wasserkästen und der Rest über der Schleppachse Aufnahme fanden. Über dem rückwärtigen Wassertank befand sich unter Freilassung der Ausguckfenster ein Kohlenbunker mit einem Fassungsvermögen für 3,12 t. Um das Auswechseln der Seitenstehbolzen zu erleichtern, endete der führerseitige Wasserkasten vor der Feuerbüchse und ließ Raum für einen abnehmbaren Werkzeugkasten, während auf der Heizerseite eine ausschwenkbare Wasserkammer den Zugang freigab.

Bei den Nachlieferungen wurde der hohe Kohlenbunker wieder durch die gewohnte niedrige Bauform ersetzt, da das Fehlen der Öffnung in der Führerhausrückwand das Hantieren mit dem langen Schürgerät erheblich erschwerte. Zum Ausgleich für die Verkleinerung des rückwärtigen Wasserkastens wurden beiderseits der Feuerbüchse abnehmbare Wassertanks angelegt. Das führende Drehgestell wurde von der Reihe 109 übernommen und die Triebwerkmaße stimmten mit jenen der Staatsbahn-Reihe 429 überein. Die rückwärtige Laufachse wurde wieder als Adamsachse mit 45 mm Seitenspiel ausgeführt.

Die Erstbestellung für die Lokomotiven 629.01 bis 09 ging an die mit der Entwurfsarbeit beauftragt gewesenen StEG-Werke und kam 1913/14 zur Auslieferung. Sechs weitere Einheiten (629.10 bis 15) lieferte 1914 die Lokomotivfabrik Wiener Neustadt an die Südbahn. Bei der Abnahmefahrt erreichte die Lokomotive 110 km/h, wobei sie noch bemerkenswert ruhig lief. Die zulässige Höchstgeschwindigkeit wurde für beide Fahrtrichtungen auf 85 km/h festgesetzt, später auf 90 km/h angehoben. Dank der Ausgewogenheit aller Dimensionen erwiesen sich die Lokomotiven von Anfang an als großer Wurf, zeigten keine technischen Kinderkrankheiten und vermochten eine Zugmasse von 460 t in der Ebene mit 80 km/h und auf 3 ‰ Steigung noch mit 60 km/h zu befördern. Der Leistungszuwachs gegenüber der Reihe 229 betrug etwa 45 ‰, aber auch der 2C-n2-Schlepptender-Lokomotive der Südbahn-Reihe 32f erwies sich die 629 als deutlich überlegen. Außer der Führung von Personenzügen wurden ihr auch Schnellzüge von 400 t und Güterzüge bis zu 570 t Gewichtsmasse auf den Strekken Wien – Gloggnitz, Triest – Nabresina – Cormons (Maximalsteigung 13,5 ‰) und Mürzzuschlag – Marburg/Drau anvertraut. Auf der Inntalstrecke zwischen Kufstein und Innsbruck verdrängte die Reihe 629 binnen kurzem die älteren Schlepptender-Lokomotiven aus dem hochwertigen Reisezugdienst. Wegen der zahlreichen ausländischen Kurswagen mußten die dort eingesetzten Maschinen mit der Westinghouse-Druckluftbremse ausgestattet werden.

Die gute Einführung der vielseitig verwendbaren Pacific-Tenderloks bei der Südbahn – der einzigen auf dem europäischen Kontinent – gaben auch der kkStB Anlaß zu Überlegungen, unrationell eingesetzte Schlepptender-Lokomotiven durch Tenderlokomotiven zu ersetzen und die auf stark belasteten Strecken überforderten 1C1-n2v-Tenderlokomotiven Reihe 229 durch eine stärkere Type abzulösen. Der wohlgelungene Entwurf Prossys erschien Sektionschef Gölsdorf auch für die kkStB geeignet, so daß er auf eine eigene Konstruktion verzichtete und den Bau der Reihe 629 der Südbahn mit nur geringfügigen Änderungen empfahl. Die Abweichungen betrafen die Ausführung der Armaturen nach Staatsbahn-Normen, die Verlegung der Sicherheitsventile vom Dampfdom auf den Hinterkessel und der Stirnlampen von der vorderen Arbeitsplattform auf den Pufferträger sowie den Ersatz des geteilten Südbahn-Kamins durch einen Kobelrauchfang. In dieser Form lieferten die StEG-Werke 1917 fünfzehn und 1918 weitere zehn Maschinen an die kkStB, die als 629.01 bis 25 eingereiht und zur Dienstleistung den Heizhausleitungen Wien Nord, Prag, Linz und Attnang zugewiesen wurden.

Nach dem Ersten Weltkrieg blieben alle 15 Südbahn-Maschinen und zehn der Staatsbahn in Österreich. 15 Stück mußten der neugegründeten ČSD überlassen werden, welche sie als 354.121 bis 135 bezeichnete. Bevorzugte Einsatzgebiete bei den BBÖ waren die kurzen Hauptstrecken der Nord- und Ostbahn, wo durch ihren Einsatz vor den internationalen Schnellzügen die in Devisen zu erbringenden Drehscheibengebühren auf den Wendebahnhöfen Lundenburg und

Hegyeshalom eingespart werden konnten. Weiter Einsatzstrecken der Reihe 629 waren die Strecken Wien – Marchegg, Linz – Oberhaid, Wels – Passau und die Salzkammergutstrecke Attnang – Stainach – Irding. Auf der Westbahn erschien sie nur vorübergehend zur Bewältigung der Verkehrsspitzen.

Die guten Betriebserfahrungen mit den Pacific-Tenderlokomotiven veranlaßten die Deutschösterreichische Staatsbahn zu alsbaldigen Anschlußaufträgen für 30 Maschinen, die 1920 bis 1922 zu gleichen Teilen von der StEG-Maschinenfabrik und der Lokomotivfabrik Krauß in Linz als 629.26 bis 55 geliefert wurden. Ein weiteres Baulos über 25 Stück vergaben die späteren Österreichischen Bundesbahnen allein an die Firma Krauß, die bis September 1927 als 629.56 bis 80 zur Ablieferung gelangten. Anstelle der Kolbenschieber erhielten diese Maschinen die inzwischen vielfach bewährte Lentz-Ventilsteuerung mit Umkehrhebel, deren genormte Ventilgehäuse auch bei den gleichzeitig in Auftrag gegebenen 1D1-Nebenbahn-Tenderlokomotiven Reihe 378 und den Dt-Rangierlokomotiven Reihe 478 zum Einbau kamen. Als weitere technische Neuerung wurde im linken Wasserkasten eine Dabeg-Vorwärmepumpe eingebaut, während führerseitig die Kesselspeisung durch einen nichtsaugenden Friedmann-Ejektor erfolgte. Die Hebelbewegung für Fahrpumpe und Schmierpresse wurde vom Kurbelzapfen der rückwärtigen Kuppelachse abgenommen. Der von diesen Einrichtungen beanspruchte Raum mußte durch eine Erhöhung der Wasserkästen ausgeglichen werden. Außerdem wurde der Kobelrauchfang durch einen Prüßmann-Schlot ersetzt.

Zu Vergleichszwecken ließen die BBÖ bei Krauß vier weitere Lokomotiven mit Caprotti-Ventilsteuerung mit rotierenden Nocken bauen, welche 1927/28 in Betrieb genommen wurden. Obwohl auch dieses Steuerungssystem, das durch kleinste Zylinderfüllungen besonders sparsamen Verbrauch versprach, einwandfrei arbeitete, wurden die als 629.500 bis 504 eingereihten Loks aus Gründen der Vereinheitlichung in den vierziger Jahren auf das genormte Lentz-System umgebaut. Die ab 1926 in Dienst gestellten Maschinen mit Lentz-Ventilsteuerung kamen zu den Heizhäusern Wien Süd und Graz, die mit Caprotti-Steuerung zunächst nach Wien Ost (drei) und Innsbruck (zwei), 1932 dann alle fünf nach Graz. In der Folgezeit wurde die Reihe 629 auch in Mürzzuschlag, Villach, Bischofshofen, Bruck a. d. Mur, Bregenz und kurzzeitig in Attnang heimisch. Herausragende Leistungen dieser Betriebsepoche war die Führung der internationalen Schnellzüge Prag – Marburg/Drau (– Sušak) im Abschnitt Linz – Bruck a. d. Mur (195 km).

Mit der Verstaatlichung der österreichischen Südbahnlinien im Jahre 1923 gingen die fünfzehn 629er der Gesellschaft in den Besitz der BBÖ über. Wegen der Doppelnummerierung mußte die Umzeichnung in 629.101 bis 115 erfolgen. 1938 wurde der gesamte Bestand von 85 Stück in den

Südbahn 629.05, spätere 629.105 der BBÖ, Werkaufnahme, StEG-Fabrik 3887/1913
Foto: Archiv Töpelmann

629.56 bis 80
mit Lentz-Ventil-
steuerung

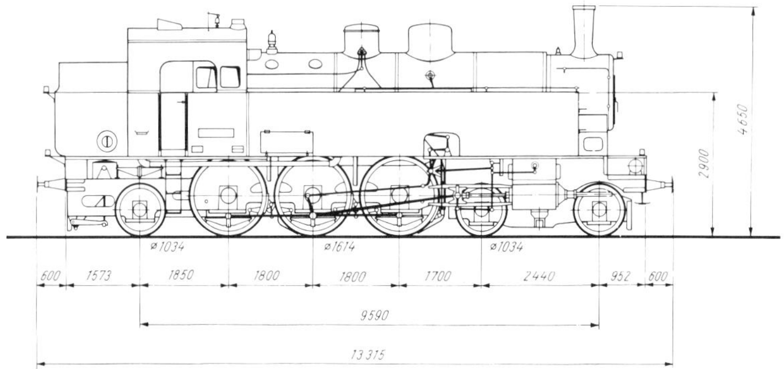

Fahrpark der Deutschen Reichsbahn eingereiht; die BBÖ-Maschinen als 77 201 bis 265, daran anschließend die einstigen Südbahn-Maschinen als 77 266 bis 280 und als 77 281 bis 285 die fünf Caprotti-Loks. Die sechs in Bregenz stationierten Loks unterstanden danach der RbD Augsburg. Unübertroffen für eine Tenderlokomotive blieben die Langläufe während der Kriegszeit mit Eilzügen Wien – Marburg (277 km) und mit Fernpersonenzügen Wien – Cilli/Untersteiermark (353 km).

Zahlenmäßig erlangte die Pacific-Tenderlokomotive die größte Bedeutung in der Tschechoslowakei. Die 15 Exemplare aus dem Bestand der kkStB wurden 1921/22 um 30 Nachbauten der Škoda-Werke in Pilsen vermehrt, die jedoch bereits augenfällige Abweichungen aufwiesen, wie die verbundenen Dome, der vom Führerhausdach auf den Hinterkessel versetzte Ejektor der Vakuumbremse mit voluminöser Schutzverkleidung und die ungeteilte, gewölbte Rauchkammertür mit Zentralverschluß. Mit der Einführung des neuen Reihenschemas wurden die Lokomotiven nicht chronologisch nach ihrer Inbetriebnahme, sondern wie folgt eingereiht:

354.01 bis 20	Škoda-Lieferung 1922 Fabrik-Nr. 221 bis 240
354.21 bis 35	ehem. kkStB, 629.21 bis 30
354.36 bis 45	Škoda-Lieferung 1921 Fabrik-Nr. 31 bis 40

Durch mehrmalige Nachbestellungen stieg der Bestand bis 1941 auf 234 Stück. Mit der Serienanfertigung, an welcher zwischen 1925 und 1927 auch die Böhmisch-Mährische Maschinenfabrik und die Maschinenfabrik Breitfeld & Daněk (Schlan) beteiligt waren, wurden kontinuierlich technische Verbesserungen eingeführt. So erhielten die Loks geräumige Führerhäuser mit Lüfteraufsatz, Sicherheitsventile an der Rückseite des zweiten Domes, elektrische Beleuchtung, Druckluftbremse, größere Kohlenbunker, selbsttätige Schmierpressen, einschienige Kreuzkopfführung und anstelle des Kobelrauchfangs einen gußeisernen Kranzschornstein. In ihrer letzten Bauform (354.1220 bis 229) waren die Lokomotiven dem Lichtraumprofil II angepaßt, weshalb sie niedrigere Kesselaufbauten ohne Domverbindungsrohr erhielten. Der ebenfalls verkürzte Kamin machte eine Rauchableitung durch Windleitbleche erforderlich.

Fünf 1930 bei Škoda gebaute Exemplare (354.1169 bis 173) waren nach österreichischem Vorbild mit Lentz-Ventilsteuerung sowie mit einem Kleinrohrüberhitzer von größerer Berührungsfläche ausgestattet, dessen wirtschaftlichem Vorteil jedoch hohe Unterhaltskosten gegenüber standen. Keine der beiden Einrichtungen konnte sich bei der ČSD durchsetzen.

Hauptverwendungsgebiet der Reihe 354.1 war der Personenzugdienst auf Haupt- und Nebenstrecken im gesamten böhmisch-mährischen Raum. Wie in Österreich führten die Lokomotiven aber auch Schnellzüge auf kurzen Streckenabschnitten, so unter anderem den berühmten Paris – Karlsbad – Express zwischen dem Grenzbahnhof Eger und dem Weltkurort. Nur sieben Maschinen der letzten Bauform waren in der Slowakei eingesetzt.

Mit der Einverleibung der Sudetengebiete in das Deutsche Reich am 1. Oktober 1938 gingen 48 Maschinen in den Besitz der DRB über, die sie als 77 301 bis 348 einreihte. Einsatz-Bw jener Epoche waren Eger, Reichenberg, Jägerndorf, Troppau, Hannsdorf und Mährisch Schönberg. Als bemerkenswerte Einsätze verdienen die Führung der 400 t schweren Schnellzüge D 94/

629.500 bis 504
mit Caprotti-Ventil-
steuerung

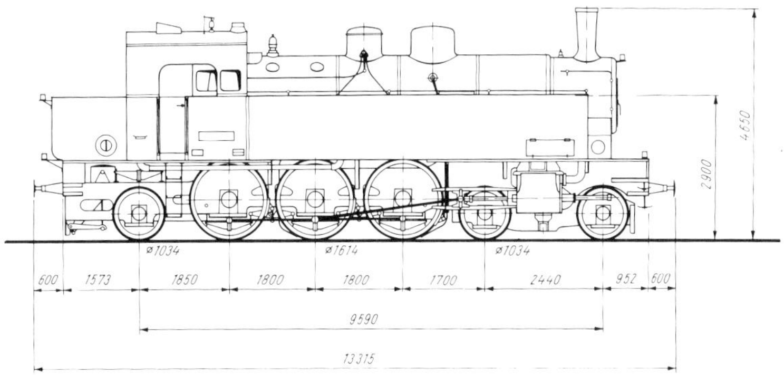

93 Berlin – Reichenberg ab Görlitz und D 294/293 Berlin – Troppau ab Ziegenhals sowie der Eilzüge Breslau – Troppau – Zauchtel der Erwähnung. Nach dem Merkbuch für die Triebfahrzeuge der DRB konnte die Reihe 77.3 in der Horizontalen eine Wagenlast von 410 t mit 90 km/h, 570 t mit 80 km/h und auf 10 ‰ Steigung 210 t mit 60 km/h befördern, womit sie der 2C2t-Reihe 78 (preuß. T 18) nur geringfügig nachstand. Die 77 343 (354.1184, Škoda 1931) hatte der Krieg nach Bayern verschlagen. Nur ungern trennte man sich beim Bw Weiden von der beliebten Maschine, als sie 1948 im Zuge eines Lokomotivaustausches mit der ČSD rückgeführt wurde.

Bewogen durch die günstigen Betriebsergebnisse mit der Reihe 629 in Österreich bestellte auch die Polnische Staatsbahn zehn Stück von einer bei Krauß in Bau befindlichen Serie, die 1922 als Okm 11 auf galizischen Strecken in Betrieb genommen wurden. Von diesen gelangten fünf durch die Kriegsereignisse in deutschen Besitz und wurden 1943 als 77 286 bis 290 an die Bw Wien Süd und St. Valentin überstellt. Sie wurden bis auf eine, die in Ungarn verblieb, 1948 an die PKP zurückgegeben.

Die dem Besitz der BBÖ entstammenden 77er hatten den zweiten Weltkrieg ohne große Verluste überstanden. Von sieben Maschinen, die sich bei Kriegsende außerhalb der Landesgrenzen befanden, wurden fünf von der Jugoslawischen Staatsbahn als 18-001 bis 005 und zwei von der ČSD als 354.1500 und 1501 (später in 354.1135 und 1136 umgezeichnet) vereinnahmt.

76 Stück konnten die ÖBB noch in ihr neues Reihenschema aufnehmen, nach welchem die Indexziffer „2" zur Reihenbezeichnung 77 wegfiel. Dieser Bestand blieb bis 1967 erhalten und bildeten die Hauptstütze des mittelschweren Reisezugdienstes bei den Zugförderungsleitungen Wien Süd, Wien Ost und Wien Nordwest, Graz und Fehring. Nach Abschluß der Südbahn-Elektrifizierung wurden die in Wien Süd beheimateten Maschinen nach Wiener Neustadt und Mürzzuschlag abgegeben. Ab 1961 erschienen sie auch in Amstetten, Attnang, Bruck a. d. Mur, Stadlau, St. Valentin und Wien FJB. Bis 1954 versahen die 77.16, 66 und 70 der Zfl. Bregenz den gesamten Reisezugdienst zwischen Lindau und St. Margrethen. Zu den Höhepunkten ihres Daseins zählte wohl die Führung des Sonderzuges des sowjetischen Ministerpräsidenten Nikita Chruschtschow von Marchegg nach Wien Ost durch die 77.40 und 75 am 3. Juni 1961 anläßlich der historischen Begegnung mit dem US-Präsidenten John F. Kennedy im Schloß Schönbrunn.

Noch in den letzten Betriebsjahren erhielten die 77.28 und 77.66 (ehem. 629.01 der Südbahn aus dem Jahre 1913) eine attraktive Lackierung in Grün an Wasserkästen und Führerhaus zu schwarzem Kessel und roten Rädern. Dank privater Initiative konnte die 77.66 in betriebsfähigem Zustand erhalten bleiben. Noch mehr aber kam die hohe Wertschätzung, die den Lokomotiven zuteil wurde, durch den Einbau des Giesl-Ejektors zum Ausdruck, der noch im fortgeschrittenen Alter ihre Leistungsfähigkeit und Wirtschaftlichkeit um etwa 30 ‰ verbesserte. Obwohl sie in dieser Form sogar den Diesellokomotiven der Reihe 2043 überlegen waren, konnten sie den im Gange befindlichen Strukturwandel auf die Dauer nicht aufhalten. Im letzten Betriebsjahr 1974 waren von den verbliebenen zehn Loks sieben in Wien Nord und drei in Linz eingesetzt. Im Personenzugdienst nach Summerau endete am 20. November 1974 der

Plandienst dieser hervorragenden Baureihe, die sich bis in die sechziger Jahre auch im Schnellzug- und Eilzugsdienst, vor den beige/blauen Triebwagen-Ersatzgarnituren, aber auch vor Güterzügen verdient gemacht hatte.

Konstruktive Merkmale

Kessel: Dreischüssiger Heißdampfkessel mit 142,7 m^2 wasserberührter Verdampfungsfläche und 29,1 m^2 dampfberührter Überhitzerfläche; 2,7 m^2 Rostfläche, Dampfspannung 13 kg/cm^2; Kesselmitte 2900 mm über SOK; Dampfdom mit aufgesetzten Sicherheitsventilen (Staatsbahn-Ausführung mit Pop-Coale-Sicherheitsventilen auf dem Hinterkessel), kkStB-Ausführung mit Kobelrauchfang; Stehkessel über dem Rahmen.

Rahmen: Genieteter Blechrahmen herkömmlicher Konstruktion.

Triebwerk: Zwillings-Dampfmaschine mit 475 mm Zylinderdurchmesser und 720 mm Kolbenhub; Treibraddurchmesser 1614 mm; Kolbenschieber mit innerer Einströmung; BBÖ-Ausführung: Lentz-Ventilsteuerung mit Umkehrhebel; fünf Stück versuchsweise mit Caprotti-Ventilsteuerung (später auf Lentz-System umgebaut); Steuerungsbewegung durch Heusinger-Gestänge.

Fahrwerk: Führendes Drehgestell mit 35 mm seitlichem Anschlag und Federrückstellung; rückwärtige Adamsachse ohne Rückstellvorrichtung mit 45 mm seitlichem Anschlag.

Ausrüstung: Vakuumbremse von hinten auf die Kuppelradsätze wirkend; teilweise Westinghouse-Zusatz-Druckluftbremse für Wagenzug; Dabeg-Vorwärmerpumpe; Besandung des ersten Kuppelradsatzes von vorn, des dritten von hinten.

Vorräte: 10,5 m^3 Wasser, 3,12 t Kohle.

Südbahn 629.03, spätere 629.103 der BBÖ, als 77.68 der ÖBB mit Giesl-Esse, 1958, StEG-Fabrik 3885/1913
Foto: TBA K. Pfeiffer

729

DRB-Baureihe 78^6
ÖBB-Baureihe 78

2C2-h2t

1931 bis 1973

Techn. Daten: Seite 271

So gut sich die für universelle Verwendung beschaffte Reihe 629 auch bewährt hatte, so war sie vor den mit schwerem Wagenmaterial ausgestatteten internationalen Schnellzügen der Nord- und Ostbahn Ende der zwanziger Jahre doch sichtlich überfordert. Nach dem Ersten Weltkrieg war vor allem der Verkehr mit Ungarn stark angewachsen. Schon bei ungünstigen Witterungsverhältnissen, die durch Rädergleiten, Gegenwind und Zugheizung den Dampfverbrauch sprunghaft ansteigen ließen, konnten die Fahrzeiten der 500 t schweren Budapester Schnellzüge nicht mehr gehalten werden. Um auch weiterhin die Drehscheibengebühren auf den jenseits der Landesgrenze liegenden Wendebahnhöfen einzusparen, mußte man der Anschaffung einer leistungsfähigeren Tenderlokomotive näher treten. Ihre Vorräte sollten so bemessen sein, daß für die Rückfahrt keine Ergänzung erforderlich wäre. Obwohl die zulässige Achslast auf 16 t erhöht worden war, ließen sich diese Forderungen nur mit einem siebenachsigen Fahrwerk realisieren.

Unter der Federführung des Leiters der Konstruktionsabteilung der BBÖ, Alexander Lehner, in Zusammenarbeit mit der Lokomotivfabrik Floridsdorf entstand eine kräftige 2C2-h2-Tenderlokomotive als Reihe 729. Aus Gründen der Austauschbarkeit und der Ersatzteilvorhaltung wurden möglichst viele Einzelteile bis zu ganzen Baugruppen von vorhandenen Typen übernommen, wodurch sich viel zeit- und kostenaufwendige Konstruktionsarbeit erübrigte. So kam fast unverändert der Kessel der 2C-Schlepptenderlokomotive Reihe 109 der Südbahn (BBÖ-Reihe 209) zum Einbau, der zwar für die Zeit um 1910 als technisch ausgewogen galt, wegen seines kleinen Überhitzers und niedrigen Betriebsdruckes von 13 kg/cm² jedoch nicht mehr ganz zeitgemäß war. Führendes Drehgestell, Radsätze sowie Antriebs- und Steuerungsgestänge stammten von der Reihe 629. Das Zwillingstriebwerk war mit der vielfach bewährten wälzhebelbetätigten Lentz-Ventilsteuerung mit luftbetätigtem Druckausgleich ausgestattet.

Der Verbesserung des thermischen Wirkungsgrades diente ein Heinl-Mischvorwärmer, der heizerseitig in einer Nische vor dem Führerhaus untergebracht war. Im rückwärtigen Teil des linken Wasserkastens befand sich die Kondensator-Anlage mit einem Warmwasserspeicher. Die beidendig angeordneten Drehgestelle mit beweglichen Drehzapfen verliehen der Lokomotive hervorragende Laufeigenschaften in beiden Fahrtrichtungen.

Der Wasservorrat von 16,8 m³ entsprach dem der gebräuchlichen dreiachsigen Tender und war auf die beiden seitlichen, trapezförmig den Kessel untergreifenden Wasserkästen und drei Wasserkammern im rückwärtigen Vorratsbehälter verteilt. Letzterer nahm auch den Kohlenbunker mit einem Fassungsvermögen von 4,5 t auf, welcher bei normaler Kesselanstrengung gut für 200 km Fahrstrecke ausreichte.

Äußerlich präsentierte sich die Lokomotive mit ihrer glatten, ungeteilten Rauchkammertür und der gemeinsamen Verkleidung der Kesselaufbauten in dem gefälligen, übersichtlichen Baustil der BBÖ-Neubauten.

Die ersten sechs Einheiten (729.01 bis 06) kamen 1931 zur Ablieferung, denen 1932 vier weitere (729.07 bis 10) folgten. Bei dem stark rückläufigen Verkehr mit Ungarn und der Tschechoslowakei als Folge der Wirtschaftskrise der dreißiger Jahre bestand kein Bedarf mehr an stärkeren Lokomotiven für diese Einsatzgebiete, so daß die neuen Tenderlokomotiven entgegen der ursprünglich geplanten Verwendung den Heizhausleitungen Wien West und Wien Süd zur Führung von Schnellzügen nach Salzburg und Graz zugewiesen wurden. 1933 wurden alle zehn in Linz zusammengefaßt. Sie bespannten nun auch Schnellzüge von 500 t im Durchlauf von Wien bis Passau, wurden aber auch im Nord-Süd-Verkehr auf den Abschnitten Linz – Oberhaid, Linz – Bruck a. d. Mur und Selzthal – Bischofshofen beschäftigt. Herausragende Leistung war die Beförderung des 300 t schweren Arlberg-Express (L 110/111) – Österreichs Renomierzug jener Epoche – in dem für eine Tenderlokomotive beachtlichen Langlauf von 313 km zwischen Wien und Salzburg in knapp 4½ Stunden. Einsätze wie diese erforderten allerdings stets die Besetzung mit zwei Heizern und eine Personalablösung in Linz.

Nach der Belastungstafel konnte die Reihe 729 eine Zugmasse von 600 t auf ebener Strecke mit 90 km/h, 500 t mit 100 km/h und auf einer Steigung von 10 ‰ 330 t mit 50 km/h befördern. Von den Fahrmannschaften wurden die Maschinen unterschiedlich beurteilt. Während man allgemein ihre große Laufruhe sehr schätzte, gab es

729.02 nach Inbetriebnahme, 28. 11. 1931, Floridsdorf 3046/1931
Foto: TBA K. Pfeiffer

auch Klagen über beengende Verhältnisse, Zugluft und Hitzestau im Führerhaus. 1936 kam eine Nachbestellung von sechs Stück (729.11 bis 16) zur Auslieferung, die zur Intensivierung der Dampferzeugung Nicholson-Wasserkammern in der Feuerbüchse erhielten. Durch die Ausstattung mit Friedmann-Achslagern und automatischer Schmierung konnte die zulässige Höchstgeschwindigkeit von 95 auf 105 km/h heraufgesetzt werden und bei Versuchsfahrten wurden sogar 134 km/h erreicht. Eine erneute Nachbestellung von zehn Einheiten wurde 1938/39 bereits als 78 657 bis 666 von der Deutschen Reichsbahn

729
letzte Bauform
mit Giesl-Esse

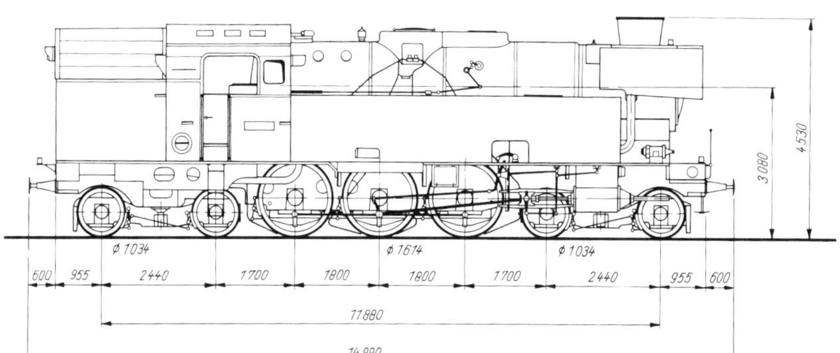

abgenommen, nach dem endgültigen Umzeichnungsplan jedoch als 78 617 bis 626 eingereiht. Äußerlich unterschied sich diese Serie durch die Anpassung an das Lichtraumprofil der DRB, welches nur eine Bauhöhe von 4260 mm gestattete. Auch diese Maschinen gingen an das „Bw" Linz. Herausragende Zugförderungsleistung der Reichsbahn-Epoche war die Bespannung des FD 17/18 (Berlin – Leipzig – Regensburg – Wien) zwischen Passau und Wien. Hinzu kamen D-Zug-Leistungen zwischen Linz und Graz (249 km) und Linz und Budweis (139 km).

Enttäuschend fielen dagegen Verbrauchs- und Leistgungsmeßfahrten des Reichsbahn-Versuchsamtes Grunewald mit der 78 661 (spätere 78.621) auf den Strecken Spandau – Hamburg und Potsdam – Magdeburg aus, die auf der Grundlage der von der DRB als Vollastgrenze festgesetzten Verdampfungsquote von 57 kg pro m² Heizfläche in der Stunde erfolgten und einen überdurchschnittlich hohen Verbrauch ergaben.

Den Zweiten Weltkrieg überstand die Reihe 78.6 ohne Verluste. Danach waren die Lokomotiven den Zugförderungsleitungen Wien West und Linz zugeteilt. Nach Abschluß der Elektrifizierung der Westbahn wurden sie an die Zfl Wien FJB, Bischofshofen, Wels und vorübergehend nach Knittelfeld abgegeben. Ab 1958 mußten sie auch auf der Franz-Josef-Bahn der Dieseltraktion weichen, fanden aber in Graz und Amstetten weitere Verwendung im Eil- und Personenzugdienst über den Semmering, auf der Ennstal- und der Gesäusestrecke. Letzte Einsatzstelle für drei Maschinen war Wien Nord, wo die 78.609 bis 12. September 1973 unter Dampf stand.

Die Reihe 78, als die sie im Reihenschema der ÖBB geführt wurde, gehörte zu jenen Typen, die ab 1951 mit dem Giesl-Ejektor (Flachkamin) ausgestattet wurden. In Verbindung mit der Siederohrdrosselung konnten bei den nun optimalen Blasrohrverhältnissen wesentlich höhere Heißdampftemperaturen erzielt und das Leistungsvermögen der Lokomotive auf etwa 1800 PS gesteigert werden. Der schwächere Auspuffschlag machte die Anbringung kleiner Windleitbleche nach deutschem Muster erforderlich. Leider fehlte es bei dem fortgeschrittenen Strukturwandel bereits an angemessenen Zugförderungsaufgaben. Auf die 78.603 wartete ein Platz im Eisenbahnmuseum, die 78.618 blieb dagegen durch die Initiative der Gesellschaft für Österreichische Eisenbahngeschichte in betriebsfähigem Zustand für Sonderfahrten erhalten.

Konstruktive Merkmale

Kessel: Konventioneller Langkessel aus drei Schüssen mit 185 m² wasserberührter Verdampfungsheizfläche,

78.618 (DRB-Nachbau der Reihe 729), hier als Traditionslokomotive der ÖGEG; Giesl-Esse, Heißwasserspeicher und Windleitbleche sind Zutaten der fünfziger Jahre, Floridsdorf 3151/1938
Foto: Doleschal

41 m^2 dampfberührter Überhitzerfläche; Rostfläche 3,55 m^2; Länge zwischen den Rohrwänden 4900 mm; Kesselmitte 3080 mm über SOK; Dampfdom auf dem mittleren Kesselschuß, mit dem Sandkasten unter einer gemeinsamen Verschalung; Pop-Coale-Sicherheitsventile auf dem Stehkessel; einteilige gewölbte Rauchkammertür mit Seitenreibern ohne Zentralverschluß; Feuerbüchse über dem Rahmen gelagert; Dampfdruck 13 kg/cm^2; ab 1951 Ausrüstung mit Giesl-Flachejektor und Siederohrdrosselung.

Rahmen: Haupt- und Drehgestellrahmen aus verschraubten und durch Winkeleisen verstärkten Platten.

Triebwerk: Zwillings-Maschine mit 500 mm Zylinderdurchmesser und 720 mm Kolbenhub; Lentz-Ventilsteuerung mit Nockenbewegung durch Wälzhebel und Heusinger-Gestänge; Treibraddurchmesser 1614 mm; Antrieb auf mittlerer Kuppelachse; zweischienige Kreuzkopfführung.

Fahrwerk: Drehgestell mit 55 mm seitlichem Zapfenausschlag und Federrückstellung an beiden Lokomotivenden, Laufraddurchmesser 1034 mm; Tragfedern unterhalb der Kuppelachslager; ab 729.11 Einbau von Friedmann-Achslager mit automatischer Schmierung.

Ausrüstung: Vakuumbremse, Westinghousedruckluftbremse mit Zusatzventil für Wagenzug; der Treibradsatz wurde beidseitig besandet, der vordere Kuppelradsatz wurde von vorn, der rückwärtige von hinten besandet, alle Achsen einklötzig abgebremst; Heinl-Mischvorwärmer.

Vorräte: 16,8 m^3 Wasser, 6 t Kohle (mit Kastenaufbau).

30

DRB-Baureihe 90^{10}
ÖBB-Baureihe 90

1C1-n2vt

1895 bis 1956

Techn. Daten: Seite 271

Die steigungs- und krümmungsreichen Trassen der Wiener Stadtbahn- und Vorortlinien erforderten eine Lokomotive mit besonders gutem Anzugs- und Beschleunigungsvermögen. Die Stationsabstände waren kurz und die Steigungen lagen vielfach im Anfahrbereich der Haltepunkte. Für diese extremem Betriebsverhältnisse schuf Gölsforf 1895 eine für ihre Zeit äußerst kräftige 1C1-n2v-Tenderlokomotive mit der Reihenbezeichnung 30, die in ihrem Aufbau weitgehend mit der gleichzeitig entwickelten 1C-n2v-Güterzuglokomotive Reihe 60 übereinstimmte. Das Verbundtriebwerk beider Typen basierte wiederum auf der ein Jahr zuvor als Gölsdorfs Erstlingswerk entstandenen C-n2v-Güterzuglokomotive Reihe 59.

Der mit 155 m^2 Heizfläche reichlich dimensionierte Kessel leistete ca. 700 PS und erzeugte Dampf von 13 kg/cm^2 Arbeitsdruck. Entsprechend dem vorgesehenen Verwendungszweck waren die Zylinder für ein gutes Anzugsvermögen ausgelegt. Bedingt durch den recht kleinen Kuppelraddurchmesser von 1300 mm mußte der Antrieb auf dem letzten Kuppelradsatz erfolgen. Der Stehkessel mit einem Rost von 2,3 m^2 Fläche ließ sich frei über dem Rahmen anordnen. Innenrahmen und äußere Heusinger-Steuerung offenbarten eine zeitgemäße, am technischen Fortschritt orientierte Konstruktion.

Mit Rücksicht auf den Einsatz in städtischen Siedlungsgebieten mit tunnelreichen Streckenabschnitten galt ein besonderes Augenmerk der Verminderung der Rauchbelästigung. Zu diesem Zweck erhielt ein Teil der Lokomotiven eine nahezu rauchfreie Petroleumfeuerung, die sich jedoch wegen schlechter Verbrennungsverhältnisse nicht bewährte und durch eine Koksfeuerung ersetzt wurde. Das große Gewichtsvolumen dieses Brennstoffes erforderte einen die volle Höhe des Lichtraumes nutzenden Fülltrichter. Auch Versuche mit einer Abdampfkondensatoranlage befriedigten nicht.

Zur Geräuschdämpfung wurde der entweichende Dampf des üblicherweise vor oder auf dem Führerhaus angeordneten Ejektors der Luftsaugbremse in einen die Kaminkrone ringförmig umschließenden Schalldämpfer geleitet. Die radial einstellbaren Adams-Laufachsen ohne Rückstellvorrichtung ermöglichten durch ihre Seitenbeweglichkeit das Befahren von engen Krümmungsradien bis zu 150 Meter und gestatteten eine Höchstgeschwindigkeit von 60 km/h.

Die kkStB nahm 1895 zunächst die 30.01 als Prototyp in Erprobung. Im darauffolgenden Jahr verließ mit verschiedenen Änderungen die 30.02 als eintausendste dort gebaute Maschine die Floridsdorfer Lokomotivfabrik. Bis 1901 wurde die Reihe 30 in insgesamt 114 Lieferexemplaren in Betrieb genommen, an deren Herstellung auch die Lokomotivfabrik Wiener Neustadt und die StEG-Maschinenfabrik beteiligt waren. Der Großteil der Maschinen war für den Einsatz auf den Wiener Stadtbahn- und Vorortlinien bestimmt

30.01, Werkaufnahme, Floridsdorf 935/1895
Foto: TBA K. Pfeiffer

und demzufolge dem Heizhaus Hütteldorf zugeteilt, wurden aber auch zur Überstellung der internationalen Expresszüge zwischen den Wiener Fernbahnhöfen verwendet. Vor der Inbetriebnahme des Stadtbahnnetzes im Jahre 1897 taten einige Maschinen vorübergehend Dienst auf verschiedenen Nebenbahnen, wie etwa die 30.02 auf der mährisch-schlesischen Lokalbahn Niederlindewiese – Barnsdorf. Mit der 30.31 eröffnete die kkStB am 23. Dezember 1896 die mit 50 ‰ Steigung steilste Reibungsstrecke Schlak-

30

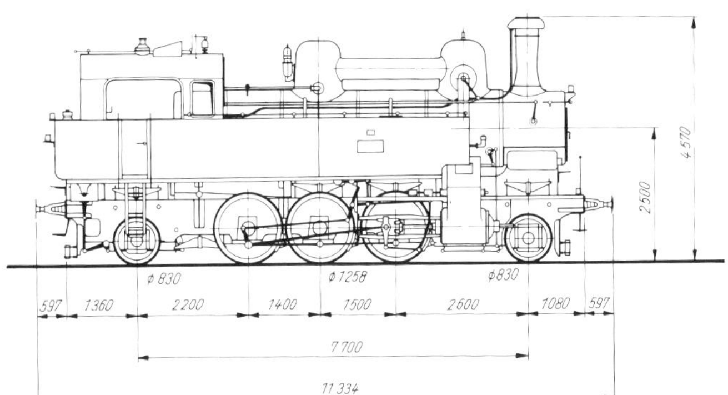

kenwerth – Joachimsthal im Erzgebirge. Nach der Betriebsaufnahme auf der Tauernbahn im Jahre 1909 versahen einige 30er dort Vorspanndienst, wozu sie mit ihrer großen Zugkraft gut geeignet waren.

Nach dem Ersten Weltkrieg blieben alle 114 Einheiten in Österreich. Durch den Abschluß der Elektrifizierung des Wiener Nahverkehrs im Jahre 1932 verlor ein Großteil der Loks ihr angestammtes Einsatzgebiet. Die große Ausmusterungswelle der dreißiger Jahre als Folge des drastischen Verkehrsrückganges während der Wirtschaftskrise und der Verkauf von 13 Stück an die Graz-Köflacher Bahn dezimierte ihren Bestand bis 1938 auf 33 Stück, von denen aber nur elf beim Heizhaus Hütteldorf und fünf in Wien Süd eingesetzt waren, alle vorhandenen jedoch 1938 als 90 1001 bis 1033 von der Deutschen Reichsbahn übernommen wurden. Nach dem Zweiten Weltkrieg besaßen die ÖBB noch 29 Stück, doch schon bis 1953 war ihre Anzahl auf acht Stück zusammengeschrumpft. Die beiden letzten schieden 1956, 61 Jahre nach der ersten Inbetriebnahme aus. 1987 wurde aus Anlaß der 150-Jahrfeier der österreichischen Eisenbahnen die 30.33 unter ihrer alten Nummer wieder in betriebsfähigen Zustand versetzt und mit einer stilechten Stadtbahn-Garnitur aus der Zeit der Jahrhundertwende zu Sonderfahrten eingesetzt, während die 30.109, die 1932 an die GKB verkauft wurde, in einer privaten Fahrzeugsammlung Aufnahme fand.

Konstruktive Merkmale

Kessel: Naßdampfkessel normaler Bauart von 155 m^2 wasserberührter Verdampfungsheizfläche und 2,3 m^2 Rostfläche; Rohrlänge 4164 mm; Dampfdruck 13 kg/cm^2; zwei Dome mit Rohrverbindung; Prototyp 30.01 mit Federwaag-Sicherheitsventilen auf Verbindungsrohr, bei Serienausführung Pop-Ventile an der Rückseite des zweiten Domes; Reglergehäuse im vorderen Dom mit äußerer Zugstange.

Rahmen: Genieteter Blechrahmen.

Triebwerk: Zweizylinder-Verbund-Maschine mit 520 mm Zylinderdurchmesser auf der HD-Seite und 740 mm auf der ND-Seite; Kolbenhub 632 mm; Treibraddurchmesser 1300 mm; Flachschieber mit äußerer Heusinger-Steuerung; Antrieb auf der rückwärtigen Kuppelachse.

Fahrwerk: Vordere und rückwärtige Laufachsen nach System Adams mit 57 mm Seitenspiel ohne Rückstellvorrichtung.

Ausrüstung: Vakuum-Bremse, bei Stadtbahn-Ausführung: Schalldämpferring an Kaminkrone, Koksfeuerung, Rauchverzehrer, Besandung des vorderen Kuppelradsatzes von Sandkästen auf den vorderen Umlaufstegen.

Vorräte: 8,5 m^3 Wasser in seitlichen Behältern, 2,4 t Kohle in rückwärtigem Bunker.

Güterzug-, Rangier- und Nebenbahn-lokomotiven

31 (StEG IV^{f})
231 (StEG IV^{fn})
DRB-Baureihe 34^{70}

C-n2

1876 bis (1941)

Techn. Daten: Seite 261

231.34 als 347001 der DRB, ehemalige StEG 3534, StEG-Fabrik 3139/1904
Foto: Archiv Töpelmann

Obwohl die kk. privilegierte Staatseisenbahn-Gesellschaft (StEG) schon seit 1868 vierfach gekuppelte Lokomotiven im schweren Güterzugdienst einsetzte, wurden neben diesen weiterhin laufachsenlose Dreikuppler in drei Baureihen beschafft: 1873 bis 1883 elf Stück Kategorie IV F, 1887 bis 1890 27 Stück Kategorie IV F' und 1890 bis 1904 35 Stück Kategorie IV F''. Letztere Gattung ist insofern bemerkenswert, als sie zur universellen Verwendung vorgesehen war. Da diese Lokomotive auch Personenzüge befördern sollte, erhielt sie einen Raddurchmesser von 1460 mm, so daß die Höchstgeschwindigkeit auf 70 km/h festgesetzt werden konnte. Dies bedingte aber auch eine Verminderung des rückwärtigen Überhanges, weshalb die Feuerbüchse über der dritten Kuppelachse angelegt wurde. Zur Verbesserung des Bogenlaufes erhielten die Endachsen ein Seitenspiel mit Keilflächenrückstellung nach französischem Vorbild. Der Kessel mit einer Verdampfungsheizfläche von 140,2^{2} und einer Rostfläche von 2,32 m^{2} erzeugte Naßdampf von 10 kg/cm^{2} Spannung, der über eine innere Gooch-

231

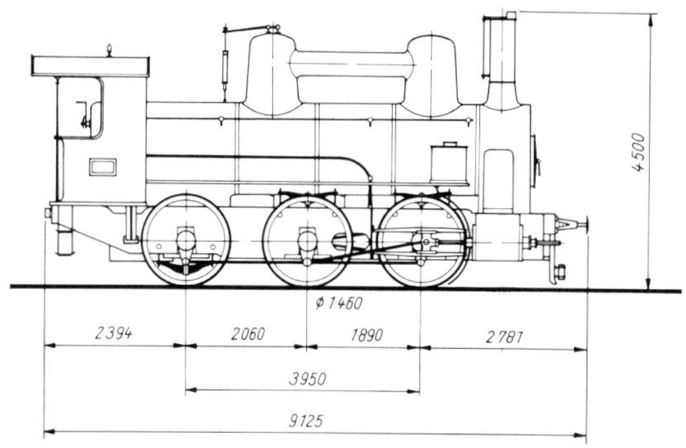

Steuerung mit Flachschiebern der Zwillingsmaschine zugeführt wurde. Der Antrieb lag auf der mittleren der in einem Innenrahmen gelagerten Achsen. Der Doppeldom mit Verbindungsrohr und der zylindrische Kamin auf pyramidenförmigem Sockel mit kleinem Windschirm und Regenklappe lassen auch nach außen hin den bei der StEG noch immer vorherrschenden französischen Einfluß erkennen (Reihen 5 bis 205, Seite 35).

Insgesamt wurden zwischen 1887 und 1904 46 Stück dieser robusten Mehrzwecklokomotiven in der gesellschaftseigenen Maschinenfabrik hergestellt. Leistungsmäßig war die StEG-Lokomotive allen übrigen österreichischen C-Schlepptenderlokomotiven überlegen. Nach der Belastungstafel konnte sie auf ebener Strecke eine Wagenlast von 1090 t mit 40 km/h, 310 t mit 70 km/h und auf einer Steigung von 10 ‰ 205 t noch mit 40 km/h befördern. Mögen diese Werte nach heutigen Maßstäben bescheiden anmuten, so manifestierten sie Ende des neunzehnten Jahrhunderts doch ein beachtliches Leistungsvermögen, insbesondere, wenn man das allgemein noch niedrige Geschwindigkeitsniveau der Züge (Schnellzüge maximal 75 km/h, Güterzüge 30 bis 35 km/h) berücksichtigt.

Nach dem 1897 eingeführten Bezeichnungsschema der StEG wurden die drei Bauserien in 3401 bis 3411, 3451 bis 3477 und 3501 bis 3535 umgezeichnet, wobei die beiden ersten Ziffern die neue Reihenbezeichnung angaben. Mit der Verstaatlichung im Jahre 1909 erfolgte die Einreihung in den Fahrpark der kkStB als 31.01 bis 11, 131.01 bis 27 und 231.01 bis 35. Während 1918 die in Prag-Bubna stationierten 131er geschlossen als Reihe 333.0 (die Umzeichnung erfolgte 1924) in den Besitz der ČSD übergingen, verblieben alle 31er und 231er in Österreich. Zwischen 1925 und 1928 wurden fünf Stück der Reihe 231 an die Raab-Ödenburg-Ebenfurter Eisenbahn (GySEV) verkauft. Unter den Bahn-Nummern 301 bis 305 erschienen die Loks in vorbildlichem Pflegezustand bis in die sechziger Jahre im grenzüberschreitenden Personenverkehr. Die übrigen fielen bis auf eine in den zwanziger und dreißiger Jahren der Ausmusterung anheim. Allein die 231.34 (Baujahr 1904) wurde 1938 noch von der Deutschen Reichsbahn übernommen und aufgrund ihrer Betriebseigenschaften als 34 7001 den Personenzuglokomotiven zugeordnet, obwohl sie für diesen Dienst nicht mehr in Frage kam. 1941 wurde auch sie an die GySEV verkauft, bei der sie als Nr. 306 bis 1964 im Einsatz blieb.

Nach gleichen Baugrundsätzen, jedoch als Verbundmaschine, ließ die Preußische Staatsbahn 1903 bis 1907 58 Lokomotiven als Gattung G4.3 für den gemischten Dienst auf ihren pommerschen und ostpreußischen Flachlandstrecken bauen, die bei der Deutschen Reichsbahn als Reihe 53.3 bis Ende der zwanziger Jahre im Einsatz standen.

Konstruktive Merkmale Reihe 231

Kessel: Naßdampfkessel mit 140,2 m^2 Verdampfungsheizfläche und 2,32 m^2 Rostfläche; Rohrlänge 4135 mm; Dampfdruck 10 kg/cm^2; Doppeldom mit Verbindungsrohr; Federwaag-Sicherheitsventile; Feuerbüchse über der rückwärtigen Kuppelachse.

Rahmen: Genieteter innerer Blechrahmen.

Triebwerk: Zwillingsmaschine mit 450 mm Zylinderdurchmesser und 650 mm Kolbenhub: Raddurchmesser 1460 mm; Flachschieber mit innerer Gooch-Steuerung; Antrieb auf der mittleren Achse.

Fahrwerk: Beide Endachsen seitenverschieblich mit Keilrückstellung; Tragfedern der ersten und zweiten Achse oberhalb, der dritten unterhalb der Achslager.

Ausrüstung: Tender-Handbremse; später Ausrüstung mit Vakuumbremse; Besandung des vorderen Radsatzes von Sandkästen beidseitig auf dem vorderen Umlaufsteg.

Tender: Dreiachsiger Stiefrahmentender Reihe 37 (Bauart StEG) für 9,5 m^3 Wasser und 5 t Kohle.

34 (KRB) 48
47 (KEB) 49 (SB 29)

DRB-Baureihe 53^{71}
ÖBB-Baureihe 53

C-n2

1859 bis 1958

Techn. Daten: Seite 261

Die dreifach-gekuppelte laufachsenlose Güterzuglokomotive entstand bereits in der Frühzeit des Lokomotivbaues, als für den Kohletransport höhere Zugkraft gefordert wurde. Die ersten, noch unvollkommenen Konstruktionen lassen sich in England bis 1830 zurückverfolgen. Mit dem Ausbau des Schienennetzes erschien die C-Lokomotive bald auch auf dem europäischen Kontinent und verbreitete sich zur meistverwendeten Bauform.

Kein staatliches oder privates Bahnunternehmen mit einigem Güterverkehr kam ohne diese einfachen, wartungsfreundlichen Dreikuppler mehr aus. Auf neigungs- und krümmungsreichen Strecken hatten sie nicht selten auch den Reisezugdienst zu besorgen, und selbst die ersten Schnellzüge waren bei der Überquerung der Gebirge auf ihre Hilfe angewiesen. Um Konstruktions- und Ersatzteilkosten zu senken, wurden die C-gekuppelten Güterzuglokomotiven bei verschiedenen Bahnen parallel mit den 1B-Lokomotiven für den Reisezugdienst entwickelt, von denen sie sich dann nur im Achsbild und wenigen artspezifischen Details unterschieden.

Von diesen teils noch in den fünfziger Jahren des neunzehnten Jahrhunderts nach den speziellen Vorstellungen der einzelnen Bahnen in kaum überschaubarer Variantenvielfalt entstandenen und oft nur in wenigen Exemplaren gebauten „Lasteseln“ der Schiene befanden sich 1925, nach Konsolidierung des Besitzstandes und der Verstaatlichung der Südbahn, noch einige in diesem Band nicht eigens beschriebene Gattungen von C-Lokomotiven im Bestand der BBÖ:

Reihe	Herkunft	Baujahre	gebaute Stückzahl	1925 bei BBÖ
34	Kronprinz-Rudolf-Bahn	1868–73	43	18
35	Kaiser-Franz-Josef-Bahn	1868–71	56	20
135	Vorarlberger Bahn	1871	4	3
46	Ungarische Westbahn	1872/73	3	3
47	Kaiserin-Elisabeth-Bahn	1867–84	69	44
48	kk. Staatsbahnen	1885–89	23	15
49	kk. priv. Südbahn-Gesellschaft	1859–69	165	47
149	Kaiser-Ferdinands-Nordbahn	1865–70	75	24
51	Kaiser-Ferdinands-Nordbahn	1871–89	120	9
52	Istrianer Bahn	1875	10	9
52.5	Südbahn-Gesellschaft	1874	11	11
54	Mährisch-Schlesische Grenzbahn	1872/73	13	1

KEB B II 102 „Base“, spätere 47.13 der kkStB/BBÖ, Wiener Neustadt 622/1868
Foto: TBA K. Pfeiffer

KFNB Vc 64, später Reihe 149 der kkStB, Wiener Neustadt 1868
Foto: Archiv Töpelmann

Ebenso wie bei den 1B-Versionen für den Reisezugdienst (Reihen 15 bis 23, Seite 85) waren bei den C-Güterzuglokomotiven die niedrige Kessellage und die beidendigen Überhänge durch Zylinder und Feuerbüchse gattungstypische Merkmale. Die meisten Bahnen hielten auch noch lange am Außenrahmen mit Antrieb durch äußere Kurbeln und innenliegender Stephenson-Steuerung fest. Von der Reihe 47 (ehem. KEB) wurden einige Maschinen mit Brotan-Kessel (Wasserrohrfeuerbüchse) ausgestattet. Oft mehr von ästhetischen Gesichtspunkten als von technischen Erfordernissen getragen waren die Unterschiede in Anordnung und Form der Kesselaufbauten und des stets hohen Kamins. Bei Verfeuerung minderwertiger Kohlensorten war dieser mit einem Funkenfangtrichter oder dem bekannten Kobel ausgestattet. Bis in die sechziger Jahre des neunzehnten Jahrhunderts mangelte es den Lokomotiven meist an einem ausreichenden Schutz für das Fahrpersonal, wenn man von einem bescheidenen Windschirm, der sogenannten „Brille“, und einem dürftigen Dachansatz absieht. Außer einer Handbremse für den Tender war keine weitere Bremseinrichtung vorhanden. Die Anweisung an die auf den Zug verteilten Bremser erfolgte durch Pfeifsignale. Im Laufe ihrer langen Dienstzeit wurden den Lokomotiven jedoch nachträglich noch manche Verbesserung zuteil. Durch neue Kessel, Luftsaug-oder Druckluftbremse, automatische Sandstreuer und seitlich geschlossene Führerhäuser wurden nicht wenige dieser Veteranen so aufgewertet, daß einige dank ihrer unverwüstlichen Konstruktion noch bis in die Zeit nach dem Zweiten Weltkrieg gute Dienste im leichten Verschubdienst oder vor Arbeitszügen zu leisten vermochten. Aus dem Streckendienst waren sie hingegen schon bald nach der Jahrhundertwende ausgeschieden.

Als typische Beispiele für die C-Lokomotive in ihrer frühen Bauform können die Reihe 48, die als erste ihrer Art nach einheitlichen Baugrundsätzen für die kkStB beschafft wurde, und die Reihe 49 (Reihe 29 der Südbahn) angesehen werden, letztere als die zahlenmäßig stärkste und langlebigste Vertreterin der Spezies.

Unmittelbares Vorbild der kkStB-Reihe 48 war die Reihe IV (spätere kkStB-Reihe 47 bzw. Reihe 53.71 der DRB und ÖBB) der Kaiserin-Elisabeth-Bahn aus dem Jahre 1868, mit der sie in ihren Hauptabmessungen weitgehend übereinstimmte. Auch bei ihr bestimmten noch tiefe Kessellage, Außenrahmen, überhängende Zylinder und Feuerbüchse, Kurbelantrieb und innere

Stepenson-Steuerung den technischen Aufbau. Die ersten drei Exemplare lieferte 1885 die Lokomotivfabrik Floridsdorf, 20 weitere folgten bis 1889 von Wiener Neustadt. Ihre Einsatzgebiete waren die von den Heizhäusern Linz, Tabor, Feldkirch, Trient und Spalato (Split) bedienten Strecken. Nach Abgaben an Italien und Jugoslawien nach dem Ersten Weltkrieg verblieben noch 15 Stück in Österreich. Ihr Bestand schrumpfte kontinuierlich bis zur Kassierung der letzten Maschine im Jahre 1932. Obwohl die Reihe 48 nie besonders hervortrat, bildete sie die konstruktive Grundlage für die verbesserten Baureihen 56 und 59.

Konstruktive Merkmale Reihe 48

Kessel: Naßdampfkessel mit 132,0 m^2 Verdampfungsheizfläche und 1,8 m^2 Rostfläche; Rohrlänge 4111 mm, Dampfdruck 10 kg/cm^2; Dampfdom mit Federwaag-Sicherheitsventilen auf dem ersten Kesselschuß.

Rahmen: Äußerer Blechrahmen mit Zylinder- und Feuerbüchsüberhang.

Triebwerk: Zwillings-Maschine mit 450 mm Zylinderdurchmesser und 632 mm Kolbenhub; Raddurchmesser 1300 mm; innere Allan-Steuerung; Antrieb auf der mittleren Achse.

Ausrüstung: Tender-Handbremse; später Luftsaugbremse; sattelförmiger Sandkasten auf mittlerem Kesselschuß, Besandung des ersten Radsatzes; Füllschale, Kobelfunkenfänger.

Tender: Reihe 36.

Von den 165 zwischen 1859 und 1869 für die Südbahn gebauten Lokomotiven der Reihe 29 kamen 1924 nach der Verstaatlichung 47 Stück zur BBÖ, die sie – als Reihe 49 bezeichnet – hauptsächlich im Verschubdienst in Wien Süd und Graz verwendeten. Sechs Stück gingen 1938 noch als 53 7111 bis 7116 auf die Deutsche Reichsbahn über, von denen eine bis 1953 als 153.7114 der ÖBB, weitab von ihrem angestammten Einsatzgebiet, bei der Zfl. Salzburg untergeordnete Dienste versah. Sie gehört heute zur Sammlung des Tiroler Landeskundlichen Museums. Als ein Beispiel besonderer Langlebigkeit erwies sich die 1860 von den StEG-Werken gebaute Lok 513. Als 49.10 der BBÖ wurde sie 1925 mit einer Anzahl weiterer Maschinen ihrer Gattung an die Graz-Köflacher Bahn verkauft. Nach mehrfachen Umbauten und Ausrüstung mit Druckluftbremse befindet sie sich noch immer, inzwischen 128 Jahre als, als Nr. 671 in fahrbereitem Zustand.

Konstruktive Merkmale Reihe 49

Kessel: Naßdampfkessel mit 116,33 m^2 Verdampfungsheizfläche und 1,39 m^2 Rostfläche; Rohrlänge 4283 mm; Dampfdruck 9 kg/cm^2; Dampfdom mit Federwaag-Sicherheitsventilen auf dem ersten Kesselschuß.

Rahmen: Äußerer Blechrahmen mit überhängenden Zylindern und Feuerbüchse.

Triebwerk: Zwillingsmaschine mit 460 mm Zylinderdurchmesser und 632 mm Kolbenhub, Raddurchmesser 1245 mm; äußere Stephenson-Steuerung; Antrieb auf der dritten Achse.

Ausrüstung: Tenderhandbremse; später Luftsaugbremse, Sandkästen zwischen den Rahmenwangen, Besandung des ersten Radsatzes, Trichterkamin.

Tender: Dreiachsiger Südbahn-Tender mit 8,4 m^3 Wasserinhalt und 5,4 t Kohle.

49

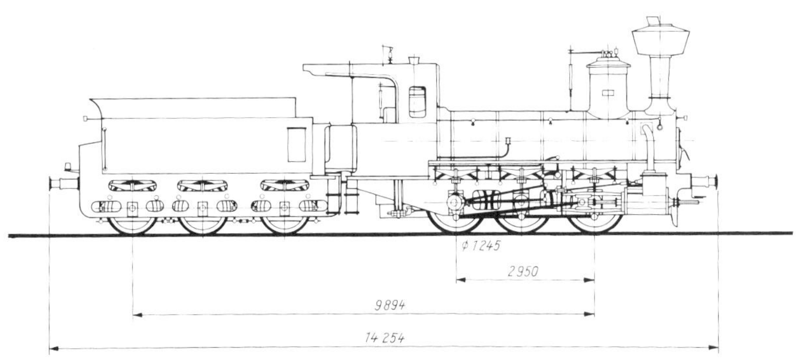

56

DRB-Baureihe 53^{71}
ÖBB-Baureihe 253

C-n2

1888 bis 1958

Techn. Daten: Seite 261

Mit der Reihe 48, die noch nach den Baugrundsätzen der sechziger Jahre des neunzehnten Jahrhunderts entstanden war, hatte die 1884 neugegründete kkStaatsbahn die Basistype für den Güterverkehr auf ihrem weiträumigen Streckennetz geschaffen. Ein wesentliches Merkmal war der in Bayern und Österreich bevorzugte Außenrahmen mit dem Antrieb über Kurbeln an den Achsenden. Bei den angestiegenen Zuggewichten waren die Antriebskurbeln starken Belastungen ausgesetzt und neigten zu Anrissen. Man ging deshalb schon 1888 unter Beibehaltung der von der Reihe 48 übernommenen Hauptabmessungen bei der neuen Reihe 56 zum Innenrahmen über. Lediglich der Arbeitsdruck des Kessels wurde von 10 auf 11 kg/cm² angehoben, so daß die Lokomotiven eine Leistung von ca. 450 PS entwickeln konnten. Mit dieser konnten auf ebener Strecke eine Zugmasse von etwa 1000 t mit 40 km/h und auf einer Steigung von 10 ‰ die Hälfte dieser Last mit 15 km/h befördert werden. Die Konturen der Lokomotive waren durch den wuchtigen Kobelrauchfang, den weit vorn angeordneten Dampfdom mit Federwaag-Sicherheitsventilen, den sattelförmigen Sandkasten in Kesselmitte und die übliche Füllschale geprägt. Das Führerhaus war verhältnismäßig geräumig und nach damaliger Gepflogenheit seitlich ausgeschnitten. Weniger die Drehzahl des Triebwerks mit einem Raddurchmesser von 1300 mm als der unstabile Lauf in der Geraden infolge der überhängenden Massen bei einem festen Radstand von nur 3160 mm bedingten eine Begrenzung der Höchstgeschwindigkeit auf 50 km/h. Die späteren Lieferungen waren mit einer Luftsaugbremse ausgestattet und an die Stelle der Federwaag-Sicherheitsventile traten Druckfederventile.

Von 1888 bis 1900 wurden 153 Stück von den Lokomotivfabriken Floridsdorf und Wiener Neustadt sowie der Maschinenfabrik der StEG an die kkStB geliefert. Die Lokomotiven waren eine wichtige Stütze des Güterverkehrs, wurden aber auch zur Beförderung von Personen- und Schnellzügen auf den Gebirgsstrecken verwendet. Ihre Einsatzgebiete lagen entlang der Westbahn (Heizhäuser Wien West, Amstetten, Linz, Wels), in Böhmen (Heizhäuser Prag-Nusle, Pilsen, Laun, Rakonitz, Klattau, Nimburg), in Mähren (Iglau und Mährisch Schönberg), im Fahrbereich der Heizhäuser Krems, Hainfeld, Graz, St. Veit a. d. Glan und Bischofshofen, in Galizien (Heizhäuser Przemysl, Rzeszow, Czortkow) und in Welsch-Tirol (Heizhaus Trient). Aufgrund dieser Verteilung fand sich 1918 die Mehrzahl der Maschinen auf dem Territorium der Nachfolgestaaten, wo

56.140 der kkStB/BBÖ als 537143 der DRB, StEG-Fabrik 2366/1894
Foto: Archiv Töpelmann

sie als Reihen 324.1 der ČSD, Th-20 der PKP, 127 der JDŽ, 261 der FS und unter alter Nummer bei der CFR hauptsächlich im Verschubdienst weiterdienten.

Nur 38 erschienen in der Bestandsliste der BBÖ, von denen nach schrittweiser Ausmusterung 1938 noch 13 Stück als 53 7131 bis 7143 von der Deutschen Reichsbahn übernommen und im Verschubdienst in Wien Süd, Graz, Amstetten und Bruck a. d. Leitha verwendet wurden. Nach dem Zweiten Weltkrieg fand nur noch eine für untergeordnete Dienste Verwendung, der die Nummer 253.7140 zugeteilt worden war. Sie schied 1958 aus dem Bestand.

Konstruktive Merkmale

Wie bei der Vorgängerreihe 48 (S. 123), mit dem Unterschied, daß der Außenrahmen durch einen Innenrahmen ersetzt und der Dampfdruck auf 11 kg/cm² erhöht wurde.

Tender: Dreiachsiger Steifrahmentender der Reihe 36 oder Reihe 66.

58 (SB 32 c)

DRB-Baureihe 53^{71}

C-n2

1884 bis 1945

Techn. Daten: Seite 262

Die Forderung nach größeren Zugleistungen zwang auch die Südbahn, ihre C-Lokomotiven für den mittelschweren Güterzugdienst schrittweise zu verbessern. Die letzte Serie ihrer laufachsenlosen Dreikuppler wurde von 1884 bis 1900 in 73 Exemplaren als Serie 32 c von den Lokomotivfabriken Floridsdorf und Wiener Neustad, der Maschinenfabrik der StEG und jener der Ungarischen Staatsbahn geliefert und unter den Nummern 1611 bis 1683 in den Fahrpark der Südbahn eingereiht. Früher als die kkStB war die Südbahn zum Innenrahmen übergegangen, wobei auch die Stephenson-Exzentersteuerung nach innen versetzt wurde. Der Kessel war mit einer Verdampfungsheizfläche von 132,6 m² etwas größer dimensioniert als bei den C-Lokomotiven der Staatsbahn und für einen Betriebsdruck von 12 kg/cm² ausgelegt, der Raddurchmesser jedoch mit 1246 mm mehr dem steigungsreichen Streckenprofil angepaßt. Ansonsten ergeben sich keine wesentlichen Unterschiede im technischen Aufbau. Äußerlich fallen die drei Kesselaufbauten auf. Dem vorderen hohen Dampfdom mit Reglergehäuse und äußerer Zugstange folgte in Kesselmitte der domförmige Sandkasten und ein Ventilstutzen auf breitem Sockel. Letzterer wurde bei späteren Lieferserien durch einen zweiten Dampfdom von der Höhe des Sandkastens ersetzt, der – ebenso wie der Reglerdom – ein einzelnes Federwaag-Sicherheitsventil trug. Das noch ohne Schalldämpfer ausgeführte Ejek-

Südbahn 32c 1659, 1918 in Italien verblieben (FS 292.25), bei den BBÖ firmierte die Bauart als Reihe 58, Floridsdorf 921/1894
Foto: Archiv Töpelmann

torrohr der Luftsaugbremse befand sich entweder in Kesselmitte oder horizontal auf dem Führerhausdach. Unterschiede zeigten sich auch in der Form des Kamins, der je nach den im Einsatzgebiet verwendeten Kohlensorten entweder als leicht konischer Prüßmann-Schlot ausgeführt oder mit dem lange Zeit bei der Südbahn gebräuchlichen Funkentrichter versehen war. Der niedrige Umlauf war bogenförmig über die Räder geführt. Nach der Belastungstafel konnte den Lokomotiven unter Berücksichtigung einer Leistungsreserve von ca. 10 ‰ und der Reibungsgrenze als Höchstlast 1620 t mit 25 km/h schleppen. Ihre Bergleistung war bei 10 ‰ Steigung auf 480 t und bei 20 ‰ auf 235 t, jeweils bei 15 km/h veranschlagt, wofür eine Leistung von ca. 480 PS erforderlich war.

Bei der Fahrparkaufteilung nach dem Ersten Weltkrieg wurden 35 Stück der FS (Reihe 292) und 18 der MAV (Reihe 333) zugesprochen, so daß nach der Verstaatlichung der österreichischen Südbahnstrecken im Jahre 1923 noch 20 Stück als Reihe 58 in den Bestand der BBÖ gelangten. Bis 1938 war nur noch die 58.15 (StEG-Werke 1893) im Verschubdienst in Wien Süd verblieben. Sie wurde von der DRB noch in 53 7121 umgezeichnet, aber noch vor Kriegsende ausgemustert.

Konstruktive Merkmale

Kessel: Naßdampfkessel mit 132,6 m^2 Verdampfungsheizfläche und 1,78 m^2 Rostfläche; Rohrlänge 4160 mm; Dampfdruck 12 kg/cm^2; vorderer Dampfdom mit Reglergehäuse und einzelnem Federwaagensicherheitsventil; Ventilstutzen bei späteren Lieferserien durch einen zweiten, kleineren Dampfdom mit zusätzlichem Federwaagventil ersetzt; Ejektor der Luftsaugbremse in Kesselmitte.

Rahmen: Innerer Blechrahmen mit beidendigen Überhängen.

Triebwerk: Zwillingsmaschine mit 480 mm Zylinderdurchmesser und 610 mm Kolbenhub; Raddurchmesser 1246 mm; innere Stephenson-Steuerung; Antrieb auf der Mittelachse.

Ausrüstung: teilweise Funkentrichter; Sanddom in Kesselmitte, Fallrohr zum Treibradsatz; Vakuumbremse.

Tender: Dreiachsiger Südbahntender (BBÖ Reihe 36).

59

DRB-Baureihe 53^{72}
ÖBB-Baureihe 353

C-n2v

1893 bis 1956

Techn. Daten: Seite 262

1891 wurde Karl Gölsdorf, der bis dahin die Montageabteilung der StEG-Werke leitete, in das Konstruktionsbüro der Generaldirektion der kkStaatsbahn berufen. Sein besonderes Augenmerk galt von Anfang an der zweistufigen Dampfdehnung nach dem 1876 von Anatole Mallet eingeführten Verbundsystem. Gölsdorfs Beitrag zur Verbesserung der Verbunddampfmaschine bestand in der Entwicklung einer automatisch umschaltenden Anfahrvorrichtung, mit der er 1893 beim Entwurf der Reihe 59 als seiner ersten Lokomotivschöpfung hervortrat.

Diese für den mittelschweren Güterzugdienst konzipierte C-n2v-Lokomotive war die erste Verbundtype der

59

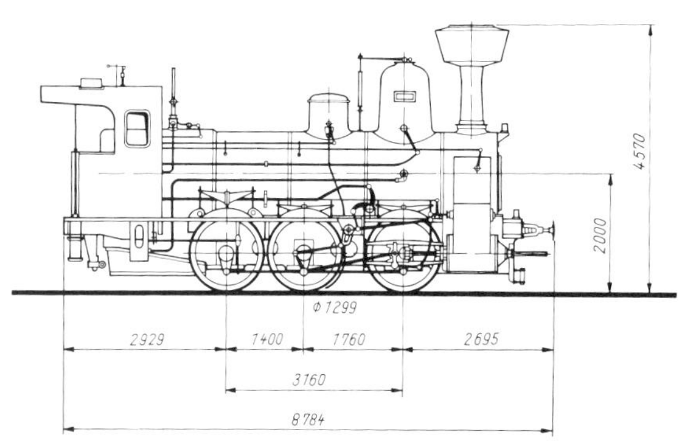

59.06 unter der Ära der kkStB, Floridsdorf 904/1894
Foto: Archiv Töpelmann

kkStB. Obwohl sie sich in ihren Dimensionen von den vorausgegangenen C-Typen nicht abhob, war sie diesen deutlich überlegen. Als weitere technische Neuerung kam die in der Folgezeit allgemein gebräuchliche äußere Heusinger-Steuerung zur Anwendung. Zur Erhöhung des Druckgefälles bei der zweistufigen Dampfdehnung wurde der Betriebsdruck gegenüber der Vorgängertype Reihe 56 von 11 auf 12 kg/cm^2 heraufgesetzt. Der Ersatz des satteIförmigen Sandkstens durch einen Sanddom ließ auch das Äußere der Lokomotive gefälliger erscheinen. Bei einem Teil der Maschinen trat an die Stelle des Prüßmann-Schlotes der bekannte Kobelrauchfang. Bei den späteren Bauserien war eine Vakuum-Bremse eingebaut und die Federwaag-Sicherheitsventile durch solche der neuen Druckfederbauart nach Coale ersetzt.

Von der Reihe 59 nahm die kkStB in der Zeit von 1893 bis 1903 193 Maschinen in Betrieb. An ihrer Herstellung waren alle österreichischen Lokomotivbauanstalten beteiligt. Hauptverwendungsgebiet war der mittelschwere Güterzugdienst auf Strecken mit günstigen Neigungsverhältnissen. Einsatzschwerpunkte waren Galizien, die Bukowina, Böhmen, die Westbahn, geeignete Streckenabschnitte in der Steiermark und Kärnten, sowie der Raum Görz. Dieser Verteilung zufolge verblieben nach dem Zerfall des Kaiserreiches nur 36 Stück in Österreich, während die Mehrzahl im Lokomotivpark fremder Bahnverwaltungen aufging. Als Reihe 324.2 erschienen sie bei der ČSD, als Th 24 bei der PKP und 127 lautete ihre Bezeichnung bei der JDŽ wie auch bei der FS. Nur noch vier Stück konnte 1938 die Deutsche Reichsbahn als 53 7201 bis 7204 übernehmen, die zuletzt im Verschubdienst in Wien Süd, Knittelfeld und St. Michael eingesetzt waren. Von diesen gelangte nur noch eine zu den wiedererrichteten Österreichischen Bundesbahnen, sie wurde unter ihrer neuen Bezeichnung 353.7204 bis 1955 mit Gelegenheitsarbeit beschäftigt.

Das wohlproportionierte Verbundtriebwerk der Reihe 59 wurde in seinen wesentlichen Grundzügen für die 1C1-n2v-Stadtbahnlokomotive Reihe 30 und die 1C-n2-Güterzuglokomotive Reihe 60 übernommen und in der Folgezeit für neue Lokomotivgattungen größen- und leistungsmäßig weiterentwickelt.

Konstruktive Merkmale

Kessel: Naßdampfkessel mit 134 m² Verdampfungsheizfläche und 1,8 m² Rostfläche; Rohrlänge 4160 mm, Dampfdruck 12 kg/cm²; Dampfdom mit Federwaagen-, später mit Pop-Coale-Sicherheitsventilen auf dem ersten Kesselschuß.

Rahmen: Innerer Blechrahmen mit endseitigen Überlängen.

Triebwerk: Zweizylinder-Verbund-Maschine, Zylinderdurchmesser HD-seitig 500 mm, ND-seitig 740 mm; Kolbenhub 632 mm; Flachschieber mit äußerer Heusinger-Steuerung; Antrieb auf der Mittelachse; Anfahrvorrichtung mit automatischer Verbundumschaltung System Gölsdorf.

Ausrüstung: Luftsaugbremse, nur auf Tenderachsen wirkend, Sanddom in Kesselmitte mit Fallrohr zum Treibradsatz; teilweise Kobelfunkenfänger.

Tender: Dreiachsiger Steifrahmentender der Reihe 36.

60 (kkStB und SB)

DRB-Baureihe 54^0
ÖBB-Baureihe 54

1C-n2v

1895 bis 1963

Techn. Daten: Seite 262

Bis zum Ende des neunzehnten Jahrhunderts wurde der Güterverkehr fast ausschließlich mit laufachsenlosen Drei- und Vierkupplern abgewickelt, die zwar das gesamte Lokomotivgewicht zur Haftreibung nutzten, durch die überhängenden Massen aber nur geringe Geschwindigkeiten zuließen.

Erste Ansätze zur Erzielung besserer Fahreigenschaften zeigten sich bei den Dreikupplern der StEG, bei denen die Feuerbüchse über der rückwärtigen Kuppelachse angeordnet war (→ Reihen 31 und 231, S. 119). Mit der Forderung nach einer Beschleunigung des Güterverkehrs mußte der Lokomotivbau zu einer neuen Konstruktionsgrundlage für das seit den fünfziger Jahren technisch nicht mehr weiterentwickelte Fahrwerk finden. Man entschloß sich deshalb zur Einführung einer führenden Laufachse auch für Güterzuglokomotiven bei gleichzeitiger Anhebung des Kessels zur Unterbringung der Feuerbüchse über den rückwärtigen Kuppelradsätzen, wodurch die fahrtechnisch störenden Überhänge beseitigt wurden.

In weitgehender Übereinstimmung mit der 1894 in Auftrag gegebenen 1C1-Stadtbahn-Tenderlokomotive Reihe 30 schuf Gölsdorf die 1C-n2v-Güterzugtype Reihe 60 für die kkStB, deren Verbund-Triebwerk und Kuppelradsätze mit nur geringen Änderungen von der zwei Jahre zuvor entstandenen C-n2v-Lokomotive Reihe 59 übernommen wurde.

Trotz des kleinen Kuppelraddurchmessers von 1300 mm konnte infolge des verbesserten Fahrverhaltens eine Höchstgeschwindigkeit von 60 km/h zugelassen werden. Die Reihe 60 wurde damit zur ersten Mehrzwecklokomotive der Staatsbahn, die auch im Personenzugdienst und vereinzelt sogar im Schnellzugdienst verwendet werden konnte. Der Kessel, mit einer wasserberührten Verdampfungsheizfläche von 144,9 m² und einem Rost von 2,7 m², erzeugte Dampf von 13 kg/cm² Betriebsdruck, der in zwei Stufen entspannt wurde und eine Leistungssteigerung von ca. 30 % gegenüber den laufachsenlosen Dreikupplern brachte. So konnte nach der Belastungstafel bei einer Geschwindigkeit von 40 km/h in der Horizontalen eine Wagenlast von 1230 t gegenüber 965 t und auf einer Steigung von 10 ‰ 215 t gegenüber 170 t der Reihe 59 befördert werden. Bei Versuchsfahrten wurden im Geschwindigkeitsbereich von 40 bis 60 km/h 750 bis 775 PS indiziert.

Um den Zylindern möglichst trockenen Dampf zuzuführen, fand in Österreich der Doppeldom mit Verbindungsrohr weite Verbreitung, der auch bei der Reihe 60 zur Anwendung kam. Die Sicherheitsventile der ursprünglichen Federwaagenbauart waren hintereinander auf dem Verbindungsrohr angeordnet. Bei den späteren Bauserien wurden sie durch Pop-Ventile an der Rückseite des zweiten Domes ersetzt.

Der Frischdampf wurde vom vorderen Reglerdom über eine auf der rechten Lokseite erkennbare Leitung dem

60.249, Werkaufnahme,
StEG-Fabrik 3422/1907
Foto: TBA K. Pfeiffer

HD-Zylinder zugeführt. Durch die weit nach vorn geschobene Rauchkammer erhielt der teilweise mit Kobelfunkenfänger ausgestattete Kamin seinen Platz über der Laufachse, was der Lokomotive ein unausgewogenes Erscheinungsbild verlieh.

In dem Beschaffungszeitraum von 1895 bis 1910 wurden 297 Maschinen dieser vielseitig verwendbaren Baureihe von den Lokomotivfabriken Floridsdorf, Wiener Neustadt und der StEG hergestellt. Weitere 22 Stück wurden mit Dampftrockner ausgestat-

60

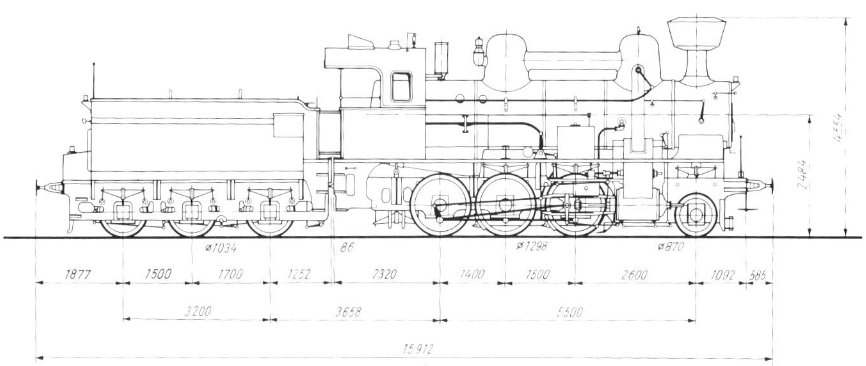

tet und als 60.500 bis 521 in den Jahren 1906 bis 1908 geliefert, zu denen 1908 noch drei Exemplare mit Pielock-Überhitzer als 60.800 bis 802 hinzukamen. Keine dieser Sonderformen hatte sich jedoch bewährt. Ein Großteil der Reihe 60 kam nach Galizien, wo die Loks vorübergehend auch den Schnellzugdienst zwischen Lemberg und Czernowitz versahen. Weitere Einsatzschwerpunkte waren die Franz-Josef-Bahn (Heizhäuser Wien I, Budweis I, Pilsen), die Westbahn (Heizhäuser Wien West und Linz), Tirol und Vorarlberg (Heizhäuser Wörgl, Landeck, Feldkirch), ferner Bischofshofen, Wien NWB, Reichenberg in Nordböhmen und Mährisch Schönberg. Die Lokomotiven mit Dampftrockner waren in Wien FJB, Karlsbad, Przemysl und Stryj, die mit Pielock-Überhitzer in Wien JFB zusammengefaßt.

Der Erfolg der Reihe 60 inspirierte die Südbahn, zwischen 1900 und 1914 73 gleichartige Lokomotiven der Naßdampfausführung zu beschaffen, an deren Herstellung auch die Maschinenfabrik der Ungarischen Staatsbahn beteiligt war, wobei lediglich die Armaturen und die Sicherheitsventile (Federstangen) durch solche bahneigener Bauart zu ersetzen waren. Nach dem Ersten Weltkrieg verblieben nur 57 Maschinen der ehemaligen kkStB und keine der Südbahn in Österreich. Bei den Bahnen der Nachfolgestaaten des österreichisch-ungarischen Kaiserreiches erschienen sie als 334.1 bei der ČSD, als Ti 12 bei der PKP, als 131 bei der JDŽ, als 604 bei der FS und unter alter Nummer bei der CFR.

Während der wirtschaftlichen Rezession der dreißiger Jahre wurde auch die Reihe 60 von der Ausmusterungswelle erfaßt, so daß bei der Eingliederung der Österreichischen Bundesbahnen in die Deutsche Reichsbahn nur noch 30 vorhanden waren, von denen kanpp die Hälfte Beschäftigung im Verschubdienst in Graz und St. Pölten fand. Der nach dem „Anschluß" entstandene große Lokomotivbedarf brachte für alle von der DRB als 54 001 bis 030 eingereihten Maschinen weitere Verwendung. Im Verlaufe des Zweiten Weltkrieges gelangten vorübergehend 16 ehemalige 60er aus dem PKP-Bestand als 54 031 bis 040 und 043 bis 048 und 14 von der JDŽ als 54 042 bis 043 und 081 bis 092 in den Bestand der Deutschen Reichsbahn. Bei den zuletzt genannten 14 Stück handelte es sich um ehemalige Südbahn-Maschinen. Mit der Abtretung der Südslowakei an Ungarn im März 1939 gelangte auch eine größere Anzahl von der ČSD dorthin verlegter Loks der Reihe 334.1 an die MÀV, welche sie als Reihe 333.3 in ihren Fahrpark einreihte. Nur wenige kehrten 1945 nach Rückgliederung dieses Gebietes zur ČSD zurück.

Von der 1909/10 in 46 Exemplaren hergestellten Heißdampfvariante Reihe 160 verblieb nach 1918 keine in Österreich. Sie wurden bei der Fahrparkaufteilung der Polnischen (Reihe Ti 16) und der italienischen Staatsbahn (Reihe 605) zugesprochen.

In Österreich waren nach dem Zweiten Weltkrieg noch 20 ehemalige 60er vorhanden, deren Bestand bis 1956 auf drei Stück geschrumpft war. Die beiden letzten schieden 1963 aus. Mit der ÖBB-Bezeichnung 54.14 fand die einstige 60.115 (Wiener Neustadt 1899) Aufnahme im Wiener Eisenbahnmuseum.

Konstruktive Merkmale

Kessel: Naßdampfkessel mit 144,9 m^2 wasserberührter Verdampfungsheizfläche und 2,7 m^2 Rostfläche; Rohrlänge 4165 mm; Dampfdurck 13 kg/cm^2; Doppeldom mit Federwaag-Sicherheitsventilen auf dem Verbindungsrohr, bei späteren Bauserien Pop-Ventile an der Rückseite des zweiten Domes; bei Südbahnausführung neben Federwaag-Ventilen auf dem Verbindungsrohr zusätzlich einzelnes, auf höheren Druck eingestelltes Pop-Ventil unterschiedlich an einem der beiden Dome; Serie 60.500 mit Dampftrockner und nur einem Dom auf dem rückwärtigen Kesselschuß; Serie 60.800 mit Pielock-Überhitzer (ein die Heizrohre umschließender Dampfsammelbehälter).

Rahmen: Genieteter Blechrahmen.

Triebwerk: Zweizylinder-Verbund-Maschine, Zylinderdurchmesser HD = 520 mm, ND = 740 mm; Kolbenhub 632 mm; Flachschieber mit äußerer Heusinger-Steuerung; Antrieb auf der dritten Kuppelachse; Treibraddurchmesser 1300 mm.

Fahrwerk: Führende Adams-Achse mit 54 mm Seitenspiel, Laufraddurchmesser 870 mm; Tragfedern der Laufachse, der ersten Kuppelachse und der Treibachse oberhalb der Achslager, Federwiege hinter der dritten Kuppelachse unterhalb des Rahmens; Besonderheiten der Ausrüstung: Vakuumbremse von hinten auf den ersten und zweiten Kuppelradsatz wirkend, Sandkästen vorn auf den Umlaufstegen zur Besandung des ersten Kuppelradsatzes; teilweise Kobelfunkenfänger.

Tender: Dreiachsiger Steifrahmentender Reihe 56.

260 (KFNB VIII)

DRB-Baureihe 54[1]
ÖBB-Baureihe 154

1C-n2 und 1C-n2v

1893 bis 1955

Techn. Daten: Seite 263

KFNB VIII 553, spätere 260.33 der kkStB/BBÖ, Wiener Neustadt 3929/1896
Foto: Archiv Töpelmann

Der Wunsch nach einer schnelleren Güterzuglokomotive mit einer führenden Laufachse und unterstützter Feuerbüchse wurde bei der Kaiser-Ferdinands-Nordbahn bereits 1892 – drei Jahre vor dem Erscheinen der Reihe 60 bei der kkStB – durch Auftragsvergabe für zwölf 1C-Lokomotiven an die Lokomotivfabrik Wiener Neustadt in die Tat umgesetzt. Die geringen Neigungen auf den Hauptstrecken dieser Bahn boten für den Einsatz einer solchen Bauart besonders günstige Voraussetzungen. Schon 1878 hatte die KFNB das erst zwei Jahre zuvor von Anatole Mallet entwickelte Prinzip der zweistufigen Dampfdehnung an ihrer Lokomotive *Nagy Maros* erprobt. Als einer der frühen Verfechter des Verbundsystems ließ Maschinendirektor Rayl sechs der neuen 1C-Lokomotiven Reihe VIII in dieser Ausführung herstellen, um im Vergleich mit den sechs Zwillingsmaschinen das wirtschaftlichere Antriebskonzept zu ermitteln.

In dem mehrmonatigen Versuchsbetrieb erwies sich die Verbundlokomotive als deutlich überlegen, so daß diese Antriebsform für die Nachbeschaffung gewählt wurde. Bei den ersten 31 Exemplaren wurde die führende Laufachse in einem Deichselgestell angelenkt, ab 1896 jedoch durch eine radial verschiebbare Adams-Achse zunächst mit, später nach dem Vorbild der kkStB ohne Rückstellvorrichtung ersetzt.

260

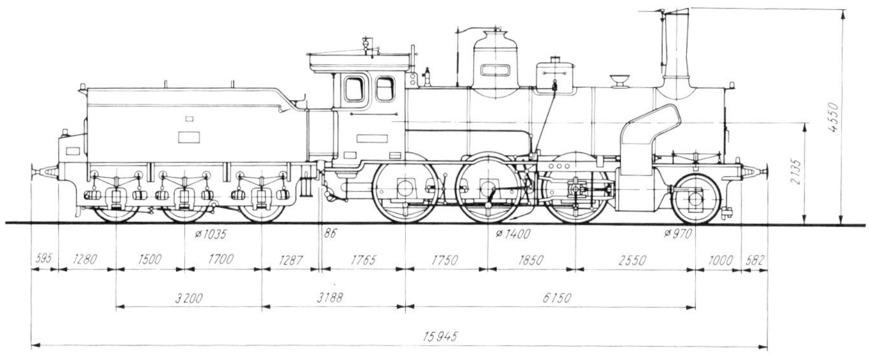

Der Kessel wurde unter Verlängerung der Heizrohre von der C-Güterzuglokomotive Reihe Ve übernommen. Da man noch immer die tiefe Kessellage als wesentliche Bedingung für Sicherheit und gute Fahreigenschaften hielt, andererseits aber keine Überhänge mehr wünschte, mußte der Aschkasten bogenförmig über die rückwärtige Kuppelachse geführt werden, wodurch der Zustrom der Verbrennungsluft behindert wurde. Der Kessel mit einer Verdampfungsheizfläche von (wasserberührt) 147,45 m² entsprach größenmäßig jenem der Staatsbahn-Reihe 60, war jedoch mit seiner kleineren Rostfläche von 2,2 m² für Steinkohlenfeuerung ausgelegt. Bei der Erstausführung befand sich der Dampfdom mit Federwaag-Sicherheitsventilen auf dem vorderen Kesselschuß, den ein eckiger Sandkasten in Kesselmitte und ein kleinerer Hilfsdom auf dem rückwärtigen Kesselschuß folgten. Bei der Serienausführung erhielt der Dampfdom Pop-Ventile und rückte auf den rückwärtigen Kesselschuß hinter den Sandkasten. An seine Stelle trat eine Füllschale auf dem Vorderkessel. Der schräge Windschutz auf dem Kamin läßt auf westeuropäische Vorbilder schließen. Die Verbund-Dampfmaschine wurde über Flachschieber gesteuert und arbeitete mit Dampf von 12 kg/cm² Betriebsdruck.

Erstmals bei einer Nordbahn-Lokomotive kam die äußere Heusinger-Steuerung zur Anwendung. Der Antrieb erfolgte auf der mittleren Kuppelachse.

Nach der Belastungstafel konnte die Lokomotive auf ebener Strecke eine Wagenlast von 1180 t und auf einer Steigung von 10 ‰ 215 t mit 40 km/h befördern, womit sie allerdings allen anderen österreichischen 1C-Lokomotiven unterlegen war. Der Treibraddurchmesser von 1440 mm gestattete, eine Höchstgeschwindigkeit von 60 km/h zuzulassen, so daß sich die Lokomotive nach den damaligen Maßstäben auch zur Führung von Personenzügen eignete.

Der zwölf Maschinen umfassenden Probeserie beider Antriebsvarianten, die 1893 von der Lokomotivfabrik Wiener Neustadt geliefert wurde, folgte ab 1894 der Serienbau als Verbundmaschine, an dem mit Ausnahme der Firma Krauß alle österreichischen Hersteller beteiligt waren. Bis 1908, dem Jahr der Verstaatlichung der KFNB, wurden nicht weniger als 225 Stück dieser vielseitig verwendbaren Bauart hergestellt und allen größeren Heizhäusern zwischen Wien und Krakau zugeteilt. Mit der Errichtung der Nordbahn-Direktion der kkStB erfolgte die Einreihung als Reihe 260 in das Staatsbahn-Schema. Dem stetig wachsenden Güterverkehrsaufkommen, das zur Führung immer schwerer Züge zwang, waren die leichten Dreikuppler auf die Dauer nicht gewachsen. Sie wurden in diesem Aufgabenbereich schließlich durch die wesentlich stärkeren 1D-n2v-Lokomotiven der Staatsbahn-Reihe 170 abgelöst und auf Zubringerstrecken sowie in den Sammelgüterzugdienst abgedrängt. Eine Anzahl mußte ihr angestammtes Einsatzgebiet verlassen und erschien nun bei den Heizhäusern Wien FJB, Hainfeld, Linz, Prag-Bubna und Stanislau.

Nach dem Ersten Weltkrieg fiel der Großteil der ehemaligen Nordbahn-Strecken der Tschechoslowakei und Polen zu. Von der Reihe 260 übernahm demzufolge die ČSD 122 Stück als Reihe 333.1 und die PKP 62 Stück als Reihe Ti 11. Zwei gingen in den Besitz der Staatsbahn des neuen Südslawischen Königreiches (SHS) über, so daß unter Abzug der Kriegsverluste nur 26 Stück in den Bestand der DÖStB bzw. der BBÖ gelangten. Die Mehrzahl fiel durch den drastischen Verkehrsrückgang in den dreißiger Jahren der Ausmusterung zum Opfer. Nur sieben Stück erlebten 1938 die Übernahme durch die Deutsche Reichsbahn, die sie als 54 101 bis 107 in ihr Nummernschema einreihte. Von diesen waren nur noch drei in Wien FJB und zwei in Wien Nord eingesetzt gewesen.

Mit der Abtretung der Sudetengebiete an Deutschland im Oktober 1938 kamen weitere 19 Stück ehemalige 260er (ČSD-Reihe 333.1) als 54 108 bis 126 zur DRB.

Die Lokomotiven fanden bei den Bw Troppau, Jägerndorf, Zauchtel, Lundenburg und Wien FJB noch reichlich Beschäftigung. Im Verlaufe des Krieges gegen Polen und die Sowjetunion gelangten weitere 27 Stück (PKP-Reihe Ti 11) als 54 141 bis 167 vorübergehend in deutschen Besitz. Die fehlenden Betriebsnummern (54 127 bis 140) waren für die ČSD-Lokomotiven der Reihe 333.1 des 1938 an Polen abgetretenen Olsa-Gebietes (Oderberg/Karwin) vorgesehen. Die Umzeichnung ist aber wegen Abgabe an die Protektoratsbahnen (BMB/ČMD) unterblieben.

Nach dem Kriege kamen nur noch zwei ehemalige 260er als neue Reihe 154 zur wiedererstandenen ÖBB, die aber bis 1955 aus dem Bestand ausschieden. Größerer Beliebtheit erfreuten sich die Loks bei der ČSD, die sie bis 1964 in Betrieb behielt.

Konstruktive Merkmale (Serien-Ausführung)

Kessel: Dreischüssiger Naßdampfkessel mit 147,5 m^2 wasserberührter Verdampfungsheizfläche und 2,2 m^2 Rostfläche, Rohrlänge 4110 mm, Dampfdom bei Serienausführung mit Pop-Sicherheitsventilen auf dem dritten Kesselschuß; Dampfdruck 13 kg/cm^2; Feuerbüchse zwischen dem Rahmen.

Rahmen: Genieteter innerer Blechrahmen.

Triebwerk: Zweizylinder-Verbund-Maschine; Zylinderdurchmesser HD = 480 mm, ND = 740 mm; Kolbenhub 660 mm; Flachschieber mit äußerer Heusinger-Steuerung, Antrieb auf der mittleren Kuppelachse; Treibraddurchmesser 1440 mm.

Fahrwerk: führende Laufachse von 1010 mm Durchmesser in Deichsellenkgestell, bei späteren Bauserien durch Adams-Achse mit 40 mm Seitenspiel ersetzt; die Rückstellvorrichtung entfiel bei der letzten Bauausführung; Tragfedern der Kuppelachsen unterhalb der Achslager.

Ausrüstung: Vakuum-Bremse auf den zweiten und dritten Kuppelradsatz von vorn wirkend, Besandung der Treibachse von Sandkasten in Kesselmitte.

Tender: Dreiachsiger Nordbahn-Tender (BBÖ-Reihe 47.122).

360 (ÖNWB)

DRB-Baureihen 54$^{2-3}$
ÖBB-Baureihen 254/354

1C-n2 und 1C-n2v

1901 bis 1958

Techn. Daten: Seite 263

Die Österreichische Nordwestbahn war in den Jahren nach der Jahrhundertwende wegen des wachsenden Konkurrenzdrucks bestrebt, die Durchlässigkeit ihrer überwiegend eingleisig betriebenen Strecken durch eine Beschleunigung des Güterverkehrs spürbar zu verbessern. Dem Beispiel der Nordbahn und der kkStB folgend, ging auch sie im Jahre 1900 an die Beschaffung einer schnelleren Güterzuglokomotive ohne lauftechnisch störende Überhänge mit der Achsfolge 1C heran.

Wie zuvor schon die KFNB versuchte auch die ÖNWB auf dem Wege der Betriebserprobung das für ihre Verhältnisse günstigste Antriebskonzept herauszufinden. Sie ließ deshalb von einer zwölf Maschinen umfassenden Probeserie von der Lokomotivfabrik Floridsdorf vier mit Zwillingstriebwerk (Reihe XVIIa) und acht als Verbundmaschinen (Reihe XVIIb) ausführen. Auch in diesem Falle entsprachen die Verbund-Lokomotiven besser und wurden 1904 in weiteren acht Exemplaren nachbeschafft. Mit ihrem größer dimensionierten Kessel und dem Kuppelraddurchmesser von 1404 mm erwies sich die Nordwestbahn-Lokomotive der Staatsbahn-Reihe 60 sowohl an Zugkraft als auch lauftechnisch

ÖNWB XVIIb 267, spätere 360.17 der kkStB/BBÖ, Floridsdorf 1458/1901
Foto: TBA K. Pfeiffer

als überlegen. Aus Gewichtsgründen mußte die führende Laufachse ebenfalls nach System Adams ohne Rückstellvorrichtung ausgeführt und der Kessel weit nach vorn gerückt werden. Der Doppeldom hatte auch bei der Nordwestbahn Eingang gefunden, wobei das Verbindungsrohr durch den trommelförmigen Sandbehälter geführt wurde. Die Federwaag-Sicherheitsventile befanden sich auf dem vorderen Dom, an dessen Vorderseite sich ein Reglerkopf befand. Von diesem wurde der Dampf mittels eines

360

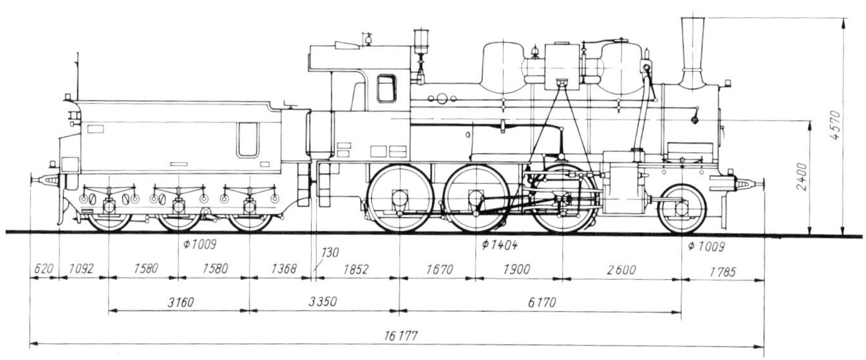

freiliegenden Rohres dem HD-Zylinder bzw. beidseitig den Zwillingszylindern zugeführt, deren Flachschieber durch eine äußere Heusinger-Steuerung bewegt wurden. Der Antrieb erfolgte auf der mittleren Kuppelachse. Als Höchstgeschwindigkeit waren für die Verbundmaschine 65 km/h, für die Zwillingslok 60 km/h zugelassen, so daß die Lokomotiven auch im Personenzugdienst verwendet werden konnten.

Der Erstlieferung von sechs Verbundlokomotiven (Bahn-Nummern 261 bis 266) im Jahre 1901 folgten ein Jahr darauf vier Zwillingslokomotiven (Nr. 281 bis 284). Zehn weitere Verbundmaschinen wurden 1904 in Betrieb genommen. Alleinhersteller beider Varianten war die Lokomotivfabrik Floridsdorf, welche nach den Vorgaben der ÖNWB die Entwürfe und Detailkonstruktionen ausarbeitete.

Mit der Verstaatlichung der Bahn am 15. Oktober 1909 wurden die Zwillingsloks der Versuchsserie als 360.01 bis 04, die Verbundloks als 360.11 bis 26 in das Reihenschema der kkStB aufgenommen. Wie die artverwandten Maschinen der ehemaligen KFNB und der kkStB mußten auch die in Wien NWB und Nimburg eingesetzten *Moguls* der Nordwestbahn den ab 1913 in großen Stückzahlen angelieferten 1D-Lokomotiven Reihe 170 das Feld räumen und in nachrangige Dienste abwandern.

Von den 22 Maschinen blieben aber alle bis auf eine, die der Italienischen Staatsbahn (FS Nr. 606.001) übereignet wurde, nach dem Zusammenbruch von 1918 in Österreich. 14 erlebten noch die Übernahme als 54 201 bis 202 (Zwilling) und 54 301 bis 312 (Verbund) durch die Deutsche Reichsbahn. Nur zwei Zwillings- und acht Verbundloks waren nach dem Zweiten Weltkrieg noch vorhanden, und 1953 befanden sich als letzte eine Zwillingslokomotive (neue Reihe 254) und zwei Verbundmaschinen (neue Reihe 354) im Bestand der ÖBB, von denen erstere 1957, die Verbundversion im folgenden Jahr ausschieden. Sie versahen zuletzt Verschubdienst in St. Pölten.

Konstruktive Merkmale

Kessel: Naßdampfkessel mit 158,9 m^2 Verdampfungsheizfläche und 2,7 m^2 Rostfläche; Dampfdruck 13 kg/cm^2; Rohrlänge 4250 mm; Feuerbüchse über dem Rahmen; Doppeldom mit Verbindungsrohr, Federwaag-Sicherheitsventile auf vorderem Dom.

Rahmen: Genieteter Blechrahmen.

Triebwerk: Zweizylinder-Verbundmaschine: Zylinderdurchmesser HD-seitig 470 mm, ND-seitig 720 mm; Kolbenhub 632 mm, Zwillingsversion: Zylinder von 2 × 470 mm Durchmesser;
Flachschieber mit äußerer Heusinger-Steuerung; Antrieb auf der mittleren Kuppelachse; Treibraddurchmesser 1404 mm;

Fahrwerk: Führende Adams-Achse mit 50 mm Seitenspiel ohne Rückstellvorrichtung; Tragfedern unterhalb der Kuppelachslager.

Ausrüstung: Vakuum-Bremse von hinten auf den zweiten und dritten Kuppelradsatz wirkend; trommelförmiger Sandkasten, von Domverbindungsrohr durchzogen; Besandung des ersten Kuppelrad- und des Treibradsatzes.

Tender: Dreiachsiger Nordwestbahn-Tender (BBÖ-Reihe 49) für 11,8 m^3 Wasser und 5 t Kohle.

360.100
360.500
460 (ÖNWB)

DRB-Baureihen 54^{2+4}
ÖBB-Baureihe 454

1C-n2 und 1C-h2

1906 bis 1961

Techn. Daten: Seite 263

Die guten Erfahrungen im Betrieb mit der Reihe XVII a/b ermutigte die Österreichische Nordwestbahn, eine verstärkte 1C-Version bei der Lokomotivfabrik Floridsdorf in Auftrag zu geben. Inzwischen hatte die Heißdampftechnik Betriebsreife erlangt und stellte sich als neue Herausforderung an die Konstrukteure. Wiederum sollte die betriebliche Bewährung den Ausschlag geben, welche Bauform zur Einführung kommen sollte. Man ließ deshalb von der neuen 1C-Lokomotive vier Prototypen mit Zwillingstriebwerk bauen, davon eine in Naßdampfausführung (Reihe XVII d Nr. 286), zwei mit dem damals vielverwendeten Clench-Dampftrockner (Nr. 287 und 288) und eine nach deutschem Vorbild mit dem Schmidt'schen Rauchrohr-Überhitzer (Reihe XVII c Nr. 285).

Alle vier Versuchs-Exemplare wurden 1906 in Betrieb genommen und im Wiener Raum einer eingehenden Betriebserprobung unterzogen. Der Kessel der Naßdampflokomotive hatte mit 176,5 m^2 die größte Verdampfungsheizfläche gegenüber 136,7 bzw. 131,9 m^2 der beiden Trockendampf-Varianten und 125,6 m^2 der Heißdampflokomotive. Obwohl der Überhitzer der Nr. 285 nur eine dampfberührte Fläche von 22 m^2 (28,8 m^2

gasberührt) aufwies, war er wärmewirtschaftlich dem Dampftrockner von 39 m² Trocknungsfläche eindeutig überlegen. Auch die Rostfläche der Heißdampflokomotive war mit 2,7 m² kleiner dimensioniert als die der Konkurrentinnen mit 2,9 m², worin der durch die Heißdampftechnik erzielbare Nutzeffekt noch deutlicher hervortrat. Der Frischdampf wurde durch ein aus der Rauchkammer austretendes doppelt gekrümmtes Rohr den Zylindern zugeführt, die bei der Heißdampfmaschine einen Durchmesser von 520 mm, bei den beiden anderen Bauartvarianten einen solchen von 470 mm aufwiesen, wobei der Arbeitsdruck bei ersterer auf 12 kg/cm², bei letzterer auf 13 kg/cm² eingestellt war. Die Heißdampflokomotive hatte Kolbenschieber mit federnden Ringen, die beiden anderen Bauvarianten Flachschieber, alle mit äußerer Heusinger-Steuerung. Recht unkonventionell war die Reihung der Kesselaufbauten. Direkt über den Zylindern saß der Sicherheitsventilstutzen, gefolgt vom Dampfdom über der ersten Kuppelachse und dem eckigen Sandkasten auf dem dritten Kesselschuß mit dampfbetätigter Steuervorrichtung für die beiden ersten angetriebenen Radsätze. Bei der Heißdampflokomotive war der Dampfdom über den Zylindern angeordnet, gefolgt vom Sandkasten, den verkleideten Sicherheitsventilen und einem Hilfsdom für die Armaturen auf dem Stehkessel. Letzterer mußte nach Installierung der Luftdruckbremse dem Luftbehälter weichen. Die führende Laufachse war wie bei der Vorgänger-Reihe zur Gewichtseinsparung als Adams-Achse ohne Rückstellvorrichtung ausgeführt.

Alle vier Probe-Lokomotiven wurden auf der Süd-Norddeutschen Verbindungsbahn (SNDVB) in Betrieb genommen, die mit der ÖNWB unter gemeinsamer Verwaltung stand. Die Heißdampflokomotive Nr. 285 erwies sich den beiden anderen Versuchsausführungen trotz kleinerer Kesselmaße an Leistung um 23 % überlegen. Auf ebener Strecke konnte sie mit 45 km/h eine Wagenlast von 1480 t gegenüber 1220 t und auf 10 ‰ Steigung 300 t gegenüber 230 t der Konkurrentinnen nehmen. Bei 60 km/h betrugen die festgesetzten Zuglasten in der Ebene 875 t gegenüber 645 t bei einer Leistungsabgabe von ca. 950 PS.

Nach der Erprobung beim Heizhaus Wien NWB kamen die Maschinen 286 bis 288 nach Reichenberg, die Nr. 285 blieb in Wien. Aufgrund des Ergebnisses der Betriebserprobung ging eine Bestellung für 22 1C-h2-Lokomotiven nach dem Muster der Nr. 285 an die Lokomotivfabrik Floridsdorf, die 1908/09 mit den Bahn-Nummern 221 bis 230

460.11, ehem. ÖNWB XVIIc 298, als 54 411 der DRB, 1939 mit alter und neuer Nummer, Floridsdorf 1835/1909
Foto: Archiv Töpelmann

und 289 bis 300 als Reihe XVII c in Dienst gestellt und den Heizhausleitungen Wien und Iglau zugeteilt wurden. Mit der Verstaatlichung der Nordwestbahn reihte die kkStB die Naßdampflokomotive Nr. 286 als 360.100, die beiden Trockendampf-Exemplare Nr. 287 und 288 als 360.500 und 501 und die Heißdampflokomotiven als 460.01 bis 23 in ihr Reihenschema ein.

Alle verblieben nach dem Ersten Weltkrieg in Österreich. Die beiden Trokkendampf-Lokomotiven schieden 1935 aus, die Naßdampf-Maschine 360.100 und die vollzählige Reihe 460 wurden 1938 von der Deutschen Reichsbahn übernommen und als 54 203 und 54 401 bis 423 eingereiht. Zu dieser Zeit waren nur noch sechs Stück beim Heizhaus Wiener Neustadt in Betrieb.

Das nach dem „Anschluß" sprunghaft angestiegene Verkehrsaufkommen erforderte die Reaktivierung aller noch brauchbaren Maschinen, so daß alle Loks der Reihe 54.4, inzwischen teilweise mit Dabeg-Vorwärmepumpen ausgestattet, im Güterzugdienst zwischen Wien und Wiener Neustadt nochmals reichlich Beschäftigung fanden. 13 Stück fanden sich nach dem Zweiten Weltkrieg noch als neue Reihe 454 im Bestand der ÖBB, deren letzte bis 1961 bei der Zfl. St. Pölten im Verschubdienst Verwendung fand.

Auch die Staatseisenbahn-Gesellschaft hat zwischen 1900 und 1909 1C-Lokomotiven für gemischten Dienst in vier verschiedenen Antriebsvarianten erprobt, und zwar mit Naßdampf-Zwillings-Triebwerk, in Zweizylinder- und Dreizylinder-Verbund-Anordnung und als Heißdampf-Zwillingslokomotive. Auch dort zeitigte die Heißdampflokomotive (spätere Reihe 760) das beste Ergebnis. Nach 1918 verblieben nur zwei Stück der Dreizylinder-Verbund-Ausführung (Reihe 660) in Österreich, welche als Splittergattung bereits 1925 ausschieden. Alle übrigen kamen zur ČSD.

Konstruktive Merkmale Reihe 460

Kessel: Heißdampfkessel mit 125,6 m² Verdampfungsheizfläche, 2,7 m² Rostfläche, Rohrlänge 4250 mm, Schmidt-Überhitzer mit 22 m² gasberührter Fläche; Dampfdruck 12 kg/cm²; Dampfdom auf dem ersten Kesselschuß symmetrisch über den Zylindern mit äußerem Zuleitungsrohr; verkleidete Pop-Sicherheitsventile auf rückwärtigem Kesselschuß; Hilfsdom für Armaturen, später zur Aufnahme des Bremsluftbehälters entfernt.

Rahmen: Genieteter Blechrahmen.

Triebwerk: Heißdampf-Zwillings-Maschine mit 520 mm Zylinderdurchmesser und 632 mm Kolbenhub; Kolbenschieber mit federnden Ringen und äußerer Heusinger-Steuerung; Antrieb auf der mittleren Kuppelachse; Treibraddurchmesser 1404 mm.

Fahrwerk: Führende Adams-Achse mit 50 mm Seitenspiel ohne Rückstellvorrichtung; Laufraddurchmesser 1010 mm; Tragfedern unterhalb der Kuppelachslager.

Ausrüstung: Vakuumbremse von hinten auf den zweiten und dritten Kuppelradsatz wirkend; Nachrüstung mit Knorr-Druckluftbremse mit Zusatzventil für Wagenzug; eckiger Sandkasten in Kesselmitte, dampfbetätigte Steuervorrichtung für die ersten beiden angetriebenen Radpaare; teilweise Ausstattung mit Kobelfunkenfänger.

Tender: Dreiachsiger Nordwestbahn-Tender Reihe 49 mit seitlichem Wassereinlauf.

170 (kkStB und SB)

DRB-Baureihen 56^{31-33}

ÖBB-Baureihe 56

1D-n2v

1897 bis 1957

Techn. Daten: Seite 263

Schon zwei Jahre nach Inbetriebnahme der Arlbergbahn im September 1884 hatte das Verkehrsaufkommen auf dieser Alpenstrecke alle Erwartungen übertroffen. Die tägliche Zugfrequenz von einem Eilzug, zwei Personenzügen und drei Güterzügen hatte sich binnen kurzem verdopppelt und wies weiterhin eine steigende Tendenz auf. Sowohl der aufkommende Fremdenverkehr als auch die Konkurrenz im Güterverkehr durch ausländische Bahnen zwangen zu einer Kürzung der Reisezeiten und zur Verdichtung der Zugfolge auf dieser eingleisigen Gebirgsstrecke, die als Lebensader der westlichen Kronländer und wichtiges Bindeglied im internationalen Ost-West-Verkehr von außerordentlicher Bedeutung war.

Mit den laufachsenlosen Dreikupplern der Reihe 48 aus der Zeit der Betriebsaufnahme konnten die Eilzüge (später als Schnellzüge bezeichnet) bergwärts mit 26 km/h, die Personenzüge mit 20 km/h und die bis zu 400 t schweren Güterzüge nur mit 12 km/h gefahren werden. Die Einführung des vierachsigen Drehgestellwagens im internationalen Reiseverkehr hatte die Zuggewichte sprunghaft ansteigen lassen, so daß die Doppelbespannung zur Regel wurde. Für eine Steigerung der

170.01, Prototyp, nach Indienststellung bei der kkStB, Wiener Neustadt 3950/1897
Foto: TBA K. Pfeiffer

Verkehrsleistung war deshalb eine wesentlich stärkere Lokomotive die Grundbedingung.

Diesem Erfordernis des Betriebes folgend, schuf Gölsdorf speziell für den Reisezugdienst auf der Arlberg-Strecke mit ihren anhaltenden Steigungen von 27 bis 31 ‰ eine vierfachgekuppelte Lokomotive mit führender Laufachse, deren Kessel mit einer wasserberührten Verdampfungsheizfläche von 250 m^2 bis dahin in Europa unübertroffen war. Überzeugt von den wirtschaftlichen Vorteilen der zweifachen Dampfdehnung stattete er auch diese als Reihe 170 bezeichnete Type mit einem Verbundtriebwerk aus, dessen rechtsseitiger Hochdruckzylinder einen Durchmesser von 540 mm, der Niederdruckzylinder linkerhand das bislang unerreichte Maß von 800 mm aufwies. Für den Kolbenhub wurde das standardisierte Maß von 632 mm (entsprechend 25 engl. Zoll) verwendet. Im übrigen war die Konstruktion weitgehend von der Reihe 60 abgeleitet.

Die geforderte Verdampfungsleistung des Kessels ließ sich nur durch eine große Anzahl von Heizrohren mit einer Länge von 5 Metern erzielen, so daß die Rauchkammer weit nach vorn verlagert werden mußte. Vom Reglerdom führte rechterhand die verkleidete Dampfleitung senkrecht zum HD-Zylinder. Bei der Reihe 170 zeigte sich erstmals Gölsdorfs Genie in einer wohldurchdachten Einsparung jeglichen toten Gewichts ohne Nachteil für Stabilität und Konstruktion zur Einhaltung der vorgeschriebenen Achslastbegrenzung von 14,5 t. Durch das Anheben der Kesselmitte auf eine Höhe von 2615 mm konnte eine breite Feuerbüchse über dem Rahmen untergebracht werden. Dieser war aus 34 mm starken Platten genietet und mehrfach querversteift. Der bei der Erstausführung auf 3,30 m^2 ausgelegte Rost wurde bei der Serienfertigung auf 3,87 m^2 vergrößert, um die volle Kesselleistung auch bei Verfeuerung von minderwertigeren Kohlensorten ausschöpfen zu können. Zur Vergrößerung des freien Dampfraumes kam der damals weithin gebräuchliche Doppeldom mit Verbindungsrohr zur Anwendung, wobei bereits neuzeitliche Druckfeder-Sicherheitsventile statt der Federstangenbauart an der Rückseite des zweiten Domes montiert waren. Der Dampfdruck von 13 kg/cm^2 gewährleistete ein ausreichendes Druckgefälle über beide Dehnungsstufen.

Besonderes Augenmerk widmete Gölsdorf dem Bogenlauf, indem er die von Richard von Helmholtz entwickelte Theorie in der Weise praktizierte, daß er der führenden Laufachse ein Seitenspiel von 60 mm, der zweiten und der vierten Kuppelachse eine Seitenbeweglichkeit von 21 mm gab, so daß die Lokomotive nur vom ersten und dritten Kuppelradsatz – letzterem als Treibachse – fest im Gleis geführt wurde. Die Anordnung erwies sich als zweckmäßig und minderte den Verschleiß an Spurkränzen und Schienen auf den kurvenreichen Gebirgsstrecken ganz erheblich. Unter Berücksichtigung der Triebwerksdrehzahl konnte bei dem Treibraddurchmesser eine Höchstgeschwindigkeit von 60 km/h zugelassen werden, nachdem die Lokomotive bei den Probefahrten sogar

84 km/h erreicht hatte. Damit revolutionierte die Reihe 170 nicht nur den Gebirgsdienst, sondern wurde – mit vergrößerter Feuerbüchse, verstärkter Bremse und Kobelkamin versehen – ab 1913 in großen Stückzahlen zur Standard-Güterzuglokomotive für Flach- und Hügellandstrecken des gesamten Staatsbahnnetzes. Ihr Einsatzgebiet reichte von der schweizerischen bis zur russischen Grenze und von den Sudeten bis zur Adria.

Die Erstlieferung von fünf Maschinen der Lokomotivfabrik Wiener Neustadt wurde 1897 beim Heizhaus Landeck in Betrieb genommen. Auf der Arlberg-Ostrampe mit einer Steigung von 27 ‰ konnte die neue 1D-Verbund-Lokomotive eine Zugmasses von 220 t gegenüber 120 t den im Reisezugdienst eingesetzten Dreikupplern der Reihe 48 befördern und dabei noch eine höhere Geschwindigkeit einhalten, was einer Leistungssteigerung von ca. 85 % gleichkam und für die stark beanspruchte Arlbergstrecke einen großen Fortschritt bedeutete. Bei den Werksprobefahrten schleppte die Reihe 170 einen 700 t-Zug mit 29 km/h über eine Steigung von 10 ‰ und entwickelte bei Steinkohlenfeuerung eine indizierte Leistung von 1250 PS. Erst sechzehn Jahre nach ihrer Inbetriebnahme wurde der Großserienbau aufgenommen, an dem alle österreichischen Lokomotivbauanstalten beteiligt wurden. Bis zum Ende des Ersten Weltkrieges erreichte der Bestand mit 783 Stück die höchste Auflage aller österreichischen Lokomotivbaureihen. Für die kkStB wurde die Reihe 170 auch dann noch weitergebaut, als bereits die Heißdampfvariante Reihe 270 zur Verfügung stand, da sie unter den schwierigen Verhältnissen des Ersten Weltkrieges weit weniger aufwendig in der Wartung war.

Auch die Südbahn bestellte 54 Stück für den Reisezugdienst auf der Semmering- und Brennerstrecke, die alle im Zeitraum von 1898 bis 1918 von der Lokomotivfabrik Wiener Neustadt geliefert und unter den Betriebsnummern 3001 bis 3054 eingereiht wurden. Sie besaßen die kleinere Feuerbüchse der Prototyp-Serie und unterschieden sich sonst nur in der Armaturenausstattung und durch den geteilten Prüßmann-Kamin von der frühen Staatsbahn-Ausführung.

Mehr als zwei Drittel des Bestandes wurde nach dem Zerfall der Vielvölkermonarchie den Bahnen der Nachfolgestaaten zugesprochen, von denen die ČSD wieder den Löwenanteil erhielt und einschließlich der bis 1921 nachgebauten Exemplare über 374 Stück verfügte. Nach dem 1924 eingeführten Reihenschema wurden sie als Reihe 434.0 bezeichnet. Der Großteil, nämlich 345 Stück, wurde schrittweise zu Heißdampf-Zwillingslokomotiven umgebaut und mit Kolbenschiebern für innere Dampfeinströmung ausgestattet. Gleichzeitig wurde die geteilte Rauchkammertür durch die runde Einheitsform, der Kolbenrauchfang durch einen Kranzschornstein ersetzt. Der Umbau bewirkte eine Leistungssteigerung von ca. 40 %. Mit ihrem weit nach vorn verlängerten Kessel zählte die nun als Reihe 434.2 bezeichnete Gattung zwar nicht zu den formschönsten, jedoch zu den beliebtesten und zuverlässigsten Güterzuglokomotiven der ČSD, die bis Mitte der 70er Jahre im Einsatz stand und noch immer für Sonderfahrten zur Verfügung steht. Mit ähnlichen Rekonstruktionsplänen trug man sich auch in Österreich, doch scheiterte ihre Verwirklichung an der schlechten Ertragslage der Bahn infolge der Wirtschaftskrise.

116 Maschinen der Reihe 170, darunter auch das Prototypexemplar 170.01,

170

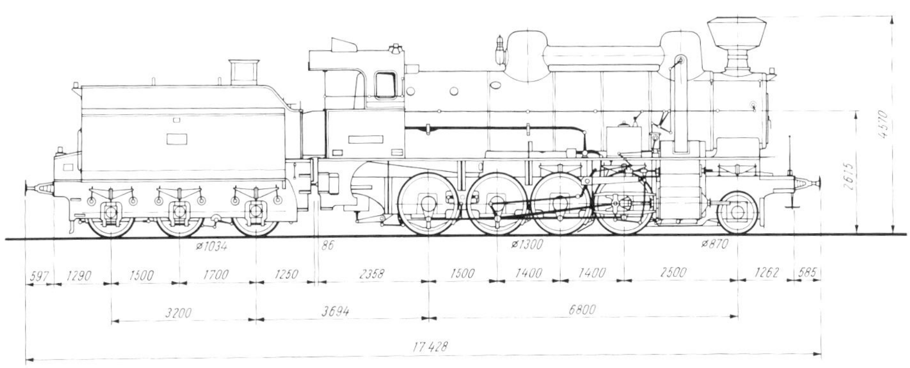

mußten nach dem Waffenstillstand von 1918 in neuwertigem oder generalüberholtem Zustand der Italienischen Staatsbahn überlassen werden, die sie als Reihe 729 bezeichnete. Weitere 170er erhielt die Polnische Staatsbahn (Reihe Tr 11), die Staatsbahn des neuen Südslawien (spätere JDŽ-Reihe 24) und die Rumänische Staatsbahn. 228 Stück verblieben der Deutsch-Österreichischen Staatsbahn, zu denen noch sieben Stück mit der Verstaatlichung der Südbahn hinzukamen. Die Lokomotiven waren einzeln oder in wenigen Exemplaren auf die Heizhausleitungen Wien Nord, Wien Ost, Wien Süd, Wien FJB, Wiener Neustadt, Graz, Bruck a. d. Mur, Lienz, Amstetten, Linz II, Attnang, Innsbruck und Landeck verteilt. Der Großteil war jedoch bereits abgestellt. Nach der Übernahme durch die Deutsche Reichsbahn im März 1938 gelangten noch 209 Stück zur Umbezeichnung in 56 3101 bis 3309. Obwohl inzwischen technisch veraltet, fand sich für diese Maschinen während des Zweiten Weltkrieges noch einmal ein weites Betätigungsfeld auf Strecken mit leichtem Oberbau. So gelangten viele von ihnen in das Sudetenland, zur RbD Danzig, nach Mitteldeutschland und in die von der deutschen Wehrmacht besetzten Länder Jugoslawien und Griechenland.

Durch die Abtretung der Sudetengebiete von der Tschechoslowakei im Oktober 1938 kamen zwanzig ehemalige 170er in der Ursprungsform (ČSD-Reihe 434.0) als 56 3310 bis 3329, aus dem Bestand der PKP (Reihe Tr 11) weitere 47 Stück im Verlaufe des Zweiten Weltkrieges als 56 3336 bis 3371 und 56 3391 bis 3400 und 19 Stück der JDŽ (Reihe 24) als 56 3372 bis 3390 zur DRB. Für sechs Lokomotiven der ČSD-Reihe 434.0, die in dem 1938 von Polen besetzten Olsa-Gebiet (Raum Oderberg-Karwin) stationiert waren, unterblieb die Umzeichnung in 56 3330 bis 3335 nach Übernahme durch die DRB wegen Verkaufs an die Protektoratsbahnen (BMB-ČMD).

Infolge der stark angewachsenen Kohletransporte von Oberschlesien nach Italien mietete die DRB 1940 vierzig ehemalige 170er von der Italienischen Staatsbahn (FS-Reihe 729) an, die seit längerem abgstellt, aber von der Zerlegung zurückgestellt waren. Siebzehn derselben stammten von der einstigen Südbahn. Da die betagten Naßdampfmaschinen für diese Aufgbabe nicht mehr geeignet waren, wurden sie in den Direktionsbezirken Wien und Villach anderweitig beschäftigt. 1943 vermietete die DRB ihrerseits eine größere Anzahl von Lokomotiven an die MAV, worunter die Reihe 56.31 bis 33 mit 146 Stück aus der Ostmark und dem Sudetenland am stärksten vertreten war. Nach Kriegsende war der einst ansehnliche Bestand von über 800 Maschinen in Österreich auf ganze sechs zusammengeschrumpft, deren letzte 1957 zur Kassierung anstand. Nach dem 1953 eingeführten Reihenschema behielten sie ihre Reichsbahn-Nummern. Zehn Stück erwarb die Graz-Köflacher Bahn, von denen die 56.3115 betriebsfähig erhalten blieb und die 56.3255 im Tausch gegen die 354.0130 der ČSD, einer ehemaligen 229er, der Fahrzeugsammlung des Nationalen Technischen Museums in Prag zugeführt wurde.

170.372 als 56 3153 der DRB, Serienausführung, Floridsdorf 2341/1916
Foto: Archiv Töpelmann

Konstruktive Merkmale

Kessel: Dreischüssiger Naßdampfkessel mit 250 m² Verdampfungsheizfläche; Rostfläche bei Prototyp 3,30, bei Serienausführung 3,87 m²; Rohrlänge 5000 mm; Dampfdruck 13 kg/cm²; Doppeldom mit Verbindungsrohr; Pop-Sicherheitsventile an der Rückseite des zweiten Domes; Reglergehäuse im vorderen Dom mit senkrechter Dampfleitung zum rechtsseitigen HD-Zylinder.

Rahmen: Genieteter Blechrahmen.

Triebwerk: Zweizylinder-Verbundmaschine, Zylinderdurchmesser HD = 540 mm, ND = 800 mm; Treibraddurchmesser 1300 mm; Flachschieber mit äußerer Heusinger-Steuerung; Antrieb auf der dritten Kuppelachse.

Fahrwerk: Führende Adams-Achse mit 870 mm Laufraddurchmesser und 60 mm Seitenspiel, Seitenbeweglichkeit der zweiten und vierten Kuppelachse 21 mm, bei letzterer später auf 6 mm reduziert, um den Lauf in der Geraden zu verbessern; Tragfedern der ersten bis dritten Achse oberhalb, der vierten und fünften unterhalb der Achslager.

Ausrüstung: Vakuum-Bremse, von hinten auf den zweiten bis vierten Kuppelradsatz wirkend; Nachrüstung mit Knorr-Druckluftbremse für Wagenzug; langer Dachlüfteraufbau bei Serienausführung durch Lüfterhutze ersetzt; Prüßmann-Schlot bei Serie durch Rihosek-Kobelrauchfang ersetzt; Besandung des ersten Kuppelradsatzes durch seitliche Sandkästen auf dem Umlaufsteg.

Tender: Dreiachsiger Steifrahmentender der Reihen 56 oder 156.

270

DRB-Baureihe 56^{34}
ÖBB-Baureihe 156

1D-h2

1917 bis 1968

Techn. Daten: Seite 264

Obwohl sich der Heißdampf im Lokomotivbau längst durchgesetzt hatte und sein leistungssteigernder und brennstoffsparender Effekt deutlich in Erscheinung trat, folgte der 1D-n2v-Baureihe 170 erst nach zwei Jahrzehnten eine Heißdampfvariante mit Zwillingsantriebswerk als Reihe 270, ohne jedoch die gewährte Vorgängerin abzulösen. Den Grund für diese Verzögerung in der technischen Fortentwicklung gab wieder die Militärverwaltung, die sich in der k. u. k. Monarchie ein starkes Mitspracherecht bei der Lokomotivbeschaffung vorbehalten hatte und der unkomplizierten Naßdampflokomotive mit ihrem geringeren Wartungsaufwand als Standardtype für etwaige Kriegs- und Krisenzeiten das größere Vertrauen entgegen brachte.

Erst 1915, im zweiten Jahr des Ersten Weltkrieges, konnte Gölsdorfs Stellvertreter, Dipl.-Ing. Rihosek, die Arbeit am Entwurf einer mittelschweren Heißdampf-Zwillingslokomotive auf der Grundlage der Reihe 170 aufnehmen, deren konstruktive Durcharbeitung der Böhmisch-Mährischen Maschinenfabrik in Prag-Lieben übertragen wurde. Um Raum für den Überhitzer zu schaffen und dessen Gewicht auszugleichen, mußten die Rohre um einen halben Meter gekürzt werden, wodurch sich die Verdampfungsheizfläche von 250 auf 183,7 m² verringerte. Trotz dieser Einbuße konnte durch das größere Energiepotential des Heißdampfes die Leistung gegenüber der Naßdampfbauart gesteigert und der Verbrauch gesenkt werden, obwohl man aus den schon an anderer Stelle genannten Gründen bei der Dimensionierung des Überhitzers mit nur 38,3 m² zurückhaltend blieb. Die Zwillingsdampfmaschine arbeitete mit einem Dampfdruck von 13 kg/cm² und wurde durch Kolbenschieber mit äußerem Dampfeintritt gesteuert. Der Antrieb erfolgte auf der dritten Kuppelachse. Wie bei der Reihe 170 lag der 3,87 m² große Rost über dem Rahmen, der aus 34 mm starken Platten zusammengenietet und mehrfach querversteift war. Der Doppeldom mit Verbindungsrohr wurde durch einen einzelnen Dampfdom ersetzt, wodurch Raum für zwei Sanddome geschaffen wurde, die eine bessere Besandung der beiden festgelagerten Antriebsradsätze ermöglichten.

An Zugkraft übertraf die Reihe 270 die Vorgängerin ganz erheblich. Auf ebener Strecke konnte sie mit ihrer Höchstgeschwindigkeit von 60 km/h eine Zugmasse von 1220 t gegenüber 720 t der Reihe 170 befördern. Bei 10 ‰ Steigung sah die Belastungstafel bei 30 km/h eine Anhängelast von 650 t statt von 520 t bei einer noch zehnprozentigen Leistungsreserve vor. Unter Kesselvollast gab die Maschine eine Zylinderleistung von 1400 PS ab.

Die Auslieferung begann wegen kriegsbedingter Engpässe in der Produktion erst 1917 mit sieben Maschinen und erreichte bis Kriegsende (November 1918) bei einem Auftragsbestand von 235 Einheiten nur 27 Exemplare. Obwohl der Serienbau in Österreich erst 1920 anlief, verfügten die Österreichi-

270

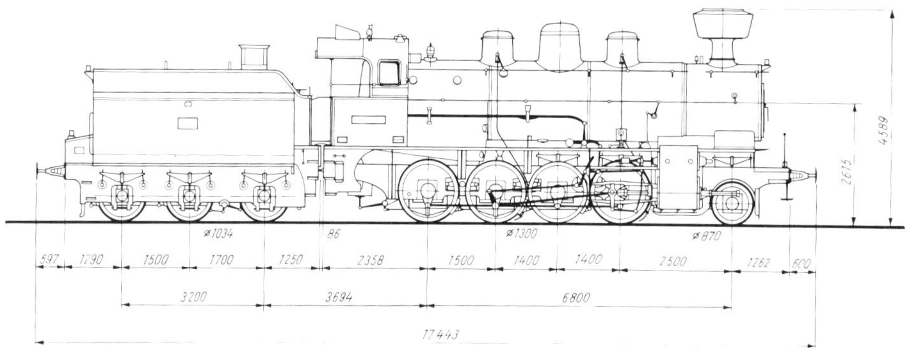

schen Staatsbahnen 1922 bereits über einen Einsatzbestand von 100 Stück. Sie waren bei den Heizhäusern Wien Nord, Wien Ost, Wiener Neustadt, Graz, Mürzzuschlag, Bruck a. d. Mur, Hütteldorf, St. Pölten, Attnang und Lienz im mittelschweren Güterzugdienst, aber auch vor Personenzügen eingesetzt. Zur Verbesserung des Wirkungsgrades rüsteten die BBÖ einen Teil der Maschinen mit Dabeg-Vorwärmepumpe aus, deren Antrieb von der linken Kurbelstange erfolgte. Alle 100 Maschinen wurden 1938 von der Deutschen Reichsbahn übernommen und als 56 3401 bis 3500 eingereiht.

Das Floridsdorfer Werk hatte nach dem Ersten Weltkrieg aus Gründen der Arbeitsbeschaffung diese allseits geschätzte Lokomotive ohne feste Bestellung bis 1926 weiterproduziert. Durch Vermittlung internationaler Handelsorganisationen konnten insgesamt 253 Stück nach Polen (PKP-Reihe Tr 12), in die Tschechoslowakei (ČSD-Reihe 434.1), nach Südslawien (JDŽ-Reihe 25), nach Italien (FS-Reihe 728) und nach Rumänien exportiert werden.

Auch von den in der Tschechoslowakei ansässigen Herstellern, der Böhmisch-Mährischen Maschinenfabrik in Prag und der Firma Breitfeld & Daněk in Schlan ist die Reihe 270 weitergebaut worden. Als 1920 auch die Škoda-Werke in Pilsen den Lokomotivbau aufnahmen, ging als erste Type die Reihe 270 in Produktion, die ab 1924 die Reihenbezeichnung 434.1 erhielt. Ab 1930 erfolgte der Weiterbau bei den ČKD-Werken (wie sich das fusionierte Unternehmen von BMMF und Breitfeld & Daněk nun nannte) in modernisierter Form, deren äußere Merkmale die runde Rauchkammertür mit Zentralverschluß, der gußeiserne Kranzschornstein, das geräumige Führerhaus mit abgeschrägtem Oberteil und Lüfteraufbau sowie der in Österreich längst aufgegebene Doppeldom mit Verbindungsrohr waren. Als technische Verbesserungen erhielten die Kolbenschieber innere Einströmkanäle. Die Ausrüstung wurde durch mechanische Schmierpressen und elektrische Beleucthung aufgewertet. Zusammen mit den 1920/22 aus der Floridsdorfer Produktion angekauften 50 Einheiten erreichte bei der ČSD die Reihe 434.1 alter und neuer Ausführung bis 1931 einen Bestand von 165 Stück. Einsatzschwerpunkte waren die Heizhäuser Prag-Vršovice, Nimburg, Königgrätz, Josefstadt, Prerau, Brünn, Aussig und Eger. 1937 wurde eine größere Anzahl in die Slowakei verlegt, wo sie bei den Heizhäusern Preßburg, Neuhäusl und Leopoldau im gemischten Dienst Verwendung fanden. Nach Abtretung der südlichen Landesteile an Ungarn gelangte ein Teil in den Besitz der MÀV (dort als Reihe 403.6 bezeichnet).

Auch die Polnische Staatsbahn beschaffte diese beliebte Mehrzwecklokomotive. Sie wurde aus Halbfertigteilen der Lokomotivfabrik Wiener Neustadt in Warschau endgefertigt.

Die hervorragenden Betriebseigenschaften der Reihe 270 veranlaßten in den zwanziger Jahren auch die Rumänische Staatsbahn zu Nachbestellungen in größerer Stückzahl. Die von den Škoda-Werken in Pilsen und den französischen Schneider-Werken in Creusot gelieferten Lokomotiven waren mit Kolbenschieber für innere Einströmung ausgestattet und wiesen an neuzeitlichen Zutaten eine runde Rauchkammertür mit Zentralverschluß, ein geräumiges Führerhaus und automatische Schmierpressen auf. Die Dampfentnahme erfolgte aus einem Doppeldom mit Verbindungsrohr, der zwischen den beiden Sanddomen angeordnet war. Die Loks erhielten bei der CFR die Reihenbezeichnung 140.

Acht Einheiten stellte 1928/29 die Maschinenfabrik der Ungarischen Staatsbahn in Budapest für die Donau-Save-Adria-Bahn, der Nachfolgerin der Südbahn auf ungarischem Staatsgebiet, her, die sich weitgehend an der Ursprungsform orientierten. An technischen Neuerungen besaßen diese ebenfalls als Reihe 140 bezeichneten Loks einen Speisedom mit Kesselsteinabscheider auf dem vorderen Kesselschuß, der zur Verlegung der Sandkästen auf den Umlauf zwang, elektrische Beleuchtung und Zentralschmierung. Sie wurden 1934 zur Reihe 403.6 der MAV.

In den während des Zweiten Weltkrieges von Hitler-Deutschland annektierten oder besetzten Gebieten Ost- und Südosteuropas wurden 42 der PKP-Reihe Tr 12 als 56 3501 bis 3533 und 3538 bis 3546 und vier der JDŽ-Reihe 25 als 56 3534 bis 3537 vorübergehend der Deutschen Reichsbahn bzw. der ihr angegliederten *Ostbahn* einverleibt.

Die „österreichischen" 56er hatte der Krieg in alle Winde zerstreut. Von der einst 100 Stück umfassenden Reihe 270 war nur noch ein Viertel vorhanden, welche nach Einführung des neuen Reihenschemas als Reihe 156 bezeichnet wurden. 15 Maschinen erhielten ab 1955 noch den Giesl-Ejektor mit Siederohrdrosselung. Erst 1968 schied die Reihe 156 mit noch 14 betriebsfähigen Einheiten aus dem Einsatzbestand der ÖBB aus. Als Vertreterin dieser bewährten Gattung blieb die 1920 von Floridsdorf gebaute 156.3423 (ehem. 270.125) für das Wiener Eisenbahnmuseum erhalten. Ein weiteres Exemplar blieb in der ČSSR vor der Verschrottung bewahrt. Als erste von den Škoda-Werken gefertigte Lokomotive gehört die 434.1100, 1919 als 270.300 an die ČSD geliefert, zur Fahrzeugsammlung des Nationalen Technischen Museums in Prag.

Konstruktive Merkmale

Kessel: Zweischüssiger Heißdampfkessel mit 183,7 m^2 wasserberührter Verdampfungsheizfläche und einem Überhitzer von 38,3 m^2 innerer Berührungsfläche; Rostfläche 3,87 m^2; Rohrlänge 4500 mm; Kesselmitte 2615 mm über SOK; Feuerbüchse über dem Rahmen; Dampfdom über der zweiten Kuppelachse; unverkleidete Pop-Coale-Sicherheitsventile auf dem Stehkessel; Dampfdruck 13 kg/cm^2; ab 1955 Ein-

270.312 als 56 3500 der DRB, Floridsdorf 2830/1922
Foto: Archiv Töpelmann

bau des Giesl-Ejektors mit Siederohrdrosselung.

Rahmen: Genieteter Blechrahmen von 34 mm Stärke.

Triebwerk: Zwillings-Maschine mit 570 mm Zylinderdurchmesser und 632 mm Kolbenhub; Kolbenschieber mit äußerer Einströmung; äußere Heusinger-Steuerung; Antrieb auf der dritten Kuppelachse; Treibraddurchmesser 1300 mm.

Fahrwerk: Führende Adams-Achse mit 60 mm Seitenspiel; zweite und vierte Kuppelachse um 21 mm seitenverschiebbar; Laufraddurchmesser 870 mm; Tragfedern der ersten bis dritten Achse oberhalb, der vierten und fünften Achse unterhalb der Achslager.

Ausrüstung: Vakuumbremse, von vorn auf den zweiten bis vierten Kuppelradsatz wirkend; Nachrüstung mit Knorr-Druckluft-Zusatzbremse; Kobelfunkenfänger; Besandung der ersten und dritten Kuppelachse durch Sanddome auf dem Kesselrücken; teilweise Ausrüstung mit Dabeg-Vorwärmerpumpe.

Tender: Dreiachsiger Steifrahmentender der Reihe 56 oder 156.

371 (SB 33, Umbau)

D-n2 (urspr. C2-n2)

1861 bis 1929

Als in den vierziger Jahren des 19. Jahrhunderts eine Bahnverbindung zwischen der Residenzstadt Wien und dem Adriahafen Triest gefordert wurde, überwog in der Fachwelt die Anschauung, daß eine Überquerung der Alpen allenfalls unter Anwendung technischer Hilfsmittel zu bewerkstelligen sei. Da man die Adhäsion der glatten Radflächen der Lokomotiven auf den Schienen für die Zugförderung auf den Rampenstrecken für unzureichend hielt, glaubte man, die gewaltigen Höhenunterschiede nur mit Hilfe stationärer Seilzuganlagen, eines Zahnradhilfsantriebs oder durch Pferdetraktion überwinden zu können. Nachdem sich Carl von Ghegas Plan einer konventionellen Reibungsbahn mit Maximalsteigungen von 25 ‰ dennoch durchgesetzt hatte, galt es, eine Lokomotivbauart zu finden, die auch bei Bergfahrt noch eine ausreichende Zugkraft zu entwickeln vermochte. Auf Anregung eines eisenbahntechnischen Fachorgans sollte diese nach dem Vorbild des berühmt gewordenen Lokomotivrennens von Rainhill (1829) durch eine Preis-Konkurrenz ermittelt werden. Mit kaiserlicher Zustimmung wurde diese für den 31. Juli 1851 ausgeschrieben. An ihr nahmen teil die Lokomotiven

Bavaria von J. A. Maffei in München,
Seraing von Cockerill in Seraing bei Lüttich,
Wiener Neutstadt von Günther in Wiener Neustadt und
Vindobona von Haswell in Wien.

Bei allen Unterschieden im technischen Aufbau hatten die vorgestellten Lokomotiven den Antrieb aller Achsen und mithin die Nutzung ihres gesamten Gewichts für die Reibung gemeinsam. Obwohl keine der Bewerberinnen voll befriedigte, brachte der Wettbewerb doch wertvolle Erkenntnisse für den künftigen Bau von Gebirgslokomotiven. Nach eingehenden Studien der Probemaschinen ließ Prof. Wilhelm Engerth von der Technischen Hochschule in Wien den Entwurf einer

371

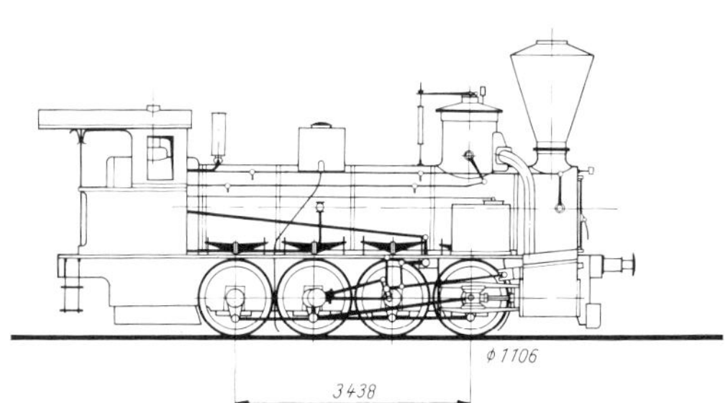

371.06, Umbau aus C-2-Engerth-Lokomotive 917 der Südbahn, anfangs der dreißiger Jahre, Maschinenfabrik Eßlingen 233/1853
Foto: Bildarchiv der Österreichischen Nationalbibliothek/Sammlung Ostendorf

im Hauptrahmen dreifachgekuppelten Lokomotive fertigen, deren rückwärtiges Ende sich auf ein durch Zahnradvorgelege angetriebenes Drehgestell stützte, dessen beide Achsen durch Stangen gekuppelt waren. Dieses trug in einem tenderähnlichen Anbau den Kohlenvorrat und nahm einen Teil des Gewichts der Feuerbüchse auf, wogegen der Wasservorrat in seitlichen Behältern untergebracht war. Diese als Engerth-Stütztenderlokomotive bekannt gewordene Bauart fand in Österreich, Frankreich und der Schweiz Mitte des neunzehnten Jahrhunderts einige Verbreitung. Die *Südliche Staatsbahn* bestellte 26 solcher Maschinen bei Cockerill in Seraing (Belgien) und bei Keßler in Eßlingen, welche 1853/54 auf der Semmering-Strecke in Betrieb genommen wurden. Der Antrieb des Tendergestells hatte jedoch nie befriedigt. Überdies waren seine beiden Achsen erheblich überlastet und ließen auf längere Sicht Schäden am Gleiskörper befürchten. Man verzichtetet deshalb auf den Antrieb des Stützdrehgestells durch die obendrein schwergängige Zahnradübertragung, die nur eine geringe Drehbeweglichkeit zuließ. Für den Bergdienst reichte jedoch die Reibungsmasse der drei Kuppelachsen des Hauptrahmens nicht mehr aus. Die 1858 gegründete *kk privilegierte Südbahn-Gesellschaft* entschloß sich deshalb, die Lokomotiven von Grund auf umzubauen. Zwischen 1861 bis 1864 erhielten sie leistungsfähigere Kessel mit hohem Dampfdom und Federwaag-Sicherheitsventilen. Gleichzeitig erfolgte unter Hinzufügung einer vierten, seitlich verschiebbaren Kuppelachse der Umbau zu normalen Schlepptenderlokomotiven der Achsfolge D. Als solche wurden sie unter der neuen Serienbezeichnung 33 und der Nummerngruppe 901 bis 926 in das neue Südbahn-Bezeichnungsschema eingereiht. In dieser Form leisteten sie über Jahrzehnte gute Dienste am Semmering und auf der 1867 eröffneten Brennerbahn. Bei Probefahrten wurde eine Leistung von 483 PS gemessen. Ihr Äußeres hatte sich im Laufe der Zeit durch die Anbringung eines Führerhauses anstelle der offenen Bedienungsplattform, eines Sandkastens auf dem Kesselrücken und die Ausstattung mit Luftsaugbremse mehrmals verändert, so daß schließlich nur noch der wuchtige kegelförmige Funkenfänger und der zylindrische Dampfdom mit flacher Abdeckung daran erinnerte, daß ihre Entstehung noch auf die Frühzeit des Lokomotivbaues zurückgeht. Zu alledem erwiesen sich die Maschinen als äußerst langlebig. Nach der Verstaatlichung der Südbahn gelangten noch zehn Stück als Reihe 371 in den Bestand der BBÖ. Die letzte fand bis 1929 im Verschubdienst in Leoben Verwendung.

Konstruktive Merkmale
(nach Umbau in D-n2)

Kessel: Zylindrischer Naßdampfkessel mit 157 m^2 Verdampfungsheizfläche und 1,84 m^2 Rostfläche; Dampfdom mit Federwaag-Sicherheitsventilen; Dampfdruck 8,5 kg/cm^2.

Rahmen: Innenrahmen aus unterfütterten Blechen.

Triebwerk: Zwillingsmaschine; Zylinderdurchmesser 474 mm; Kolbenhub 610 mm; Raddurchmesser 1050 mm; Flachschieber mit äußerer Stephenson-Steuerung; Antrieb auf der dritten Kuppelachse.

Ausrüstung: Anbau eines Führerhauses und Ausrüstung mit Injektor-Kesselspeisung, Vakuumbremse, Besandung durch Sandkästen auf dem Kesselrücken und auf dem Umlauf; kegelförmiger Funkenfänger.

Tender: Dreiachsiger Steifrahmententender Reihe 36.

471 (SB 35 a)

D-n2

1871 bis 1934

Schon bald nach Eröffnung der Semmering-Strecke – dem ersten Schienenweg über die Alpen – hatte sich gezeigt, daß ein einfacher Vierkuppler mit Schlepptender den schwierigen Bedingungen einer Gebirgsbahn am besten entsprach. Nach den guten Erfahrungen mit der Umbau-Reihe 33 ließ die Südbahn-Gesellschaft für den Betrieb auf der 1867 eröffneten Brennerbahn von der Maschinenfabrik der StEG zehn D-n2-Lokomotiven bauen, die 1868 als Serie 34 unter der Nummernfolge 927 bis 936 in Dienst gestellt wurden und an Leistung und Gewicht alle bisher in Österreich hergestellten Lokomotiven übertrafen. Als infolge des wachsenden Verkehrs erneut Bedarf an leistungsstarken Berglokomotiven entstand, fiel die Wahl wieder auf diese bewährte Bauart. Unter der technischen Leitung des Maschinendirektors Louis Anton Gölsdorf, dem Vater des berühmten kkStB-Konstrukteurs Karl Gölsdorf, ließ die Südbahn von der Sigl'schen Lokomotivfabrik in Wiener Neustadt eine noch leistungsfähigere D-n2-Lokomotive entwerfen, von welcher 1871/72 75 Stück mit geringen baulichen Unterschieden in den drei Bauserien 35 a bis c mit der Nummernfolge 937 bis 1011 zur Ablieferung kamen. An ihrer Herstellung waren auch Keßler in Eßlingen und die Maschinenfabrik der StEG beteiligt.

471.11, ehemalige Serie 35 a Nr. 956 der Südbahn, Wiener Neustadt 1342/1872
Foto: Sammlung Dr. Scheingraber

471

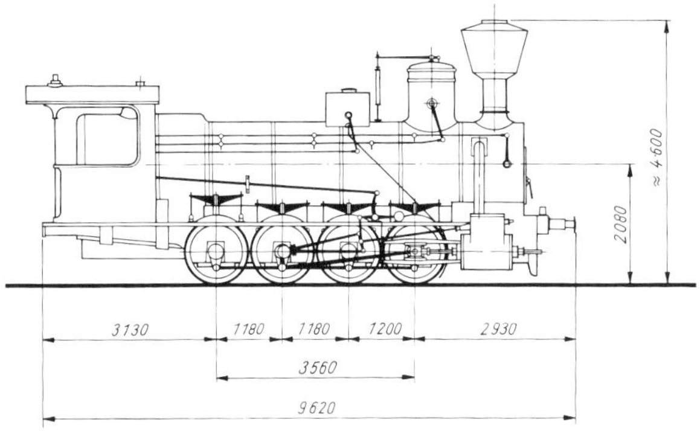

Im Streben nach größtmöglicher Zugkraft war der Entwurf auf die äußerste Nutzung der zulässigen Achslast von 13,5 t ausgelegt. Während die Serie 34 Außenrahmen besaß, kehrte man bei der neuen Gattung zum Innenrahmen zurück, da die Hall'schen Antriebskurbeln unter starker Zugkraftbelastung zu Anbrüchen neigten. Bedenken hinsichtlich nachteiliger Auswirkungen auf die Laufruhe wegen der durch den Innenrahmen bedingten höheren Kessellage erwiesen sich als unbegründet, zumal die großen Überhänge ohnehin nur sehr mäßige Geschwindigkeiten zuließen. Der Kessel mit einer Verdampfungsheizfläche von 178 m^2 besaß den größten, an einer österreichischen Lokomotive ausgeführten Rost mit einer Fläche von 2,16 m^2. Bei Probefahrten beförderte die Lokomotive eine Anhängelast von 210 t über eine Rampe von 25 ‰. Diese bis dahin im Bergdienst unerreichte Leistung veranlaßte 1872 die Oberitalienische Eisenbahn, eine der neuen Südbahn-Maschinen auf der Steilrampe oberhalb von Genua zu erproben, wobei sie sich einem schweren Vierkuppler heimischer Produktion als deutlich überlegen zeigte. Der Erfolg führte zu einer Bestellung von nicht weniger als 60 geringfügig modifizierten Lokomotiven dieses Typs (spätere FS-Reihe 420) bei Sigl in Wiener Neustadt, der bis 1885 weitere Aufträge bei der Maschinenfabrik der StEG folgten. Es bedarf kaum eines überzeugenderen Beweises für den hohen Entwicklungsstand des zwar konventionell orientierten, aber auf ein Höchstmaß an Fertigungsqualität bedachten österreichischen Lokomotivbaues jener Epoche.

In ihrem technischen Aufbau folgte die Serie 35a den vorherrschenden Anschauungen. Bis auf den von 1070 auf 1106 mm vergrößerten Raddurchmesser wurden die Abmessungen des Zwillingstriebwerks von der Serie 34 übernommen und die äußere Stephenson-Steuerung beibehalten. Der zylindrische Kamin wich dem Südbahn-typischen Funkentrichter oder einer eigenständigen Kobelform. Die anfänglich auf dem Umlauf untergebrachten Sandkästen wurden durch einen in Kesselmitte montierten Sandkasten mit Fallrohr zur ersten Kuppelachse ersetzt. Eingesetzt waren die Maschinen bei den Heizhausleitungen Bruck a. d. Mur, Laibach, Trient und Lienz. Dieser Verteilung zufolge kam die Mehrzahl nach dem Ersten Weltkrieg zu den Staatsbahnen Italiens (FS Reihe 471) und des neuen Südslawischen Königreiches (JDŽ-Reihe 132). Während von der Serie 34 mit der Verstaatlichung der Südbahn nur eine zu den BBÖ kam, welche ohne Umzeichnung ausgemustert wurde, erhielten noch zwölf der Reihe 35a die Reihenbezeichnung 471, deren letzte 1934 kassiert wurde. Mit der Einverleibung Südkärntens und der Untersteiermark in das Großdeutsche Reich im Verlaufe des Zweiten Weltkrieges gingen noch drei Loks aus dem Bestand der JDŽ vorübergehend als 55 5601 bis 5603 in den Besitz der DRB über.

Die guten Erfahrungen mit den Serien 35a bis c führten zur Weiterentwicklung als Gattung 35d, von der 1883 bis 1897 21 Stück mit den Nummern 2012 bis 2032 von Wiener Neustadt geliefert wurden. Sie kamen alle nach dem Ersten Weltkrieg zur Italienischen Staatsbahn (FS-Reihe 423).

Konstruktive Merkmale

Kessel: Zylindrischer Naßdampfkessel mit 178 m^2 Verdampfungsheizfläche und 2,16 m^2 Rostfläche; Dampfdom mit Reglergehäuse, außen geführtem Reglerzug und Federwaag-Sicherheitsventilen; Dampfdruck 9 kg/cm^2.

Rahmen: Innenrahmen aus unterfütterten Blechen.

Triebwerk: Zwillingsmaschine mit 500 mm Zylinderdurchmesser und 610 mm Kolbenhub; Raddurchmesser 1106 mm;
Flachschieber mit äußerer Stephenson-Steuerung; Antrieb auf der dritten Achse.

Ausrüstung: Injektorspeisung; Besandung des vordersten Radsatzes durch Sandkasten auf dem Kesselrücken; Nachrüstung mit Vakuumbremse; zylindrische Esse durch konischen Funkentrichter oder Kobelrauchfang ersetzt.

Tender: Dreiachsiger Steifrahmentender Reihe 36.

571 (StEG V)

DRB-Baureihe 55^{70}

D-n2

1875 bis 1952

Techn. Daten: Seite 265

Der starke Güterverkehr zwischen Wien, Prag und den Umschlaghäfen an der Elbe veranlaßte die Staatseisenbahn-Gesellschaft, schon Ende der sechziger Jahre eine vierfach-gekuppelte Güterzuglokomotive für ihre durch schwieriges Gelände führende Strecken zu beschaffen. In ihrem technischen Aufbau war sie der um die gleiche Zeit entstandenen Südbahn-Lokomotive Serie 35a recht ähnlich, von der sie im wesentlichen nur durch die innen angeordnete Steuerung abwich. Ihrem Einsatzgebiet entsprechend wies der Kessel bei etwas größerer Heizfläche einen kleineren Rost auf, wogegen das Dienstgewicht um fast 10 t niedriger war und bei einem maximalen Achsdruck von 11 t eine freizügige Verwendung ermöglichte. Der zylindrische Kamin war ohne Funkenfänger ausgeführt. Von einem Reglerkopf vor dem Dampfdom führten freiliegende Dampfrohre zu den Zylindern. Bei der späteren Neubekesselung erhielten die Lokomotiven einen Doppeldom mit Verbindungsrohr. Die Sandkästen waren überlicherweise auf dem Umlauf über der ersten Achse unterge-

571.48, ehemalige 4248 der StEG, als 55 7003 der DRB, StEG-Fabrik 1027/1870
Foto: Archiv Töpelmann

bracht. Außer der Spindelbremse des Tenders besaß die Lokomotive keine eigene Bremseinrichtung, weshalb sie nur für eine Höchstgeschwindigkeit von 35 km/h zugelassen war. Noch an frühe Fertigungsmethoden erinnern die aufgenieteten segmentförmigen Radgegengewichte. Dessen ungeachtet erwiesen sich die Maschinen durch ihre Einfachheit als äußerst robust und langlebig.

Von 1867 bis 1875 ließ die StEG in der bahneigenen Maschinenfabrik 73 Stück herstellen, welche die Serienbezeichnung 42 erhielten und nach Integrierung der Gesellschaft in die kkStB als Reihe 571 bezeichnet wurden. Zugeteilt waren sie den Heizhäusern Stadlau, Brünn und Böhmisch Trübau. Nach dem Umbruch von 1918 verblieben 40 Stück in Österreich, 31 gingen als Reihe 401.0 in den Fahrpark der ČSD ein und zwei wurden ausgemustert. Mit dem Rückgang der Verkehrsleistungen als Folge der Wirtschaftskrise verringerte sich auch der Bedarf an Rangierlokomotiven. Bei Eingliederung der Österreichischen Bundesbahnen in die Deutsche Reichsbahn waren nur noch drei Exemplare beim Heizhaus Stadlau vorhanden, welche die DRB-Nummern 55 7001 bis 7003 erhielten und erst 1952 ausgemustert wurden. Bei der ČSD schied die letzte der unverwüstlichen Veteranen mit 77 Dienstjahren ebenfalls 1952 aus.

Konstruktive Merkmale

Kessel: Zylindrischer Naßdampfkessel mit 180,40 m² Verdampfungsheizfläche und 1,9 m² Rostfläche; Dampfdruck 9 kg/cm²; zylindrische Esse, anfangs mit Krone; Dampfdom mit vorgesetztem Reglerkopf; Federwaag-Sicherheitsventile; bei Neubekesselung Doppeldom mit Verbindungsrohr.

Rahmen: Innenrahmen aus genieteten Blechen.

Triebwerk: Zwillingsmaschine mit 470 mm Zylinderdurchmesser und 632 mm Kolbenhub; Raddurchmesser 1186 mm; innere Gooch-Steuerung; Antrieb auf der dritten Achse.

Ausrüstung: Sandkästen auf vorderem Umlaufsteg; nur Tenderhandbremse.

Tender: Dreiachsiger Steifrahmentender.

73

DRB-Baureihe 55^{57}
ÖBB-Baureihe 55

D-n2

1885 bis 1964

Techn. Daten: Seite 265

Zu den ersten, nach Spezifikation der 1884 ins Leben gerufenen *Generaldirektion der kkStaatsbahn* entworfenen Lokomotivtypen gehörte neben der 2B-n2-Schnell- und Personenzuglokomotive Reihe 4 und der C-n2-Mehrzwecklokomotive Reihe 48 auch die für ihre Zeit außerordentlich leistungsstarke D-n2-Güterzuglokomotive Reihe 73. Sie entstand als verstärkte Weiterentwicklung der 1882 für die Franz-Josefs-Bahn gebauten Gattung BF III und war vor allem für den Güterzugdienst auf den Gebirgsstrecken vorgesehen. Demzufolge kamen die ersten vier im Jahre 1885 von Floridsdorf als BF IV gelieferten Exemplare am Arl-

73

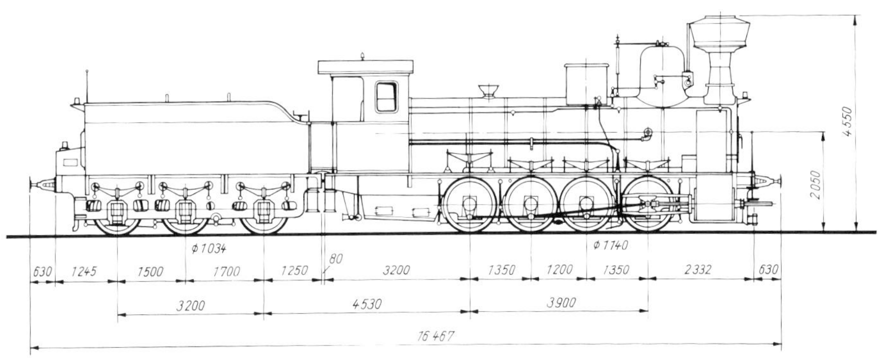

73.284 im Betrieb der kkStB, Floridsdorf 1280/1899
Foto: TBA K. Pfeiffer

berg zum Einsatz, wo sie in Doppelbespannung 400 t-Züge über die 25 km lange Rampenstrecken zu befördern hatten. Im technischen Aufbau dominierten noch die konventionellen Konstruktionsmerkmale der 60er und 70er Jahre, wie niedrige Kessellage, Federwaag-Sicherheitsventile am weit vorn aufgesetzten Dampfdom wie auch die überhängenden Massen der Zylinder und der Feuerbüchse. Ein typisches Merkmal der Gattung waren die in einem Innenrahmen gelagerten Grauguß-Scheibenräder, der sattelförmige Sandkasten und der gewaltige gußeiserne Kobelkamin, dessen Gewicht von einer Tonne zusammen mit einem Ballastgewicht unter der Pufferbohle dem Massenausgleich zur überhängenden Feuerbüchse diente. Beachtlich für die Zeit waren die Dimensionen des Kessels, dessen Verdampfungsheizfläche von 182 m^2 eine Rohrlänge von 5100 mm und einen Feuerrost von 2,3 m^2 erforderten. Der Frischdampf von 11 kg/cm^2 Spannung gelangte über schwungvoll verkleidete Zufuhrleitungen seitlich der Rauchkammer zum innengesteuerten Zwillingstriebwerk, das die dritte Achse antrieb. Um den Bogenlauf zu erleichtern, erhielt die vierte Kuppelachse ein leichtes Seitenspiel von 13 mm. Obwohl die Lokomotive mit Vakuumbremse ausgerüstet war, konnte sie wegen ihres unruhigen Laufes nur für 35 km/h zugelassen werden. Dessen ungeachtet hat die Reihe 73 über Jahrzehnte den Anforderungen gut entsprochen und sich im Unterhalt als äußerst sparsam erwiesen. Nach der Lastentabelle konnte sie in der Ebene eine Anhängelast von 1650 t mit 30 km/h, auf einer Steigung von 10 ‰ 580 t mit 15 km/h und mit der gleichen Geschwindigkeit 220 t über eine 25 ‰-Rampe schleppen, wobei sie fast 700 PS entwickelte.

Von 1885 bis 1909 wurden 453 Maschinen als 73.01 bis 454 in Betrieb genommen, 73.300 blieb unbesetzt. An ihrer Herstellung waren alle österreichischen Lokomotivfabriken beteiligt. Die Reihe 73 wurde zur Standard-Güterzuglokomotive der kkStB mit Einsatzschwerpunkten in Galizien, der Bukowina, in Böhmen und Mähren, Wien, Salzburg, Tirol und Vorarlberg. Eine Anzahl wurde auf Rechnung privater Zubringer-Gesellschaften in Böhmen und Galizien beschafft, deren Betrieb von der Staatsbahn geführt wurde. Südlich der Alpen erschien sie erst während des Ersten Weltkrieges. Wegen ihrer Übersichtlichkeit und ihrer unkomplizierten Bedienung wurde sie auf Verlangen der k. u. k. Militärverwaltung auch dann noch weitergebaut, als sie durch zeitnahe Typen wie die Reihen 170, 270, 180 und 80 technisch längst überholt war. Während ihrer fast 25-jährigen Beschaffungszeit wurden nur geringfügige Änderungen vorgenommen. So wurden das Abdampfrohr des Ejektors der Saugluftbremse von der Vorderseite des Dampfdoms vor das Führerhaus verlegt und mit einem Schalldämpfer versehen, auf die Kesselfüllschale verzichtet und Seitenfenster angebracht. Eine Anzahl der in Galizien und am Arlberg eingesetzten Maschinen war auf Ölfeuerung umgestellt. Nach ihrer Ablösung vom Streckendienst wurde die Reihe 73 zur dominierenden Verschublokomotive auf den großen Rangierbahnhöfen Wien Ost, Stadlau, Linz, Salzburg, Bruck a. d. Mur und Knittelfeld.

Bei der Aufteilung des Fahrparks der kkStB nach dem Ersten Weltkrieg erhielten die PKP 233 Stück (Reihe Tp 15), die ČSD 119 Stück (Reihe 414.0), die FS 25 Stück (Reihe 424), die CFR 17 Stück und die SHS (Vorläuferin der JDŽ) vier Stück (Reihe 133). Nach Abzug der Kriegsverluste verblieben nur 44 Stück der Deutsch-Österreichischen Staatsbahn bzw. den späteren Österreichischen Bundesbahnen. Es spricht für die anhaltende Beliebtheit dieser robusten, unkomplizierten Lokomotive, daß trotz ihrer veralteten Konstruktion 1938 noch alle von der Deutschen Reichsbahn als 55.5701 bis 5744 übernommen wurden. Selbst nach dem Zweiten Weltkrieg befanden sich noch 38 Stück im Bestand der ÖBB. Ihr Äußeres hatte sich durch die Ausrüstung mit Druckluftbremse, deren Luftbehälter auf dem Kessel montiert wurde, die Entfernung des Kobelfunkenfängers und verschiedene technische Verbesserungen weiter verändert. In Österreich wurde 1964 als letzte die 55.5708 (kkStB 73.79), gebaut 1887 in Wiener Neustadt, außer Dienst gestellt und dem Eisenbahn-Museum in Wien überlassen.

Durch die vom Deutschen Reich erzwungenen Gebietsabtretungen und seine militärischen Eroberungen während des Zweiten Weltkrieges gelangten zahlreiche ehemalige 73er vorübergehend in deutschen Besitz. Mit der Einverleibung der Sudetengebiete kamen im Oktober 1938 64 Stück aus dem Bestand der ČSD als 55 5745 bis 5819 zur DRB. Zwölf weitere aus dem Olsa-Gebiet – vorgesehene Nummern 55 5820 bis 5831 – wurden wegen vorzeitiger Abgabe an die Protektoratsbahnen (BMB-ČMD) nicht umgezeichnet. 63 Stück Tp 15 der PKP wurden als 55 5832 bis 5864 und 5566 bis 5597 und eine der JDŽ als 55 5865 eingereiht.

Am längsten konnte sich nach 1945 die 414.065 der ČSD halten. 1897 bei Floridsdorf gebaut, kam sie 1918 zur ČSD, gehörte von 1938 bis 1945 als 55 5579 zur DRB (RbD Dresden, Bw Komotau) und wurde erst 1969 abgestellt. Seitdem gehört sie zum Fahrzeugpark des Nationalen Technischen Museums in Prag.

Konstruktive Merkmale

Kessel: Zylindrischer Naßdampfkessel mit 182 m² Verdampfungsheizfläche und 2,3 m² Rostfläche; Rohrlänge 5100 mm; Dampfdom auf dem Vorderkessel; Feuerbüchse hinter der vierten Kuppelachse; Dampfdruck 11 kg/cm²; Federwaag-Sicherheitsventile von DRB teilweise durch Pop-Ventile ersetzt.

Rahmen: Innenrahmen aus genieteten Blechen.

Triebwerk: Zwillingsmaschine mit Zylinderdurchmesser von 500 mm und 570 mm Kolbenhub; innen angeordnete Gooch-Steuerung; Grauguß-Scheibenräder von 1120 mm Durchmesser, Antrieb auf der dritten Achse.

Fahrwerk: Vierte Achse mit 13 mm Seitenspiel; Tragfedern oberhalb des Umlaufstegs.

Ausrüstung: Sattelförmiger Sandkasten in Kesselmitte mit Sandung des zweiten Radsatzes; Vakuumbremse, auf den ersten und zweiten Radsatz von vorn und auf den dritten und vierten Radsatz von hinten wirkend; bei DRB teilweise Nachrüstung mit Druckluftbremse; ursprünglich Kobelfunkenfänger aus Gußeisen.

Tender: Dreiachsiger Steifrahmententender der Reihen 36 oder 66.

174

DRB-Baureihe 55^{59}
ÖBB-Baureihe 155

D-n2

1906 bis 1960

Techn. Daten: Seite 265

Der anhaltende Bedarf an Lokomotiven für den mittelschweren Güterzugdienst und den schweren Rangierdienst veranlaßten Gölsdorf, aus der bewährten Reihe 73 eine zeitgemäß verbesserte Bauform zu entwickeln. Dabei verfolgte er das Ziel, den toten Gewichtsballast für eine leistungssteigernde Kesselkonstruktion zu nutzen und die lauftechnisch störenden Überhänge zu vermindern, aber auch das ungünstige Verhältnis zwischen den langen Heizrohren und der Feuerbüchse zu verbessern. Gleichzeitig sollte die neue, als Reihe 174 bezeichnete Lokomotive als Versuchsträger für den schon bei den Reihen 4 und 48 erprobten Brotan-Wasserrohrkessel dienen, da bei Verfeuerung schwefelhaltiger Kohle zunehmend Schäden an den kupfernen Feuerbüchsen auftraten. Um aufwendige Konstruktionsarbeit einzusparen, übernahm Gölsdorf den kleinen Raddurchmesser der Reihe 73 und verzichtete sowohl auf die Heusinger-Steuerung als auch auf das von ihm favorisierte Verbundtriebwerk.

1906/07 lieferte Floridsdorf die ersten beiden Lokomotiven 174.01 und 02 mit Brotan-Kessel in Naßdampfausführung, denen 1908 elf weitere (174.500 bis 510) mit Clench-Dampftrockner folgten.

174

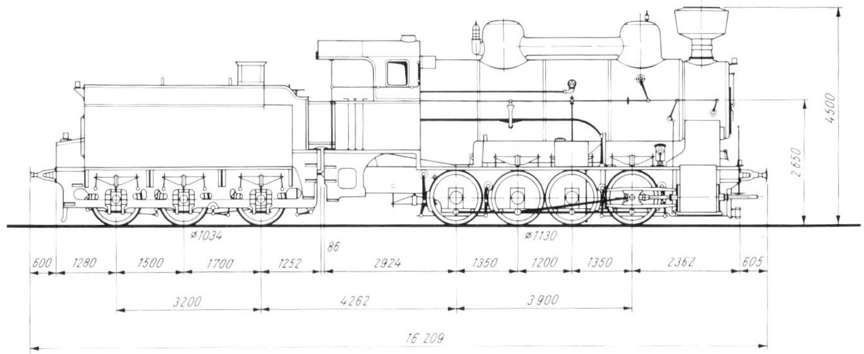

Aufbau und Wirkungsweise des Brotan-Kessels wurde in diesem Band in den Beschreibungen der Reihen 4 und 310.300 umrissen. 1910/11 wurden 13 Stück mit Stehbolzenkessel und Dampftrockner (174.511 bis 523) und 1912 bis 1915 wurden 18 Einheiten mit normalem Naßdampfkessel (174.03 bis 20) in Dienst gestellt. Bei der Bauform mit Brotankessel und Dampftrockner wurde der separate Oberkessel von einer Verkleidung überdeckt, aus der linksseitig der Stutzen mit den Pop-Sicherheitsventilen herausragte. Durch die Höherlegung der Kesselmitte auf 2600 mm konnte die Feuerbüchse mit breiterem Rost teilweise über der vierten Kuppelachse angelegt und der rückwärtige Überhang um 650 mm verringert wer-

174.14, Werkaufnahme, Floridsdorf 2068/1912
Foto: TBA K. Pfeiffer

174.515 mit Dampftrockner, Werkaufnahme, Floridsdorf 1962/1910
Foto: TBA K. Pfeiffer

den. Weder der Brotankessel noch der Dampftrockner brachten nennenswerte Vorteile und wurden schrittweise durch normale Naßdampfkessel ersetzt.

Gegenüber der Normalausführung mit verbundenem Doppeldom erhielten die umgebauten Maschinen einen Einzeldom mit aufgesetzten Druckfederventilen. Trotz Verkürzung des Abstandes zwischen den Rohrwänden um 541 mm gegenüber der Reihe 73 konnte durch eine geänderte Rohrteilung die Heizfläche sogar geringfügig vergrößert und die Verdampfungsleistung des Kessels verbessert werden. Bei unveränderten Triebwerksabmessungen stieg das Dienstgewicht nur um 1,6 t auf 56,7 t an. Der schwere gußeiserne Kobel der Reihe 73 wich einer leichteren Blechausführung auf einem wesentlich niedrigeren Kamin, der zusammen mit der hohen Kessellage die Lokomotive moderner und kraftvoller erscheinen ließ. Dank verbesserter Fahreigenschaften konnte die etwas höhere Höchstgeschwindigkeit von 40 km/h zugelassen werden. Die Einsatzgebiete waren Böhmen (Heizhäuser Prag-Nusle, Budweis und Klattau), Galizien (Heizhäuser Stanislau, Zywiec und Czortkow), Wien FJB, Wien West und Graz. Nach dem Ersten Weltkrieg gingen von den 44 Maschinen 18 auf die PKP (Reihe Tp 17) über, zwölf Stück kamen als Reihe 414.2 an die ČSD und 13 Stück verblieben abzüglich des Verlustes einer Maschine der DÖStB. Sie wurden meist einzeln oder in kleinen Gruppen in den Dienstplänen der Reihe 73 im Wiener Raum, in Amstetten, St. Valentin, Linz, Salzburg, Bruck a. d. Mur und Landeck verwendet. Der gesamte BBÖ-Bestand ging 1938 als 55 5901 bis 5913 auf die DRB über, zu dem im Zweiten Weltkrieg auch der gesamte PKP-Bestand als 55 5914 bis 5931 hinzukam und teilweise der RbD Wien zugeteilt wurde. Die Österreichischen Bundesbahnen reihten noch elf Stück als Reihe 155 in das neue Nummernschema ein, die bis 1957 noch vollzählig im schweren Rangier- und im Überstelldienst eingesetzt waren. Bereits zwei Jahre darauf waren alle außer Dienst gestellt. Bei der ČSD währte ihr Einsatz volle zehn Jahre länger.

Trotz neuer Kesselkonstruktion und anderer technischer Verbesserungen gegenüber der Reihe 73 blieb die Reihe 174 ein Kompromiß, der wegen des nur geringfügigen Leistungsgewinns einen Großserienbau zu einer Zeit, als die Heißdampflokomotive im Kommen war, hinfällig werden ließ.

Konstruktive Merkmale
(Naßdampfausführung
mit Stehbolzenkessel)

Kessel: Zylindrischer Naßdampfkessel mit 183 m^2 Verdampfungsheizfläche und 2,46 m^2 Rostfläche; Rohrlänge 4559 mm; Kesselmitte 2600 mm über SOK; Doppeldom mit Verbindungsrohr oder Einzeldom mit Druckfedersicherheitsventilen; Dampfdruck 11 kg/cm^2; äußerer Reglerzug.

Rahmen: Innerer Blechrahmen.

Trieb- und Fahrwerk: Zwillingsmaschine mit 500 mm Zylinderdurchmesser und 570 mm Kolbenhub; Flachschieber mit innerer Gooch-Steuerung; Raddurchmesser 1120 mm; Antrieb auf der dritten Achse; Grauguß-Scheibenräder.

Ausrüstung: Vakuumbremse, auf den ersten und zweiten Radsatz von vorn und auf den dritten und vierten Radsatz von hinten wirkend; Sandkästen auf dem Umlaufsteg zur Besandung des zweiten Radsatzes; Kobelfunkenfänger System Rihosek (nach 1945 meist entfernt).

Tender: Dreiachsiger Steifrahmentender der Reihe 56 oder 156.

76 (Arlbergbahn B IV)

D-n2

1884 bis 1929

Als eine der kühnsten Bahnlinien im gesamten Alpenraum ging 1884 die Arlbergbahn ihrer Vollendung entgegen. Der 1311 m über dem Meeresspiegel in einem 10,24 km langen Tunnel angelegte Scheitelpunkt wird von Osten auf einer 27 km langen Zufahrt mit einer Maximalsteigung von 26 ‰, von Westen auf einer krümmungsreichen Rampenstrecke mit Steigungen bis zu 31 ‰ erreicht. 1883 griff *die kkDirektion für staatlichen Eisenbahnbetrieb* die Idee der Semmering-Lokomotiv-Konkurrenz von 1851 auf und wandte sich in einer Preisausschreibung an die Industrie, Lokomotiven für die noch schwierigeren Betriebsbedingungen der Arlbergbahn zu entwerfen. Gefordert wurde die Beförderung einer Zugmasse von 175 t auf dem östlichen und von 150 t auf dem westlichen Anstieg mit jeweils 12 km/h. Der Widerhall blieb gering. Von den heimischen Herstellern beteiligten sich nur die Lokomotivfabrik Floridsdorf mit zwei D2-n2-Lokomotiven mit drehgestellgestütztem tenderähnlichen Vorratsbehälter und die Sigl'schen Werke in Wiener Neustadt mit vier D-n2-Lokomotiven normaler Bauart mit dreiachsigem Tender. Aus dem Ausland war nur die Lokomotivfabrik Krauß in München mit einer D-Tenderlokomotive vertreten, von welcher jedoch gleich fünf Exemplare bestellt worden waren. Anders als bei der Semmering-Konkurrenz war eine längerfristige Betriebserprobung vorgesehen, weshalb die einzelnen Versuchsbauarten in mehrfacher Auflage zur Verfügung stehen mußten. Alle drei Probelokomotiven konnten zwar das Leistungsprogramm erfüllen, aber keine hat im Betrieb voll entsprochen.

Bemerkenswert an der Krauß'schen Konstruktion war für die damalige Zeit die äußere Heusinger-Steuerung. Größter Nachteil dieser Tenderlokomotive war der kontinuierliche Verlust an Zugkraft durch die Abnahme der Haftreibung bei dem raschen Aufbrauch der Vorräte bei Bergfahrt. Unter dem gleichen Mangel litt auch die Floridsdorfer Konstruktion mit ihrem starr an die Lokomotive angeschlossenen Tenderkasten. Der gemeinsame Rahmen war bis zur Treibachse innen, ab der vierten Kuppelachse zur Aufnahme des kurzständigen Deichselgestells in Kamper-Bauart außen geführt. Von allen drei Versuchstypen besaß die Floridsdorfer Lokomotive den größten Kessel und das stärkste Triebwerk, jedoch mangelte es ihr an der Mitführung ausreichender Vorräte.

Betrieblich am besten entsprochen hatte die Schlepptenderlokomotive aus Wiener Neustadt. Anlaß zur Kritik gab lediglich die Überschreitung der Profilgrenzen durch die weit ausladenden Zylinder infolge des Außenrahmens und der tiefe Ausschlag der beweglichen Triebwerksteile. Im technischen Aufbau folgte die ursprünglich als BF IV bezeichnete Gattung konventioneller Praxis mit Außenrahmen und niedriger Schwerpunktlage. Der recht leistungsfähige Kessel erzeugte Dampf von 11 kg/cm² Spannung, der in einem innengesteuerten Zwillingstriebwerk seine Arbeit leistete. Der ursprünglich kegelige Funkenfänger wurde später durch den staatsbahntypischen Kobel

76

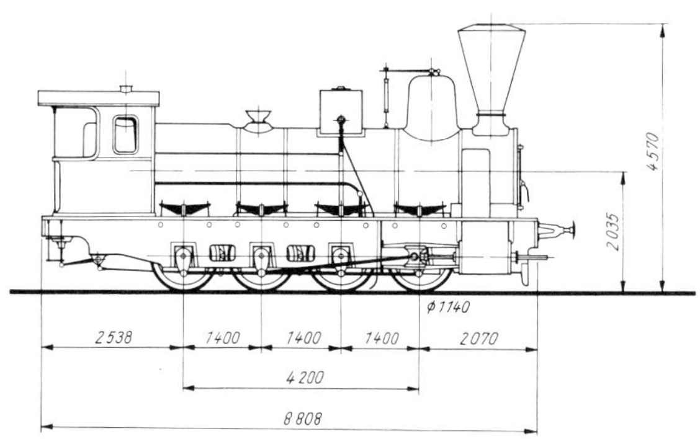

ersetzt. Eine Vakuumbremse wirkte auf die dritte und vierte Achse.

In das 1886 eingeführte Bezeichnungssystem der kkStB wurden die Versuchslokomotiven aus Wiener Neustadt als 76.01 bis 04 eingereiht. Ein Nachbau unterblieb zugunsten der von Floridsdorf entwickelten Reihe 73, die den schwierigen Betriebsverhältnissen der Bergstrecken besser angepaßt war. Solange diese 1885 in Betrieb genommene Gattung nicht in der erforderlichen Stückzahl verfügbar war, versahen die Versuchslokomotiven mit herangeführten Maschinen verschiedener Privatbahnen den Bergdienst am Arlberg. Nach ihrer Ablösung wurden die vier Exemplare der Reihe 76 in den Verschubdienst in Wörgl (01), Feldkirch (02), Salzburg (03) und Bischofshofen (04) versetzt und bis 1929 außer Dienst gestellt. Die Krauß'schen Tenderlokomotiven (kkStB Reihe 78) wurden bereits vor dem Ersten Weltkrieg ausgemustert und von den D2-Maschinen aus Floridsdorf (kkStB Reihe 79) stand die 79.02 nur bis 1923 in Amstetten in untergeordneter Verwendung.

Konstruktive Merkmale

Kessel: Zylindrischer Naßdampfkessel mit 163,7 m^2 Verdampfungsheizfläche und 2,46 m^2 Rostfläche; Dampfdom mit Federwaagensicherheitsventilen; Dampfdruck 11 kg/cm^2.

76.01 im Dienst der BBÖ, Wiener Neustadt 2923/1884
Foto: Sammlung Dr. Scheingraber

Rahmen: Außenrahmen aus vernieteten Blechen.

Trieb- und Fahrwerk: Zwillingsmaschine mit 540 mm Zylinderdurchmesser und 610 mm Kolbenhub; Flachschieber mit innerer Gooch-Steuerung; Raddurchmesser 1140 mm, Antrieb auf der dritten Achse.

Ausrüstung: Besandung der zweiten Achse durch Sandkasten auf dem Kesselrücken; Vakuumbremse auf dritten und vierten Radsatz wirkend.

Tender: Dreiachsiger Steifrahmentender Reihe 36.

180 (kkStB und SB)

DRB-Baureihe 57^0

E-n2v und E-t2v

1900 bis 1953

Techn. Daten: Seite 266

Seit der Frühzeit der Eisenbahn ist die Kohle eines ihrer wichtigsten Transportgüter. Im anbrechenden industriellen Zeitalter besaß sie als Energiequelle die absolute Monopolstellung. Zur Beförderung der immer schwerer werdenden Kohlezüge aus den nordböhmischen Abbaugebieten reichte auf den steigungsreichen Abfuhrstrekken schon vor der Jahrhundertwende die Reibungsmasse einer vierfach gekuppelten Lokomotive nicht mehr aus. Darüberhinaus bedurfte auch der Güterverkehr im Interesse einer größeren Durchlässigkeit der zahlreichen eingleisigen Strecken dringend einer Beschleunigung. Es hat nicht an Versuchen gefehlt, durch technische Kunstgriffe kurvengängige Lokomotivfahrwerke zu konstruieren, die eine Vermehrung der angetriebenen Achsen gestattete. Weder die verschiedenen Gelenkbauarten mit getrennten Triebwerksgruppen noch die komplizierten Hebelkupplungen oder Hohlwellenantriebe konnten sich wegen ihrer aufwendigen Wartung und unvermeidlichen Störanfälligkeit durchsetzen und fanden deshalb nur geringe Verbreitung. All diese Fahrwerksysteme waren auf radiale Beweglichkeit einzelner Radsätze oder Triebwerksgruppen fixiert.

Richard von Helmholtz, der Chefkonstrukteur der Münchener Lokomotivfabrik Krauß, hatte als erster den Bogenlauf von Schienenfahrzeugen mit wissenschaftlichen Methoden erforscht und den Anstoß zu neuen Überlegungen gegeben. Auf der Grundlage seiner Theorie hatte Gölsdorf bereits das Fahrwerk seiner 1D-Reihe 170 ausgelegt. Diesem Prinzip folgend, bedurfte es nur eines weiteren Schrittes zur Schaffung des ersten kurvengängigen Fünfkupplers, der zu Beginn des zwanzigsten Jahrhunderts in seiner Reihe 180 verwirklicht wurde und ihrem Konstrukteur zu weltweitem Ansehen verhalf. Der Lösung des Gordischen Knotens gleich erzielte er ohne jeden Aufwand an Mechanik allein durch ein wohldurchdachtes Seitenspiel einzelner Achsen einen einwandfreien Bogenlauf auch in sehr engen

180.29, spätere 523.14 der ČSD, 1923 in Heißdampf-Zwilling umgebaut, spätere 524.108, Werkaufnahme, Floridsdorf 1510/1902
Foto: TBA K. Pfeiffer

180

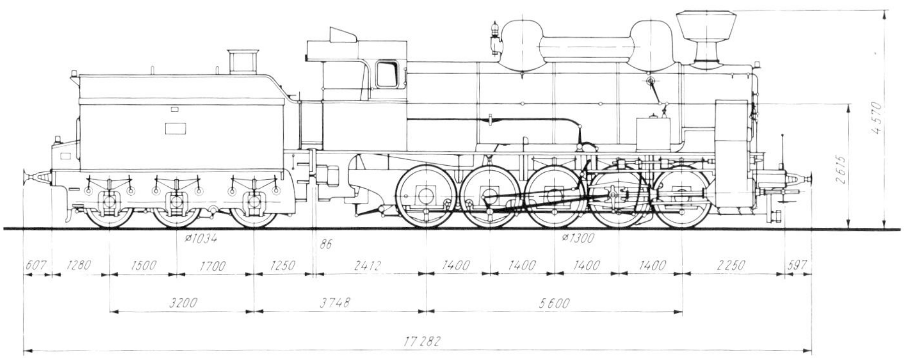

Kurvenradien, ohne daß eine stärkere Spurkranzabnützung auftrat als bei herkömmlichen Drei- und Vierkupplern. Obwohl die Lösung auf einem physikalischen Kompromiß beruhte, war sie allen bisherigen Systemen der Kinematik des Bogenlaufs vorzuziehen.

Durch Verkürzung der Achslager bei gleichzeitiger Verlängerung der Kuppelstangenzapfen erhielten die erste, dritte und fünfte Achse eine Seitenbeweglichkeit von ±26 mm. Der Antrieb mußte demzufolge auf der festliegenden vierten Achse erfolgen. Um aber eine zu lange und zu schwere Treibstange zu vermeiden, rückte die Kreuzkopfführung um eine Achslänge nach hinten.

Den Anlaß zum Bau der Reihe 180 gab der stark angewachsene Kohlenexport aus den nordböhmischen Abbaugebieten nach den Umschlaghäfen an der Elbe, nach Sachsen und nach Mitteldeutschland. Die hierfür benützte Abfuhrstrecke der inzwischen verstaatlichten Prag-Duxer-Bahn wies zwischen Moldau und Klostergrab eine Steigung von nicht weniger als 37 ‰ auf, die von den D-n2-Maschinen der früheren Privatbahn nicht mehr bewältigt werden konnte. Als nachteilig für die konstruktive Auslegung des Fünfkupplers wirkte sich die Achslastbegrenzung dieser Strecke auf 13,2 t aus, die zur Beschränkung der Kesselheizfläche auf 200 m² (wasserberührt) zwang. Die verhältnismäßig hohe Kessellage – die Mittelachse lag 2615 mm über SOK – erlaubte, die Feuerbüchse breit mit einem 3 m² großen Rost über dem Rahmen anzulegen. Als echte Gölsdorf-Konstruktion erhielt die Lokomotive ein Verbundtriebwerk mit einem Zylinderdurchmesser von 560 mm auf der ND- und von 850 mm (!) auf der HD-Seite, dem Dampf von 14 kg/cm² Spannung zugeführt wurde. Zur Vergrößerung des freien Dampfraumes kam wieder der Doppeldom mit Verbindungsrohr zur Anwendung. Der bei der Erstausführung vorhandene Prüßmann-Kamin wich beim Serienbau dem Rihosek-Kobel. Unzureichend für den Rampendienst war zweifellos die Besandung nur der zweiten Kuppelachse durch die seitlich auf dem Umlauf untergebrachten kleinen Sandkästen.

Von 1901 bis 1908 nahm die kkStB 181 Maschinen in Betrieb, die von den Lokomotivfabriken Floridsdorf, Wiener Neustadt, den StEG-Werken und der Böhmisch-Mährischen Maschinenfabrik geliefert wurden. Ab dem 95. Exemplar wurde neben verschiedenen Verbesserungen der Rost von 3 auf 3,42 m² vergrößert. Ab Nr. 180 kam auch bei der Reihe 180 der modifizierte Clench-Dampftrockner zum Einbau. Die damit ausgerüstete Serie von 58 Stück erhielt zum Gewichtsausgleich nur einen Dampfdom in Kesselmitte und verkleidete Sicherheitsventile auf dem Stehkessel.

Die Lokomotive erfüllte alle in sie gesetzten Erwartungen. Auf der 37 ‰-Rampe ihres nordböhmischen Einsatzgebietes konnte sie eine Zugmasse von 190 t mit 15 km/h und bei 10 ‰-Steigung 700 t mit 20 km/h nehmen, wobei sie 1050 PS entwickelte. Die 180.117 wurde 1908 auf der großen Industrieausstellung in Mailand ausgestellt. Für ihre zukunftsweisende Fahrwerkskonstruktion und den werkseitig hohen Fertigungsstandard erhielt sie einen Grand Prix. Dank ihrer großen Zugkraft war die Lokomotive bald auch auf anderen steigungsreichen Strekken der kkStB sehr geschätzt. 1918 stand die Reihe 180 mit 239 Exemplaren den Heizhausleitungen Prag-Nusle, Laun, Pilsen, Budweis, Brünn, Wien West, Wörgl, Knittelfeld, St. Veit a. d. Glan, Triest, Görz und Stryj zur

180.501 mit Dampftrockner, Werkaufnahme, Floridsdorf 1701/1907
Foto: TBA K. Pfeiffer

Verfügung. Diesem Verteilungsschlüssel zufolge verblieben nach dem Ende des Ersten Weltkrieges nur 61 Stück bei der DÖStB bzw. den BBÖ, von denen bis 1938 nur neun Stück als Naßdampf-Lokomotiven der Ausmusterungswelle entgangen waren und als 57 001 bis 009 von der Deutschen Reichsbahn übernommen wurden. Nach dem Zweiten Weltkrieg erscheint keine mehr im Bestand der ÖBB. Der überwiegende Teil der 180er verblieb auf dem Gebiet der Nachfolgestaaten Österreich-Ungarns oder mußte nach dem Kriege deren Staatsbahnen übergeben werden. So erscheint die 180 als Reihe 523.0 bei der ČSD, als Reihe Tw 11 bei der PKP, als Reihe 135 bei der JDŽ, als Reihe 477 bei der FS und mit alter Nummer bei der CFR.

Von 1901 bis 1909 beschaffte auch die Südbahn von Floridsdorf und Wiener Neustadt die Reihe 180 mit genormten Armaturen und geteiltem Prüßmann-Schlot für ihre Rampenstrecken an Semmering und Brenner. Der gesamte Bestand von 27 Maschinen ging nach dem Ersten Weltkrieg als Reihe 477 auf die Italienische Staatsbahn über, welche zusammen mit den ehemaligen Staatsbahn-180ern über 77 Einheiten verfügte. 1940 mietete die DRB 51 der betriebsfähig abgestellten Loks zum Ersatz der für die verstärkten Kohletransporte von Oberschlesien nach Italien bereit gestellten Lokomotiven. Die Leihloks waren den RbD'n Wien und Villach zugeteilt und wurden bis 1943 an Italien zurückgegeben. In geringerem Umfang waren 477er der FS auch in Ungarn eingesetzt. 17 ehemalige 180er aus dem Bestand der PKP kamen während des Zweiten Weltkrieges als 57 010 bis 016 zur DRB.

In der Zwischenkriegszeit ließ die ČSD in einem großangelegten Modernisierungsprogramm zahlreiche Naßdampflokomotiven mit Überhitzern ausstatten und die Verbundtriebwerke durch einen Zwillingsantrieb mit Kolbenschiebern und innerer Einströmung ersetzen. In diese Umbauaktion wurde auch der gesamte Bestand der Reihe 523.0 einbezogen und danach als Reihe 524.2 bezeichnet. Dabei änderte sich auch das äußere Erscheinungsbild durch die runde Rauchkammertür und den bahntypischen Kranzschornstein. Vor allem konnten aber die Unterhaltskosten gesenkt und das Leistungsvermögen beträchtlich gesteigert werden, so daß die Umbauloks auf einer 10 ‰-Steigung bei 20 km/h statt 700 t nun 800 t schleppen konnten. 50 dieser Maschinen gelangten 1938 mit der Abtretung der Sudetengebiete als 57 701 bis 750 bis 1945 in den Fahrpark der DRB. Während die Reihe 180 in ihrer Ursprungsform in Österreich schon bald von der Heißdampfvariante Reihe 80 verdrängt wurde, war die Reihe 524.0 bei der ČSD bis in die sechziger Jahre aus dem Güterzugdienst nicht wegzudenken.

Im Gegensatz zu dem hervorragenden Laufverhalten in engen Kurven stellten sich in der Geraden starke Schlingerbewegungen ein, weshalb in den späteren Jahren – ebenso wie bei der 1D-Reihe 170 – das Seitenspiel des letzten Radsatzes ohne merklichen Nachteil für den Bogenlauf aufgehoben und das dem mittleren Radsatzes auf 20 mm vermindert wurde. Mit Rücksicht auf den vorderen Überhang und die im Durchmesser nur 1300 mm großen Kuppelräder blieb die Höchstgeschwindigkeit auf 50 km/h beschränkt.

Als Prototyp der fünffach-gekuppelten Güterzuglokomotive erhielt die 180.01 einen Ehrenplatz im Technischen Museum in Wien.

Konstruktive Merkmale

Kessel: Zylindrischer Langkessel aus drei Schüssen, Feuerbüchse mit einem Rost von 3 bzw. 3,42 m^2 über dem Rahmen gelagert, wasserberührte Heizfläche 200 m^2; Doppeldom mit Verbindungsrohr; letzte Bauserie (180.500) mit Clench-Dampftrockner (in dieser Variante mit einem Dom und verkleideten Sicherheitsventilen auf dem Hinterkessel); Dampfdruck 14 kg/cm^2.

Rahmen: Genieteter Blechrahmen.

Triebwerk: Zweizylinder-Verbund-Maschine, Hochdruckzylinder 560 mm im Durchmesser; Niederdruckzylinder 850 mm; Kolbenhub 632 mm; Antrieb auf der 4. Kuppelachse bei um Achslänge rückverlegter Kreuzkopfführung; Flachschieber mit äußerer Heusinger-Steuerung; Treibraddurchmesser 1300 mm.

Fahrwerk: Erste, dritte und fünfte Achse mit $\pm$26 mm Seitenspiel, später bei dritter Achse auf 20 mm verringert und bei der fünften Achse aufgehoben; Tragfedern der ersten bis dritten Achse oberhalb, der vierten und fünften Achse unterhalb der Achslager.

Ausrüstung: Vakuum-Bremse auf die drei mittleren Achsen wirkend, Sandkästen auf dem Umlauf mit Streurohr zum zweiten Radsatz; Kobel-Funkenfänger (Südbahn-Ausführung mit geteiltem Prüßmann-Schlot).

Tender: Dreiachsiger Steifrahmentender Reihe 56 oder 156; Prototyp ursprünglich mit zweiachsigem Tender gekuppelt.

80 (kkStB und SB)

DRB-Baureihen 57^{1-4}
ÖBB-Baureihen 57/157

E-h2v und E-h2

1909 bis 1968

Techn. Daten: Seiten 265/266

Dem technischen Fortschritt folgend, wurde ab 1909 Gölsdorfs fünffachgekuppelte Güterzuglokomotive in Heißdampfausführung als Reihe 80 weitergebaut. Wie bei allen österreichischen Lokomotiven jener Epoche war der Schmidt'sche Rauchrohrüberhitzer mit 26,8 m^2 gasberührter Fläche sehr knapp bemessen. Durch die geänderte Rohrteilung und die zur Aufnahme des Überhitzersammelkastens notwendige Rückverlegung der vorderen Rohrwand verrringerte sich die Verdampfungsheizfläche auf 150,2 m^2 gegenüber 200 m^2 beim Naßdampfkessel der Reihe 180, wogegen der Rost mit 3,42 m^2 unverändert blieb. An die Stelle des Doppeldomes mit Verbindungsrohr trat aus Gewichtsgründen ein Einzeldom auf dem dritten Kesselschuß mit aufgesetzten Druckfedersicherheitsventilen. Am Triebwerk wurde lediglich der HD-Zylinder von 560 auf 590 mm vergrößert und mit einem Kolbenschieber versehen. Unverändert beibehalten wurde die Gölsdorf'sche Anordnung der Seitenverschiebbarkeit der ersten, dritten und fünften Achse.

Durch die konstruktiven Änderungen ließ sich ein Anstieg der Gewichts- und Reibungsmasse von 66,5 auf 69,4 t allerdings nicht vermeiden, wodurch die Freizügigkeit zwar vermindert, die Zugkraft jedoch erhöht wurde.

Steuerungsseitig machte die Reihe 80 die gleichen Änderungen durch wie die 1C1-Heißdampf-Personenzuglokomotive Reihe 429. Die erste Serie von 36 Einheiten, deren Herstellung sich die Lokomotivfabriken Floridsdorf, Wiener Neustadt und die StEG-Werke teilten, war mit Kolbenschiebern nur auf der Hochdruckseite ausgestattet. Da auch dem ND-Zylinder noch überhitzter Dampf über den Verbinder zugeführt wurde, traten im Betrieb bald Abnützungserscheinungen und Energieverluste durch Undichtheiten auf. Ab 1911 erhielten deshalb auch die ND-Zylinder Kolbenschieber mit äußerer Einströmung. In dieser Form kamen bis 1915 104 Stück (80.100 bis 203) zur Ablieferung. An ihrem Bau war nun auch die böhmische Firma Breitfeld & Daněk beteiligt. Auch diese Bauvariante konnte betriebsseitig nicht befriedigen. Ungenügende Abdichtung durch die breiten Federrringe ließen den Dampfverbrauch über den der Vorserie ansteigen, deren niederdruckseitiger Flachschieber durch den Dampfdruck auf die Gleitfläche gepreßt wurde. Als nach dem Ersten Weltkrieg die Lokomotive für den Export weitergebaut wurde, kamen deshalb auf der Niederdruckseite wieder Flachschieber zur Anwendung. Die Lokomotive 80.37 dieses Bauloses wurde 1928 von einem privaten Industrieunternehmen käuflich erworben.

Ab 1911 wurde die Reihe 80 auch als Zwillingslokomotive gebaut und bis 1918 in 209 Exemplaren als 80.900 bis 2908 in Betrieb genommen. Diese Bauvariante hat allen Vorstellungen am besten entsprochen. Während die Verbundtype beider Schiebervarianten in der Ebene eine Zugmasse von 1040 t mit der Höchstgeschwindigkeit von 50 km/h befördern konnte, so waren

80(100)

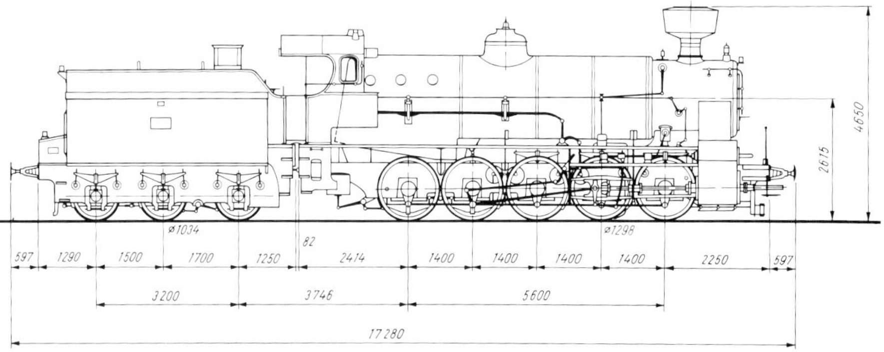

80.600

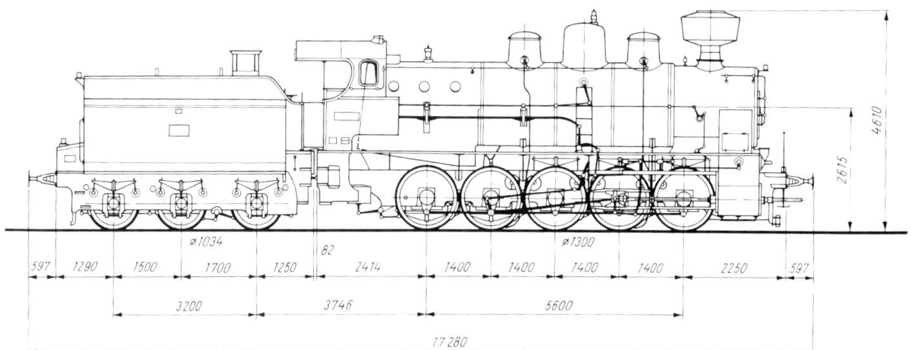

80.900
mit Lentz-
ventil-
steuerung

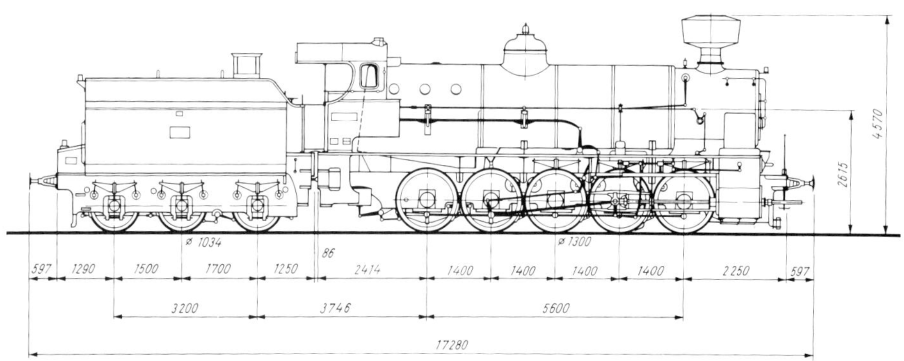

es bei der Zwillingslok 300 t und mehr. Auf einer 10 ‰-Steigung schaffte sie mit 20 km/h 820 t gegenüber 685 t der Verbundmaschine.

Auch die Südbahn beschaffte 1913/15 von Wiener Neustadt sechs und von Floridsdorf zwei Maschinen der bewährten Zwillingsvariante als 80.31 bis 38. Im Gegensatz zur Staatsbahnausführung erhielten diese Maschinen die bei der Südbahn gebräuchlichen Kolbenschieber mit der wärmewirtschaftlich vorteilhafteren inneren Einströmung, abnehmbaren Kaminaufsatz und bahnspezifische Armaturen. Alle acht Maschinen mußten 1919/20 an die Italienische Staatsbahn (FS-Reihe 475/476) abgegeben werden.

80.107, Verbundvariante mit Kolbenschieber für beide Zylinder, Wiener Neustadt 5043/1911
Foto: Sammlung Dr. Scheingraber

Wie keine andere Baureihe hat die Reihe 80, besonders in ihrer vortrefflich gelungenen Zwillingsbauform, mit ihrer durch den Kobelkamin betont wuchtigen Erscheinung das Bild des typisch österreichischen „Lastzuges" auf steigungsreichen Strecken geprägt. Haupteinsatzgebiete waren bis 1918 Böhmen (Heizhäuser Pilsen und Laun), die Karawanken- und Rudolfsbahn (Heizhäuser Villach, St. Veit a. d. Glan, Knittelfeld) und die Westbahn (Heizhäuser Linz und Amstetten). Dank ihrer Achsfahrmasse von nur 14 t und mit ihrem auch für mindere Kohle ausgelegten großen Rost war Gölsdorfs Heißdampf-Fünfkuppler eine der beliebtesten Lokomotiven ihrer Zeit und noch freizügiger verwendbar als ihr preußisches Gegenstück, die G 10 (DRB-Reihe 57.10). Es nimmt deshalb nicht Wunder, daß diese hervorragende Güterzuglokomotive sowohl von österreichischen Fabriken als auch in der Tschechoslowakei von Breitfeld & Daněk für den Inlandsbedarf wie auch für den Export weitergebaut wurde. Nach den 140 in Betrieb genommenen Verbundlokomotiven hatte die kkStB bis zum Ende des Ersten Weltkrieges noch weitere 20 Verbund- und 421 Zwillingslokomotiven der Reihe 80 bestellt, von denen jedoch durch die territorialen Veränderungen 178 Stück an ausländische Bahnverwaltungen übergingen. Über 400 Stück nahmen in den zwanziger Jahren ihren Weg nach Italien, Polen, Rumänien, Jugoslawien, ja sogar nach Griechenland und Frankreich. Die Österreichischen Bundesbahnen konnten 213 Stück in ihren Besitz verbuchen, die bei den Heizhäusern Wien FJB, Amstetten, Linz, Knittelfeld und Villach Dienst taten. Während die Zwillingslokomotiven voll eingesetzt wurden, standen die im Unterhalt aufwendigeren Verbundloks zum Teil auf Reserve. Nach dem Verkauf von zehn Stück an Persien und drei Kassierungen gelangten 1938

noch 200 Stück in den Bestand der Deutschen Reichsbahn, die sei wie folgt in ihr Nummernschema einreihte:

57101 bis **105** 80.600 Zwilling mit Lentz-Ventilsteuerung
57201 bis **318** 80.900 Zwilling mit Kolbenschieber
57401 bis **473** 80(100) Verbund

Im Zweiten Weltkrieg kamen aus ausländischen Beständen hinzu:

57323 bis **377, 57394** bis **400, 500** PKP-Reihe Tw 12, ex 80.900
57474 bis **485, 57498** bis **499** PKP-Reihe Tw 12, ex 80
57378 bis **393** JDŽ-Reihe 28, ex 80.900

Auch bei den nach dem Kriege wiedererrichteten Österreichischen Bundesbahnen spielte Gölsdorfs Heißdampf-Fünfkuppler mit 69 Zwillings- (Reihe 57) und zwölf Verbundmaschinen (Reihe 157) noch eine tragende Rolle im Güterzugdienst auf schwächer belasteten Strecken. Während die letzte Verbundlok schon 1960 verschwand, hielten sich die Zwillingsloks mit 16 Stück noch bis 1968.

Nicht minder bedeutend war der Anteil der ehemaligen 80er an der Güterzugförderung bei der ČSD, welche 1918 144 Stück übernommen und 1924 als Reihe 524.0 in ihren Fahrzeugpark eingereiht hatte.

In Österreich wurden mit der Reihe 80 verschiedene Versuche zur Senkung des Kohleverbrauchs unternommen. Schon Gölsdorf hatte den nicht uner-

80.990, Versuch mit Breitstrahlblasrohr bei der kkStB, Wiener Neustadt 5287/1915
Foto: Sammlung Griebl/Ostendorf

80.4911, Versuch der BBÖ mit Rauchgasvorwärmer (1933–37), Wiener Neustadt 5698/1922
Foto: Sammlung Ostendorf

80.987 als 57.222 der ÖBB mit Giesl-Ejektor und Ventilsteuerung (1962), Wiener Neustadt 5284/1915
Foto: TBA K. Pfeiffer

heblichen Effekt der Blasrohranlage auf die Wärmewirtschaft erkannt und die 80.990 (Wiener Neustadt 1916) mit einer Breitstrahlesse, ähnlich einem quergestellten Vorläufer des Giesl-Ejektors, ausgestattet. Fünf 1919/20 beschaffte Loks (80.600 bis 604) wurden versuchshalber mit einem Kleinrohrüberhitzer von 83 m² Fläche ausgestattet, von denen ein Teil zusätzlich Lentz-Ventilsteuerung mit liegenden Ventilen erhielt. Dem wohl eigenartigsten Versuch wurde 1933 bis 1937 die 80.4911 mit einem Abgasvorwärmer unterzogen. Sein unförmiger Aufbau, der den Kamin und einen Teil der Aufbauten umschloß, trug der Einrichtung Spitznamen wie „Lautsprecher" und „Bauernschreck" ein. Von all diesen Experimenten war nur der Lentz-Ventilsteuerung dauerhafter Erfolg beschieden. Die damit ausgestatteten Maschinen erhielten die Reihenbezeichnung 80.800. Bei ihnen wurden die Sandkästen abweichend in Domform auf den Kessel verlegt. Zahlreiche Maschinen erhielten darüber hinaus noch eine Dabeg-Vorwärmerpumpe.

Konstruktive Merkmale

Kessel: Zylindrischer Heißdampfkessel mit 150,2 m² Verdampfungs- und 26,8 m² Überhitzerfläche; Rostfläche 3,42 m²; Abstand zwischen den Rohrwänden 4200 mm; Kesselmitte 2615 mm über SOK; Dampfdom auf dem dritten Kesselschuß mit Druckfedersicherheitsventilen; Zwillingsvariante mit höherem Dom und Sicherheitsventilen auf dem Stehkessel; Dampfdruck 14 kg/cm².

Rahmen: Genieteter Blechrahmen.

Triebwerk: Erste Bauvariante: Zweizylinder-Verbund-Maschine, HD-Zylinder von 590 mm Durchmesser mit Kolbenschieber und äußerer Einströmung, ND-Zylinder von 850 mm Durchmesser mit Flachschieber; Heusinger-Steuerung außen; Antrieb auf der vierten Kuppelachse; Treibraddurchmesser 1300 mm.
Zweite Bauvariante: wie vor, Kolbenschieber auch am ND-Zylinder.
Dritte Bauvariante: Zwillings-Maschine, Zylinderdurchmesser 590 mm; Kolbenschieber mit äußerer Einströmung oder Lentz-Ventilsteuerung.
Kolbenhub aller Bauformen 632 mm.

Fahrwerk: Wie Reihe 180 (S. 156)

Ausrüstung: Wie Reihe 180; Nachrüstung teilweise mit Dabeg-Vorwärmerpumpe sowie Durckluftbremse.

Tender: Dreiachsiger Steifrahmentender Reihe 56 oder 156.

280 (kkStB und SB)

1E-t4v

1906 bis 1932

Techn. Daten: Seite 267

Die schwierigen Betriebsverhältnisse auf den Alpenbahnen erforderten für die immer schwerer werdenden Schnellzüge Lokomotiven von außerordentlicher Leistungsfähigkeit. Mit dem sprunghaften Anstieg der Wagengewichte nach der Jahrhundertwende durch den Übergang zum Drehgestellwagen und die vermehrte Führung von Schlaf- und Speisewagen waren die erst 1897 in Dienst gestellten 1D-n2v-Lokomotiven Reihe 170 schon nach wenigen Jahren überfordert. Die engen Gleisbögen erhöhten zusätzlich den Rollwiderstand der schweren Züge, die von einem Vierkuppler ohne Hilfslokomotive nicht mehr plangerecht befördert werden konnten. Ungeachtet dieser Umstände trachtete man auf den günstiger trassierten Streckenabschnitten höhere Geschwindigkeiten auszufahren, um gegenüber ausländischen Konkurrenzstrecken wettbewerbsfähig zu bleiben.

Speziell für den Schnellzugsdienst auf der Arlbergbahn entwarf Gölsdorf 1904 eine 1E-Lokomotive mit Vierzylinderverbundtriebwerk als Reihe 280, die den gestiegenen Anforderungen gerecht werden sollte. Mit Rücksicht auf die noch nicht erfolgte Verstärkung der Brücken durfte die Achsfahrmasse 13,8 t nicht überschreiten. Gölsdorfs Genie war es zu verdanken, daß trotz dieser einschränkenden Vorgabe der zur damaligen Zeit größte Lokomotivkessel Europas mit einer Verdampfungsheizfläche von 258 m² auf einem sechsachsigen Fahrwerk untergebracht werden konnte. Um für genügend freien Dampfraum zu sorgen, aber auch aus Gründen der Gewichtsverteilung, wurde wie schon bei der 1C1-n4v-Schnellzuglokomotive Reihe 110 der zweite Kesselschuß oben kegelförmig erweitert. Der dritte Kesselschuß trug den Dampfdom mit aufgesetzten Coale-Druckfedersicherheitsventilen. Durch die hohe Lage des Kessels (Mittellinie 2890 mm über SOK) ließ sich eine breite Feuerbüchse mit einem 4,47 m² großen Rost über den letzten beiden Kuppelradsätzen unterbringen. Im vorderen Kesselschuß fand ein von Gölsdorf modifizierter Clench-Dampftrockner von 57 m² Trocknungsfläche Aufnahme, der sich

280.01 der kkStB, StEG-Fabrik 3236/1906
Foto: Ing. Zell/Sammlung Schröpfer

5004 der Südbahn (Nachbau der kkStB-Reihe 280), die Lokomotive verblieb 1918 in Italien (FS 478.003) und ging nach dem Zweiten Weltkrieg in den Besitz der JDŽ über (07-016), Floridsdorf 2029/1911
Foto: TBA K. Pfeiffer

allerdings ebensowenig bewährte wie bei anderen Lokomotivgattungen und nach dem Ersten Weltkrieg ausgebaut wurde.

Beachtlich war der auf 16 kg/cm^2 festgelegte Dampfdruck, mit dem die Lokomotive ihrer Zeit weit voraus war. Er gewährleistete ein für das Verbundsystem günstiges Druckgefälle.

Alle vier Zylinder waren 1:8 geneigt und entsprachen mit ihren getrennten Flachschiebersteuerungen der Antriebsanlage der Reihe 110. Der Kuppelraddurchmesser von 1450 mm erlaubte, bei gebräuchlicher Triebwerksdrehzahl die Höchstgeschwindigkeit auf 70 km/h festzusetzen. Um Kurvenradien von 150 Meter zwangsfrei durchfahren zu können, wurde auch das Fahrwerk wieder nach der Helmholtz'schen Bogenlauftheorie ausgelegt, derzufolge die führende Adams-Laufachse ein Seitenspiel von 50 mm, die zweite und fünfte Kuppelachse eines von 26 mm erhielten. Außerdem verzichtete man beim Treibradsatz auf den Spurkranz. Bei einem festen Radstand von 5010 mm konnte die Lokomotive ohne starke Seitenbewegungen im Gleis geführt werden. Zur Vermeidung einer zu kurzen Treibstange mit starken vertikalen Stößen erhielt die Treibachse einen Abstand von 1950 mm von der zweiten Kuppelachse. Die Vakuum-Bremse wirkte auf die vier Kuppelachsen; Laufachse und Treibachse bleiben ungebremst.

Wie die meisten am Arlberg eingesetzten Streckenlokomotiven wurde auch die Reihe 280 zur Verminderung der Rauchentwicklung in den zahlreichen Tunnels mit einer Ölzusatzfeuerung ausgerüstet, welche jedoch eine sehr exakte Bedienung erforderte, um nicht durch mangelnde Luftzufuhr den gegenteiligen Effekt auszulösen.

Die erste der neuen Gebirgsschnellzuglokomotiven kam 1906 bei der Maschinenfabrik der StEG zur Ablieferung, zwei weitere folgten ein Jahr darauf. Zusammen mit je einem Musterexemplar der Baureihen 108, 110 und 180 wurde die 280.01 im Jahre 1908 auf der Weltausstellung in Mailand gezeigt und – wie auch ihre Kolleginnen – mit dem Grand Prix ausgezeichnet. Mit der Reihe 280 ließen sich Schnellzüge von 280 t (7 ausgelastete Vierachser) mit 32 km/h über die Arlberg-Ostrampe (Steigung 26 ‰) befördern, wogegen die Reihe 170 nur 220 t mit 26 km/h zu nehmen vermochte. Aber auch auf den anschließenden Talabschnitten konnten mit der 280er höhere Geschwindigkeiten eingehalten werden. Bei den Probefahrten erreichte die Lokomotive sogar 92 km/h und gab bei 50 km/h eine indizierte Höchstleistung von 1650 PS ab, entsprechend 1410 PS effektiver Leistung am Zughaken.

Mit der Reihe 280 hatte Gölsdorf den österreichischen Lokomotivbau in der

k. u. k. Monarchie zu einem neuen Höhepunkt geführt, der unter Anwendung der Heißdampftechnik in Gestalt der Reihe 380 und der Weiterentwicklung zum Sechskuppler Reihe 100 seinen krönenden Abschluß fand.

Durch die Einführung des Schmidt 'schen Überhitzers kam es zu keinen weiteren Bestellungen für die Reihe 280. Die drei Maschinen wurden nach dem Ersten Weltkrieg in andere Einsatzgebiete verlegt. Die 280.01 und 03 wurden in den zwanziger Jahren versuchsweise mit einfachen Mitteln auf Heißdampf umgebaut. Da an Stelle von Kolbenschiebern lediglich neue Flachschieber für die HD-Zylinder angefertigt wurden, war das Experiment zum Scheitern verurteilt. Beide Maschinen schieden bereits 1929/30 aus dem Einsatzbestand aus. Die 280.02 diente nach Ausbau des Dampftrockners bis 1931 im Güterzugdienst auf der Gesäusestrecke.

Der Südbahn schien die Reihe 280 geeignet für die Traktion ihrer schweren Schnellzüge auf der Brennerstrecke. Sie bezog 1908 zwei und 1911 nochmals drei derartige Maschinen von Floridsdorf und setzte sie unter den Betriebsnummern 5001 bis 5005 im Durchlauf auf den Strecken Innsbruck–Bozen, Lienz–Bozen und Lienz–Innsbruck ein. Im November 1918 erbeuteten die in Südtirol vordringenden italienischen Truppen drei der fünf Maschinen. Die 5001 und 5004, welche sich in der Südbahn-Werkstätte in Wien befanden, wurden noch bis 1919 vor Postzügen in Durchlauf bis Mürzzuschlag verwendet, mußten aber im Vollzug der Aufteilung des Südbahn-Fahrparks ebenfalls an Italien abgegeben werden. Zwei der von der FS als Reihe 478 bezeichneten Loks gingen 1945 mit der Abtretung Istriens an Jugoslawien als 07-106 und 107 in den Besitz der JDŽ über.

Konstruktive Merkmale

Kessel: Dreischüssiger Langkessel mit nach oben kegelig erweitertem zweiten Segment; Verdampfungsheizfläche 258,0 m^2; Clench-Dampftrockner mit 57 m^2 Trockungsfläche; Abstand zwischen den Rohrwänden 5000 mm; Kesselmitte 2890 mm über SOK; Ölzusatzfeuerung; Dampfdom auf dem dritten Kesselschuß; Druckfeder-Sicherheitsventile auf dem vorderen Kesselschuß; Druckfeder-Sicherheitsventile auf dem vorderen Kesselschuß; Breitfeuerbüchse mit 4,47 m^2 Rostfläche über dem Rahmen; Dampfdruck 16 kg/cm^2.

Rahmen: Genieteter Blechrahmen.

Triebwerk: Vierzylinder-Verbundmaschine; Zylinderdurchmesser HD 370 mm, ND 630 mm; Kolbenhub 720 mm; separate Flachschieber für je eine 1:8 geneigte Verbundgruppe, durch äußere Heusinger-Steuerung bewegt; Antrieb auf der mittleren Kuppelachse.

Fahrwerk: Führende Adams-Laufachse mit 60 mm Seitenspiel ohne Rückstellvorrichtung; zweite und fünfte Kuppelachse mit 26 mm Seitenspiel; Treibradsatz ohne Spurkranz; fester Achsstand 5020 mm; Tragfedern der laufachse über dem Rahmen, der Kuppelachsen unterhalb der Achslager.

Ausrüstung: Vakuum-Bremse auf erste, zweite, vierte und fünfte Kuppelachse wirkend; Sandung des ersten Kuppelradpaares durch seitliche Sandkästen auf dem Umlauf.

Tender: Dreiachsiger Steifrahmentender Reihe 56 mit Ölbehälter für Zusatzfeuerung.

380

DRB-Baureihe 58^9

1E-h4v

1909 bis 1950

Techn. Daten: Seite 267

Mit der Reihe 280 besaßen die kkStB und die Südbahn eine für die Zeit nach der Jahrhundertwende außerordentlich leistungsfähige Lokomotive, die speziell für den Schnellzugdienst auf den Alpenstrecken geschaffen worden war. Nachdem sich der Schmidt'sche Rauchrohrüberhitzer auch in Österreich durchzusetzen begann, ließ die kkStB für die Tauernbahn, deren Betriebseröffnung 1909 zu erwarten war, auf der konstruktiven Grundlage der Reihe 280 zwei Heißdampflokomotiven bauen, die im gleichen Jahr von der Maschinenfabrik der StEG geliefert und als Reihe 380 in Betrieb genommen wurden. Zur Aufnahme des Überhitzers mußte der Abstand zwischen den Rohrwänden von 5000 auf 4700 mm verringert werden, wodurch sich die Verdampfungsheizfläche von 258 auf 191,4 m^2 verminderte, das größere Energiepotential des Heißdampfes jedoch die Leistung und Wirtschaftlichkeit erheblich steigerte. Im Verhältnis von Leistung zum Lokomotivgewicht blieb der Kessel lange Zeit unübertroffen.

Hatte man bei der Reihe 280 das Triebwerk samt Einzelsteuerung von der Reihe 110 übernommen, so griff man bei der Heißdampfvariante analog auf jenes der Reihe 10 mit gemeinsamem

Steuerungsantrieb für beide Dampfstufen zurück, an dem lediglich die mit Kolbenschieber versehenen HD-Zylinder im Durchmesser von 370 auf 390 mm vergrößert wurden. Besonderes Augenmerk bedurfte die Abdichtung der Stopfbüchsen gegen den hochtemperierten Dampf von 16 kg/cm^2 Druck. Da auch den ND-Zylindern über den Verbinder noch überhitzter Dampf zuströmte, wurden deren Flachschieber aus formbeständiger Bronze gefertigt. Unverändert blieb auch die asymmetrische Radsatzverteilung, die spurkranzlose Treibachse ohne Abbremsung und das sparsame, nur das erste Kuppelradpaar erfassende Besandungssystem.

Im November 1909 wurde die 380.01 einer eingehenden Betriebserprobung auf der Tauernbahn unterzogen, wobei sie Erstaunliches leistete. Auf der 27 km langen Südrampe beförderte sie einen 250-t-Zug von 38 Achsen mit 42 km/h über die 28 ‰-Steigung. Ebenso erfolgreich verliefen Betriebsmeßfahrten auf der Rampenstrecke von Triest nach Opcina, wo Züge aus sieben bis acht Vierachsern, einer Wagenlast von 300 t entsprechend, mit 34 km/h über die anhaltende 26 ‰-Steigung geschleppt wurden. Die Lokomotive konnte über längere Zeit eine mittlere Leistung von 1645 PS entwickeln, welche bei Steigerung der Heizflächenbelastung auf 78,2 kg/cm^2/h, die der Kessel anstandslos vertrug, auf 1810 PS mit Spitzenwerten bis zu 2100 PS anstieg. Sie übertraf damit die Reihe 280 um 23 % und die ebenfalls im Bergdienst verwendete Reihe 170 um 50 % an Leistung. Selbst die vielbewunderte Flachland-Schnellzuglokomotive Reihe 310 mit ihrem größeren Kessel erreichte nicht dieses Niveau. In der Fachwelt gilt die Reihe 380 als eine der gelungensten Schöpfungen Gölsdorfs und des österreichischen Lokomotivbaus schlechthin.

Aufgrund der hervorragenden Betriebsergebnisse wurde eine Bestellung von 26 Stück der in der Anschaffung nicht billigen Lokomotiven vergeben. Abweichend von der Probeausführung wurden die nicht problemfreien Bronze-Flachschieber an den ND-Zylindern durch Kolbenschieber mit äußerer Dampfeinströmung ersetzt. Von dieser als Reihe 380.100 bezeichneten Serie wurden 1911/14 zwölf von den StEG-Werken, acht von Wiener Neustadt und sechs von Floridsdorf an die kkStB geliefert. Ab 1912 kamen die Maschinen einschließlich der beiden Probeexemplare auch auf der Wocheinerbahn (Aßling – Görz) und ab 1914 auf der Arlbergbahn zum Einsatz. Im letzten Friedensjahr (1914) waren 14 Stück in Görz, neun in Villach und drei in Landeck beheimatet. Letztere rüstete man wie die Reihe 280 zur Schonung der Tunnelwände mit einer Ölzusatzfeuerung aus. Mit ihrer zugelassenen Höchstgeschwindigkeit von 70 km/h konnten die kräftigen 1E-Loks im Durchlauf zwischen Salzburg und Villach, Innsbruck und Feldkirch und Villach und Triest eingesetzt werden und auf der Tauernbahn den für die Reihe 10 erforderlichen Vorspann erübrigen. Am Arlberg konnte die für die Reihe 280 auf 280 t festgesetzte Wagenlast auf 300 t angehoben werden, wobei man nach den Betriebserfahrungen eine Leistung von 1740 PS zugrunde legte.

Begreiflicherweise war eine solche Lokomotive ein begehrtes Traktionsmittel auf den von den Siegermächten des Ersten Weltkrieges übernommenen Gebirgsstrecken. Neun Stück gingen als Reihe 479 in italienischen, sieben

380

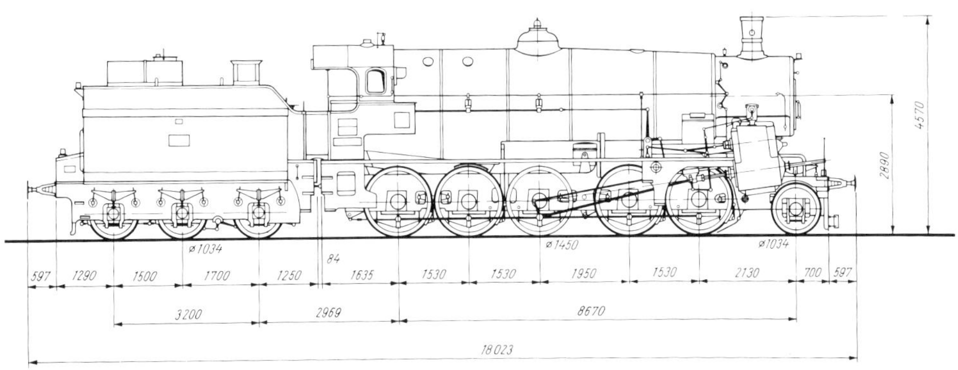

380.100, Werkaufnahme, StEG-Fabrik 3778/1911
Foto: Sammlung Ostendorf

als Reihe 07 in südslawischen Besitz über. Die zwölf in Österreich verbliebenen Maschinen wurden in der Folgezeit mit Dabeg-Vorwärmerpumpe und Druckluftbremse ausgestattet. Die zeitbedingten Umstände brachten es mit sich, daß der wartungsfreundlicheren Zwillingslokomotive mehr und mehr der Vorrang eingeräumt wurde. So wichen auch die 380er auf dem Arlberg noch vor Abschluß der Elektrifizierungsarbeiten den neuen 1E-h2-Lokomotiven Reihe 81 und 1932 auf der Tauernbahn der Südbahn-Type Reihe 580. Sie fanden im Güterzugdienst bei der Direktion Villach ein neues Aufgabengebiet. 1938 kamen noch elf Stück als 58 951 bis 961 zur Deutschen Reichsbahn (eine ist bereits 1930 ausgemustert worden). Als 1940 die verstärkten Kohlelieferungen von Oberschlesien nach Italien anliefen, bewältigten sie einen Großteil dieses Verkehrs, nicht selten im Durchlauf von Mürzzuschlag bis Villach. Zur Deckung des Planbedarfs wurden alle neun nach dem Ersten Weltkrieg an Italien abgegebenen 380er (FS-Reihe 479) von der Reichsbahn angemietet. Die Leihloks waren äußerlich an ihrem gekürzten Kamin kenntlich und behielten ihre italienische Nummer bei. Ihre Rückgabe erfolgte 1943. Sechs 479er der FS und eine weitere aus dem DRB-Bestand des Bw Laibach gingen 1945 als Reihe 07 in den Besitz der JDŽ über. Unter ihnen befanden sich die beiden Prototypen 380.01 und 02.

Nach dem Zweiten Weltkrieg befand sich keine der ehemaligen 380er mehr in betriebsfähigem Zustand. Drei hatte die DRB zu Schneepflügen umbauen lassen. An eine Aufarbeitung der inzwischen über 30 Jahre alten Lokomotiven mit ihrem aufwendigen Vierzylinder-Verbundtriebwerk war bei den herrschenden Materialengpässen der Nachkriegszeit nicht zu denken. So wurden alle einschließlich der 1950 von der BD Köln rückgeführten 58 955 dem Abbruch zugeführt.

Konstruktive Merkmale

Kessel: Dreischüssiger Heißdampfkessel mit kegeliger Erweiterung im 2. Schuß; Verdampfungsheizfläche 191,4 m²; Überhitzerfläche 49 m²; Abstand zwischen den Rohrwänden 4700 mm; Kesselmitte 2890 mm über SOK; breite Feuerbüchse mit 4,47 m² Rostfläche über dem Rahmen; Dampfdom mit aufgesetzten Druckfedersicherheitsventilen auf dem dritten Kesselschuß; Dampfdruck 16 kg/cm².

Rahmen: Genieteter Blechrahmen.

Triebwerk: Vierzylinder-Verbund-Maschine, Zylinderdurchmesser HD 390 mm, ND 630 mm; Kolbenhub 720 mm;

Einachs-Antrieb auf der mittleren Kuppelachse bei Zylinderneigung von 1 : 8; Probeausführung (380.01 und 02) mit Flachschieber aus Bronzeguß an den äußeren ND-Zylindern, Kolbenschieber mit äußerer Einströmung bei Serienausführung; äußere Heusinger-Steuerung für je ein HD und ND-Schieberpaar; Treibraddurchmesser 1450 mm.

Fahrwerk: Wie bei Reihe 280 (S. 164).

Ausrüstung: Vakuumbremse auf erste, zweite, vierte und fünfte Kuppelachse wirkend; Westinghouse-Druckluft-Bremse für Wagenzug; Besandung der ersten Kuppelachse durch Sandkästen auf dem Umlaufsteg; mechanische Schmierpressen; teilweise Nachrüstung mit Ölzusatzfeuerung.

Tender: Dreiachsiger Steifrahmentender der Reihe 56 oder 156.

480 (SB)

DRB-Baureihe 57^6
ÖBB-Baureihe 254

E-h2

1921 bis 1966

Techn. Daten: Seite 267

Mit der Reihe 180 hatte Gölsdorf an der Schwelle des zwanzigsten Jahrhunderts eine neue Epoche im Bau von Güterzuglokomotiven eingeleitet, indem er den Beweis erbrachte, daß ohne technischen Aufwand auch mit fünf angetriebenen Achsen Kurvenradien von 150 Metern anstandslos und ohne größeren Verschleiß an den Spurkränzen durchfahren werden konnten. Verständlicherweise bekundete auch die Südbahn Interesse an dieser Bauart, die sie sowohl in ihrer Ursprungsform als auch in der daraus hervorgegangenen Heißdampf-Zwillingsvariante in ihr Beschaffungsprogramm aufnahm.

Gölsdorfs Entwurf war jedoch mit dem Nachteil behaftet, daß er dem zugedachten Einsatzgebiet in Nordböhmen entsprechend für einen maximalen Achsdruck von nur 13,1 t ausgelegt war. Zur Einhaltung der Gewichtsbeschränkung mußte deshalb der Kes-

480.01, noch mit Südbahn-Messingziffern
StEG-Fabrik 4358/1921
Foto: Archiv Töpelmann

480

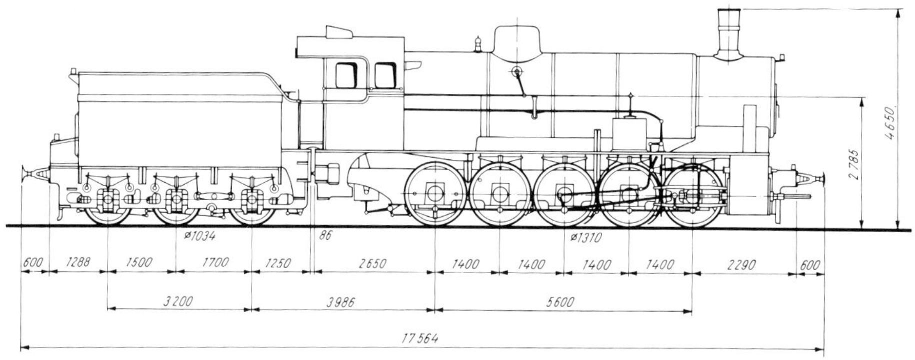

sel kleiner dimensioniert werden als dies unter Zugrundelegung der Staatsbahnnorm von 14,3 t möglich gewesen wäre. Auch die daraus entwickelte Heißdampf-Bauart Reihe 80 war nur geringfügig schwerer.

Bereits während des Ersten Weltkrieges kam Maschinendirektor Prossy von der Südbahngesellschaft mit dem leitenden Konstrukteur der StEG-Werke, Steffan, überein, bei einer Nachbestellung die höchstzulässige Achsfahrmasse für einen leistungsfähigeren Kessel voll auszunutzen. Das zugestandene Mehrgewicht von 3 t reichte aus, die Verdampfungsheizfläche um 29 % und die Rostfläche um 8 % zu vergrößern. In ein ungünstiges Verhältnis zu diesen Maßen geriet der Überhitzer, dessen Fläche nur um 4 % wuchs und deshalb nur niedrige Heißdampftemperaturen erzeugte.

Bei ihrer Höchstgeschwindigkeit von 50 km/h leistete die als Reihe 480 bezeichnete Lokomotive 1325 PS, was einer Steigerung gegenüber der Reihe 80.900 von 10 bis 11 % entsprach. Nach der Südbahn-Belastungstafel konnte die Anhängelast auf der Semmering-Nordrampe (28 ‰) nur von 270 t auf 290 t angehoben werden. Nachdem bei Gölsdorfs Fünfkupplern Klagen über unruhiges Laufverhalten in der Geraden laut geworden waren, welche Anlaß zur Aufhebung des Seitenspiels der hinteren Kuppelachse gaben, wurde beim Entwurf der Südbahn-Lokomotive nur das erste und letzte Kuppelachspaar mit Seitenspiel ausgestattet, so daß der Antrieb symmetrisch auf der Mittelachse erfolgen konnte.

Durch die Ungunst der Zeitverhältnisse verzögerte sich die Lieferung bis 1921. Der Bau kam über sechs Exemplare nicht hinaus, von denen nur drei von der Südbahn abgenommen wurden. Die übrigen drei gingen wegen Zahlungsschwierigkeiten der Gesellschaft bereits an die BBÖ als deren spätere Rechtsnachfolgerin. Da mittlerweile auch der Güterverkehr nach höheren Fahrgeschwindigkeiten verlangte, waren für den Streckendienst laufachsenlose Lokomotiven nicht mehr gefragt, so daß die Reihe 480 die letzte Gattung ihrer Art in Österreich war. Die sechs Maschinen wurden hauptsächlich im Schiebe- und Vorspanndienst am Semmering verwendet, den sie über vier Jahrzehnte zur allgemeinen Zufriedenheit versahen. 1938 wurden die beim Heizhaus Mürzzuschlag beheimateten Loks von der Deutschen Reichsbahn übernommen und als 57 601 bis 606 eingereiht.

Sie gelangten nach dem Zweiten Weltkrieg noch vollzählig in den Einsatzbestand der ÖBB und erhielten die neue Reihenbezeichnung 257. Drei der noch vorhandenen fünf Maschinen wurden 1957 mit Giesl-Esse einschließlich Siederohrdrosselung ausgestattet.

Da sie wegen ihrer geringen Höchstgeschwindigkeit nur selten im Streckendienst verwendet wurden, konnte die Leistungssteigerung nur in geringem Maße genutzt werden. Letztes Betätigungsfeld lag im Wiener Bereich vor Sammelgüterzügen.

Konstruktive Merkmale

Kessel: Zylindrischer Heißdampfkessel mit 193,5 m² Verdampfungsheizfläche und 29 m² Überhitzerfläche; Rostfläche 3,7 m²; Feuerbüchse über dem Rahmen gelagert; Abstand zwischen den Rohrwänden 4760 mm; Kesselmitte 2785 mm über SOK; Dampfdom auf dem dritten Kesselschuß; Coale-Sicherheitsventile auf dem Stehkessel; Dampfdruck 14 kg/cm^2.

Rahmen: Genieteter Blechrahmen.

Trieb- und Fahrwerk: Zwillingsmaschine mit 610 mm Zylinderdurchmesser und 632 mm Kolbenhub; Kolbenschieber mit innerer Einströmung; Heusinger-Steuerung außen; Antrieb auf der dritten (mittleren) Kuppelachse; Endachsen $\pm$26 mm seitenverschieblich; Treibraddurchmesser 1300 mm; Tragfedern der ersten bis vierten Achse oberhalb, der fünften unterhalb der Achslager.

Ausrüstung: Knorr-Druckluftbremse mit Zusatzventil für Wagenzug; Abbremsung der drei mittleren Achsen; Besandung des zweiten und dritten Kuppelradsatzes von Sandkästen auf dem Umlauf; abnehmbarer Kaminaufsatz; 1957 teilweise Ausstattung mit Giesl-Esse und Siederohrdrosselung.

Tender: Dreiachsiger Steifrahmentender der Reihe 356.

580 (SB)

DRB-Baureihe 58^9
ÖBB-Baureihe 258

1E-h2

1912 bis 1964

Techn. Daten: Seite 267

Die wachsenden Anforderungen an den Betrieb auf der Brennerstrecke veranlaßten die Südbahn zur Beschaffung von zwei 1E-t4v-Lokomotiven der Reihe 280, die Gölsdorf für den Bergdienst der kkStB entworfen hatte. Mit diesen 1908 bzw. 1911 in Betrieb genommenen Maschinen, deren ausgewogenes Vierzylinder-Verbundtriebwerk viel Beachtung fand, konnten die Anhängelasten auf den Rampenstrekken und die Fahrgeschwindigkeiten auf den Zufahrtlinien gegenüber der Reihe 170 weiter heraufgesetzt werden. Dennoch war aber bereits abzusehen, daß auch die Verbundlokomotive ohne den Einsatz der Heißdampftechnik an der Grenze ihrer Entwicklungsfähigkeit angelangt war.

Während Gölsdorf unter Beibehaltung des Vierzylinder-Verbundsystems die Reihe 280 zur Heißdampflokomotive Reihe 380 weiterentwickelte, entschied sich die Südbahn für eine 1E-Zwillingslokomotive. Außer Ersparnissen in der Anschaffung und im Unterhalt gestattete der Entfall des Innentriebwerks das eingesparte Gewicht für einen größeren Kessel und eine Verstärkung des Rahmens zu nutzen.

Beeindruckt von den vortrefflichen Betriebsergebnissen der 1909 in Betrieb genommenen 2C-h2-Lokomotiven Reihe 109 ließ Maschinendirektor

580.01, Werkaufnahme, StEG-Fabrik 3824/1912
Foto: Sammlung Schröpfer

Prossy auch diese als Reihe 580 vorgesehene 1E-Gebirgsschnellzuglokomotive nach den gleichen Grundsätzen von der Maschinenfabrik der StEG entwerfen. Bis zu ihrer Fertigstellung mußten zur Abhilfe des dringenden Bedarfs jedoch noch drei weitere Einheiten der Reihe 280 vom gleichen Hersteller beschafft werden, die kürzerfristig geliefert werden konnten.

Der großzügig dimensionierte Kessel mit einem Innendurchmesser von 1800 mm übertraf mit seiner wasserberührten Verdampfungsheizfläche von 208,3 m^2 nicht nur jenen der Reihe 380 der kkStB um 8 %, sondern ermöglichte durch seine zylindrische Form auch die Unterbringung von 27 statt 24 Heizrohren sowie eines größeren Überhitzers. Hatte Gölsdorf die Kesselmitte bei der Reihe 380 bereits auf das stattliche Maß von 2890 mm über SOK angehoben, so ging Prossy noch einen Schritt weiter. Bei 3000 mm über SOK fand eine noch tiefere, breit angelegte Feuerbüchse mit einem Rost von 4,47 m^2 Platz über dem Rahmen. Das Zwillingstriebwerk wirkte auf die mittlere der fünf Kuppelachsen von 1450 mm Durchmesser, und da keine inneren Treibstangen vorhanden waren, konnte der feste Radstand auf 4590 mm gegenüber 5010 bei der Reihe 280/380 verkürzt und die Treibachse noch mit einem geschwächten Spurkranz versehen werden. Bei gleicher Radsatzfolge betrug die Seitenbeweglichkeit der Adams-Laufachse 66 mm, der zweiten und fünften Kuppelachse 20 mm. Nicht zuletzt ergab sich durch die waagrechte Anordnung der Zylinder ein vorteilhafteres Erscheinungsbild.

Anfang 1912 kamen die ersten fünf Maschinen entgegen ursprünglicher Absicht am Semmering zum Einsatz, wo sie Schnellzüge von 310 t mit 30 km/h über die 25 ‰-Rampen führten und Dauerleistungen von 1760 PS entwikkelten. Wie ihre Konkurrentin bei der Staatsbahn erreichte auch die 580 bei Probefahrten eine Höchstgeschwindigkeit von 92 km/h und wurde im Betrieb ebenfalls für 70 km/h zugelassen. Bis 1917 hatten die StEG-Werke 27 Stück an die Südbahn abgeliefert, die zu gleichen Teilen den Heizhäusern Mürzzuschlag und Innsbruck zugeteilt wurden. In Tirol bedienten sie zusammen mit den fünf 280ern der Südbahn die Strecken Innsbruck – Bozen, Innsbruck – Lienz und Lienz – Bozen, wobei sie auf den Bergstrecken die stets auf Vorspann angewiesenen Dreikuppler der Reihen 9 und 109 ablösten. Die großen Lokomotiven versahen die ihnen zugewiesene Aufgabe zur größten Zufriedenheit, so daß die Südbahn 1917 weitere vier beim gleichen Hersteller bestellte. Durch die Widrigkeiten der Zeit nach dem verlorenen Krieg geriet das private Bahnunternehmen in Zahlungsschwierigkeiten, so daß nur eine der in Auftrag gegebenen Maschinen abgenommen werden konnte. Die anderen drei erwarb 1920 die Österreichische Staatsbahn, welche weitere sechs (580.32 bis 37) nachbestellte. Von den beiden letzten der 1922 ausgelieferten Serie erhielt die 580.36 Kolbenschieber mit federnden Ringen und die 580.37 einen Kleinrohrüberhitzer und Lentz-Ventilsteuerung. Obwohl durch die größere Berührungsfläche des Kleinrohrüberhitzers Heißdampftemperaturen bis zu 380 °C und Kohleersparnisse von 20 % erzielt wurden, zehrte der teure Unterhalt den Gewinn wieder auf.

Nachdem noch vor Kriegsende drei Loks der Reihe 580 als Beute in italienischen Besitz gelangt waren, folgten ihnen sieben weitere bei der Auftei-

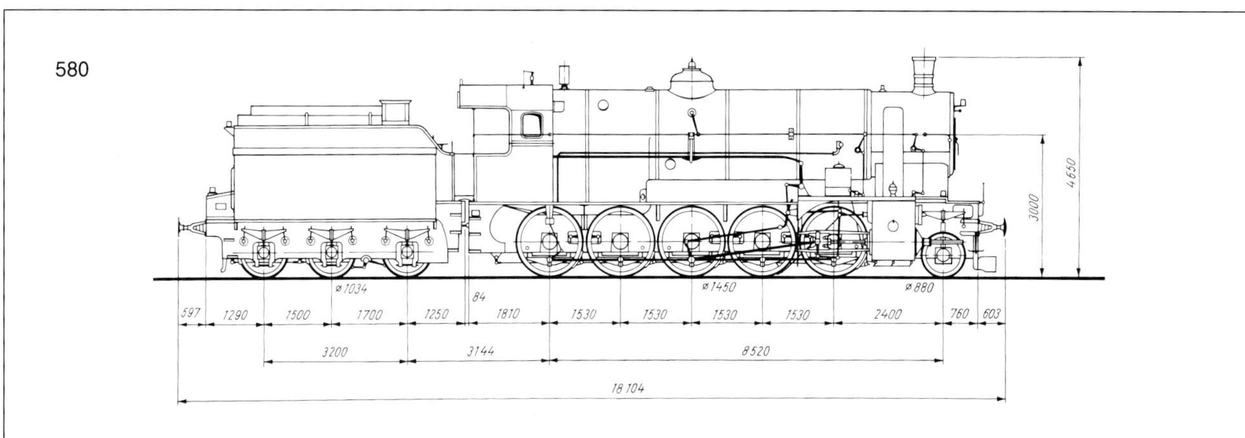

580.01 als 58 901 der DRB,
StEG-Fabrik 3824/1912
Foto: Archiv Töpelmann

lung des Fahrparks der Südbahn. Achtzehn Stück verblieben in Österreich und bedienten zusammen mit den neun Nachbauten vom Heizhaus Mürzzuschlag aus die Strecken Wien–Graz und Wien–Knittelfeld. Als herausragende Leistung erschien im Gütertransitverkehr ein Langlauf von Lundenburg über Wiener Neustadt bis Straß-Spielfeld (jugoslawische Grenze), der zeitweise sogar bis Marburg geführt wurde. Ihr Einsatzgebiet auf der Brennerstrecke ging 1928 durch die Elektrifizierung verloren. Ein neues Betätigungsfeld fanden die Lokomotiven danach auf dem südlichen Abschnitt der Tauernbahn (bis 1935), auf den Grenzstrecken von Villach nach Tarvis und dem österreichischen Teil der Pustertalbahn bis Silian.

Alle 27 im Bestand der BBÖ befindlichen Maschinen gingen 1938 als 58 901 bis 927 auf die Deutsche Reichsbahn über. Unter den 1940 von der Italienischen Staatsbahn für die vermehrten Kohlelieferungen nach Italien angemieteten 110 Lokomotiven österreichischer Bauart befanden sich acht der ehemaligen zehn Südbahn-580er (FS-Reihe 482). Sie versahen ihren Dienst zusammen mit ihren unter Reichsbahn-Nummer laufenden Schwestern beim Bw Villach.

Bei der FS waren die Loks auf den von Triest nach Istrien ausgehenden Strekken eingesetzt, so daß 1945 fünf Stück als Reihe 07 in den Besitz der JDŽ übergingen. Die Österreichischen Bundesbahnen konnten 1952 noch 23 Stück als neue Reihe 258 in ihren Bestand aufnehmen. Während sich die Reihe 380 wegen ihres aufwendigen Vierzylinder-Verbundtriebwerks mit seinem schwer zugänglichen Innenteil schon nach dem Ersten Weltkrieg keiner großen Beliebtheit mehr erfreute, waren die einfach strukturierten 580er als „Mädchen für alles" sehr geschätzt.

Aufgrund ihrer vielseitigen Verwendbarkeit auf Gebirgsstrecken bestellte 1926 die Griechische Staatsbahn (CEH) zehn Stück als Reihe „Lambda Alpha“ mit nur geringfügigen Änderungen bei den StEG-Werken. Eine Nachbestellung für 30 Stück ging wegen des günstigeren Preisangebots an die Škoda-Werke in Pilsen. Äußerlich unterschieden sich die griechischen Loks vor allem durch den langgestreckten Domaufbau, der auch die Sandkästen umschloß, ein typisches Merkmal des tschechoslowakischen Lokomotivbaues der zwanziger Jahre. Bis in die fünfziger Jahre bildeten sie das Rückgrat des Reisezugdienstes in Griechenland. Als 1951/52 die aus Italien beschafften mächtigen 1E1-Lokomotiven zur Behebung schwerwiegender konstruktiver Mängel aus dem Betrieb gezogen werden mußten, entlehnte die CEH 1956/57 von den ÖBB kurzerhand 13 Loks der Reihe 258. Nach ihrer Rückkehr im Jahre 1959 wurden sie nicht mehr in Betrieb genommen. Letztes Einsatzgebiet der in Österreich verbliebenen Maschinen war die landschaftlich schöne Pustertalstrecke zwischen Spittal und Silian. Als letzte wurde 1964, nach 52 Betriebsjahren, die 258.02 außer Dienst gestellt und als Vertreterin der einstigen Gebirgsschnellzuglokomotiven dem Eisenbahnmuseum in Wien zugeführt.

Mit der Reihe 580 besaßen die Südbahn und ihre Nachfolgeverwaltungen eine in allen Teilen hervorragend durchkonstruierte Zwillingslokomotive für den Gebirgsdienst, die sich im Güterzugdienst auf Flachlandstrekken gleichermaßen bewährte und im Unterhalt kostengünstiger war als eine Vierzylinder-Verbundtype. Selbst neben den 30 Jahre jüngeren Kriegslokomotiven der DRB konnte sie sich noch über zwei Jahrzehnte gut behaupten.

Konstruktive Merkmale

Kessel: Zylindrischer Heißdampfkessel mit 208,3 m^2 Verdampfungsheizfläche und 55,3 m^2 Überhitzerfläche; Feuerbüchse mit Rost von 4,47 m^2 über den beiden rückwärtigen Kuppelachsen bei Kesselmitte von 3000 mm über SOK; Rohrlänge 4900 mm; Dampfdom mit aufgesetzten Druckfeder-Sicherheitsventilen auf dem dritten Kesselschuß; Dampfdruck 14 kg/cm^2.

Rahmen: Genieteter Blechrahmen.

Triebwerk: Zwillings-Maschine mit waagrechten Zylindern von 610 mm Durchmesser und 720 mm Kolbenhub; Kolbenschieber mit äußerer Heusinger-Steuerung; Antrieb auf der mittleren Kuppelachse; Treibraddurchmesser 1450 mm.

Fahrwerk: Führende Adams-Achse mit 60 mm Seitenspiel; erste und fünfte Kuppelachse um 20 mm seitenverschieblich; Treibradsatz mit um 8 mm geschwächtem Spurkranz; fester Radstand 4590 mm; Tragfedern der Kuppelachsen unterhalb der Achslager, durch Ausgleichshebel verbunden.

Ausrüstung: Vakuumbremse auf alle fünf Kuppelachsen wirkend; Druckluftzusatzbremse für den Wagenzug; Besandung des zweiten Kuppelradsatzes durch Sandkästen auf dem Umlaufsteg (nach dem Zweiten Weltkrieg teilweise durch Sandkasten auf dem Kesselrücken ersetzt).

Tender: Dreiachsiger Steifrahmentender Reihe 356 (Südbahnbauart) mit längsseitigem Wassereinlauf.

680 (Umbau aus 180)

E-h2

1926 bis 1941

Techn. Daten: Seite 267

Von der 239 Stück umfassenden Reihe 180 gingen nach dem Zusammenbruch der österreichisch-ungarischen Monarchie allein 108 Stück auf die neue Staatsbahn der am 28. Oktober 1918 ausgerufenen Tschechoslowakischen Republik über. Als Naßdampf-Lokomotive stand sie jedoch schon bald im Schatten der 1909 erschienenen Heißdampfvariante Reihe 80, welche ihr besonders in der Zwillingsversion bei nahezu gleicher Gewichtsmasse an Leistung und Wirtschaftlichkeit deutlich überlegen war. Zur Senkung der Betriebskosten wurden die bei der ČSD als Reihe 523.0 bezeichneten Naßdampflokomotiven in den Jahren 1925 bis 1933 im Zuge eines umfangreichen Rekonstruktionsprogramms zu Heißdampf-Zwillingslokomotiven umgebaut. Die auch äußerlich durch eine runde Rauchkammertür und dem bahntypischen Kranzschornstein modernisierten Lokomotiven erhielten in der zeitlichen Folge ihres Umbaues die neue Reihenbezeichnung 524.2 und haben sich über vier Jahrzehnte bestens bewährt.

1926 gingen auch die Österreichischen Bundesbahnen daran, die Naßdampf-Fünfkuppler der Reihe 180 auf ähnliche Weise dem technischen Stan-

680

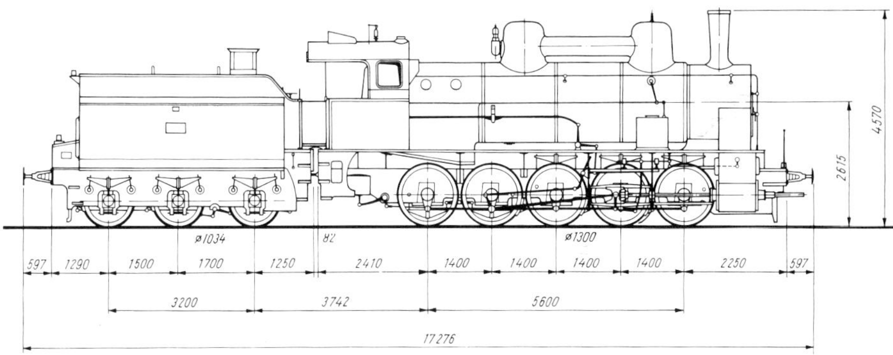

680.107 nach Umbau aus 180.107, spätere 57052 der DRB, Floridsdorf 1613/1905
Foto: Sammlung Dr. Scheingraber

dard anzupassen. Man ging sogar noch einen Schritt weiter und installierte die Lentz-Ventil-Steuerung mit Zwischenhebeln. Die Triebwerksabmessungen stimmten mit denen der Reihe 80 überein, die Kesselheizfläche fiel geringfügig größer aus. Beibehalten wurde der Doppeldom mit Verbindungsrohr. Zum Umbau gelangten die 180.06 (StEG 1901) und die 180.107

(Floridsdorf 1905), welche unter Beibehaltung ihrer Betriebsnummern die neue Reihenbezeichnung 680 erhielten. Sie erwiesen sich sowohl der Reihe 80 als auch der Reihe 480 (siehe dort) als geringfügig überlegen. Anders als in der Tschechoslowakei kam es zu keinen weiteren Umbauten von Lokomotiven der Reihe 180, weil durch die aufkommende Wirtschaftskrise die finanziellen Mittel fehlten und mit dem Verkehrsrückgang in den dreißiger Jahren auch der Bedarf an Lokomotiven in allen Verwendungsbereichen zurückging.

Bei der Übernahme durch die Deutsche Reichsbahn im Jahre 1938 wurde die 680.06 in 57 051 und die 680.107 in 57 052 umgezeichnet, von denen nur noch letztere beim Heizhaus Knittelfeld in Betrieb war. Auch sie wurde während des Krieges außer Dienst gestellt.

Konstruktive Merkmale

Die konstruktiven Merkmale entsprechen in ihren Grundzügen den Reihen 80 (S. 159) bzw. 180 (S. 156).

81

DRB-Baureihe 58^{7}
ÖBB-Baureihe 58

1E-h2
1920 bis 1961
Techn. Daten: Seite 268

Der Abtransport von Kohle aus dem mährisch-schlesischen und dem benachbarten preußisch-oberschlesischen Grubenrevier hatte schon im ersten Jahrzehnt des zwanzigsten Jahrhunderts einen solchen Umfang angenommen, daß im Steigungsbereich der mährischen Wasserscheide die Nordbahntrasse dreigleisig ausgebaut werden mußte. Mit der Einführung des 20-t-Güterwagens konnten bis zu 1600 t schwere Züge gebildet werden, deren Beförderung mit den von der staatlichen Nordbahndirektion eingesetzten Lokomotiven der Reihen 329,429 und 170 nicht mehr möglich war. Um die Strecke zwischen den Ausweich- und Überholstationen nicht übermäßig lange zu blockieren, strebte man für die Kohlenzüge eine Grundgeschwindigkeit von mindestens 50 km/h an. Nach der Durchrechnung war die erforderliche Leistung bei der bestehenden Achslastbegrenzung von 14,3 t nur von einer Lokomotive zu erbringen, deren Gewichtsmasse auf sechs Achsen verteilt werden konnte. Diese Forderung hätte von der Reihe 380 ohne weiteres erfüllt werden können. Die Beschaffung einer in Herstellung und Unterhalt so aufwendigen Vierzylinder-Verbundlokomotive für den Kohletransport erschien indessen nicht vertretbar.

Sektionschef Rihosek, der 1916 die Nachfolge Gölsdorfs nach dessen frühem Tode als Leiter des Maschinenwesens der kkStB angetreten hatte, entwarf deshalb noch im selben Jahr eine kostengünstigere 1E-Zwillingslokomotive als Reihe 81 unter Verwendung des bei den Reihen 380 und 470 bewährten Kessels. Als Treibraddurchmesser wählte er das Standardmaß für Strecken-Güterzuglokomotiven von 1300 mm, das in Verbindung mit dem großen Kolbenhub von 720 mm

81.01

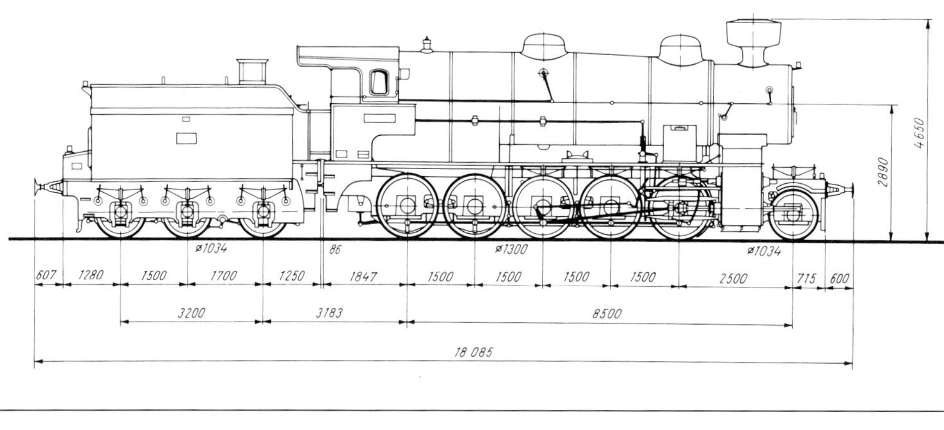

die für den vorgesehenen Aufgabenbereich erforderliche Zugkraft versprach. Für die vorgesehene Verfeuerung energiearmer Kohlensorten erschien der 4,47 m^2 große Rost gut geeignet. Dem dabei anfallenden Funkenausstoß sollte durch einen Kobelkamin abgeholfen werden. Das nach dem Helmhotz'schen Prinzip ausgelegte Fahrwerk mit einer um 65 mm seitenbeweglichen Adams-Vorlaufachse und einem Seitenspiel der zweiten und fünften Kuppelachse von 26 mm bei spurkranzlosem Treibradsatz entsprach jenem der Reihen 280/380 und gewährleistete bei einem festen Radstand von 4500 mm zwangsfreien Bogenlauf bis herab zu Radien von 150 Meter. Von den beiden Domen enthielt der vordere einen Kesselsteinabscheider. Ihre geringe Höhe verliehen der Probelokomotive ein modernes und gefälliges Erscheinungsbild. Beim Serienbau erhöhte man beide Dome zur Schaffung eines größeren Dampfraumes bis nahe an die obere Profilgrenze. Aus Gründen vereinfachter Wartung wurde der Speisedom in der Folgezeit entfernt.

Durch die Fortdauer des Ersten Weltkrieges mußte der Bau des neuen Lokomotivtyps zugunsten des Serienbaues der zur „Kriegslokomotive" bestimmten Reihe 170 zurückgestellt werden. Erst im Mai 1920 verließ die 81.01 als Prototyp der neuen Baureihe die Lokomotivfabrik Wiener Neustadt.

Das Ergebnis der auf der Westbahn absolvierten Probefahrten gab Anlaß zu verschiedenen baulichen Änderungen. So konnte durch Verzicht auf den Kobelfunkenfänger und Erweiterung des Blasrohres der atmosphärische Gegendruck verringert und durch Einbau eines Speisewasservorwärmers die Wärmewirtschaft des Kessels verbessert werden. Während die 81.01 versuchsweise nach deutschem Vorbild einen Knorr-Oberflächenvorwärmer am linken Umlauf erhielt, kam bei der Serienausführung der Mischvorwärmer nach dem Dabeg-System zur Anwendung. Mit einer indizierten Leistung von 1540 PS bei Kurzzeitspitzen bis 1700 PS kam die Lokomotive nun den Reihen 380 und 580 recht nahe. Von den bis 1923 von der Lokomotivfabrik Wiener Neustadt gelieferten 55 Einheiten wurden versuchsweise eine mit Metcalfe-Abdampfinjektor, zwei mit Dabeg-Vorwärmerpumpe und fünf mit Abgas-Speisenwasservorwärmer ausgerüstet. Nachdem man aus patentrechtlichen Gründen auf den Einbau des Abgasvorwärmers verzichtet hatte, wurde die für seine Aufnahme verlängerte Rauchkammer auf Normalmaß gekürzt. Die zuletzt gebauten 18 Einheiten (16 von der StEG-Fabrik, zwei von Floridsdorf) wurden mit Lentz-Ventilsteuerung ausgestattet und als 81.400 bis 415 und 81.450 bis 451 bezeichnet. 81.406 bis 415 erhielten zusätzlich einen Dabeg-Mischvorwärmer und die letzten vier einen Kleinrohrüberhitzer.

Nachdem das vorgesehene Einsatzgebiet durch die territoralen Veränderungen nach dem Ende des Ersten Weltkrieges verloren gegangen war, kamen die Lokomotiven im Güterzugdienst auf der Westbahn, der Gesäusestrecke und den Alpenbahnen zum Einsatz. Auf der Arlbergstrecke lösten sie noch vor dem Abschluß der Elektrifizierungsarbeiten die während der Kriegszeit stark abgewirtschafteten 380er sogar im Schnellzugsdienst ab. Nach Aufnahme des elektrischen Betriebes auf der Brennerstrecke (1928) und der Tauernbahn (1935) waren die Lokomotiven bei den Heizhäusern Wien West, St. Valentin, Linz, Selz-

81

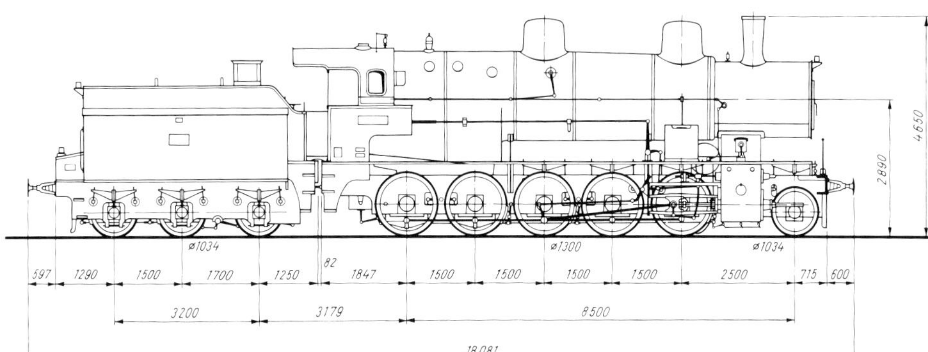

81.01, Prototyp, Werkaufnahme, Wiener Neustadt 5557/1920
Foto: Sammlung Ostendorf

Unten:
81.450 mit Lentz-Ventilsteuerung, Werkaufnahme, Floridsdorf 2839/1922
Foto: Sammlung Ostendorf

thal, Wiener Neustadt und Mürzzuschlag beheimatet. Alle 73 Stück gingen 1938 als 58 701 bis 773 auf die Deutsche Reichsbahn über. Schon in den dreißiger Jahren, als man eine allgemeine Beschleunigung des Güterverkehrs anstrebte, waren die Lokomotiven mit ihrer aus bremstechnischen Gründen auf 55 km/h beschränkten Höchstgeschwindigkeit nicht mehr zeitgemäß, so daß sie schon bald von deutschen Bauarten von den Hauptstrecken verdrängt wurden. Mit ihrer niedrigen Achsfahrmasse fanden sie jedoch gute Verwendung auf Strecken

mit schwächerem Oberbau und im Schiebedienst. Einige hatte der Krieg nach Böhmen und Schlesien verschlagen, andere wurden mit der Ausweitung des deutschen Machtbereiches nach Steinbrück und Laibach (Slowenien) verlegt. 27 Stück, davon vier mit Kleinrohrüberhitzer, gelangten deshalb nach dem Zweiten Weltkrieg als Reihe 29 in den Bestand der JDŽ. Schon 1927 hatte die Staatsbahn des Südslawischen Königreiches (SHS) zehn Stück aus einer 1921 bei Wiener Neustadt ohne Bestellung gebauten Serie für den schweren Güterzugdienst auf den ehemals österreichischen Strecken Sloweniens erworben.

In Österreich hatten 53 Stück die Wirren des Krieges überlebt. Sie standen aber bereits im Schatten der in großer Stückzahl vorhandenen Kriegslokomotiven Reihe 52, mit deren Fahrgeschwindigkeit von 80 km/h sie nicht mithalten konnten. Bis 1961 waren alle aus dem Einsatzbestand ausgeschieden.

Die Reihe 81 hatte zwar nach leistungsverbessernden Maßnahmen die in sie gesetzten Erwartungen erfüllt. Rückschauend erhebt sich allerdings die Frage, ob sich der Aufwand für eine staatsbahneigene 1E-Zwillingslokomotive gelohnt hatte, da das geforderte Betriebsprogramm ebenso gut von der Reihe 580 hätte abgedeckt werden können, die darüber hinaus dem Bedürfnis nach höherer Fahrgeschwindigkeit besser entsprochen hätte.

Konstruktive Merkmale

Kessel: Dreischüssiger Heißdampfkessel mit konischer Erweiterung im zweiten Segment; 191,15 m² Verdampfungsheizfläche und 49,4 m² Überhitzerfläche; breite Feuerbüchse über dem Rahmen mit 4,47 m² Rostfläche; Dampfdom auf dem dritten Kesselschuß; Druckfeder-Sicherheitsventile auf dem Stehkessel; Dampfdruck 15 kg/cm²; Speisedom auf dem ersten Kesselschuß mit Kesselsteinabscheider (später entfernt).

Rahmen: Genieteter Blechrahmen.

Triebwerk: Waagrecht angeordnete Zwillingsdampfmaschine mit 590 mm Zylinderdurchmesser und 632 mm Kolbenhub; Kolbenschieber mit äußerer Heusingersteuerung; letzte Bauvariante mit Lentz-Ventilsteuerung. Antrieb auf der dritten Kuppelachse; Treibraddurchmesser 1300 mm.

Fahrwerk: Adams-Laufachse ohne Rückstellvorrichtung mit 65 mm Seitenspiel, zweite und fünfte Kuppelachse mit 26 mm seitlichem Anschlag; Treibradsatz ohne Spurkranz; Tragfedern der Laufachse und der ersten drei Kuppelachsen ohberhalb, der beiden rückwärtigen Kuppelachsen unterhalb der Achslager; zwischen der zweiten und dritten und der vierten und fünften Kuppelachse durch Ausgleichshebel verbunden.

Ausrüstung: Besandung des ersten Kuppelradsatzes durch Sandkästen seitlich am Umlauf (später teilweise durch runden Sandkasten vor dem Dom ersetzt); Vakuumbremse mit Druckluftzusatzbremse für den Wagenzug; teilweise Dabeg-Vorwärmerpumpe; Kobel-Funkenfänger nur bei Prototyp (später entfernt); automatische Schmierpresse.

Tender: Dreiachsiger Steifrahmentender Reihe 56 oder 156.

181

DRB-Baureihe 58⁸

1E-h2v

1922 bis 1953

Techn. Daten: Seite 268

Trotz der unbestrittenen Vorteile der doppelten Dampfdehnung gewann unter den schwierigen Verhältnissen nach dem Ersten Weltkrieg die Zwillingslokomotive sowohl durch ihre einfachere Wartung und Bedienung als auch wegen der niedrigeren Beschaffungs- und Unterhaltskosten zunehmend an Boden. Verbundbauarten, denen irgendwelche konstruktive Mängel anhafteten, wurden für einfache Dampfdehnung umgebaut oder fielen der vorzeitigen Ausmusterung anheim. Auf diese Weise entstanden die erfolgreichen neuen Zwillings-Baureihen 409, 670 und 680. Ein weit umfangreicheres Modernisierungsprogramm dieser Art lief in der Tschechoslowakei ab, welches sich bis in die Zeit nach dem Zweiten Weltkrieg erstreckte.

Österreich besaß innerhalb seiner im Staatsvertrag von St. Germain (2. September 1919) festgelegten Grenzen keine nennenswerten Kohlenvorkommen mehr. Der Zwang zu sparsamem Verbrauch im Bahnbetrieb gab daher der Verbundlokomotive neuen Auftrieb. Die BBÖ entschlossen sich deshalb, 27 der in Wiener Neustadt im Bau befindlichen Zwillingslokomotiven Reihe 81 mit Verbundtriebwerk auszustatten zu lassen, welche 1922/23 als Reihe 181 in Betrieb genommen wur-

181

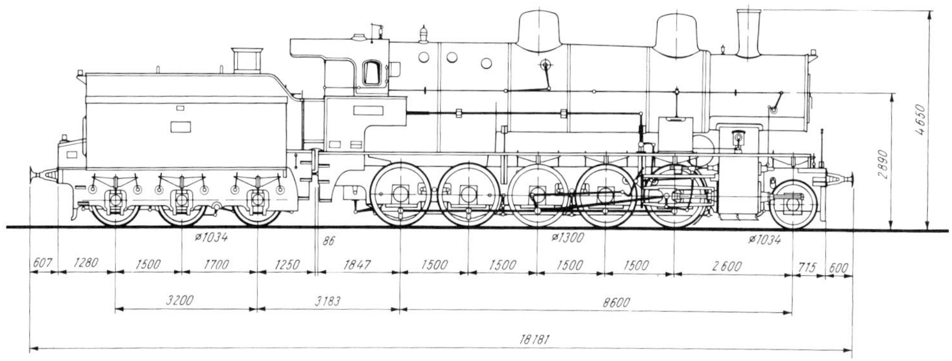

den. Bei unveränderten Kesselabmessungen war die Dampfspannung zum Aufbau eines größeren Druckgefälles auf 16 kg/cm^2 heraufgesetzt worden. Das Zylinderverhältnis ergab zwar günstige Expansionsverhältnisse, jedoch neigte der große, durch einen Rotgußflachschieber gesteuerte ND-Zylinder von 870 mm Durchmesser bei Frischdampfzufuhr zum Schleudern mit der Folge vermehrter Triebwerkschäden. Dieses nachteilige Verhalten war zumindest teilweise auf den Ersatz der Gölsdorf'schen Anfahrvorrichtung durch ein einfaches Druckventil zurückzuführen. Um die waagrechte Lage

181.03, Wiener Neustadt 5705/1922
Foto: Sammlung Dr. Scheingraber

der Zylinder beizubehalten, mußte die Adams-Vorlaufachse weiter nach vorn verlegt werden.

Wie bei allen Verbundbauarten traten auch bei der Reihe 181 die Vorteile des Systems bei den im Gebirgsdienst üblichen niedrigeren Drehzahlen stärker hervor als im zügigen Flachlandbetrieb. Gegenüber der Reihe 81 bewegte sich die Kohlenersparnis um 15 %. Sinkende Kohlepreise Ende der zwanziger Jahre verbilligten die Importe und ließen das Interesse an der zweistufigen Dampfdehnung rasch abflauen, so daß die Reihe 181 die letzte in Österreich entstandene Verbundlokomotive blieb. Durch ihre große Schadanfälligkeit erfreute sie sich keiner großen Beliebtheit. Trotz ihrer Leistungsfähigkeit wanderte sie schon in den dreißiger Jahren zunehmend in den Reservedienst ab. 1938 gelangten zwar noch alle als 58 801 bis 827 in den Bestand der Deutschen Reichsbahn, die jedoch ebenfalls kein großes Interesse an den Maschinen erkennen ließ. Die nach dem Zweiten Weltkrieg noch vorhandenen acht Exemplare waren als neue Reihe 158 eingeplant, schieden aber bis 1953 aus dem Fahrzeugbestand aus.

Konstruktive Merkmale

Die konstruktiven Merkmale der Reihe 181 weisen gegenüber der Reihe 81 (S. 176) folgende Unterschiede auf:

Triebwerk: Zweizylinder-Verbundmaschine, Durchmesser des HD-Zylinders 630 mm, des ND-Zylinders 870 mm; Dampfspannung 16 kg/cm^2; ND-Rotgußflachschieber; Verbundschaltung durch Druckventil im Verbinder.

Ausrüstung: Verlängerte Rauchkammer zur vorgesehenen Aufnahme des Rauchgasvorwärmers wie bei Reihe 81 später gekürzt und (vorderer) Speisedom mit Schlammabscheider entfernt. Nachrüstung mit Dabeg-Mischvorwärmerpumpe.

Die Österreichischen Bundesbahnen verfügten über vier bodenständige 1E-Typen von nahezu gleichem Dienstgewicht. Eine Übersicht über ihre Betriebscharakteristik, in die zum Vergleich die der Einheitslokomotive gleicher Größenordnung Reihe 50 der DRB einbezogen ist, gibt der untenstehende Auszug aus den Leistungstafeln (nach dem Merkbuch für die Triebfahrzeuge der DRB, Nachtrag 4, vom 1. 9. 40 zu 939 a/b):

Baureihe		**380**	**580**	**81**	**181**	**50** (DRB)
Steigung	km/h	Zugmasse (Güterzug) in t				
–	80	–	–	–	–	670 (755)*
–	50	1790	1900	1750	1950	2000 (2150)
5‰	40	955	950	915	1000	995 (1015)
10‰	30	735	720	700	760	765 (770)
20‰	25	410	400	400	430	455 (455)
25‰	25	320	305	305	335	345 (345)

* Klammerwerte für Personenzug

100

1F-h4v

1911 bis 1928

Techn. Daten: Seite 269

Der rasch anwachsende Reiseverkehr auf der am 1. Juli 1909 eröffneten Tauernbahn ließ schon nach einem Jahr die Wagenmasse der internationalen Schnellzüge die 300-t-Grenze übersteigen, so daß selbst die neuen leistungsstarken 1E-h4v-Lokomotiven Reihe 380.100 oft nicht mehr ohne Vorspann auskamen, welcher bei den ebenfalls dort verwendeten 1C1-Maschinen Reihe 110 von Anfang an die Regel war. Um diese unwirtschaftliche Betriebsform auf ein Mindestmaß zu reduzieren, trat Gölsdorf an den Entwurf einer noch stärkeren Gebirgslokomotive heran, die mit ihren gewaltigen Dimensionen alles bisher in Europa Dagewesene in den Schatten stellte.

Da die von der obersten Heeresleitung verfügte Achslastbegrenzung auf 14,5 t noch immer nicht gelockert war, konnte der für die geforderte Leistungssteigerung notwendige Kessel nicht mehr auf einem sechsachsigen Fahrwerk untergebracht werden. Um gleichzeitig die Reibungsmasse zu erhöhen, tat Gölsdorf den epochalen Schritt zum ersten kurvengängigen Sechskuppler mit führender Laufachse. Sein besonderes Augenmerk galt der Fahrwerkskonstruktion, bei der er sich die Erfahrungen mit seinen vier- und fünffach gekuppelten Gebirgslokomotiven der Reihen 170, 280 und 380 zu Nutze machte.

Der Rahmen war aus zwei 30 mm starken Blechen zusammengenietet und in engen Abständen querversteift. Um für die Adams-Laufachse den erforderlichen Bewegungsspielraum von 50 mm nach jeder Seite zu schaffen, mußte der Vorderteil des Rahmens nach innen abgeschrägt werden. Auf eine Rückstellvorrichtung wurde verzichtet. Durch eine enge Folge der Kuppelradsätze mit nur 40 mm Reifenabstand bei einem Durchmesser von 1450 mm konnte ein fester Radstand von 4590 mm eingehalten werden, womit er um 420 mm kürzer war als bei den Fünfkupplern der Reihen 280/380. Wiederum in Anlehnung an die Helmhotz'sche Bogenlauftheorie erhielten die zweite und fünfte Kuppelachse 26 mm, die sechste 40 mm laterales Seitenspiel. Der Elastizität des Fahrwerks mußte auch das Antriebsgestänge folgen, weshalb die Kuppelstange zwischen den beiden letzten Radsätzen längsgeteilt und in Gelenksköpfen gelagert war. Fest im Rahmen geführt wurden die erste und vierte Kuppelachse sowie die an dritter Stelle angeordnete spurkranzlose Treibachse. Alle angetriebenen Achsen waren unterhalb der Lager abgefedert und durch Ausgleichshebel miteinander verbunden, wodurch auch der innere Teil des Triebwerks gut zugänglich blieb. Die Tragfedern des Laufradsatzes von 1034 mm Durchmesser waren oberhalb des Rahmens befestigt. Trotz der sechsfachen Kupplung des Triebwerks konnten Kurven und Weichenbögen von 150 m Halbmesser anstandslos durchfahren werden.

Der mit seiner wasserberührten Verdampfungsheizfläche von 249 m^2 bis dahin unerreichte Kessel war aus 22,5 mm starkem Blech gefertigt und in seinem zweiten Segment wieder kegelförmig nach oben erweitert. Der dritte Kesselschuß trug den flachen Dampfdom mit den Pop-Druckfedersicherheitsventilen Bauart Coale. Die Längsachse des Kessels lag im Vorderteil 2980 mm, im Stehkesselbereich 3030 mm über SOK. Bei dem Abstand von 5000 mm zwischen den Rohrwänden ergab sich ein günstiges Verhältnis zu dem 5 m^2 großen Rost. Mit Rücksicht auf die zahlreichen Tunnels der Tauernbahn erhielt die Lokomotive zur Erzielung einer rauchgasarmen Verbrennung eine Ölzusatzfeuerung. Knapp bemessen war, wie allgemein im österreichischen Lokomotivbau, mit 49 m^2 gasberührter Fläche der Überhitzer. Die Heißdampftemperaturen erreichten deshalb nur Werte von 300 bis 330 °C. Sowohl die innen angeordneten, 1:7,2 geneigten Hochdruckzylinder als auch die waagrechten äußeren Niederdruckzylinder trieben die dritte Kuppelachse an. Wie bei der zur gleichen Zeit entstandenen Reihe 310 wurden die Hochdruck-Kolbenschieber und die Rohrschieber für den Niederdruckteil in einem gemeinsamen Gehäuse untergebracht und durch eine äußere Heusinger-Steuerung angetrieben. Die inneren HD-Zylinder bildeten zusammen mit den Schiebergehäusen ein Gußstück, so daß der Zylinderblock aus drei auswechselbaren Teilen bestand. Um eine übermäßig lange Schieberschubstange zu vermeiden, wurde der Voreilhebel umgekehrt hinter dem Kreuzkopf angelenkt und an einem Pendel aufgehängt.

Die 1911 von der Lokomotivfabrik Floridsdorf gebaute Probelokomotive 100.01 konnte die im Betrieb an sie gestellten Anforderungen mühelos erfüllen. Anhängelasten von 360 t (planmäßig 300 t) beförderte sie mühelos mit 40 km/h über die 28 ‰-Rampen der Tauernbahn und erreichte bei den

100

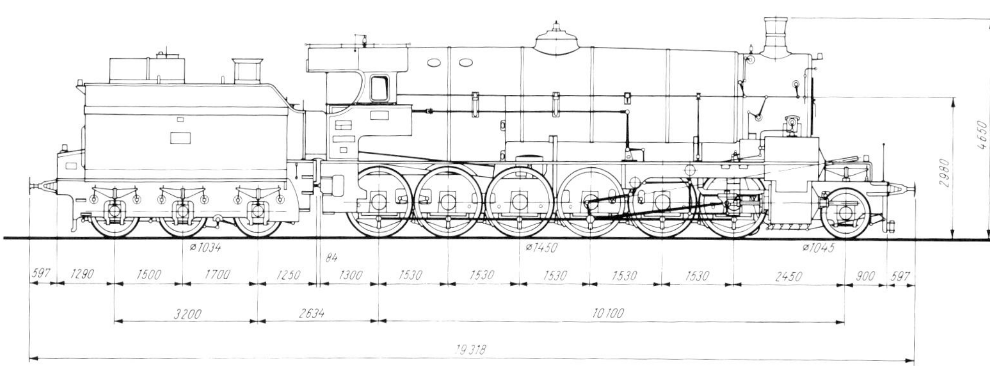

100.01, Bischofshofen 1913, Floridsdorf 1996/1911
Foto: TBA K. Pfeiffer

Probefahrten auf ebener Strecke eine Geschwindigkeit von 85 km/h. Zur Schonung des komplizierten Trieb- und Fahrwerks blieb die Höchstgeschwindigkeit für den Betrieb jedoch auf 60 km/h beschränkt. Als Nennleistung wurden 2020 PS indiziert, das sind 20 % mehr als bei der Reihe 380, womit die 100.01 zu den stärksten Lokomotiven Europas zählte. Ein interessanter Vergleich drängt sich dabei zu den 1914 bis 1921 von der Maschinenfabrik der Ungarischen Staatsbahn für den schweren Zugdienst auf den kroatischen Karststrecken und in der Tatra gebauten 1CC-h4v-Mallet-Lokomotiven Reihe 601 der MAV auf, die mit 109,4 t Dienstgewicht die schwersten Dampflokomotiven ihrer Zeit in Europa waren und die gleiche Achszahl und etwa den gleichen Treibraddurchmesser (1440 mm) wie Gölsdorfs einrahmiger Sechskuppler aufwiesen. Trotz größerer Kesselparameter (Rostfläche 5,09 m^2, Heizfläche 261 m^2, Überhitzerfläche 79,7 m^2) und größerer Reibungsmasse (97,0 t) erreichte die komplizierte, mit Brotan-Feuerbüchse ausgestattete ungarische Gelenklokomotive nicht die Leistung der 100.01. Die folgerichtige Weiterentwicklung vom kurvengängigen Vierkuppler (Reihe 170) zum Fünf- und Sechskuppler durch die Anwendung des Helmholtz'schen Prinzips der seitenverschieblichen Kuppelachsen zählt nicht nur zu den größten Verdiensten Gölsdorfs, sondern machte auch den Bau technisch aufwendiger Gelenklokomotiven mit ihren beweglichen, wärmewirtschaftlich ungünstigen langen Rohrleitungen für die österreichischen Gebirgsstrecken entbehrlich.

Nach ersten Einsätzen auf der Tauernbahn zwischen Villach und Bischofshofen teilte man die 100.01 1914 dem Heizhaus Görz zu. Die Siegermächte des Ersten Weltkrieges zeigten sich an dem Einzelexemplar nicht interessiert. Die Maschine kam deshalb wieder auf der Tauernbahn in Betrieb, wo ihre gewaltige Zugkraft sehr geschätzt wurde. Allerdings offenbarten sich im Betrieb auch einige Unzulänglichkeiten, die als Folge der extremen Gewichtseinsparung auftraten. Sie betrafen vor allem die bauartbedingte Schwergängigkeit der kombinierten Hoch- und Niederdruckschieber, die auch bei anderen damit ausgestatteten Typen Anlaß zu Klagen gaben und im Falle der Reihe 470 zum Umbau auf Zwillingsantrieb führten. Die nicht eben hohe Höchstgeschwindigkeit von 60 km/h stand wiederum dem Streben nach Fahrzeitgewinn und steigungsarmen Streckenabschnitten entgegen. Sicher hätte sich bei der in Aussicht genommenen Nachbestellung vieles verbessern lassen, doch vereitelte der Kriegsausbruch 1914 eine Auftragsvergabe. Ein im Jahre 1920 aufgestelltes großangelegtes Elektrifizierungsprogramm, welches unter weitgehender Nutzung vorhandener Wasserkräfte den Bedarf an Importkohle spürbar senken und die Erschwernisse der Dampftraktion auf den Alpenstrecken ein für alle Mal beseitigen sollte, stand fortan als Menetekel über der großen Maschine. Bis zur Ablösung durch die elektrische Traktion behalf man sich mit den neuen, im Unterhalt wesentlich sparsameren 1E-Lokomotiven der Reihen 81 und 181, die zusammen in 100 Exemplaren zahlreich zur Verfügung standen. Noch ein letztes Mal trat die 100.01 auf der großen Verkehrsausstellung des Jahres 1925 in München in das Blickfeld interessierter Kreise, wo sie in ihrer Eleganz und Größe als absoluter Höhepunkt des altösterreichischen Lokomotivbaues viel Beachtung fand. Knapp drei Jahre danach besiegelte ein folgenschwerer Bruch eines inneren Hochdruckzylinders vorzeitig ihr Schicksal. Aus Rentabilitätsgründen verbot sich sowohl die kostspielige Anfertigung eines neuen Gußstückes als auch der Umbau auf Zwillingsantrieb. Nach einer Betriebsdauer von nur 17 Jahren teilte die mächtige Pionierlokomotive das Schicksal so mancher Einzelgängerin in der frühen Ausmusterung. Trotz ihrer technik-geschichtlichen Bedeutung blieb ihr der gebührende Ehrenplatz in einem Museum verwehrt. Allein das ihrer Konstruktion zugrunde liegende Gedankengut fand dankbare Aufnahme beim Bau der wohlgelungenen 1F-h4v-Güterzuglokomotive Klasse K für die Württembergische Staatsbahn, von welcher die Maschinenfabrik Eßlingen von 1917 bis 1924 nicht weniger als 44 Stück herstellte. Bei dieser für eine Achsfahrmasse von 16 t ausgelegten Lokomotive konnten aufgrund der mit der 100.01 gemachten Erfahrungen die Betriebseigenschaften wesentlich verbessert werden. Der Erfolg ist vor allem den getrennten Steuerungen, den Kolbenschiebern mit innerer Einströmung, dem größeren Überhitzer und dem Zweiachsantrieb zuzuschreiben. Im einzelnen ist die Entstehungsgeschichte und der technische Aufbau dieser von der DRG. als Reihe 59 bezeichneten Gattung in anderen Bänden der Reihe ausführlich beschrieben (→ EFA 1.2 und EFA 2.6). Im Rahmen dieser Abhandlung soll aber nicht unerwähnt bleiben, daß diese würdige Nachfolgerin des österreichischen Vorbildes, dessen Pläne Gölsdorf der Maschinenfabrik Eßlingen zur Verfügung gestellt hatte, die Hälfte ihrer Betriebszeit auf österreichischen Strekken zugebracht hat. Nach der Eingliederung der Österreichischen Bundesbahnen in die Deutsche Reichsbahn wurde nämlich der gesamte Bestand der Reihe 59 den Bw Mürzzuschlag und Gloggnitz für den Einsatz auf der Semmeringstrecke zugewiesen. Kurzfristige Dienstleistungen erfolgten auch bei den Bw Linz und Selzthal. Durch die Ausweitung des deutschen Machtbereichs auf den Südosten Europas im Jahre 1941 kam eine größere Anzahl zum Bw Görz zur Beförderung der über die Wocheinerbahn geleisteten Nachschubzüge, wo einst auch die 100.01 tätig war. Sechs 59er gingen nach dem Zweiten Weltkrieg als 147-001 bis 006 auf die JDŽ über, die sie bis 1955 weiterverwendete. Einzelne Exemplare verblieben mit ungeklärtem Schicksal in Ungarn. In Österreich wahrten die nach dem neuen Reihenschema der ÖBB als Reihe 659 bezeichneten Sechskuppler bis zum Abschluß der Elektrifizierung der Semmeringstrecke im Jahre 1956 die Tradition von Gölsdorfs epochalem Prototyp.

Konstruktive Merkmale

Kessel: Dreischüssiger Heißdampfkessel mit kegelförmiger Erweiterung nach oben im mittleren Segment; Mittelachse im Vorderteil 2980 mm, ab dem dritten Kesselschuß 3030 mm über SOK, Abstand zwischen den Rohrwänden 5000 mm; Dampfdom mit aufgesetzten Pop-Druckfedersicherheitsventilen; Außenzugregler; breite Feuerbüchse über dem Rahmen mit 5 m² großem Rost; Ölzusatzfeuerung; wasserberührte Verdampfungsheizfläche 249 m²; Überhitzerfläche 49 m²; Dampfspannung 16 kg/cm².

Rahmen: Genieteter Blechrahmen mit verstärkter Querversteifung, im Bereich der Laufachse schräg eingezogen; verstärkte Pufferbohle.

Triebwerk: Vierzylinder-Verbundmaschine, Durchmesser der 1:7,2 geneigten HD-Zylinder 450 mm, der äußeren waagrechten ND-Zylinder 760 mm; Kolbenhub 680 mm; Treibraddurchmesser 1450 mm; gemeinsamer Antrieb auf der dritten Kuppelachse; kombinierte Kolben-Rohrschieber für je ein HD/ND-Zylinderpaar mit äußerer Einströmung; äußere Heusinger-Steuerung mit umgekehrt geführtem, an Pendel aufgehängten Voreilhebel; Gölsdorf'sche Anfahrvorrichtung.

Fahrwerk: Adams-Laufachse mit 50 mm radialem Seitenspiel, ohne Rückstellvorrichtung; zweite und fünfte Kuppelachse mit 26 mm, sechste Kuppelachse mit 40 mm lateraler Seitenbeweglichkeit; Treibradsatz (dritte Kuppelachse) ohne Spurkranz; längsgeteilte, in Kugelgelenken gelagerte Kuppelstange zwischen fünfter und sechster Kuppelachse; Tragfedern der Kuppelachsen unterhalb der Achslager, der Laufachse oberhalb des Rahmens befestigt.

Ausrüstung: Vakuumbremse auf erster und fünfter Kuppelachse wirkend; Besandung des ersten Kuppelradsatzes durch Sandkästen auf dem vorderen Umlaufsteg.

Tender: Dreiachsiger Steifrahmentender Reihe 156 mit Tanks für die Ölzusatzfeuerung.

14 (SB 14)

DRB-Baureihe 98^{79}

B-n2t

1870 bis 1952

Techn. Daten: Seite 270

14

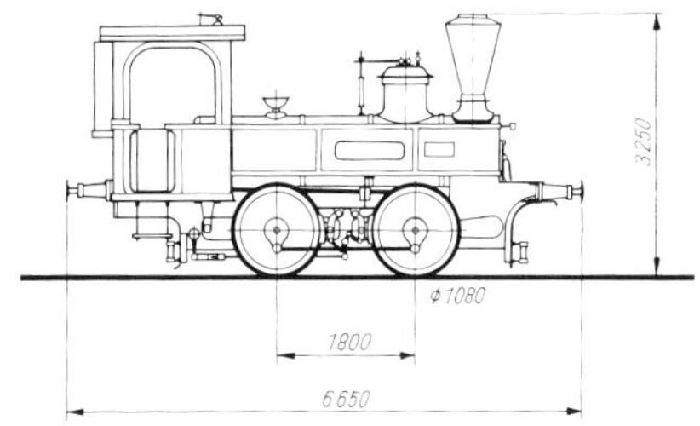

In der 14er Gruppe des Reihenschemas erscheinen nicht nur die einst größten Dampflokomotiven Europas in Gestalt der Reihen 114 und 214, sondern – quasi als minimiertes Gegenstück – eine B-Tenderlokomotive kleinster Dimension, die erst 1924 in den Bestand der BBÖ aufgenommen wurde.

Aus heutiger Sicht ist es kaum mehr nachvollziehbar, wie dieses Einzelstück mit ihren für eine Normalspurlokomotive kaum unterbietbaren Maßen fünf sich ablösende Verwaltungen überlebte und sich 81 Jahre im Betrieb halten konnte. Ihre Lebensgeschichte beginnt 1870 bei der Graz-Köflacher Eisenbahn- und Bergbaugesellschaft, die von den Sigl'schen Werken in Wiener Neustadt die beiden Stollenlokomotiven *Lankowitz* und *Rosenthal* (bei den Namen handelt es sich um Gemeinden im steiermärkischen Bergbaugebiet) mit den Katasternummern 24 und 25 beschaffte.

Ihr Aufgabengebiet erlaubte nur eine geringe Bauhöhe. Um die empfindlichen Teile des Antriebs vor grober Verschmutzung zu schützen, erhielten die Lokomotiven Innentriebwerk und Scheibenräder mit äußeren Kuppelstangen.

Ungeachtet ihres unscheinbaren Äußeren erreichten sie bei den Probefahrten bis zu 40 km/h und wurden für 35 km/h zugelassen.

Von ihren technischen Parametern sind nicht viel mehr als der Raddurchmesser von 1075 mm und das Dienstgewicht von 18 t überliefert. An Kesselaufbauten waren nur der mit einem Federwaag-Sicherheitsventil ausgestattete Dampfdom und die damals übliche Füllschale vorhanden.

14.270 „Lankowitz" im Dienst der BBÖ, ehemalige Serie 14 Nr. 270 der GKB, Sigl/Wiener Neustadt 1051/1870
Foto: Sammlung Dr. Scheingraber

Beide Räderpaare waren handgebremst, das angetriebene zweite durch einen zwischen den Rädern montierten Sandkasten besandet. Zur Säuberung der im Stollenbetrieb verschmutzten Schienen waren an beiden Enden Halterungen für auswechselbare Reisigbüschel angebracht. Der bescheidene Kohlenvorrat wurde im Führerhaus mitgeführt.

Mit der Übernahme des Betriebes der Graz-Köflacher-Bahn durch die Südbahn am 1. September 1878 erhielten die beiden Stollenlokomotiven die Reihenbezeichnung 14 mit den Betriebsnummern 270 und 271.

1923 wechselten sie erneut den Besitzer, als das österreichische Streckennetz der Südbahn auf die Bundesbahnen überging. Da die Reihe 14 im Reihenschema der BBÖ frei geworden war, wurde sie mit der *Lankowitz,* deren Name noch immer ihre Wasserkästen zierte, wiederbesetzt, womit sich eine Umzeichnung erübrigte. Während die *Rosenthal* 1926 der Kassierung anheim fiel, fand die *Lankowitz* Beschäftigung im Heizhausverschub in Wien Süd.

Schließlich überlebte sie sogar die Ära der Deutschen Reichsbahn, bei der bekanntermaßen andere derart archaische Einzelstücke keine Zukunft hatten. Zur 98 7901 umgezeichnet, wurde sie an verschiedene Industrieunternehmen verliehen. Nach 1945 folgten wechselweise Einsätze im leichten Verschubdienst in Wien Süd, Wien Nord und Straßhof, bis sie schließlich 1952 auf Veranlassung der sowjetischen Militärregierung ausgemustert wurde. Ein Vorhaben aus den dreißiger Jahren, die Lokomotive als historisches Requisit des Bergbautransportwesens für eine Museum zu erhalten, war offenbar in den Wirren der Nachkriegszeit in Vergessenheit geraten.

61 (KEB O)
62 (KRB III)
162 (Felixdorf-Blumau)
DRB-Baureihe 98^{12}
166 (StEG IV^{m})

C-n2t

1873 bis 1953

Techn. Daten: Seite 272

Die Eröffnung zahlreicher Nebenbahnen löste in den siebziger Jahren des 19. Jahrhunderts eine Beschaffungswelle einfacher C-gekuppelter Tenderlokomotiven aus. Private Lokalbahnen bestellten oft nur wenige Exemplare eines für ihre speziellen Verkehrsbedürfnisse zugeschnittenen Baumusters.

Diese unscheinbaren Maschinen erwiesen sich jedoch oft als unverwüstlich und gelangten vereinzelt noch in den Bestand der Österreichischen Bundesbahnen.

Für den leichten Streckendienst beschaffte die Kaiserin-Elisabeth-Bahn 1873 bei Hartmann in Chemnitz fünf C-n2-Tenderlokomotiven Serie 0, die nach der Verstaatlichung als 6101 bis 6105 in den Fahrpark der kkStB eingereiht wurden. Konstruktive Merkmale dieser kleinrädrigen Maschinen waren der Innenrahmen mit Außenzylindern und inneren Steuerungen, ein Dampfdom mit einzelnem Federwaag-Sicherheitsventil, ein auf dem Kesselrücken plazierter Sandkasten und der über den Kobelfunkenfänger hinaus verlängerte Kamin. Im Streckendienst konnten sich die Lokomotiven nicht behaupten, leisteten aber gute Dienste

162.02, ehemalige Nr. 12 der kuk Heeresfeldbahn, Wiener Neustadt 5166/1913
Foto: Archiv Töpelmann

im Verschubdienst in Wien West und Salzburg. Die 61.04, 1902 noch mit neuem Kessel ausgestattet, schied als letzte 1932 aus dem Bestand aus.

Bis Ende der zwanziger Jahre versahen drei C-n2-Tenderlokomotiven der ehemaligen Kronprinz-Rudolf-Bahn als Reihe 62 Verschubdienst in Knittelfeld. Sie entstammten einer 1872 von Krauß in München gelieferte Serie mit Innenrahmen und äußerer Stephenson-Steuerung. Sie wurden mehrmals umgebaut und erhielten, wie später vielfach üblich, einen Kohlenbaufbau auf dem Stehkessel. Zwei im technischen Aufbau ähnliche, aber wesentlich neuere Maschinen übernahmen die BBÖ erst 1928 von der Militärbahn Felixdorf-Blumau und reihten sie als 162.01 und 02 ein. Diese 1911 und 1913 in Wiener Neustadt gebauten Loks entsprachen einer 1895 für die Österreichische Nordwestbahn entworfenen Type mit Innenrahmen und äußerer Allan-Steuerung. Weitere bauliche Merkmale waren der Mantelkamin, Federwaag-Sicherheitsventile und Vollgußräder. Bei einem Dienstgewicht von 33 t wies der Kessel einen Rost von 1,25 m² und eine Heizfläche von ca. 62 m² auf. Der Betriebsdruck betrug 12 kg/cm². Die beiden Maschinen schieden erst 1953 aus dem Bestand der ÖBB aus.

In der beachtlichen Anzahl von 40 Stück gelangte eine von der StEG 1881 bis 1892 in 62 Exemplaren im gesellschaftseigenen Werk gefertigte C-n2-Tenderlokomotive (Serie IV m 3201 bis 3240, ab 1897 als Serie 32 bezeichnet) durch die Verstaatlichung als Reihe 166 in den Bestand der kkStB. Die übrigen 16 Stück kamen zur MAV. Mit abgestützter Feuerbüchse und einem Kuppelraddurchmesser von 1448 mm konnten die Lokomotiven auch im Personenzugdienst auf kurzen Hauptstreckenabschnitten eingesetzt werden. Der für eine Tenderlokomotive der damaligen Zeit große Kessel von 90,3 m² Heizfläche und einem 1,47 m² großen Rost erzeugte Dampf von 9 mkg/cm² Spannung. Im technischen Aufbau dominierte noch der französische Einfluß (siehe Baureihen 5 und 205). Die Konstruktion war gekennzeichnet durch Innenrahmen mit Außenzylindern und äußerer Gooch-Steuerung. An Vorräten konnten 5 m³ Wasser und 1,7 t Kohle mitgeführt werden. Von den 23 nach dem Ersten Weltkrieg in Österreich verbliebenen Loks wurde die letzte 1932 kassiert. Wesentlich länger hielten sich die 16 der ČSD zugefallenen Maschinen (Reihe 334.5), deren letzte erst 1961 mit 79 Betriebsjahren auf das Abstellgleis fuhr.

178

DRB-Baureihe 92²²
ÖBB-Baureihe 92

D-n2vt und D-n2t

1898 bis 1970

Techn. Daten: Seite 272

Durch die günstige Wirtschaftslage Ende des 19. Jahrhunderts hatten auch die Nebenbahnen einen stetig zunehmenden Verkehr zu verzeichnen, für dessen Bewältigung jedoch nur zwei- und dreifach gekuppelte Tenderlokomotiven leichter Bauart zur Verfügung standen.

Um die Kosten für den Bau dieser auf die Befriedigung lokaler Verkehrsbedürfnisse angelegten Sekundärbah-

178.803, ehemalige EWA 73, als 92 2221 der DRB (Schneebergbahn-Prototyp)
Wiener Neustadt 4273/1900
Foto: Hubert/Sammlung Schröpfer

nen niedrig zu halten, mußten unter Verzicht auf teure Kunstbauten vielerorts extreme Neigungsverhältnisse in Kauf genommen werden.

Auf der vorrangig zum Abtransport der im Grünberger Grubenrevier geförderten Kohle am 15. April 1897 eröffneten 41,6 km langen Schneebergbahn Wiener Neustadt – Puchberg nahm der Verkehr durch den zum Hochschneeberg strebenden Touristenstrom eine so steile Aufwärtsentwicklung, daß schon bald die Anschaffung einer kräftigen vierfach gekuppelten Tenderlokomotive dringlich wurde. Sie sollte in der Lage sein, Personenzüge von 110 t mit 15 km/h über die Maximalsteigung von 45 ‰ und im Dauerbetrieb 150 t mit 20 km/h über Steigungen von 25 ‰ zu befördern, wofür eine Leistung von 520 bzw. 400 PS aufzubringen war. Als Energiequelle stand die schlackenreiche Kohle der Grünberger Zeche zur Verfügung. Mit der Konstruktion beauftragte die Schneebergbahn-Gesellschaft Karl Gölsdorf, welcher als überzeugter Verfechter des Verbundsystems und der Helmholtz'schen Bogenlauftheorie eine D-n2v-Tenderlokomotive mit seitenverschiebbarer zweiter und vierter Kuppelachse entwarf. Durch Hochlagerung des Kessels und Absenkung des Rahmens ließ sich die Feuerbüchse mit einem 1,65 m^2 großen Rost ohne rückwärtigen Überhang über der letzten Kuppelachse unterbringen. Während die Kesselabmessungen gut aufeinander abgestimmt waren, erwiesen sich die Zylinder als sehr knapp. Dies wirkte sich zwar nachteilig bei der Beschleunigung schwerer Züge aus, vermied aber andererseits weitgehend ein Rädergleiten.

Aufgrund der allgemeinen Zufriedenheit mit den beiden 1898 von der Lokomotivfabrik Krauß in Linz gelieferten Probeexemplaren Nr. 21 *Willendorf* und Nr. 22 *Klaus* bestellte die Aspang-Bahn, welche ab 1. Januar 1899 den Betrieb der Schneebergbahn übernommen hatte, in größeren zeitlichen Abständen weitere acht Lokomotiven, die 1900 (zwei), 1909, 1914, 1917 (jeweils eine), 1919 (zwei) und 1920 (eine) in Betrieb genommen wurden. Die gesamte Serie erhielt 1919 die neuen Bahnnummern 71 bis 80. Mit nur geringen Änderungen beschafften die kkStB bis 1918 211 Stück für ihre steigungsreichen Nebenstrecken oder auf Rechnung privater Gesellschaften, deren Betrieb sie führten. Lieferwerke waren neben dem Linzer Zweigbetrieb der Firma Krauß als Ersthersteller auch die Lokomotivfabriken Wiener Neustadt und Floridsdorf sowie die Erste Böhmisch-Mährische und die StEG-Maschinenfabrik.

Die Konturen der Staatsbahn-Ausführung waren geprägt durch den dominanten Kobelkamin und den wuchtigen Dampfdom zwischen den beiden kleineren Sanddomen. Als weitere Eigentümlichkeiten fallen die Vollgußräder und die von Gölsdorf entwickelte Winkelhebelsteuerung auf, die schon bei den C2-n2vt-Schmalspurlokomotiven für die Ybbstalbahn und bei der 1Cn2vt-Lokalbahntype Reihe 99 Anwendung fand. Bei dieser abgewandelten Form der Heusinger-Steuerung wurde die Schieberbewegung statt von der üblichen Schwinge durch einen rechtwinkligen Hebel mit Umkehrgestänge übertragen. Obwohl sich das System bewährte, fand es weder in Österreich noch im europäischen Ausland weitere Verbreitung. Anders in Amerika, wo es zur Baker-Steuerung weiterentwickelt wurde. Dort hat es sich selbst bei größten Lokomotivbauarten erfolgreich durchgesetzt.

Dank der Helmholtz'schen Fahrwerkskinematik und einem engen Radabstand übertraf die Reihe 178 mit einem festen Radstand von nur 2470 mm die alten Dreikuppler an Kurvengängigkeit, indem sie Gleisbögen bis herab zu 80 m zwangsfrei durchfahren konnte. Wegen des vorderen Überhanges mußte die Höchstgeschwindigkeit auf 50 km/h beschränkt bleiben, die im Betrieb jedoch nicht selten überschritten wurde. In Anpassung an die unterschiedlichen Achsdruckgrenzen der Einsatzstrecken variierte das Fassungsvermögen der seitlichen Wasserkästen zwischen 5,2 und 7,5 m^3 und des rückwärtigen Kohlenbehälters zwischen 1,5 und 2,0 t, woraus sich eine Schwankungsbreite der Dienst- und Reibungsmasse von 46,1 bis 52,0 t ergab. Einen überzeugenden Beweis ihrer Leistungsfähigkeit erbrachte die Lokomotive auf den Strekken von Karlsbad nach Johanngeorgenstadt und von Falkenau nach Joachimsthal im böhmischen Erzgebirge, wo Steigungen von 50 ‰ zu bewältigen waren, d. h. an der Grenze dessen, was noch im normalen Reibungsbetrieb möglich war. Hohe Anforderungen stellte auch die 87 km lange Verbindungsstrecke des nördlichen Böhmerwaldes zwischen Taus und Tachau, wo 100 bis 120 t schwere Züge auf langen Steigungen bis zu 31 ‰ zu nehmen waren. Die Reihe 178 hatte sich nicht nur auf schwierigen Nebenbahnen in weiten Teilen der österreichischen Monarchie bestens bewährt, sondern versah auch Dienst auf der Wiener Stadtbahn und im Nahverkehr größerer Städte. Nach der Belastungstafel konnte die Lokomotive auf ebener Strecke Züge von 605 t mit 45 km/h und auf einer Steigung von 25 ‰ mit 140 t und 20 km/h befördern. Wichtige Einsatzgebiete waren die Sudetengebirge, Ostgalizien, die Bukowina, Kärnten, Slowenien, Südtirol (Bozen – Meran – Mals) sowie der Raum Prag.

178.15, Serienausführung für die kkStB. Die Lokomotive verblieb 1918 in Rumänien, Floridsdorf 1494/1902
Foto: TBA K. Pfeiffer

Nach dem Ersten Weltkrieg verblieben einschließlich zweier Heeresbahn-Lokomotiven nur 66 Stück in Österreich. Den größten Anteil mit 105 Stück erhielt die ČSD (Reihe 422.0). In geringeren Stückzahlen erschien die Reihe 178 bei der Südslawischen Staatsbahn (SHS-Reihe 52), bei der Polnischen Staatsbahn (Reihe Tkp 11), bei der Italienischen Staatsbahn (Reihe 895) und unter alter Nummer bei der Rumänischen Staatsbahn. Die Loks blieben weitgehend ihren Stammstrecken zugeordnet und wurden in der Folgezeit mit Druckluftbremse und Kohlenkastenaufsatz versehen.

In Österreich wurde die Reihe 178 bis 1924 sowohl für die Staatsbahn als auch für mehrere Privatbahnen weitergebaut. Nach Übernahme der privaten Bahnunternehmen durch die Österreichischen Bundesbahnen war der Bestand der Reihe 178 bis 1937 um weitere 19 Stück auf insgesamt 85 Einheiten angewachsen, die wie folgt eingereiht wurden:

178.05 bis 211
63 Stück als Restbestand von kkStB (daher keine durchlaufende Nummerierung), Krauß, Wiener Neustadt, Floridsdorf, StEG-Werke 1901 bis 1918.

178.212 bis 226
Neubau für DÖStB und BBÖ, Krauß 1918 bis 1923.

178.232
von Steiermärkischen Landesbahnen (Lokalbahn Friedberg – Pinkafeld), Krauß 1924.

178.295 bis 302
ex Nr. 104.01 bis 08 Niederösterreichische Landesbahnen, Krauß 1912 bis 1919.

178.303 bis 304
ex Nr. 21/22 Militäreisenbahn Felixdorf-Blumau, Krauß 1915.

178.801 bis 810
ex Nr. 71 bis 80 (ursprünglich 21 bis 30) Eisenbahn Wien-Aspang, Krauß und Wiener Neustadt 1898 bis 1920.

178.900
gebaut 1921 von Wiener Neustadt für Wiener Lokalbahn (Badener Bahn); einzige Lok mit Zwillingstriebwerk; (eine zweite wurde von einer polnischen Kohlengrube erworben).

Den gesamten Bestand übernahm 1938 die Deutsche Reichsbahn. Die Verbundlokomotiven wurden in die Nummerngruppe 92 2211 bis 2294, die Zwillingslokomotive 178.900 als 92 2201 eingegliedert. Im Oktober desselben Jahres kamen mit der Abtretung der Sudetengebiete an Deutschland weitere 34 Stück aus dem Bestand der ČSD in numerischer Folge als 92 2295 bis 2328 hinzu. Durch Leichttriebwagen bereits weitgehend aus dem Nebenbahnpersonenzugdienst verdrängt, erlebten letztere während des Zweiten Weltkrieges nach Abstellung der *Motorzüge* eine Renaissance, indem sie die aus den Beiwagen gebildeten Garnituren zu befördern hatten. Eine nochmalige Bestandsaufstockung der im Besitz der DRB befindlichen 178er brachte die Inbesitznahme von neun Loks der PKP als 92 2202 bis 2210 und von sieben Stück der JDŽ als 92 2329 bis 2335 im Verlaufe des Krieges. Zwölf Maschinen wurden 1943 von der MÀV für den Verschubdienst im Raum Budapest angemietet, von wo sie nicht mehr zurückkehrten. Andere hatte der Krieg nach Mittel- und Ostdeutschland verschlagen, drei wurden von der DRB ausgemustert, eine weitere an die Wolfsegg-Traunthaler Kohlenwerks AG verkauft.

Die 50 in den Bestand der wiedererrichteten ÖBB aufgenommenen Maschinen fanden noch reichlich Beschäftigung im leichten Rangierdienst bei den Zugförderungsleitungen Amstetten, Attnang, Graz, Hieflau, Klagenfurt, Knittelfeld, Bruck a. d. Mur, Linz, Lienz, Selzthal, St. Veit, Wels und Wien Ost.

Allein die einzige Zwillingslokomotive 92 2201 (178.900) erhielt die neue Reihenbezeichnung 192. Sie tat bis 1965 bei der Direktion Linz Dienst. Die Normalausführung wurde erst 1967 voll von der Ausmusterungswelle erfaßt. Ihr Bestand sank dann innerhalb eines Jahres von 36 auf zwei Stück ab. Schließlich mußte 1970 auch diese den Dienst quittieren. Die 92 2256 kam 1950 im Tausch gegen die 1D1-Tenderlokomotive Nr. 74 zur Wiener Lokalbahn (Badner Bahn), da den Erfordernissen des Bahnunternehmens auch eine kleinere Lokomotive genügte. Sie erhielt die Bahnnummer 71.

In Österreich blieben zwei Vertreterinnen der Baureihe 178 erhalten. Die 92.2231, 1909 von Krauß in Linz als 178.84 an die kkStB geliefert, war lange Zeit dem Heizhaus Hütteldorf-Hacking für den Dienst auf der Wiener Stadtbahn eingesetzt. Nach ihrer Ausmusterung durch die ÖBB erwarb sie die Montafoner Bahn, ließ sie betriebsfähig aufarbeiten und setzte sie in ihrem Ursprungszustand zu touristischen Sonderfahrten ein. Bei der anderen handelt es sich um die 92.2271, die 1923 von Krauß als 178.217 an die BBÖ geliefert wurde und zur Fahrzeugsammlung der Dampflokomotiven-Betriebsgesellschaft (B & B) gehört.

Ein weiteres Exemplar hat in der Tschechoslowakei den Strukturwandel überlebt, wo die Reihe 422.0 bis 1970 im Plandienst stand. Die 422.025, 1907 von der Böhmisch-Mährischen Maschinenfabrik als 178.49 an die kkStB geliefert, tat beim Heizhaus Laun Dienst. 1960 wurde sie von der ČSD an die Zuckerfabrik Lundenburg verkauft, wo sie bis 1974 Verwendung fand. Nach gründlicher Aufarbeitung in den Bahnwerkstätten Böhmisch Gmünd wurde die Maschine dem Technischen Nationalmuseum in Prag übergeben und nahm an zahlreichen Jubiläumsveranstaltungen teil.

Am weitesten verschlagen hat das Schicksal wahrscheinlich die 92 2235, welche 1945 von der sowjetischen Besatzungsmacht vom RAW Gmünd nach Osten abgefahren wurde. Auf russische Spur umgestellt und in Tb-2235 umgezeichnet, versah sie bis Ende der fünfziger Jahre Rangierdienst im Weißrussischen Bahnhof in Moskau.

In den Jahren 1909 bis 1911 erschien in nur acht Exemplaren eine Heiß-

178

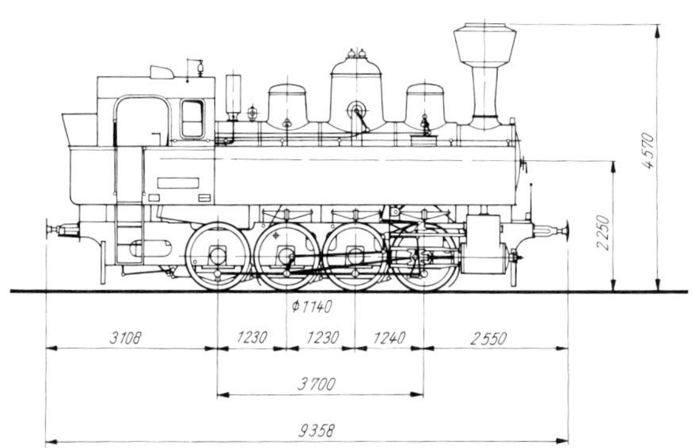

dampf-Variante als Reihe 278. Sie konnte sich jedoch wegen des erhöhten Wartungsaufwandes, der in vielen Nebenbahnwerkstätten nicht gewährleistet war, gegenüber der anspruchslosen Naßdampfbauart nicht durchsetzen. 1918 gingen die Maschinen in den Besitz der PKP und der CFR über.

Konstruktive Merkmale

Kessel: Naßdampfkessel mit 99,75 m^2 wasserberührter Heizfläche; Feuerbüchse mit 1,65 m^2 Rostfläche über dem Rahmen, zentraler Dampfdom mit Druckfedersicherheitsventilen und äußerem Reglerzug; Dampfspannung 13 kg/cm^2; runde, gewölbte Rauchkammertür mit Zentralverschluß.

Triebwerk: Zweizylinder-Verbundmaschine; Zylinderdurchmesser HD-seitig 420 mm, ND-seitig 650 mm; Kolbenhub 570 mm; Flachschieber mit äußerer Winkelhebelsteuerung; Antrieb auf der dritten Achse; Gölsdorf'sche Anfahrvorrichtung; Raddurchmesser 1140 mm.

Fahrwerk: Zweite und vierte Achse mit 23 mm Seitenspiel; geführter Radstand 2470 mm; Vollgußscheibenräder.

Ausrüstung: Dampfdruckbetriebene Besandung durch zwei Sanddome des ersten Kuppelradsatzes von vorn und des dritten von hinten, also für beide Fahrtrichtungen; Vakuumbremse, auf den zweiten bis vierten Kuppelradsatz von vorn wirkend; Nachrüstung mit Druckluftzusatzbremse für Wagenzug; Standardausführung mit Kobelfunkenfänger (später entfernt).

Vorräte: 5,2 bis 7,5 m^3 Wasser; 1,5 bis 1,9 t Kohle.

378

DRB-Baureihen 93^{13-14}
ÖBB-Baureihe 93

1D1-h2t

1927 bis 1982

Techn. Daten: Seite 273

Der allmählich aufkommende motorisierte Straßenverkehr machte sich bereits in den zwanziger Jahren in einem merklichen Verkehrsrückgang bei den Nebenbahnen bemerkbar. Um der fortschreitenden Abwanderung zur Straße entgegenzuwirken, bedurfte es dringend einer attraktiveren Gestaltung des Zubringerverkehrs auf der Schiene.

Die im Nebenbahndienst verwendeten Lokomotivbauarten stammten ihrer Konstruktion nach noch alle aus dem 19. Jahrhundert und waren für eine Verbesserung des Verkehrsangebots zu schwach, zu langsam und technisch veraltet. Die BBÖ betrauten deshalb 1925 die Lokomotivfabrik Floridsdorf mit dem Entwurf einer nach neuzeitlichen Gesichtspunkten gestaltete Heißdampf-Tenderlokomotive mit führender Laufachse an beiden Enden.

Um eine freizügige Verwendbarkeit zu gewährleisten, durfte die maximale Achsfahrmasse 11 t nicht überschreiten. Diese Vorgaben führten fast zwangsläufig zur 1D1-Bauart, welche die Reihenbezeichnung 378 erhielt. Da zur gleichen Zeit auch eine neuzeitliche D-h2t-Rangierlokomotive (Reihe 478) auf dem Beschaffungsprogramm stand, wurden beide Typen unter der Federführung von Oberbaurat Lehner weitgehendst vereinheitlicht. Gegenüber der im Nebenbahndienst verwendeten stärksten Bauart, der Gölsdorf'schen D-n2v-Reihe 178, erhielt der Kessel der Reihe 378 trotz Einbaues eines Überhitzers eine um 31 % größere Verdampfungsheizfläche und einen um 21 % größeren Rost bei frei über dem Rahmen stehender Feuerbüchse. Das Mehrgewicht konnte von den beiden Laufachsen aufgenommen werden. Wie bei allen Neubauten der BBÖ kam die Lentz-Ventilsteuerung zur Anwendung, welche sich in der Ausführung mit Zwischenhebeln am besten bewährt hat. Versuchen mit Schneckenantrieb bei der 378.25 und mit Kegelantrieb, Verstellexzenter und Wälzhebel bei der 378.130 war kein Erfolg beschieden. Die auch bei anderen Baureihen zur Anwendung gekommene Wälzhebelübertragung ohne Zwischenhebel blieb auf die letzte Bauausführung (378.151 bis 167) beschränkt. Von der Reihe 178 wurden anfänglich die Vollgußscheibenräder übernommen. Bei späteren Lieferungen erhielten zuerst die Laufachsen, beim letzten Baulos auch die Kuppelachsen Stahlgußspeichenräder. Beide Adams-Laufachsen waren um 55 mm, die zweite Kuppelachse um 10 mm seitenverschiebbar, so daß Kurvenradien bis herab zu 100 m befahren werden konnten.

Als Höchstgeschwindigkeit waren 60 km/h zugelassen. Zur Erweiterung des Aktionsradius ohne Vorratsergänzung konnten die seitlichen Wasserkästen ein Fassungsvermögen von 10 m^3 und der Kohlenbunker von 3 t erhalten, ohne daß der zugrunde gelegte Achsdruck von 11 t überschritten wurde.

Wegen des dringenden Bedarfs an diesen Lokomotiven wurde im Vertrauen auf die glückliche Hand Lehners der Auftrag für den Serienbau unter Verzicht auf ein Probeexemplar erteilt. An der Fertigung waren alle österreichischen Lokomotivbauanstalten beteiligt. von 1927 bis 1931 wurden 167 Stück auf zahlreichen Nebenstrecken in Ober- und Niederösterreich, der Steiermark und in Kärnten in Betrieb genommen und darüber hinaus auch auf kürzeren Hauptstreckenabschnitten eingesetzt. Sie entsprachen voll den Erwartungen. Bei Steinkohlenfeuerung betrug die Leistung über 700 PS, womit in der Horizontalen Züge von 440 t mit 60 km/h, von 150 t bei 10 ‰ Steigung mit 50 km/h und über eine Rampe von 25 ‰ mit 30 km/h befördert werden konnten. Ihre Inbetriebnahme ermöglichte eine spürbare Beschleunigung des Zubringerverkehrs, die auch durch den späteren Einsatz moderner Diesellokomotiven nicht mehr wesentlich verbessert werden konnte.

1938 wurden die Lokomotiven als 93 1301 bis 1467 in den Fahrpark der Deutschen Reichsbahn eingegliedert. Im Zweiten Weltkrieg gingen elf Stück durch Kriegseinwirkung verloren; vier Stück verblieben in Jugoslawien (JDŽ-Reihe 53). Weitere 24 Stück mußten 1946 an die JDŽ abgegeben werden. Die den ÖBB verbliebenen 128 Einheiten bildeten die zahlenmäßig stärkste und am längsten eingesetzte Baureihe österreichischer Konstruktion. Bis 1965 hielt sich der Bestand konstant. 72 Stück erhielten ab 1955 eine Giesl-Ejektoranlage mit Siederohrdrosselung, womit eine Leistungssteigerung um ca. 30 % erzielt wurde. Sechs dieser Maschinen wurden außerdem mit einem Mikrofunkenfänger ausgestattet, der die Brandgefahr durch Flugasche beseitigte. Der Erfolg des Flachejektors bewog 1960 auch die JDŽ, diesen bei einer ihrer Maschinen zu erproben.

Von den 1974 noch im Bestand der ÖBB geführten Einheiten wurden mehrere noch über das offizielle Ende des Dampfbetriebes vom 31. Dezember 1976 hinaus bis 1982 als Reserve vorgehalten. Die 93.1420 hatten 1966 die Steiermärkischen Landesbahnen für den Einsatz auf der Strecke Gleisdorf–

378.147, Krauß 1497/1929
Foto: TBA K. Pfeiffer

378

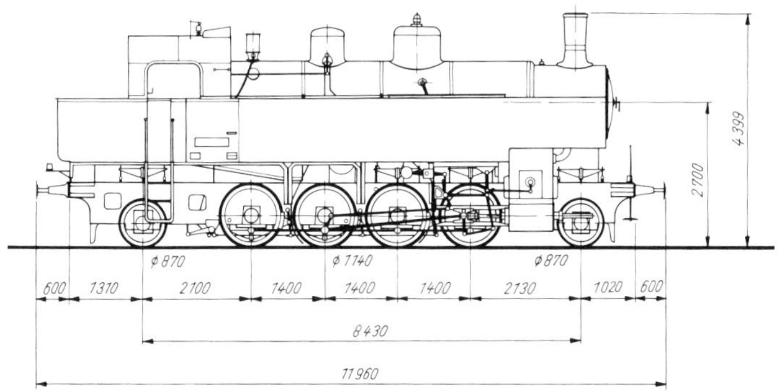

Weiz erworben. Mehrere Maschinen gingen an Museums-Sammlungen und in Privatbesitz über. Generalüberholt und mit grün/schwarzer Lackierung versehen, gehört die 93.1332 seit 1978 unter ihrer ursprünglichen Betriebsnummer 378.32 zum Fahrzeugbestand des Bayerischen Lokalbahnvereins. Zwei weitere Maschinen der Reihe, die 93.1360 mit Giesl-Esse und die 93.1394 mit Rundkamin, bespannten wiederholt Eurovapor-Sonderzüge auf der Wutachtalbahn in Südbaden. Als Denkmal aufgestellt wurde in Bischofshofen die 93.1379 (378.79).

Mit Fug und Recht gilt die Reihe 378 als eine der glücklichsten Schöpfungen aus der BBÖ-Ära. Die guten Erfahrungen mit ihr veranlaßte 1941 die damals selbständige Slowakische Staatsbahn (SŽ), 25 Stück in leicht abgewandelter Form als Reihe 431.0 bei der Lokomotivfabrik Floridsdorf zu bestellen. Sie wurden bis 1944 in zwei Serien in Betrieb genommen und gingen nach der Wiedererrichtung des tschechoslowakischen Staates auf die ČSD über. Sie unterschieden sich von der österreichischen Ausgangsform durch die Rauchkammertür ohne seitliche Reiber und die gemeinsame Verschalung von Dampfdom und Sandkasten.

Eine sehr ähnliche Lokomotive mit Stahlfeuerbüchse wurde 1944 an die Wiener Lokalbahn AG geliefert (Bahn-Nr. 74), welche sich jedoch für die anfallenden Betriebsaufgaben nach dem Kriege als zu aufwendig erwies und 1951 gegen die 92.2256 der ÖBB ausgetauscht wurde. Zunächst als 93.1468 bezeichnet, erhielt sie die endgültige Betriebsnummer 93.1500.

Konstruktive Merkmale

Kessel: Heißdampfkessel mit 130 m^2 wasserberührter Verdampfungsheizfläche und 27 m^2 Überhitzerfläche; Rostfläche 2,0 m^2; Abstand zwischen den Rohrwänden 4500 mm, Kesselmitte 2700 mm über SOK, Kesseldruck 14 kg/cm^2; Dampfdom mit aufgesetzten Pop-Sicherheitsventilen auf dem mittleren Kesselschuß.

Rahmen: Genieteter Blechrahmen.

Triebwerk: Zwillingsmaschine mit 450 mm Zylinderdurchmesser und 570 mm Kolbenhub; Treibraddurchmesser 1140 mm; Vollgußscheibenräder, bei letzter Lieferserie Stahlguß-Speichenräder; Lentz-Ventilsteuerung mit Zwischenhebeln und Heusinger-Antrieb; Versuchsausführungen mit Schneckenantrieb durch die Gegenkurbel (378.25 = 93.1325) und mit Kegelradantrieb, Verstellexzenter und Wälzhebel (378.130 = 93.1430); Steuerungsregulierung durch Rasterhebel; dritte Kuppelachse als Treibachse.

Fahrwerk: Führende Adams-Achse an beiden Enden von 870 mm Durchmesser und 55 mm radialem Seitenspiel ohne Rückstellvorrichtung; zweite Kuppelachse mit 20 mm Seitenbeweglichkeit; Tragfedern der ersten bis dritten und sechsten Achse oberhalb, der vierten und fünften im Stehkesselbereich unterhalb der Achslager.

Ausrüstung: Vakuumbremse, auf den zweiten bis vierten Kuppelradsatz von vorn wirkend; Knorr-Druckluft-Zusatzbremse, beidseitige Besandung des Treibradsatzes vom Sanddom aus; ab 1955 teilweise Ausstattung mit Giesl-Flachejektor und Siederohrdrosselung sowie Mikrofunkenfänger in der Rauchkammer; 378.83 als einzige mit Dabeg-Vorwärmerpumpe.

Vorräte: 10 m^3 Wasser in seitlichen Wasserkästen; 3 t Kohle in rückwärtigem Bunker.

478

DRB-Baureihe 92^{25}
ÖBB-Baureihe 392

D-h2t

1927 bis 1972

Techn. Daten: Seite 273

Nach allgemeiner Gepflogenheit wurden im Rangierdienst hauptsächlich alte Schlepptenderlokomotiven aufgebraucht, die für den Streckendienst nicht mehr geeignet waren. Unter ihnen befanden sich nicht selten auch Bauarten, die für den Reisezugdienst konzipiert waren, für den Verschubbetrieb jedoch wenig Eignung mitbrachten.

Aber auch die diesem Aufgabenbereich am besten entsprechende Type, die D-n2-Güterzuglokomotive Reihe 73 aus dem Jahre 1885, bedurfte wegen ihres Alters in absehbarer Zeit des Ersatzes durch eine nach neuzeitlichen Gesichtspunkten entworfene, auf die speziellen Bedingungen des Rangierdienstes ausgerichtete Heißdampftenderlokomotive. Aus den Gründen einer rationellen Fertigung und eines kostengünstigen Unterhalts wurde sie als einfacher Vierkuppler in standardisierter Bauweise mit der zur gleichen Zeit in Konstruktion befindlichen 1D1-Nebenbahntenderlokomotive Reihe 378 entworfen und als Reihe 478 bezeichnet.

Durch den Wegfall der Laufachsen konnte die gesamte Gewichtsmasse von 64 t vollständig der Reibung nutzbar gemacht werden, nachdem der zulässige Achsdruck auf 16 t heraufgesetzt worden war. Außer den notwendigen Änderungen an den Rahmenenden mußten zur vollen Nutzung der Zugkraft bei der gegenüber der Reihe 378 größeren Reibungsmasse die Zylinder von 450 mm auf 530 mm Durchmesser vergrößert werden. In den übrigen Baugruppen waren die beiden Typen praktisch gleich.

Wie die Reihe 378 ging auch die Reihe 478 ohne Probeexemplar mit einer Bestellung über 50 Stück in Serie. Die ersten fünf Einheiten lieferte 1926 die Lokomotivfabrik Floridsdorf, die übrigen folgten 1927 von Wiener Neustadt mit 40 und von den StEG-Werken mit fünf Lieferexemplaren. Die Lokomotiven übernahmen zunächst den Rangierdienst in Wien West, Wiener Neustadt und Villach. Ende der dreißiger Jahre erschienen sie in kleinen Zuteilungsquoten auch in Wien Ost, Wien FJB, Stadlau, Hütteldorf, Linz, Bruck a. d. Mur und Spittal a. d. Drau.

Bei ihrer Höchstgeschwindigkeit von 40 km/h konnten sie in der Horizontalen eine Zugmasse von 1050 t und bei 30 km/h sogar 1800 t bewegen. Auf einem Anstieg von 20 ‰ nahmen sie eine Last von 345 t, bei 25 ‰ noch 275 t jeweils mit 15 km/h und zeichneten sich durch einen besonders raschen Wechsel der Fahrtrichtung dank ihrer einfachen Hebelumsteuerung aus. Eine Anzahl erhielt in den dreißiger Jahren neue Wasserkästen, die zur besseren Dichthaltung erstmals in Schweißbauweise ausgeführt waren.

1938 wurden alle 50 Loks von der Deutschen Reichsbahn als 92 2301 bis 2350 übernommen, bald jedoch in 92 2501 bis 2550 umgezeichnet. Nach dem Ende des Zweiten Weltkrieges gelangten noch 43 Stück in den Bestand der wiedererrichteten ÖBB, nach deren neuem Bezeichnungsschema sie als Reihe 392 eingereiht wurden. Ihr Bestand blieb bis 1961 konstant und verminderte sich bis 1967 nur um drei Stück. Die danach einsetzende Verdieselungswelle ließ ihre Zahl schon im folgenden Jahr auf 15 sinken. Die letzten waren noch bis 1972 in Betrieb.

Ein leicht abgewandeltes Einzelstück nach dem Vorbild der Reihe 478 hatte 1941 die Wolfsegg-Braunthaler Kohlenwerks AG für ihren Übergabeverkehr beschafft. Die unter der Inventar-Nr. 3 geführte Lokomotive hatte 450-t-Züge über eine Steigung von 19 ‰ zu befördern. Alle Radsätze wurden deshalb beidseitig besandet. Dampfdom und Sandkasten erhielten eine gemeinsame eckige Verschalung. Druckluftbremse und elektrische Beleuchtung vervollständigten die Ausrüstung. 1959 erhielt die Maschine den Giesl-Flachejektor in Kombination mit Siederohrdrosselung sowie einen Mikrofunkenfänger zur Brandverhütung. 1974 mußte auch dieses Einzelstück der Verdieselung weichen.

Konstruktive Merkmale

Kessel: Übereinstimmend mit Reihe 378; Rahmen mit Änderung für laufachsenloses Fahrwerk.

Triebwerk und Fahrwerk: Zwillingsmaschine mit 530 mm Zylinderdurchmesser und 570 mm Kolbenhub; Kuppelraddurchmesser 1140 mm; Antrieb auf der dritten Achse; Lentz-Ventilsteuerung mit Heusingerantrieb; zweite Achse mit 20 mm Seitenbeweglichkeit; Vollgußscheibenräder.

Ausrüstung: Dampfbremse, auf zweiten bis vierten Radsatz wirkend; beidseitige Besandung des Treibradsatzes.

Vorräte: 10 m^2 Wasser in Seitenwannen; 2,5 t Kohle in rückwärtigem Bunker.

478.08, Wiener Neustadt 5779/1927
Foto: TBA K. Pfeiffer

478

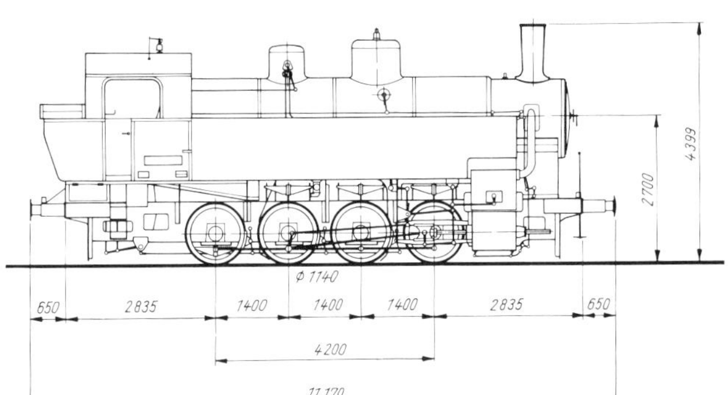

578 (k.u.k. HFB)

DRB-Baureihe 92^{21}
ÖBB-Baureihe 292

D-n2t

1916 bis 1966

Techn. Daten: Seite 273

57

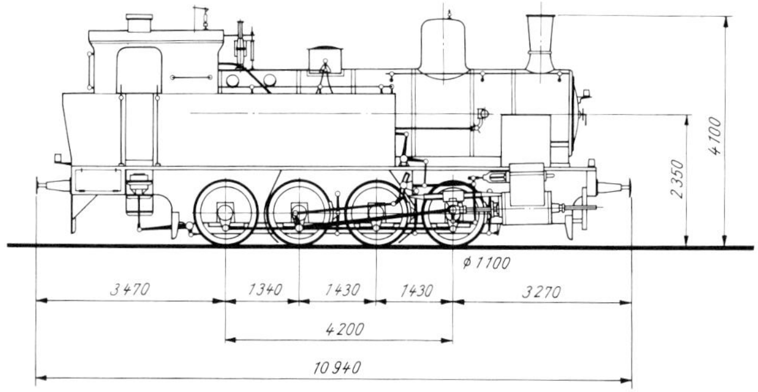

Dem k.u.k. Reichskriegsministerium unterstand außer der Verwaltung der Bahnen im bosnisch-herzegowinischen Okkupationsgebiet – 1878 durch den Berliner Kongreß zum österreichisch-ungarischen Schutzgebiet erklärt – der Betrieb von 28 Schleppbahnen, welche Militärdepots und Rüstungsbetriebe mit dem öffentlichen Schienennetz verbanden. Ihre Streckenlänge belief sich allein im Raum von Blumau südlich von Wien auf über 200 Kilometer. Die mit Ausbruch des Ersten Weltkrieges sprunghaft angestiegenen Transportleistungen veranlaßte die k.u.k. Heeresbahn, kurzfristig 20 kräftige Tenderlokomotiven zu beschaffen. Da die heimische Lokomotivindustrie voll ausgelastet war, ging die Bestellung an die Firma Henschel &

578.14 als 92 2104 der DRB, spätere 292.2104 der ÖBB, Henschel 14 666/1917
Foto: Sammlung Dr. Scheingraber

Sohn in Kassel, welche als größter Lokomotivhersteller Europas auch im Kriege noch über freie Produktionskapazitäten verfügte. Die als Reihe 578 bezeichnete D-n2-Tenderlokomotive entsprach einem bewährten Standardmuster für Industriebahnen und wies mit ihrem übersichtlichen Aufbau unverkennbar preußische Merkmale auf. Der Kessel mit einer Verdampfungsheizfläche von 126 m² trug auf dem mittleren Schuß den Dampfdom und lag mit seiner Mittelachse 2350 mm über der SOK, so daß die Feuerbüchse mit dem 2 m² großen Rost über dem Rahmen angelegt werden konnte. Die letzte Lieferserie erhielt auf dem rückwärtigen Kesselschuß einen Speisedom mit Kesselsteinabscheider, wobei der Sandkasten nach vorn rücken mußte. Die Zylinder waren leicht geneigt angeordnet und hatten einschienige Kreuzkopfführungen. Durch Seitenverschiebbarkeit der letzten Kuppelachse um 20 mm wurde der Bogenlauf erleichtert. Anders als bei den österreichischen Lokomotiven jener Epoche erfolgte die Umsteuerung statt durch Stellhebel über eine kurbelradbetätigte Steuerschraube. Mit ihrem Kuppelraddurchmesser von 1090 mm konnte die Lokomotive für 45 km/h zugelassen werden.

Die 1916/17 in Betrieb genommenen „Preußen" haben den Erwartungen entsprochen. Sie beförderten in der Horizontalen 1900 t mit 30 km/h, auf einer 10 ‰-Steigung 650 t und bei 25 ‰ 250 t jeweils mit 15 km/h. Zehn dieser Lokomotiven wurden auf dem östlichen Kriegsschauplatz eingesetzt und verblieben nach Kriegsende in Polen (PKP-Reihe TKp 101). Die zwölf in Österreich verbliebenen Maschinen (578.11 bis 22) wurden in den Fuhrpark der DÖStB und der späteren BBÖ eingegliedert und im Rangierdienst in Wien Süd, Wien Ost und Wien West verwendet. 1938 gingen sie als 92 2101 bis 2122 auf die Deutsche Reichsbahn über, von denen acht Stück nach dem Zweiten Weltkrieg noch zu den ÖBB gelangten und als Reihe 292 bezeichnet wurden. Die beiden letzten schieden 1966 aus dem Betrieb aus. Sieben Stück aus dem Bestand der PKP befanden sich während des Krieges als 92 2113 bis 2119 ebenfalls in deutschem Besitz.

Konstruktive Merkmale

Kessel: Naßdampfkessel mit 126 m² Verdampfungsheizfläche und 2 m² Rostfläche; Feuerbüchse über dem Rahmen; Kesselmittelachse 2350 mm über SOK; Abstand zwischen den Rohrwänden 3900 mm; Dampfdom in Kesselmitte; Ramsbotton-Sicherheitsventile auf dem Stehkessel (später durch Bauart Pop-Coale ersetzt); Dampfdruck 13 kg/cm².

Rahmen: Genieteter Blechrahmen.

Triebwerk und Fahrwerk: Zwillingsmaschine mit 540 mm Zylinderdurchmesser und 550 mm Kolbenhub; Flachschieber mit äußerer Heusinger-Steuerung; Antrieb auf der dritten Kuppelachse; Treibraddurchmesser 1090 mm; vierte Kuppelachse 20 mm seitenverschiebbar.

Ausrüstung: Dampfbremse, auf ersten bis dritten Radsatz wirkend; Nachlieferung mit Kesselsteinabscheider in separatem Speisedom auf dem rückwärtigen Kesselschuß; Sanddom mit Fallrohren zu beiden Seiten des Treibradsatzes, bei Nachlieferung vor dem ersten Kuppelradsatz und hinter den Treibradsatz; Spindel-Umsteuerung.

Vorräte: 7,5 m³ Wasser in Seitenwannen, 2 t Kohle in rückwärtigem Bunker.

82

DRB-Baureihe 95[1]
ÖBB-Baureihe 95

1E1-h2t

1922 bis 1972

Techn. Daten: Seite 273

Während für den Kurzstrecken-Personenverkehr auf den Hauptbahnen mit den Reihen 229, 29 und 629 der kkStB und der Südbahn gut geeignete Tenderlokomotivbauarten in ausreichenden Stückzahlen zur Verfügung standen, fehlte eine kräftige Tenderlokomotive für den Güterzugdienst auf Kurzstrecken.

Erstmals im Jahre 1918 nahm die private Buschtěhrader Eisenbahn (BEB) eine aus nur sechs Einheiten bestehende Serie einer 1E1-Tenderlokomotive (Reihe Va) in Betrieb, die den Schiebedienst auf der 25 ‰-Rampe westlich des Bahnhofs Prag-Neutor (später Prag-Dejvice) an der nach Karlsbad führenden Hauptstrecke und auf der von Komotau nach der an der sächsischen Grenze gelegenen Industriestadt Weipert im böhmischen Erzgebirge führenden Zweigstrecke mit anhaltenden Steigungen von 20 ‰ besorgte. Es waren dies die ersten Lokomotiven dieser Radsatzfolge in Österreich. Von der Böhmisch-Mährischen Maschinenfabrik in Prag-Lieben noch in Naßdampfausführung geliefert, war der Einbau des Schmidt-Überhitzers bereits vorbereitet. Der Umbau auf Heißdampf erfolgte jeweils bei der ersten Hauptausbesserung. Das Zwillingstriebwerk, welches jenem der Reihe 270 entsprach, war deshalb bereits mit Kolbenschiebern ausgestattet. Mit der Verstaatlichung der BEB im Jahre 1924 wurden die Loks als Reihe 524.1 in den Fahrpark der ČSD eingereiht. Sie bildeten den Ausgangspunkt und die konstruktive Grundlage neuer 1E1-Tenderlokomotiven für eine Achsfahrmasse von 14,5 t in Österreich und der Tschechoslowakei.

Der unter der technischen Leitung Johann Rihoseks von der Lokomotivfabrik Wiener Neustadt ausgearbeitete Entwurf entstand unter dem Zwang zu größter Sparsamkeit, verbunden mit der Absicht, lagernde Teile der Reihe 80 mitzuverwenden, da ein Nachbau dieser laufachsenlosen Bauart nicht mehr in Betracht kam. Diese als Reihe 82 bezeichnete 1E1-Tenderlokomotive basierte deshalb weitgehend auf Gölsdorfs Zwillingsausführung Reihe 80.900, von welcher Kessel, Triebwerk und Kuppelradsätze übernommen wurden. Lediglich der Rahmen bedurfte einer Verlängerung zur Aufnahme der Adams-Laufachsen. Bei radialer Seitenbeweglichkeit der ersten und dritten Kuppelachse um 70 mm konnten zwar Kurvenradien von 150 Meter durchfahren werden, in der Geraden ließen die Fahreigenschaften jedoch sehr zu wünschen übrig, da sowohl bei Vorwärts- als auch bei Rückwärtsfahrt jeweils erst die dritte Achse die Führung im Gleis übernahm. Wegen der starken Schlingerbewegungen konnte nur eine Höchstgeschwindigkeit von 50 km/h zugelassen werden. Zur Verbesserung des Fahrverhaltens in der Geraden wurde daraufhin die erste Kuppelachse festgelegt, statt dessen der zweiten ein Seitenspiel von 15 mm gegeben und der Spurkranz der Treibachse um den gleichen Wert geschwächt. Obwohl der feste Radstand dadurch auf 5600 mm wuchs, blieb der Bogenlauf noch zufriedenstellend. Die Höchstgeschwindigkeit konnte auf 60 km/h heraufgesetzt werden.

Bei der Betriebserprobung erzeugte der Kessel 11 800 kg Dampf in der Stunde, wobei die Heizflächenbelastung allerdings auf 78 kg/m² pro Stunde anstieg. Bei Steinkohlenfeuerung wurden zwar Leistungen von 1200 PS indiziert, jedoch ein für eine Heißdampflokomotive unerwartet hoher Dampfverbrauch gemessen. Die Ursache für dieses unbefriedigende Ergebnis schrieb man hohen Abkühlungsverlusten in den dampfführenden Leitungen, ungünstig geführten Kanälen, der äußeren Dampfeinströmung bei den Kolbenschiebern und einem starken Druckabfall in den zu engen Überhitzerelementen zu. War zur Zeit der Entstehung der Reihe 80 ein Dampfverbrauch dieser Größenordnung nicht ungewöhnlich, so erschien er angesichts des erreichten Entwicklungsstandes nicht mehr akzeptabel. Anders als die Reihe 80 wurde die Reihe 82 auch nicht mit der Dabeg-Vorwärmerpumpe ausgestattet, offenbar weil ihr Einbau zu Lasten des Wasservorrats im linken Seitenbehälter gegangen wäre.

Eine Bestellung von 20 Stück wurde 1922 ausgeliefert und zunächst vom Heizhaus Hütteldorf, später von Wien Nord aus auf der kurven- und steigungsreichen Wiener Verbindungsbahn mit Neigungen zwischen 20 und 30 ‰ in Betrieb genommen. Sie lösten dort die paarweise eingesetzten 1C1-n2v-Tenderlokomotiven der Reihe 30 ab, die bei Zügen von 400 t nicht selten noch einer Schubhilfe bedurften. Vier 1926 ohne Bestellung gebaute Maschinen kauften die BBÖ erst 1928 auf.

Sieht man von dem hohen Dampfverbrauch ab, zeigten die kräftigen Lokomotiven in dem ihnen zugedachten Aufgabenbereich durchaus zufriedenstellende Betriebseigenschaften. 1928

82

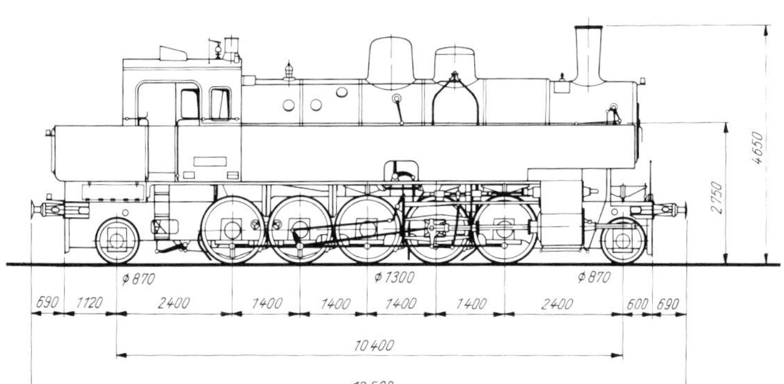

82.13, spätere 95113 der DRB und 95113 der ÖBB, Wiener Neustadt 5645/1922
Foto: Sammlung Dr. Scheingraber

übernahm eine dem Heizhaus Gloggnitz zugeteilte Gruppe den Schiebedienst auf dem Semmering, der fortan bis auf eine kurze Unterbrechung während der Kriegsjahre 1942 bis 1945 bis zur Einstellung des Dampfbetriebes im September 1956 zur unangefochtenen Domäne dieser Baureihe wurde. Unter Berücksichtigung des durch den Aufbrauch der Vorräte absinkenden Reibungsgewichts wurde die Beförderungsmasse auf der 28 ‰ Südrampe im Güterzugdienst auf 280 t, im Reisezugdienst auf 250 t festgesetzt. Weitere Einsätze im Schiebedienst erfolgten 1934 auf dem Schoberpaß beim Heizhaus St. Michael sowie in Villach. Die Deutsche Reichsbahn gliederte die 24 Maschinen nach dem „Anschluß" Österreichs als 95 101 bis 124 in ihren Fahrpark ein und beließ sie zunächst in ihren Einsatzgebieten. 1942 kamen die Maschinen zum Bw Hainfeld, wo sie auf der Umführungsstrecke von St. Pölten nach Leobersdorf dringend benötigt wurden. Den Schiebedienst am Semmering übernahmen die aus dem „Altreich" zugeführten 1F-h4v-Lokomotiven Reihe 59 (württ. Klasse K, → EFA 2.6). Von den auf der Nordbahn eingesetzten Loks des Bw Stadlau befanden sich die 95107 und 123 bei Kriegsende auf dem Staatsgebiet der Tschechoslowakei. Erstere wurde ausgemustert, die andere als 524.1500 in den Fahrpark der ČSD eingereiht.

Von den 22 nach dem Zweiten Weltkrieg in Österreich verbliebenen Maschinen kehrte ein Teil wieder in den Schiebedienst am Semmering zurück. Durch die ab 1956 erfolgte Ausstattung mit dem Giesl-Flachejektor in Verbindung mit Siederrohrdrosselung konnten die wärmewirtschaftlichen Mängel weitgehend kompensiert und ein Leistungszuwachs von 31 % verzeichnet werden. Die weitere Verwendung der Lokomotiven erfolgte bei den Zugförderungsleitungen Bruck a. d. Leitha, Sigmundsherberg, Stadlau, Vordernberg und zuletzt in Wien Ost und Straßhof. 1967 noch vollzählig in Betrieb, war schon vier Jahre später ihr Einsatz beendet. Als letzte schied Ende 1972 die 95.113 (82.13) aus dem Fahrzeugbestand der ÖBB aus. Die 95.112, einstige 82.12, wurde der Fahrzeugsammlung des Technischen Museums in Wien zugeführt.

Während in Österreich die Reihe 82 über eine Stückzahl von 24 nicht hinauskam, entwickelte die ČSD aus der gemeinsamen Basistype der Buschtěhrader Bahn ihre erfolgreiche 1E1-h2-Tenderlokomotive Reihe 524.1. Unter kontinuierlicher Anpassung an den Stand der Technik erreichte die Baureihe einen Bestand von 167 Einheiten. Die letzte Lieferserie (524.1130 bis 1137) ging 1941 an die damals selbständige Slowakische Staatsbahn. Eine in Österreich in Erwägung gezogene Weiterentwicklung der Reihe 82 zur 1E2t wurde infolge des Verkehrsrückgangs durch die Rezession während der dreißiger Jahre nicht weiterverfolgt.

Konstruktive Merkmale

Kessel: Heißdampfkessel mit 150,2 m² Verdampfungsheizfläche, 26,8 m² Überhitzerfläche und 3,42 m² Rostfläche; Abstand zwischen den Rohrwänden 4250 mm; Kesselmittelachse 2750 mm über SOK; Feuerbüchse über dem Rahmen; Pop-Coale-Sicherheitsventile auf dem Stehkessel; Dampfdruck 14 kg/cm².

Rahmen: Genieteter Blechrahmen.

Triebwerk: Zwillingsmaschine mit 590 mm Zylinderdurchmesser und 632 mm Kolbenhub; Treibraddurchmesser 1300 mm; Antrieb auf der vierten Kuppelachse; Kolbenschieber mit Heusinger-Steuerung.

Fahrwerk: Adams-Laufachsen mit 70 mm radialem Seitenspiel; zweite Kuppelachse mit 15 mm und dritte mit 20 mm Seitenspiel; Spurkranz des Treibradsatzes um 15 mm geschwächt; Laufraddurchmesser 870 mm; erste bis dritte und sechste Achse oberhalb, vierte und fünfte im Bereich der Feuerbüchse unterhalb des Rahmens abgefedert.

Ausrüstung: Vakuumbremse und Westinghouse-Druckluftbremse auf zweite bis fünfte Kuppelachse wirkend; 1955 Ausrüstung mit Giesl-Flachejektor und Siederohrdrosselung; Besandung der zweiten Kuppelachse von beiden Seiten durch Sanddom.

Vorräte: 11 m³ Wasser in Seitenbehältern, 3,46 t Kohle in rückwärtigem Bunker.

Von den einst in kaum überschaubarer Typenvielfalt vorhandenen und von ihren früheren Eignern meist nur in wenigen Exemplaren beschafften zwei- und dreifach gekuppelten Nebenbahntenderlokomotiven können im Rahmen dieser Abhandlung nur diejenigen einer näheren Betrachtung unterzogen werden, die 1938 noch in den Fahrpark der Deutschen Reichsbahn übernommen oder wegen ihrer historischen Bedeutung als Museumsstücke restauriert wurden. Nach Übernahme der Südbahn und einiger regionaler Privatbahnunternehmen durch die Österreichischen Bundesbahnen verteilten sich diese zum Teil Einzelstücke auf nicht weniger als 19 Gattungen, die den Stamm-Reihen 83 bis 96 zugeordnet waren. Die wenigen der Kassierung entgangenen Exemplare spielten im Betriebsgeschehen nur noch eine ganz untergeordnete Rolle.

184.05, ehemalige 1.05 der NÖLB, im Dienst der BBÖ, Krauß, 5396/1905
Foto: Archiv Töpelmann

184 (NÖLB 1)
DRB-Baureihe 88⁰
ÖBB-Baureihe 88

B-n2t

1897 bis 1968

Techn. Daten: Seite 273

Die Niederösterreichischen Landesbahnen (NLÖB) beschafften für ihr am 13. September 1903 dem Verkehr übergebenes normalspuriges Lokalbahnnetz neun B-n2-Tenderlokomotiven für den leichten Streckendienst. Diese als 1.01 bis 1.09 bezeichneten Maschinen wurden in den Jahren 1897, 1904/05 und 1908 von Krauß in Linz geliefert. Bei einem Dienstgewicht von 21 t und einer Höchstgeschwindigkeit von 35 km/h vermochten sie zwar nur bescheidenen Ansprüchen zu genügen, waren aber zwecks Verwendung im Personenverkehr mit Vakuumbremse ausgestattet. Nach Übernahme des Betriebes durch die BBÖ als 184.01 bis 09 bezeichnet, wurden sie auch außerhalb ihres angestammten Einsatzgebietes, wie etwa für den Verschubdienst in Hütteldorf verwendet.

Nach der Belastungstafel konnte ihr auf ebener Strecke eine Anhängelast von 620 t anvertraut werden, die sie mit 25 km/h fortzubewegen vermochte. Bei 20 ‰ Steigung waren es noch 130 t mit 10 km/h.

Drei Stück wurden 1938 noch als 88 001 bis 003 (II) in den Fahrpark der Deutschen Reichsbahn eingereiht, eine weitere war bereits 1929 an eine Brauerei verkauft worden. Die 1905 gebaute 184.05 und spätere 88 003 wurde zur musealen Erhaltung in Straßhof hinterstellt.

189 (Umbau aus Gv)

DRB-Reihe 88^{71}

1B-n2vt

1903 bis 1942

Techn. Daten: Seite 274

Österreich hatte als erstes Land auf dem europäischen Kontinent die Genehmigung für den Betrieb einer dem öffentlichen Verkehr dienenden Eisenbahn erteilt. Noch unbeeinflußt vom Gedanken an ein großräumiges, Länder und Kontinente verbindendes Schienennetz ließ die *k.k. privilegierte Erste Eisenbahngesellschaft* ihre von Budweis nach Linz führende Pferdebahn allein unter Berücksichtigung lokaler Bedürfnisse in der Spurweite von 1106 mm (3½ österreichische Fuß) anlegen. Dieser 129 km lange Schienenweg fand weltweite Bewunderung und verlieh den zögernd in Angriff genommenen Plänen zum Bau von Eisenbahnen einen kräftigen Impuls.

In der Zeit von 1832 bis 1836 wurde die „Eisenbahnstraße" etappenweise von Linz bis Gmunden am Traunsee verlängert. Trotz der 1872 erfolgten Umstellung auf Lokomotivbetrieb verlor die Bahn angesichts des rasch wachsenden Streckennetzes in Normalspur zunehmend an Bedeutung und Rentabilität, so daß sich die Liquidation des Unternehmens und der Abbau der Pferdebahntrasse nicht mehr aufhalten ließ.

Nur die 23 km lange Reststrecke Lambach–Gmunden, die ein stärkeres Passagieraufkommen aufwies, wurde als staatlich konzessionierte Lokalbahn weiter betrieben. Als in den neunziger Jahren die schwachen Zwei-

189.03 nach Umbau auf Normalspur, ehemalige Gv. 3, Krauß 4090/1899 *Foto: Archiv Töpelmann*

kuppler durch eine stärkere Maschine abgelöst werden sollten, schuf Gölsdorf eine nach völlig neuartigen Gesichtspunkten entworfene 1B-n2v-Tenderlokomotive, welche außer durch ihre 1106-mm-Spur noch dadurch bemerkenswert war, daß bei ihr erstmals in Österreich das Krauß-Helmholtz-Lenkgestell zur Anwendung kam, bei dem durch die radiale Einstellung der Laufachse auf den Gleisbogen über einen Drehpunkt die folgende Kuppelachse in einen zwangsfreien Bogenlauf eingeführt wurde.

Bereits ab Werk waren die vier als Reihe Gv bezeichneten Maschinen, von denen je zwei 1895 und 1899 von Krauß in Linz geliefert wurden, für den Umbau auf Normalspur vorbereitet, welcher dann 1903 erfolgt ist und ihre Neubezeichnung als Reihe 189 erforderte. Mit Innenrahmen, Verbundmaschine und Heusinger-Steuerung repräsentierten die formschönen Lokomotiven den aktuellen Standard. Sie waren stets in Wels beheimatet.

Drei schieden zwischen 1929 und 1932 aus, die 189.03 wurde 1938 noch von der Deutschen Reichsbahn übernommen und als 88 7101 in ihren Fahrpark eingegliedert.

Ihr Dienstgewicht von 34 t, von dem nur 26 t zur Reibung genutzt wurden, und einer Höchstgeschwindigkeit von 40 km/h beschränkte ihre Verwendung auf untergeordnete Dienste.

Nach der Belastungstafel konnte sie in der Horizontalen immerhin 830 t mit 30 km/h und auf einer 20-‰-Steigung 110 t mit 15 km/h schleppen. Da sie ohne festen Radstand lief, ließen ihre Fahreigenschaften jedoch zu wünschen übrig. Seit Ende 1942 wurde die Lok in Wien Ost nur noch als Auswaschanlage verwendet und 1953 auf Anordnung der sowjetischen Verwaltung der Verschrottung zugeführt.

289 (KFNB VII)

1B-n2t

1849 bis 1926

Techn. Daten: Seite 274

Die meisten der im letzten Viertel des 19. Jahrhunderts von den Privatbahnen in kaum noch faßbarer Variantenvielfalt beschafften Tenderlokomotiven sind heute nur noch aus der Literatur bekannt, standen sie doch stets im Schatten der den technischen Fortschritt manifestierenden Lokomotivbauarten für den Betrieb auf den großen Hauptstrecken.

Eine Ausnahme hiervon bildet die 1B-n2t-Lokomotive *Licaon* der Kaiser-Ferdinands-Nordbahn, die als eine der ältesten betriebsfähigen Lokomotiven Europas ein Stück lebendige Frühgeschichte der Eisenbahn verkörpert. Wenn auch ihr ursprünglicher Zustand durch mehrmalige Umbauten stark verändert wurde, die konstruktive Grundsubstanz, die noch auf die Technik der vierziger Jahre des 19. Jahrhunderts zurückgeht, blieb im wesentlichen erhalten. Die *Licaon* entstammt einer Gattung aus 54 1B-Schlepptenderlokomotiven für den Güterzugdienst, die in den Jahren 1849 bis 1852 von der Maschinenfabrik der Wien-Gloggnitzer Bahn gebaut und von der KFNB als Serie VII bezeichnet wurden. Weshalb die am 29. März 1851 als Fabrik-Nummer 51 und unter der Inventar-Nummer 94 in Betrieb genommene Maschine der Name jenes grausamen Königs von Arkadien verliehen wurde, der dem Göttervater Zeus ein Mahl aus Menschenfleisch vorsetzen ließ und für diese Lästerung durch einen Blitzschlag getötet (nach anderer Überlieferung in einen Wolf verwandelt) wurde, ist aus heutiger Sicht wohl nur durch die den damaligen Zeitgeist beherrschende Hinwendung zur Mythologie der Antike erklärbar.

Mit der Anlieferung kräftigerer, dreifach gekuppelter Güterzuglokomotiven (spätere kkStB Reihe 149) ab 1865 wurden die teilweise bereits neubekesselten 1B-Maschinen in den Nordbahn-Werkstätten Wien in den Jahren 1868 bis 1882 in Tenderlokomotiven für den Rangierdienst umgebaut. Der Wasservorrat wurde statt in den üblichen seitlichen Wasserkästen nach westeuropäischem Vorbild in einem sattelförmig über den Kessel gestülpten Tank, die Kohle in den rückwärtigen Ecken des Führerhauses untergebracht, das an die Stelle der offenen Bedienungsplattform trat. Ein zusätzlicher kleiner Wasserbehälter fand unter dem Führerhaus Platz. Im Kessel wurde der Abstand zwischen den Rohrwänden von 4,1 auf 2,8 Meter verkürzt und der Dampfdruck von 5,8 auf 8,65 kg/cm² heraufgesetzt. Um die flußeiserne Feuerbüchse zwischen den beiden Kuppelachsen unterzubringen, mußte der Rahmen um 225 mm und der Gesamtradstand von 3318 auf 3556 mm verlängert werden. Unverändert blieben das Triebwerk mit Außenzylindern und Innensteuerung, der Antrieb auf der ersten Kuppelachse, der Innenrahmen, die aufgenieteten segmentförmigen Gegengewichte und die hinter den Zylindern angeordnete starre Laufachse.

Die *Licaon* kehrte in diesem Bauzustand 1872 in den Betrieb zurück. Die noch ohne wissenschaftliche Erfahrung durchgeführte Umgestaltung brachte nicht den erhofften Erfolg. Anlaß zu Klagen gab vor allem der hohe Kohleverbrauch, er offenbar auf die drastische Kürzung der Heizrohre zurückzuführen war. Bei Probefahrten auf dem Semmering schleppte die Lokomotive 176 t mit 13 km/h über die 26-‰-Steigung.

Nach der Verstaatlichung der KFNB am 1. Januar 1907 wurden noch 18 der umgebauten 1B-Loks als Reihe 289 in das Reihenschema der kkStB aufgenommen. Die Umzeichnung der *Licaon* in 289.10 erfolgte 1909 unter Einbuße ihres Namens. Mit ihren noch übrig gebliebenen Schwestern fand sie Verwendung im Rangierdienst in Wien Nord und Lundenburg. Ihr sattelförmiger Wassertank und die blanke Messingverschalung des Domes ließen diese Lokomotiven schon damals als erhaltenswert erscheinen, so daß schon 1913 vorgeschlagen wurde, ein Exemplar für ein Museum zu reservieren. Die Österreichischen Bundesbahnen führten am 1. Oktober 1923 noch acht Stück in ihrem Bestand, die jedoch innerhalb zweier Jahre ausgemustert wurden. Von diesem Schicksal verschont blieb die 289.10, die an die Stiegl-Brauerei in Salzburg verkauft wurde. Unter der Inventar-Nummer 1 und mit einem Kobelfunkenfänger ausgestattet, besorgte sie auf der 3,1 km langen Zubringerstrecke nahe der deutschen Grenze den Werksverkehr. Im Jahre 1937 wurde die Lokomotive dann doch vom Technischen Museum in Wien für seine eisenbahntechnische Abteilung erworben. Zuerst in Linz, später in Wien hinterstellt, führte sie 20 Jahre lang ein Dasein in Vergessenheit, bis sie im Herbst 1958 nach äußerer Restaurierung im Zustand von 1872 in der ÖBB-Hauptwerkstätte Linz wieder als *Licaon* in der Grünanlage neben der Bundesbahndirektion zusammen mit zwei anderen historischen Lokomotiven aus dem 19. Jahrhundert aufgestellt wurde.

1985 holte man die schon durch den Einfluß der Witterung in Mitleidenschaft gezogene Veteranin von ihrem Podest, um sie in der Hauptwerkstätte Knittelfeld wieder betriebsfähig aufzuarbeiten. Seit August 1987 wird sie zu Nostalgiefahrten eingesetzt. Zum 150. Jubiläum der Eisenbahn in Österreich führte die *Licaon* vor einem begeisterten Publikum die große Fahrzeugparade an (Foto: Seite 20).

96 (LB Fehring-Fürstenb.)

DRB-Baureihe 98^{70}

C-n2t

1885 bis 1953

Techn. Daten: Seite 274

96.01, ehemalige F1 der Lokalbahn Fehring – Fürstenfeld, als Werklok des Heizhauses Hütteldorf 1936, Krauß 1267/1885
Foto: Archiv Töpelmann

Die Lokalbahn Fehring – Fürstenfeld bezog 1885 von Krauß zwei C-n2-Tenderlokomotiven, die als 96.01 und 02 in den staatlichen Lokomotivpark eingereiht wurden. Erstere kam noch als 98 7001 in den Bestand der Deutschen Reichsbahn. Bei einem Dienstgewicht von 22,5 t betrug die mittlere Achslast nur 7,5 t. Sie war nur mit einer Handbremse ausgestattet und deshalb nur für 35 km/h zugelassen. Sie wurde zuletzt für leichte Manipulationsaufgaben in Wien verwendet. Obwohl die DRG für sie keine Belastungstafel mehr aufgestellt hatte, überlebte die Lok den Zweiten Weltkrieg und wurde erst 1953 auf sowjetische Anordnung verschrottet.

97

DRB-Baureihe 98^{70}
ÖBB-Baureihe 89

C-n2t

1878 bis 1958

Techn. Daten: Seite 275

Für die ab Ende der siebziger Jahre des 19. Jahrhunderts in allen Teilen der Monarchie eröffneten Lokalbahnen wurde eine freizügig verwendbare Tenderlokomotive von einfacher und robuster Bauart benötigt, deren Achsdruck 10 t nicht überschreiten sollte. Als Vorbild diente eine 1878 von der Siglschen Lokomotivfabrik in Wiener Neustadt für die Lokalbahn Kriegsdorf – Römerstadt der Mährisch-Schlesischen Centralbahn (MSCB) gebaute C-n2-Tenderlokomotive mit Innenrahmen, äußerer Allan-Steuerung und überdachter Bedienungsplattform. Die hieraus entwickelte kkStB-Reihe 97 erhielt ein geschlossenes Führerhaus und bis zur Kesselvorderfront verlängerte Vorratsbehälter, die der Lokomotive in Verbindung mit ihrer niedrigen Kessellage jene eigentümlich-eckige Form verliehen, die ihr den Spitznamen „Kaffeemühle“ eintrug. Das über Flachschieber gesteuerte Zwillingstriebwerk arbeitete mit einem Dampfdruck von 11 kg/cm² und trieb die mittlere der drei Kuppelachsen an. Die Umsteuerung erfolgte über den üblichen Stellhebel. Die gußeisernen Radsätze mit einem Laufkreisdurchmesser von 930 mm waren fest im Rahmen geführt und ausreichend für die auf Lokalbahnen zugelassene Geschwindigkeit von 40, bei den späteren Bauserien von 45 km/h.

Bis 1911 wurden für die kkStB und auf Rechnung der in ihrer Regie betriebenen Privatbahnen 227 Stück gebaut, an deren Herstellung alle österreichischen Lokomotivbauanstalten beteiligt waren. Im Laufe der langen Bauzeit ergaben sich eine Reihe baulicher Unterschiede in den einzelnen Lieferserien. Sie betrafen die Höhe des Dampfdoms, den Ersatz der Federwaag-Sicherheitsventile durch Pop-Ventile, Größe und Form des Führerhauses, die Umgestaltung des eckigen Sandkastens zur Domform und die Ausrüstung mit Vakuumbremse ab 1902.

Die kleinen Maschinen mit einer Leistung von 180 PS genügten den damaligen Anforderungen des Lokalbahnbetriebes und konnten mit den geringen Zuglasten auch die vielerorts nicht unbeträchtlichen Steigungen nehmen. Auf ebener Strecke nahmen sie 405 t mit 40 km/h oder von 1140 t mit 20 km/h, auf einer 20-‰-Steigung 130 t mit 15 km/h.

97

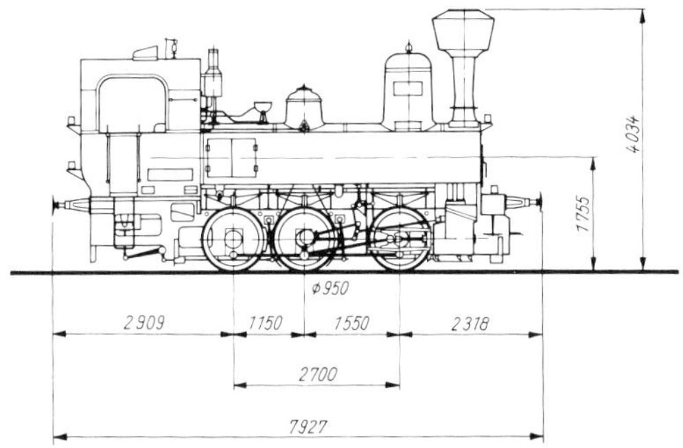

Die Reihe 97 stand auch dann noch auf dem Beschaffungsprogramm, als bereits kräftigere Nebenbahntypen gebaut wurden, deren Leistungspotential jedoch nicht überall genutzt werden konnte. Die teils für private Unternehmen gebauten Loks wurden nicht immer chronologisch nach dem Herstellungsdatum in das kkStB-Reihenschema eingegliedert. So erhielten die ersten, 1878 noch auf Rechnung der MSCB gebauten Maschinen die Nummern 97.16 bis 19, während die 97.01 bis 05 erst in den Jahren 1883 bis 1886 gebaut worden waren. Die Nummern 97.26 bis 50 blieben unbesetzt. Die Maschinen waren von den Sudeten bis zu den Julischen Alpen und vom Böhmerwald bis zur Bukowina mit Ausnahme der nebenbahnarmen Länder westlich der Salzach anzutreffen. In ihrem Verwendungsbereich war die Reihe 97 das Pendant zur preußischen T 3.

Links oben:
97.66, spätere 310.16 der ČSD, Werkaufnahme, Floridsdorf 881/1893
Foto: TBA K. Pfeiffer

Links unten:
97.240 als 89.240 der ÖBB mit Giesl-Esse (DRB 98 7027), Ausführung mit hohem Dom und eingezogenem kleinen Führerhaus, Aufnahme 1957, Krauß 5365/1905
Foto: Sammlung Schröpfer

Beim Zusammenbruch der Monarchie fiel die Mehrzahl der Loks den Staatsbahnen der Nachfolgestaaten zu. Allein 133 Stück gelangten als Reihe 310.0 in den Fahrpark der ČSD, kleinere Kontingente gingen an die PKP (Reihe TKh 12), die JDŽ (Reihe 150), die FS (Reihe 822) und die CFR. Nur 31 Stück blieben in Österreich. Den mittlerweile gestiegenen Ansprüchen im Zubringerverkehr waren die kleinen Lokomotiven bald nicht mehr gewachsen und mußten neueren Bauarten das Feld räumen. Soweit sie nicht im leichten Verschub Verwendung fanden, wurden sie als Werklokomotiven an Brauereien und Industriebetriebe verkauft oder ausgemustert. Von der Deutschen Reichsbahn wurden 1938 noch 19 Stück übernommen und in 98 7011 bis 7028 umgezeichnet. Nach Abgabe dreier Maschinen an die MÁV bzw. die JDŽ kamen nach dem Zweiten Weltkrieg noch 16 Stück zur wiedererrichteten ÖBB und erhielten die neue Reihenbezeichnung 89. Die letzten drei standen bis 1958 in untergeordneten Diensten. Die 89.240 (ehem. 97.240), gebaut 1903 bei Krauß, wurde sogar vorübergehend mit einem Giesl-Flachkamin ausgestattet, um die Anlage auch bei einer Lokomotive geringerer Leistung im Zugdienst auf der Strecke Bierbaum – Neudau zu erproben.

Aus Fremdbestand kamen nur fünf ČSD-Loks der Reihe 310.0 durch den Anschluß der Sudetengebiete als 98 7029 bis 7033 von 1938 bis 1945 in den Fahrpark der Deutschen Reichsbahn. Der forcierte Einsatz leichter Triebwagen (als *Motorzüge* bezeichnet) hatte bei der ČSD die Reihe 310.0 in den dreißiger Jahren fast gänzlich vom Zugdienst verdrängt. Eine Anzahl wurde an Industriebetriebe verkauft oder ausrangiert. Danach konnten sich einige noch bis 1968 im Verschubdienst halten. Die 1901 von der Böhmisch-Mährischen Maschinenfabrik gelieferte 97.194 und spätere 310.093 der ČSD blieb für das Technische Nationalmuseum erhalten.

Die erste von dem Prager Werk 1900 an die kkStB gelieferte Lokomotive wurde als 197.82 (später in 97.182 umgewandelt) auf der Lokalbahn Niederlindenwiese – Schildberg in Mähren in Betrieb genommen. Sie wurde später zum Heizhaus Czernowitz versetzt und blieb 1918 in Rumänien.

Bis Ende der sechziger Jahre war die Gattung als Werklokomotive auch in Jugoslawien anzutreffen. Eine 1945 von der RbD Dresden registrierte Rückführlokomotive wurde von der Deutschen Reichsbahn der DDR als 89 7569 eingereiht und bis Ende der fünfziger Jahre als Schleppfahrzeug im Bw Dresden Altstadt verwendet. Es konnte nicht einwandfrei geklärt werden, ob es sich um ein Exemplar der PKP oder der CFR handelte.

Konstruktive Merkmale

Kessel: Naßdampfkessel mit 59 m² Verkampfungsheizfläche und 1,04 m² großem Rost; Rohrlänge 3450 mm; Dampfdom auf dem Vorderkessel, anfänglich mit Federwaag-Sicherheitsventilen, später mit Pop-Ventilen, Dampfdruck 11 kg/cm².

Rahmen: Genieteter Blechrahmen.

Triebwerk und Fahrwerk: Zwillingsmaschine mit 345 mm Zylinderdurchmesser und 480 mm Kolbenhub; Flachschieber mit äußerer Allan-Steuerung; Hebelumsteuerung; Raddurchmesser 970 mm; Antrieb auf der Mittelachse; Tragfedern der ersten und zweiten Achse oberhalb, der dritten unterhalb des Rahmens; starre Radsatzlagerung.

Ausrüstung: Handbremse, später allgemein Vakuumbremse auf zweite und dritte Achse wirkend; beidseitige Besandung des Treibradsatzes; Kobelfunkenfänger (später entfernt); Werkzeugkasten in rechtem Wasserbehälter.

Vorräte: 4 m³ Wasser in Seitenbehältern; 1,2 t Kohle teils im Führerstand, teils im linken Vorratsbehälter untergebracht.

99 (kkStB und NÖLB)

DRB-Baureihe 98[13]

ÖBB-Baureihe 91

1C-n2vt

1897 bis 1972

Techn. Daten: Seite 275

Nachdem Mitte der neunziger Jahre durch Einführung neuer Lokomotiv- und Wagenbauarten der Verkehr auf den wichtigen Durchgangsstrecken bedeutend verbessert worden war, ging man daran, auch den Zubringerverkehr aufzuwerten. Im Vordergrund standen Überlegungen, die von Wien nach Karlsbad geführten Kurswagen statt ab Eger über die Buschtěhrader Bahn auf dem kürzeren Weg über die von der kkStB betriebene 61 km lange Lokalbahn Marienbad–Karlsbad ans Ziel zu bringen. Dieses Vorhaben – in Verbindung mit einer Heraufsetzung der Fahrgeschwindigkeit – ließ sich jedoch mit den kleinen C-Tenderlokomotiven Reihe 97 nicht realisieren. Gefordert wurde eine wesentlich stärkere Lokomotive, die ohne Vorratsergänzung auf günstig trassierten Streckenabschnitten 50 bis 60 km/h einhalten konnte, ohne jedoch den zulässigen Achsdruck von 10 t zu überschreiten. Darüber hinaus sollte sie auch für den Einsatz auf kurzen Hauptstreckenabschnitten geeignet sein. Diesen Forderungen folgend entwarf Gölsdorf eine 1C-Tenderlokomotive mit Verbundtriebwerk als Reihe 99.

Der Kessel lag mit seiner Mittellinie 2200 mm über SOK und wies eine 28 % größere Verdampfungsheizfläche als die Reihe 97 auf. Die Feuerbüchse mit einem 1,42 m² großen Rost ragte zwischen die Rahmenplatten und war durch die rückwärtige Kuppelachse abgestützt.

Im vorderen der beiden durch ein Überströmrohr verbundenen Dome war das Reglergehäuse mit außengeführtem Hebelzug untergebracht. Zum Hochdruckzylinder führte rechts eine vertikale Frischdampfleitung. Die Flachschieber wurden durch die von Gölsdorf entwickelte schwingenlose Winkelhebelsteuerung bewegt. Der Antrieb erfolgte auf der rückwärtigen Kuppelachse. Der ursprünglich mit 930 mm vorgesehene Laufkreisdurchmesser der angetriebenen Radsätze wurde zweckmäßigerweise auf 1140 mm vergrößert und die bei den ersten Lieferexemplaren installierte Rückstellvorrichtung der seitenverschieblichen Adams-Achse aus Gründen der Gewichtseinsparung aufgegeben. Der Wasservorrat von 4,5 m³ fand in seitlichen Behältern, die in ihrer Länge vorn über die Rauchkammer hinausragten, der Kohlenvorrat von 1,5 t in einem Anbau hinter dem Führerhaus Aufnahme.

Mit der konstruktiven Durcharbeitung wurde die Firma Krauß betraut. Von 1897 bis 1909 stellten das Linzer Werk, die Lokomotivfabrik Floridsdorf und die Böhmisch-Mährische Maschinenfabrik 69 Stück auf Bestellung der kkStB und für Rechnung sechs böhmischer Privatbahnen her. Weitere fünf Einheiten lieferte Krauß zwischen 1903 und 1907 an die NÖLB, die sie als 2.01 bis 2.05 bezeichneten. Am 30. Juni 1914 waren die Lokomotiven der Reihe 99 bei den Heizhäusern Hainfeld, Hütteldorf, Urfahr, Knittelfeld, Laibach, Budweis, Karlsbad, Kuttenberg und Jungbunzlau beheimatet. Bemerkenswert war ihr Einsatz auf der Strecke Schlackenwerth – Joachims-

99.06, spätere 320.04 der ČSD, Werkaufnahme, Floridsdorf 1095/1897
Foto: TBA K. Pfeiffer

thal im Erzgebirge mit einer Maximalsteigung von 50 ‰ und im Wiener Vorortverkehr, wo hohe Beschleunigung gefordert war.

Bei Steinkohlenfeuerung leistete die Lokomotive bis zu 400 PS und ermöglichte spürbare Verbesserungen im Zubringerverkehr, war jedoch der Reihe 178 leistungsmäßig unterlegen, die dank ihrer vierfachen Kupplung wesentlich schwerere Züge nahm, aber nur auf Strecken mit 12 t zulässigem Achsdruck eingesetzt werden konnte.

Bei der Fahrpark-Aufteilung nach dem Ersten Weltkrieg erhielt wiederum die ČSD mit 34 Stück das größte Kontingent (Reihe 320.0). Elf Stück gingen an die Staatsbahn des Südslawischen Königreiches (spätere JDŽ-Reihe 153) und fünf Stück an die Italienische Staatsbahn (FS-Reihe 876). 19 Stück blieben in Österreich. Sie ersetzten

99

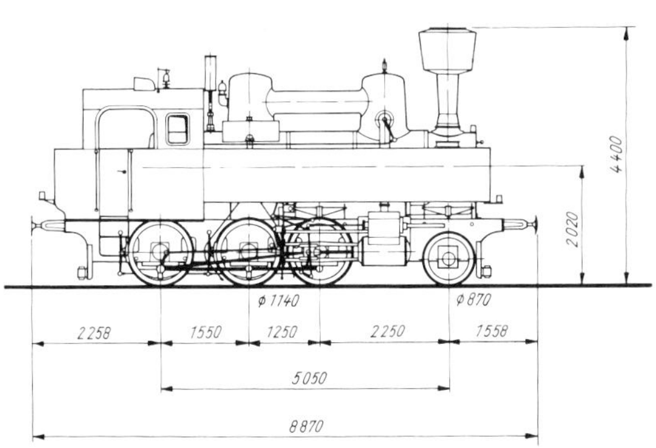

auf den kurzen Lokalbahnen in Ober- und Niederösterreich vor allem die Reihe 97 und veraltete Privatbahntypen. Mit den 1923 von den NÖLB übernommenen und als 99.70 bis 74 eingereihten Loks gingen 24 Stück in den Besitz der Deutschen Reichsbahn über, die sie als 98 1321 bis 1324 eingliederte. Im Oktober desselben Jahres kamen neun weitere aus dem Bestand der ČSD als 98 1325 bis 1333 hinzu, die auf Lokalbahnen des Egerlandes und des Böhmerwaldes Dienst taten. Nach der kriegsbedingten Abstellung der dort eingesetzten Leichttriebwagen tschechischer Bauart beförderten die Loks des Bw Weißensulz (damals RbD Regensburg) die aus den Beiwagen gebildeten Garnituren. 1943 kamen nochmals neun Stück aus dem Bestand der JDŽ als 98 1381 bis 1389 zur DRB. Von den 16 in Österreich verbliebenen Maschinen erhielten noch 15 die neue Reihenbezeichnung 91. Beheimatet waren sie in Linz, Wels, St. Pölten, St. Valentin, Wiener Neustadt, Aspang, Mürzzuschlag, Mistelbach, Sigmundsherberg und Garsten. Vorübergehend leisteten sie Schubhilfe für das aus Triebwagenanhängern gebildete Eilzugpaar E 185/186 auf der Südrampe des Semmerings. Die letzten dienten bis 1972 auf der Strecke Mürzzuschlag – Neuberg aus. Fünf Stück mußten 1947/48 an die JDŽ abgegeben werden, welche sie – ebenso wie die ČSD – bis in die sechziger Jahre einsetzte.

Bauliche Änderungen wurden an der Baureihe nur wenige vorgenommen. Alle büßten im Laufe der Zeit ihren Kobel ein. Die 91.40 (DRB 98 1308) wurde als einzige mit Druckluftbremse ausgestattet und bei der 91.33 (DRB 98 1305) erhielten beide Dome eine gemeinsame Verschalung. Mehrere Maschinen wurden an Industriebetriebe verliehen.

Konstruktive Merkmale

Kessel: Naßdampfkessel mit 72 m² wasserberührter Verdampfungsheizfläche; Rostfläche 1,43 m²; Feuerbüchse mit dem vorderen Teil zwischen dem Rahmenwagen, durch rückwärtigen Kuppelradsatz abgestützt; Rohrlänge 3500 mm; Doppeldom mit Verbindungsrohr; Pop-Sicherheitsventile am rückwärtigen Dom; teilweise runde, einteilige Rauchkammertür mit Zentralverschluß; Dampfdruck 13 kg/cm².

Rahmen: Genieteter Blechrahmen.

Triebwerk: Zweizylinder-Verbundmaschine, Zylinderdurchmeser HD = 370 mm, ND = 570 mm; Kolbenhub 570 mm; Flachschieber mit Winkelhebelsteuerung; Hebelumstellung; Antrieb auf der rückwärtigen (dritten) Kuppelachse; Treibraddurchmesser 1140 mm.

Fahrwerk: Adams-Laufachse mit 35 mm radialem Seitenspiel; Rückstellvorrichtung bei Nachlieferungen weggefallen; starre Lagerung der Kuppelachsen; Tragfedern der ersten und zweiten Achse oberhalb, der dritten und vierten Achse unterhalb des Rahmens.

Ausrüstung: Vakuumbremse auf die zweite und dritte Kuppelachse wirkend; Sandkästen beiderseits des rückwärtigen Domes mit Fallrohren zur Treibachse für beide Fahrtrichtungen; Werkzeugkasten im rechten Wasserbehälter.

Vorräte: 4,8 m³ Wasser in Seitenbehältern; 1,2 t Kohle in rückwärts angebautem Bunker.

199 (kkStB und NÖLB)
DRB-Baureihe 98[13]
ÖBB-Baureihe 91.100

1C-n2vt

1908 bis 1972

Techn. Daten: Seite 275

Für den Betrieb auf der 1906 von der kkStB übernommenen Lokalbahn Bozen – Meran und der anschließenden Vintschgau-Bahn schuf Gölsdorf eine Variante der Reihe 99 mit größerer Vorratskapazität, womit er auch dem Wunsch anderer Betriebsleitungen nachkam. Zum teilweisen Ausgleich des Mehrgewichts entfiel der vordere Dom, an dessen Stelle ein domförmiger Sandkasten trat. Kessel, Rahmen und das Zweizylinder-Verbundtriebwerk blieben unverändert. Lediglich bei den vier letzten Lieferexemplaren erfolgte die Schieberbewegung durch eine normale Heusinger-Schwinge statt über Winkelhebel.

Von 1909 bis 1913 wurden 19 Stück dieser als Reihe 199 bezeichneten Gattung in Betrieb genommen, von denen 18 Krauß und eine die StEG-Werke lieferten. Zehn weitere stellte Krauß zwischen 1908 und 1913 für die NÖLB her, welche sie als 102.01 bis 10 bezeichnete. Die 102.04 ging 1909 als Naturalausgleich auf die kkStB über, welche den Betrieb auf der Landesbahnstrecke Freiland – Türnitz führte und die Maschine als 199.07 einreihte.

Beheimatet waren die Loks der Reihe 199 im Sommer 1914 in Meran (drei), Aspang (zehn), Krems (vier), Zwettl,

199

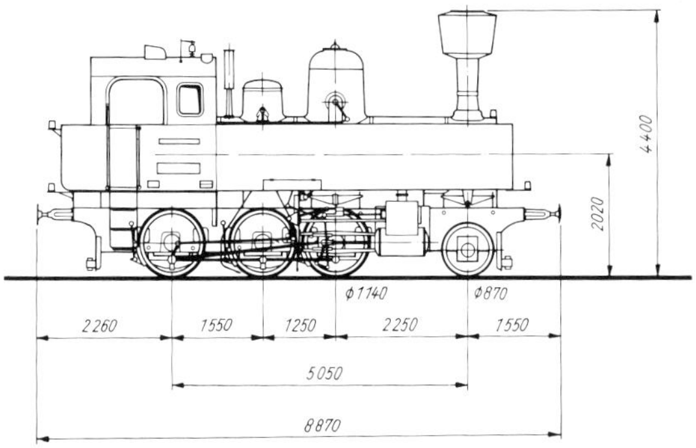

199.18, Werkaufnahme, StEG 3748/1910
Foto: TBA K. Pfeiffer

Görz und Laibach (jeweils eine). Nach dem Ersten Weltkrieg fielen die drei in Meran stationierten Maschinen an Italien (FS-Reihe 877) und die der Heizhäuser Görz und Laibach an das Südslawische Königreich (spätere JDŽ-Reihe 153). Die 15 in Österreich verbliebenen Loks wurden auf verschiedenen Lokalbahnen in Ober- und Niederösterreich und der Steiermark eingesetzt.

Bei Übernahme durch die Deutsche Reichsbahn erhielten sie die Nummerngruppe 98 1351 bis 1374 zugewiesen, unter der sich auch die zehn Loks der verstaatlichten NÖLB befanden. Eine Anzahl wurde an Industriebetriebe verliehen oder nach 1945 von der sowjetischen Militärverwaltung beansprucht. Zwei weitere, die sich zu Kriegsende im RAW Gmünd befanden, fielen an die ČSD.

Zehn Stück erschienen noch im neuen Nummernplan der ÖBB als Reihe 91.1, von denen die letzte 1972 aus dem Bestand ausschied. An baulichen Änderungen erfolgte in Einzelfällen ein Kesseltausch mit der ÖBB-Reihe 91 (ex 99), der an der unterschiedlichen

Domanordnung erkennbar war. Als Vertreterin der Gölsdorf'schen 1C-Lokalbahn-Tenderlokomotiven wurde die 91.107 für die Fahrzeugsammlung des Technischen Museums in Wien erhalten.

Konstruktive Merkmale

Gegenüber der Reihe 99 (S. 206) weist die Reihe 199 folgende Abweichungen auf:

Einzeldom in Kesselmitte, Sanddom über der mittleren Kuppelachse mit beidseitigen Fallrohren, Schalldämpfer der Luftsaugbremse durch das Führerhausdach geführt; Vergrößerung des Wasserinhalts durch tiefere Seitenwannen von 4,8 auf 6 m³ und des Kohlenbunkers zur Aufnahme von 2,5 statt 1,5 t Kohle; teilweise Vollgußscheibenräder.

299
399 (NÖLB 202)
DRB-Baureihe 98[14]
ÖBB-Baureihe 191

1C-h2vt und 1C-h2t

1909 bis 1960

Techn. Daten: Seite 275

Zur Erneuerung des Fahrparks der Kolomeaer Lokalbahn in Ostgalizien, deren Betriebsführung seit dem 1. Juli 1879 der kkStB übertragen war, entwickelte Gölsdorf aus der Reihe 199 eine Heißdampfvariante, welche 1909 von Krauß in zwei Exemplaren als 299.01 und 02 geliefert wurde. Der Einbau des Schmidt-Überhitzers bedingte eine Verlängerung der Rauchkammer auf Kosten der Rohre von 900 auf 1300 mm. Trotz Erweiterung des Kesselinnendurchmessers von 1150 auf 1200 mm verringerte sich die Verdampfungsheizfläche bei neuer Rohrverteilung von 82 auf 58,9 m². Zum Ausgleich des Mehrgewichts mußte der Wasservorrat von 6 auf 5,1 m³ reduziert werden, dem jedoch ein geringerer Verbrauch durch die thermische Höherwertigkeit des Heißdampfes gegenüberstand. Durch die Höherlegung der Kesselmitte von 2010 auf 2320 mm ließ sich der Stehkessel frei über dem Rahmen unterbringen. Der von 370 auf 400 mm vergrößerte HD-Zylinder erhielt einen Rohrkolbenschieber, während der ND-Zylinder mit Flachschiebersteuerung unverändert blieb. Das Größenverhältnis zwischen

399.03 im Dienst der BBÖ, ehemalige 202.03 der NÖLB, Krauß 6366/1910
Foto: Archiv Töpelmann

Heiz- und Rostfläche, aber auch jenes der Zylinder beider Dampfstufen zueinander erwies sich als nicht optimal, so daß die erwartete Leistungssteigerung nicht in vollem Maß eintrat.

Als begrüßenswerte Neuerung kamen automatische Schmierpressen zum Einbau. Der Weiterbau scheiterte nicht zuletzt an den für eine Lokalbahnlokomotive zu hohen Anschaffungs- und Unterhaltskosten sowie auch an den unzulänglichen Wartungsmöglichkeiten der Nebenbahnwerkstätten.

Drei gleichartige Lokomotiven, jedoch mit Zwillingstriebwerk, hatten die NÖLB bestellt, welche 1910 als 202.01 bis 03 in Betrieb genommen wurden. Bei ihnen wurde die Dampfzufuhr über Kolbenschieber mit federnden Ringen gesteuert, der Dampfdom aus der Zylindersymmetrie wieder um ein weniges nach rückwärts verlegt und erneut mit äußerem Reglerzug versehen. Auch diese Lokomotiven schienen die Erwartungen nicht erfüllt zu haben, da bei späteren Nachbestellungen wieder auf die ursprüngliche Naßdampf-Verbundausführung zurückgegriffen wurde.

Mit der Auflösung der österreichisch-ungarischen Monarchie fielen die beiden in Stanislau stationierten 299er der CFR zu.

Die drei Zwillingsloks der NÖLB gingen 1923 auf die BBÖ über und erhielten die Bezeichnung 399.01 bis 03. Mit der Eingliederung in die Deutsche Reichsbahn im Jahre 1938 wurden sie in 98 1401 bis 1403 umgezeichnet. Die 98 1401 blieb 1945 infolge EAW-Aufenthalts in der Tschechoslowakei, die beiden anderen wurden nach dem neuen Reihenschema als 191.02 und 03 eingeordnet. Ihre Ausmusterung erfolgte bereits 1960, 12 Jahre vor dem Ausscheiden der Naßdampfausführung.

399

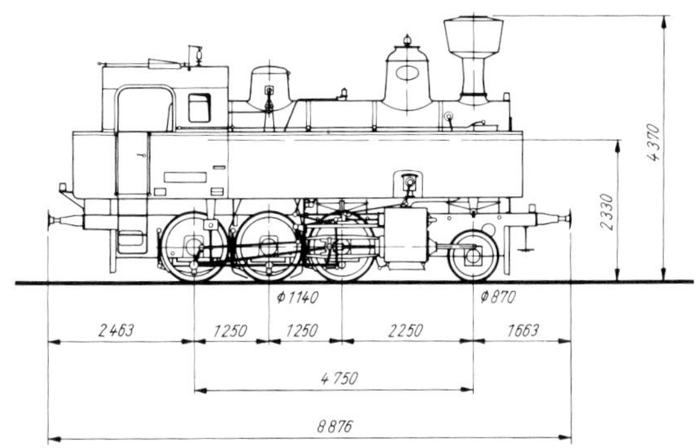

Konstruktive Merkmale

Kessel: Heißdampfkessel mit 58,9 m² wasserberührter Verdampfungsheizfläche, 17,1 m³ Überhitzerfläche und 1,42 m² großem Rost; Stehkessel über dem Rahmen; Rohrlänge 3200 mm, Kesselmitte 2320 mm über SOK; Einzeldampfdom mit aufgesetzten Pop-Sicherheitsventilen und äußerer Reglerführung; Dampfdruck 13 kg/cm²; runde Rauchkammertür mit Zentralverschluß.

Rahmen: Genieteter Blechrahmen.

Triebwerk: Zweizylinder-Verbundmaschine, Zylinderdurchmesser HD = 400 mm, ND = 570 mm; Kolbenhub 570 mm; hochdruckseitig Rohrkolbenschieber, niederdruckseitig Flachschieber; Winkelhebelsteuerung; Antrieb auf der dritten Kuppelachse; Treibraddurchmesser 1140 mm; Hebelumsteuerung.

Fahrwerk: Adams-Laufachse mit 35 mm radialem Seitenspiel ohne Rückstellvorrichtung; starre Lagerung der Kuppelachsen; Tragfedern der Lauf- und ersten Kuppelachse oberhalb, der zweiten und dritten Kuppelachse unterhalb des Rahmens.

Ausrüstung: Vakuumbremse auf die zweite und dritte Kuppelachse wirkend, beidseitige Besandung der Treibachse vom Sanddom; Werkzeugkasten im rechten Wasserbehälter; automatische Schmierpressen.

Vorräte: 5,1 m³ Wasser in Seitenbehältern, 2 t Kohle im rückwärtigen Bunker.

Einen Vergleich über das betriebliche Leistungsverhalten der Varianten der 1C-Lokalbahn-Tenderlokomotiven gibt der folgende Auszug aus der Belastungstafel des Merkbuches für die Fahrzeuge der Deutschen Reichsbahn, 939 a/b, Nachtrag 4, für die übernommenen östereichischen Dampflokomotiven wieder:

Baureihe		**99**	**199**	**399**
Steigung	km/h	Zugmasse in t		
1:0	60	–	270	360
1:0	50	480	425	505
10 ‰	40	140	140	155
20 ‰	30	100	95	130
25 ‰	25	110	100	130

Zahnrad-lokomotiven

69

DRB-Baureihe 97^2
ÖBB-Baureihe 97

C1(zz)-n2(2)t

1890 bis 1978

Techn. Daten: Seite 276

Für den Abtransport der im steierischen Erzberg abgebauten Montanerze zu den Hüttenwerken in Donawitz und Linz wurde am 15. September 1891 die als „Erzbahn" bekannt gewordene Strecke von Vordernberg nach Eisenerz eröffnet. Auf den Zufahrten zu dem in 1204 m über dem Meeresspiegel im Bergmassiv angelegten Scheiteltunnel bei Präbichl (damalige Schreibweise Prebichl) sind von Süden her auf 8 km Streckenlänge 436 m, auf der 11 km langen Nordrampe 512 m Höhenunterschied zu überwinden. Bei der Trassenführung mußten Steigungen bis maximal 71,5 ‰ in Kauf genommen werden, die in einem normalen Adhäsionsbetrieb nicht mehr zu bewältigen waren. Man entschied sich für einen Zahnradbetrieb auf den Steilrampen nach dem Abt'schen Lamellensystem mit zwei gegeneinander versetzten senkrecht stehenden Zahnstangen.

Als Betriebsmittel lieferte Floridsdorf 1890 nach Werksentwurf vier C1-Tenderlokomotiven für gemischten Reibungs- und Zahnradbetrieb als Reihe 69, denen bis 1908 14 weitere, technisch verbesserte Maschinen folgten. Beide Antriebsgruppen hatten getrennte Triebwerke. Die Außenzylinder trieben die mittlere Achse des Adhäsionstriebwerks mit einem Kuppelraddurchmesser von 1070 mm, das zwischen den Rahmenwangen angeordnete Zylinderpaar die zweite der beiden gekuppelten Zahnradpaare von

69.07 nach Werkablieferung, Floridsdorf 819/1892
Foto: TBA K. Pfeiffer

69

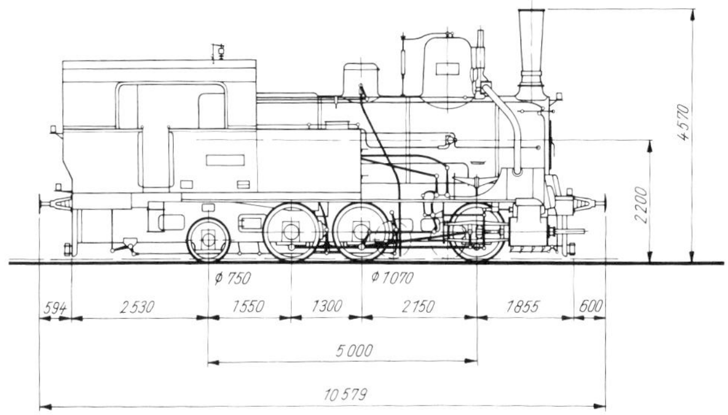

688 mm Durchmesser an, die in einem an den Querstreben des Hauptrahmens aufgehängten Hilfsrahmen geführt wurden. Diese nur bei den ersten beiden Maschinen ausgeführte Konstruktion bewährte sich nicht und wurde zugunsten einer elastischen Abstützung des Zahnradwagens auf den benachbarten Kuppelachsen aufgegeben. Die beiden Vorausexemplare wurden vom Hersteller entsprechend umgebaut. Alle drei angetriebenen Adhäsionsachsen waren fest, die Schleppachse mit einem Seitenspiel von 22 mm im Hauptrahmen gelagert. Letztere wurde ab Betriebsnummer 69.09 durch eine Adamsachse ersetzt, wodurch die Fahreigenschaften wesentlich verbessert wurden. Zur Erleichterung der Arbeitsbedingungen des Fahrpersonals kam bei allen Loks eine Turbinenbelüftungs-Bauart Laval zum Einbau. Die letzten 3 Lieferexemplare waren bereits ab Werk zusätzlich zur Luftsaugbremse mit Druckluftzusatzbremse ausgerüstet. Außerdem waren zur Schonung der Radreifen bei Talfahrt unter Last alle Maschinen mit der Riggenbach-Gegendruckbremse ausgestattet. Der Kohlenbunker war völlig in das Führerhaus integriert, um Staubflug zu vermeiden. Durch die zahlreichen Sondereinrichtungen und die spätere Vergrößerung der Vorratskapazität erhöhte sich der maximale Achsdruck auf 16 t.

1938 gingen alle 18 Einheiten auf die Deutsche Reichsbahn über und erhielten die Nummerngruppe 97201 bis 218 zugewiesen. Mit Ausnahme der 97216 und 218, die 1944 an einen Schieferbruch im „Altreich“ vermietet wurden und nicht mehr zurückkehrten, verblieben alle übrigen zeitlebens beim Heizhaus Vordernberg, von wo aus sie auch die wenigen Personenzüge auf der Erzbahn beförderten. Bei Bergfahrt war eine Schublast von 140 t Leerwagenmaterial zugelassen.

Der Einsatzbestand hatte sich 1956 nach Verkauf der 97.206 und 214 an Ungarn auf 14 Stück vermindert, welcher bis 1972 konstant blieb. Zur Verbesserung des thermischen Wirkungsgrades hatten die 97.203, 208, 212, 215 und 217 den Giesl-Ejektor erhalten. Als 1971 Probefahrten mit der Diesellok 2043.03 ausschließlich in Reibungsbetrieb unternommen wurden und Steilstrecken-Schienenomnibusse Bauart Uerdingen (Reihe 5081) den Personenverkehr übernahmen, zeichnete sich das Ende des Dampf- und Zahnradbetriebes auf der Erzbergbahn ab. Mit der Fahrt des letzten, von einer Zahnradlokomotive zu Tal beförderten Erzzuges am 12. April 1978 endete diese interessante Epoche österreichischer Eisenbahngeschichte. Als „Genius loci“ erinnert auf dem Hauptplatz in Vordernberg die 97.217 an die steierische Erzbahn, die 1988 der Streckenstillegung zum Opfer fiel. Als weiteres technisches Denkmal dieser Betriebsform erhielt die 97.203 einen Ehrenplatz vor der Hauptwerkstätte St. Pölten. Die 97.210 wurde vom Deutschen Museum für Eisenbahngeschichte erworben und seiner Fahrzeugsammlung in Darmstadt-Kranichstein zugeführt.

Aufgrund der guten Betriebserfahrungen diente die kkStB-Reihe 69 als Vorbild für die ab 1902 von der Maschinenfabrik Eßlingen und den Borsig-Werken für die Preußische Staatsbahn gebaute T 26 (DRB-Reihe 97.9, → EFA 1.4).

Konstruktive Merkmale

Kessel: Naßdampfkessel mit 144 m² Verdampfungsheizfläche und 2,15 m² großem Rost; Rohrlänge 3515 mm;

Dampfdom mit Federwaag-Sicherheitsventilen (später durch Pop-Ventile ersetzt); Dampfspannung 11 kg/cm².

Rahmen: Genieteter Blechrahmen; Hilfsrahmen für Zahnradwagen auf der ersten und zweiten Kuppelachse abgestützt.

Triebwerk *Adhäsionsantrieb:* Zwillingsmaschine mit 460 mm Zylinderdurchmesser und 500 mm Kolbenhub; Treibraddurchmesser 1070 mm; Flachschieber mit äußerer Heusinger-Steuerung; Antrieb auf der mittleren Kuppelachse.

Zahnradantrieb: 1:3,6 geneigte Zwillingsmaschine mit 420 mm Zylinderdurchmesser und 450 mm Kolbenhub; Zahnkranzdurchmesser der beiden gekuppelten Zahnräder 688 mm; Antrieb auf dem rückwärtigen Paar; Flachschieber mit separater Heusinger-Steuerung; getrennte Hebelumsteuerung.

Fahrwerk: Kuppelachsen starr im Hauptrahmen gelagert; Adams-Laufachse mit 22 mm radialer Seitenbeweglichkeit; Tragfedern oberhalb der Achslager.

Ausrüstung: Vakuum- und Riggenbach-Gegendruckbremse; einklötzige Abbremsung der zweiten und dritten Kuppelachse von vorn; Nachrüstung mit Druckluft-Zusatzbremse (69.18 bis 20 bereits ab Werk damit ausgestattet); beidseitige Besandung der Treibachsen vom Sanddom; Laval-Turbinenbelüftung; Nachrüstung mit elektrischer Beleuchtung; fünf Einheiten 1956 mit Giesl-Flachejektor ausgestattet.

Vorräte (letzter Bauzustand): 8 m³ Wasser in Seitenbehältern; 3,2 t Kohle in integriertem Kohlenbunker.

269

DRB-Baureihe 97^3
ÖBB-Baureihe 197

F(zz)-n2(2)t

1912 bis 1978

Techn. Daten: Seite 276

Die gewaltige Steigerung der Erzgewinnung im steierischen Abbaugebiet in den Jahren vor dem Ersten Weltkrieg verlangte nach entsprechend höheren Transportleistungen auf der Abfuhrstrecke über den Präbichl-Paß. Da an einen zweigleisigen Ausbau in dem extrem schwierigen Gelände nicht zu denken war, bot sich als Alternative nur der Einsatz stärkerer Lokomotiven. Mit einer D1-Zahnradlokomotive, wie sie Floridsdorf 1901 an die Reichenberg-Gablonz-Tannwalder Bahn (kkStB-Reihe 169) geliefert hatte, hätte sich nur eine Leistungssteigerung von 15 bis 20 % erzielen lassen, die jedoch für das geforderte Betriebsprogramm nicht ausreichte. Aufgrund der positiven Erfahrungen mit der 1-F-Gebirgslokomotive Reihe 100 beschloß Gölsdorf, eine Lokomotive für gemischten Reibungs- und Zahnradantrieb mit sechsfacher Radsatzkupplung zu konstruieren und ihr Gewicht zur Gänze für die Adhäsion zu nutzen. Die konstruktive Durcharbeitung wurde der Lokomotivfabrik Floridsdorf übertragen, welche sich im Bau von Zahnradlokomotiven einen gefestigten Ruf erworben hatte.

Diese als Reihe 269 bezeichnete F-n2(2)zzt-Lokomotive erhielt eine breite, über dem Rahmen stehende Feuerbüchse. Auf einen Überhitzer wurde im Interesse einer vereinfachten Wartung verzichtet. Das Zahnradtriebwerk mit direktem Antrieb der zweiten der beiden gekuppelten Zahnradpaare wurde von der Reihe 69 übernommen und wie bei dieser auf den benachbarten Kuppelachsen abgestützt. Von der wünschenswerten Verstärkung des Zahnradtriebwerks mußte zur Schonung der Zahnstange abgesehen werden. Der Antrieb des kräftig ausgebildeten Adhäsionstriebwerks lag auf der vierten Kuppelachse. Um eine Überlänge der Treibstange zu vermeiden, wurde die einschienige Kreuzkopfführung bis vor die zweite Kuppelachse zurückverlegt und die verlängerte Kolbenstange durch ein Stabilisierungsrohr geführt. Unter Vergabe eines Seitenspiels der ersten und fünften Achse um 20 mm und der sechsten Achse um 52 mm ließen sich trotz der sechsfachen Kupplung Gleisbögen von 180 m Halbmesser zwangsfrei durchfahren. Um den Bewegungsspielraum und das Federspiel der letzten Achse nicht zu behindern, wurde das rückwärtige Stück der Kuppelstange nach dem Vorbild der Reihe 100 längsgeteilt und in Gelenkköpfen gelagert.

Durch die Ausrüstung mit Vakuum- und Gegendruckbremse sowie mit einer Lüfterturbine an der Frontseite des Führerhauses wurde den speziellen Einsatzbedingungen auf der Erzbergbahn entsprochen. Die knapp bemessenen Vorräte waren nur für die kurze Bergstrecke berechnet. Der Kohlenbunker war wie bei der Reihe 69 zur Freihaltung von Kohlenstaub vollständig vom Schutzhaus umschlossen.

1912 wurden auf Rechnung der Alpine-Montangesellschaft drei derartige Maschinen als 269.01 bis 03 in Betrieb genommen, die später auf dem Verrechnungswege für die Betriebsführung

269.03, Werkaufnahme Floridsdorf 2092/1912
Foto: Archiv Töpelmann

in das Eigentum der kkStB übergingen. Sie waren bis zum Erscheinen der 1F1-Type Reihe 369 die stärksten Zahnradlokomotiven der Welt. Die Beförderungsleistung für die Bergfahrt mit Leergarnituren konnte von 140 t für die Reihe 69 auf 220 t, bei Einsatz je einer Lokomotive beider Gattungen an der Spitze und am Ende des Zuges auf 370 t und bei Verwendung zweier 269er auf 440 t gesteigert werden, was einem etwa fünfzigprozentigen Leistungszuwachs entsprach. Darüber hinaus konnte die Fahrgeschwindigkeit bei Zahnradbetrieb von 12 auf 15 km/h heraufgesetzt werden. Im Reibungsbetrieb waren weiterhin 25 km/h zugelassen, obwohl bei Versuchsfahrten anstandslos 47 km/h gefahren wurden.

Die drei im Heizhaus Vordernberg beheimateten Lokomotiven verließen nie ihre Stammstrecke. Obwohl sie wegen ihrer nicht einfachen Bedienung – der

269

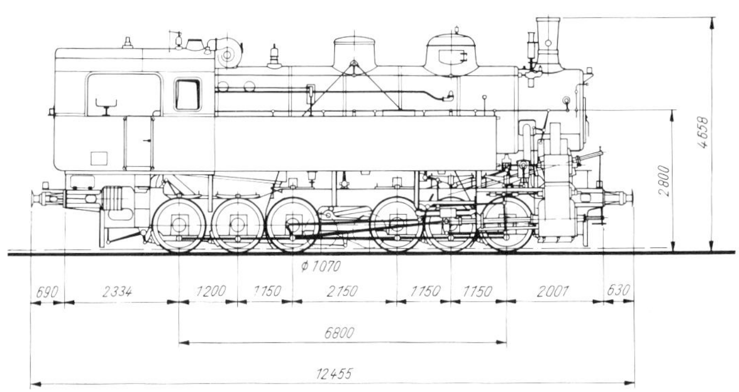

Heizer mußte bei Bergfahrt in 1½ Stunden 2 Tonnen Kohle aufwerfen – weniger beliebt waren als die leichteren 69er, leisteten sie durch ihre hohe Beförderungsleistung für die Erzbergbahn unentbehrliche Dienste. Mit der Einführung neuer vierachsiger Selbstentladewagen von 40 t Tragfähigkeit konnten Erzzüge von 600 t zu Tal geleitet werden. Nach Übernahme durch die Deutsche Reichsbahn erhielten die Loks die Nummerngruppe 97301 bis 303 zugewiesen und wurden auf der Zahnradstrecke für eine Fahrgeschwindigkeit von 20 km/h zugelassen. Auch nach dem Zweiten Weltkrieg konnte auf ihre Dienste nicht verzichtet werden. Nach dem neuen Reihenschema der ÖBB als 197.301 bis 303 bezeichnet, wurden alle drei Maschinen 1956 noch mit dem Giesl-Ejektor und Siederohrdrosselung ausgestattet. Erst das bevorstehende Ende des Dampf- und Zahnradbetriebes auf der Erzbergbahn brachte 1975 das „Aus" für die 197.302 und 1977 für die 197.303. Die 197.301 blieb bis zur Umstellung des Betriebes auf Dieseltraktion im Einsatz und ging nach ihrer Außerdienststellung am 5. Juni 1978 in den Besitz des Museums für Wissenschaft und Technik über.

Konstruktive Merkmale

Kessel: Naßdampfkessel mit 192 m² wasserberührter Verdampfungsheizfläche und 3,3 m² großem Rost; Feuerbüchse über dem Rahmen stehend; Rohrlänge 4850 mm; Dampfdom mit innerem Reglergehäuse über der zweiten Kuppelachse; Pop-Coale-Sicherheitsventile auf dem Stehkessel; Dampfspannung 13 kg/cm².

Rahmen: Genieteter Blechrahmen; Hilfsrahmen für Zahnradwagen auf dritter und vierter Kuppelachse abgestützt.

Triebwerk *Adhäsionsantrieb:* Zwillingsmaschine mit 570 mm Zylinderdurchmesser und 520 mm Kolbenhub; Treibraddurchmesser (bei neuen Radreifen) 1070 mm; Flachschieber mit äußerer Heusingersteuerung; Antrieb auf der vierten Kuppelachse; längsgeteilte, in Kugelgelenken gelagerte Radsatzkupplung zwischen fünfter und sechster Achse.

Zahnradantrieb: 1:3,6 geneigte Zwillingsmaschine mit 420 mm Zylinderdurchmesser und 450 mm Kolbenhub; zwei gekuppelte Zahnräder mit 688 mm Zahnkranz-Durchmesser und dem Antrieb auf der zweiten Achse; Flachschieber mit separater Heusinger-Steuerung.

Fahrwerk: Seitenbeweglichkeit der ersten und fünften Achse um 20 mm, der sechsten Achse um 52 mm; Tragfedern oberhalb der Achslager mit Winkelausgleichshebel zwischen der dritten und vierten Kuppelachse.

Ausrüstung: Vakuum- und Riggenbach-Gegendruckbremse; einklötzige Abbremsung der ersten, zweiten, fünften und sechsten Achse von hinten; Sandung zur zweiten Achse von vorn und zur vierten Achse (Treibachse) von hinten aus Sanddom; Laval-Turbinenlüfter vor dem Führerhaus; spätere Nachrüstung mit Druckluftbremse und elektrischer Beleuchtung; Ausstattung mit Giesl-Flachejektor und Siederohrdrosselung 1956.

Vorräte: 7 m³ Wasser in Seitenbehältern (davon 1 m³ in getrennter Wasserkammer als Kühlmittel für die Gegendruckbremse); 2,8 t Kohle in integriertem Bunker mit nachträglich aufgesetztem Fülltrichter.

»369«

DRB-Baureihe 97⁴
ÖBB-Baureihe 297

1F1(zz)-h2(2)t

1941 bis 1964

Techn. Daten: Seite 276

Ende der zwanziger Jahre erwogen die Österreichischen Bundesbahnen zur Rationalisierung des Betriebes auf der steierischen Erzbergbahn die Beschaffung einer Zahnradlokomotive besonders hoher Leistung. Erste Projektstudien sahen wieder einen laufachslosen Sechskuppler vor, jedoch in Heißdampfausführung und unter Ausnutzung der inzwischen auf 16 t angehobenen Achslastgrenze. Die wirtschaftliche Rezession, die sich auch auf den Erzabbau auswirkte und die Mehrzahl der auf der Abfuhrstrecke eingesetzten Lokomotiven beschäftigungslos werden ließ, brachte das Vorhaben zum Erliegen. Mit der Besserung der Wirtschaftslage trat jedoch die Modernisierung des Fahrparks für diesen volkswirtschaftlich wichtigen Schienenweg in das Stadium hoher Dringlichkeit. Nach der Eingliederung Österreichs in das Deutsche Reich erreichten die Erztransporte ein ungeahntes Ausmaß, so daß die Deutsche Reichsbahn die Beschaffung einer noch stärkeren Lokomotivbauart als ursprünglich vorgesehen in die Wege leitete.

Ein als Diskussionsgrundlage ausgearbeiteter Vorentwurf vom April 1938 mit der Radsatzfolge F1 – als Reihe 369 vorgesehen – wurde schließlich aus Gründen besserer Gewichtsverteilung in die symmetrische 1F1-Anordnung umgewandelt. In Anbetracht der in Aussicht genommenen Verstärkung des Bahnkörpers und der Zahnstangen konnte bei der zulässigen Achsfahrmasse von 16,5 t das achtachsige Fahrwerk einen äußerst leistungsfähigen Kessel mit ca. 240 m² wasserberührter Verdampfungsheizfläche, 3,3 m² großem Rost, einen Überhitzer von 72,5 m² gasberührter (äußerer) Fläche und einen Heinl-Mischvorwärmer aufnehmen. Die äußeren Zwillingszylinder des Adhäsionstriebwerks trieben die dritte Kuppelachse an. Der Antrieb der Zahnräder erfolgte durch die geneigt angeordneten, in Schweißbauweise gefertigten Innenzylinder über ein Vorgelege. Aus Platzgründen mußte der Kuppelraddurchmesser gegenüber den Vorgängerbauarten von 1070 mm auf 1050 mm (bei neuen Radreifen) ermäßigt werden. Der zwangsfreie Bogenlauf wurde durch die radiale Seitenbeweglichkeit von 95 mm der Adams-Laufachsen, einem Seitenspiel der ersten und sechsten Kuppelachse um 25 bzw. 23 mm und durch die Spurkranzschwächung der dritten (Treibachse) und der vierten Kuppelachse um 5 mm erreicht. Um auch bei ungünstiger Witterung ein sicheres Anfahren im Adhäsionsbetrieb zu gewährleisten, wurde erstmals für eine großzügige Besandung Sorge getragen. Alle Kesselaufbauten waren von einer durchgehenden Verschalung umschlossen, die sich über den gesamten Kesselrücken erstreckte. Eine von den Wasserkästen nach vorn verlängerte Seitenverkleidung schloß bündig mit den Zylindern ab. Mischvorwärmer und Dampfzuleitungen zu den Zylindern waren von einer wärmeisolierenden Außenverschalung umschlossen. Von dem in Seitenbehältern mitgeführten Wasservorrat von 9,3 m³ wurde 1 m³ in einem separaten Tank für die Zylinderkühlung bei Betätigung der Gegendruckbremse vorgehalten. Ein Kohlenbunker hinter dem Führerhaus nahm den für eine Bergfahrt bemessenen Brennstoffvorrat von 3,5 t auf.

Infolge der schwierigen Konstruktionsarbeiten konnten die beiden bei der Wiener Lokomotivfabrik Floridsdorf in Auftrag gegebenen Probemaschinen der Bauart 1F1-(zz)-h2(2)t erst 1941 unter den Reichsbahnnummern 97401 und 402 in Betrieb genommen werden, zumal möglichst viele genormte Bauteile aus dem Einheitsbauprogramm der DRB, insbesondere der Reihe 50, in die Konstruktionspläne eingearbeitet werden mußten. So wurde auch die in Österreich vielbe-

97401, geplant als 369.01, während der DRB-Ära Floridsdorf 9100/1941
Foto: Archiv Töpelmann

währte Lentz-Ventilsteuerung zugunsten von Kolbenschiebern aufgegeben.

Obwohl die Lokomotive mühelos 300-t-Züge über die Maximalsteigung von 71,5 ‰ mit 15 km/h beförderte und die Leistung der Reihe 69 (DRB-Reihe 97.2) um 250 % und der Reihe 269 (DRB-Reihe 97.3) um 85 % überbot, blieb sie den Beweis ihrer betrieblichen Bewährung schuldig. Da die Verstärkung der Zahnstange noch nicht vollständig durchgeführt war und durch das starke Zahnradtriebwerk Schäden zu befürchten waren, mußte von einem planmäßigen Einsatz abgesehen werden, womit ein wesentlicher Teil der Investition ungenutzt blieb. Bereits nach Abschluß der unbefriedigend verlaufenen Versuchsfahrten fiel die Entscheidung gegen ihren Weiterbau. Statt dessen erwog das Versuchsdezernat der Reichsbahn den Einbau eines neuartigen Zahnradantriebs durch Dampfmotoren. Bei Bewährung sollte diese Antriebsform für eine neue 1F1-Zahnradtype, an deren Entwurf seit 1941 gearbeitet wurde, übernommen werden. Da zu jener Zeit die Firma Henschel & Sohn Haupteigner des Floridsdorfer Werkes war, besteht Grund zur Annahme, daß die Anregung zu diesem Experiment in dem großen Engagement dieses Unternehmens für den Dampfmotor-Einzelachsantrieb zu suchen ist. Die sich zuspitzende Kriegslage verhinderte jedoch die Weiterverfolgung dieser Pläne.

Unter den gegebenen Umständen beschränkte sich die Verwendung der beiden Lokomotiven hauptsächlich auf den Schubbetrieb im Adhäsionsbereich der Bergstrecke und der Anschlußstrecke nach Leoben. Ihre Betriebsbereitschaft litt unter hohem Reparaturanfall. Eine Ende 1944 in der Hauptwerkstätte Knittelfeld vorgenommene Änderung am Zahnradgetriebe brachte nicht den erwünschten Erfolg. Infolge der zunehmenden Materialverknappung war es nicht möglich, die komplizierten Maschinen in betriebstauglichem Zustand zu erhalten. Nach längerer Abstellung gelang es erst 1948, sie wieder in Fahrt zu bringen. Aufgrund fortbestehender Störanfälligkeit wurde die 97402 bereits 1949 ausgemustert, während man bei der in 297.401 umgezeichneten Schwestermaschine mehrmals durch konstruktive Verbesserungen nach Abhilfe suchte. Doch selbst die 1958 eingebaute Giesl-Ejektoranlage mit Siederohrdrosselung konnte die glücklose Einzelgängerin 1964 vor der Außerdienststellung nicht mehr retten. Ihre Aufstellung als technikgeschichtliches Denkmal auf dem Hauptplatz von Vordernberg bewahrte sie immerhin vor der Verschrottung. Bei aller Kritik an ihrem betrieblichen Verhalten verbleibt den beiden Versuchsexemplaren der Ruhm, als die größten Zahnradlokomotiven der Welt in die Eisenbahngeschichte eingegangen zu sein.

Konstruktive Merkmale

Kessel: Heißdampfkessel mit 210,9 m² feuerberührter Verdampfungsheizfläche (entsprechend ca. 240 m² wasserberührter Fläche nach früherem Meßverfahren) und 72,5 m² großem Überhitzer; Rostfläche 3,9 m²; Dampfspannung 16 kg/cm²; getrennte Seitenzugregler für beide Antriebsformen; gewölbte runde Rauchkammertür mit Zentralverschluß nach DRB-Norm; über dem Rahmen stehende Feuerbüchse; Rohrlänge 5200 mm; Kesselmittelachse 3200 mm über SOK; Heinl-Mischvorwärmer in der Rauchkammer.

369

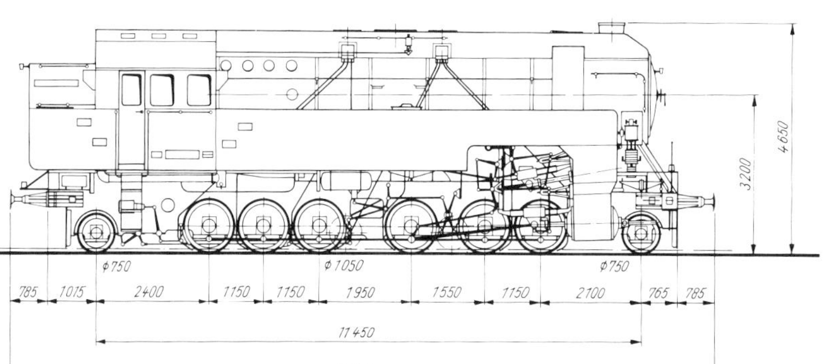

Rahmen: Genieteter Blechrahmen; Hilfsrahmen für Zahnradwagen im Bereich der Treibachse.

Triebwerk *Adhäsionsantrieb:* Äußere Zwillingszylinder mit 610 mm Durchmesser und 520 mm Kolbenhub; Treibraddurchmesser 1050 mm (bei neuen Radreifen); Antrieb auf der dritten Kuppelachse; Kolbenschieber mit äußerer Heusingersteuerung.

Zahnradantrieb: Geneigt angeordnete innere Zwillingszylinder mit 400 mm Durchmesser und 500 mm Kolbenhub; Zahnkranzdurchmesser 688 mm; Antrieb der beiden Zahnräder beiderseits der Treibachse über stangengekuppeltes Vorgelege; Kolbenschieber mit Heusingersteuerung; getrennte kurbelbetätigte Umsteuerung.

Fahrwerk: Vordere und rückwärtige Adams-Laufachsen von 750 mm Durchmesser mit 95 mm radialer Seitenbeweglichkeit ohne Rückstellvorrichtung; erste Kuppelachse mit 25 mm, sechste Kuppelachse mit 23 mm Seitenspiel; Spurkranz der dritten (Treibachse) und vierten Kuppelachse um 5 mm geschwächt; fester Radstand 4250 mm; Gesamtradstand 14 800 mm; alle Tragfedern oberhalb der Lager.

Ausrüstung: Vakuumbremse, Druckluftbremse mit Zusatzventil und Riggenbach-Gegendruckbremse; einklötzige Abbremsung der Kuppelachse; Besandung aller angetriebenen Radsätze von vorn und des zweiten, fünften und sechsten Kuppelradsatzes von hinten vom Sanddom; elektrische Beleuchtung; Zwangsbelüftung; verstärkte Rahmenenden und Pufferbohlen.

Vorräte: 9,2 m³ Wasser in Seitenbehältern, davon 1 m³ als Kühlmittel für Gegendruckbremse in separater Kammer; 3,5 t Kohle in rückwärtigem Bunker.

Dampf-triebwagen

DT 1

DRB-Baureihe 71⁵
ÖBB-Baureihe 3071

1B1-h2t

1935 bis 1967

Techn. Daten: Seite 275

Seit Ende der siebziger Jahre des 19. Jahrhunderts hat es nicht an Versuchen gefehlt, auf Strecken mit schwacher Verkehrsfrequenz nicht ausgelastete lokomotivbespannte Züge durch leichte, wirtschaftlichere Betriebsmittel zu ersetzen. Ziel dieser Überlegungen war die Vereinigung von Traktionsmaschine und Transportbehältnis zu einer Verkehrseinheit. So entstanden unter dem Zwang zu sparsamer Betriebsführung auf einem weltweiten Experimentierfeld in großer Variantenvielfalt Dampfmotorwagen und Gepäcklokomotiven, die eines gemeinsam hatten: den Antrieb durch eine Dampfmaschine besonders kleiner Dimensionen als einzigem für den Bahnbetrieb jener Epoche in Betracht kommenden Antriebsaggregat.

In Österreich kam ein derartiges Fahrzeug erstmals 1879 bei der Österreichischen Nordwestbahn zum Einsatz. Die nach seinem Konstrukteur benannte leichte A1-n2t-Elbel-Gepäcklokomotive Reihe IXa ersparte die Mitnahme eines Dienstwagens und entsprach voll den Erwartungen. Mit der verstärkten Ausführung Reihe IXb aus dem Jahre 1880 konnten im Wiener Nahverkehr aus sieben Zweiachsern gebildete Züge (ca. 130 t) mit 50 km/h befördert werden.

Als infolge des stark rückläufigen Verkehrs während der dreißiger Jahre der Gedanke eines neuen Kombinations-Traktionsmittels erneut aufgegriffen wurde, entschied man sich für eine zeitgemäße Neukonstruktion mit der Radsatzfolge 1B1 unter Verwertung aller bisherigen Erfahrungen. Um das Mitführen eines Dienstwagens zu erübrigen, wurde in dem mittig angeordneten Führerhaus ein Arbeitsplatz mit Schreibpult für den Zugbegleiter eingerichtet. Stirnwandtüren und Klappbrücken sollten den Zugang zum Wagenzug, Ölfeuerung und Wachsamkeitskontrolle die einmännige Bedienung ermöglichen.

Während die Elbel-Gepäcklokomotive nur eine Antriebs- und eine stützende Laufachse besaß, ermöglichte das vierachsige Fahrwerk des als DT 1 *(Dampftriebwagen)* bezeichneten Fahrzeugs die Aufnahme eines wesentlich leistungsfähigeren Kessels mit Schmidt-Überhitzer, eines Heinl-Mischvorwärmers und von für längere Fahrstrecken ausreichenden Vorräten. Um die Sicht des Fahrzeugführers bei Rückwärtsfahrt nicht zu behindern und Raum für die seitlichen Laufstege zu belassen, wurden Ölbunker und Gepäckraum auf eine Breite von 1700 mm, ab dem dritten Lieferexemplar auf 1950 mm eingezogen. Im Verhältnis zur wasserberührten Verdampfungsheizfläche von nur 50 m² war der Überhitzer mit 20 m² sehr reichlich bemessen und ließ in Verbindung mit einem Betriebsdruck von 16 kg/cm² das neuzeitlichen Erkenntnissen folgende Streben nach einem hohen thermischen Wirkungsgrad erkennen. Obwohl die beiden angetriebenen Radsätze nur einen Laufkreisdurchmesser von 1450 mm besaßen, wurde der DT 1 für eine Höchstgeschwindigkeit von 100 km/h zugelassen, womit er mit den neuesten Triebwagen mit Verbrennungsmotor jederzeit Schritt halten konnte. Bissel-Lenkgestelle an beiden Enden mit Rückstellfedern und der große Radstand der beiden Kuppelachsen von 3200 mm gewährleisteten gute Fahreigenschaften in beiden Richtungen.

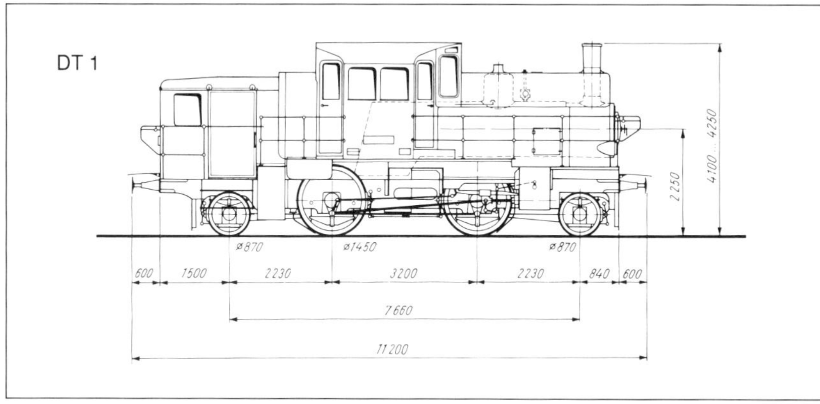

Nach den beiden Prototypen DT 1.01 und 02 stellte die Wiener Lokomotivfabrik Floridsdorf 1935 weitere acht Einheiten her, welche Wasserkästen mit einem von 4,7 auf 5,5 m³ vergrößerten Fassungsvermögen, einen breiteren Gepäckraum, eine vorn offene, zur Rauchleitvorrichtung umgestaltete Aufbauverkleidung und einen höheren Schornstein erhielten. Die einmännige Bedienung mit Fahrerkontrolle und mit ihr die Ölfeuerung wurden aufgegeben, da die Doppelfunktion von Beimann und Zugbegleiter nicht haltbar war. Bei den Versuchsfahrten wurden Leistungen von 400 PS indiziert und eine Höchstgeschwindigkeit von 136 km/h erreicht, womit der DT 1 nach der Reihe 214 das zweitschnellste

DT 1.08 als 71 509 der DRB Floridsdorf 3082/1935
Foto: Archiv Töpelmann

Triebfahrzeug der BBÖ war. Im Planbetrieb konnten mit ihm in der Horizontalen zwei D-Zugwagen oder drei Zweiachser (etwa 65 t Zugmasse) mit 100 km/h befördert werden. Eine Steigerung von 10 ‰ nahm der DT 1 bei gleicher Last mit 55–60 km/h, bei 20 ‰ noch mit 30 km/h.

1937/38 kam eine weitere Serie von zehn Stück mit nochmals vergrößerter Vorratskapazität (6,6 m³ Wasser und 2,6 t Kohle) zur Ablieferung. Obwohl die Fahrzeuge technisch ihren Aufgaben gut entsprachen, waren sie infolge des wieder steigenden Verkehrsaufkommens den Anforderungen des Hauptstreckenbetriebes nicht mehr gewachsen. Überdies erwies sich der Gepäckraum als verfehlt und wurde kaum benützt. Das weitere Schicksal der Fahrzeuge war durch häufigen Wechsel ihrer Verwendung gekennzeichnet. Einsätzen im Zeitungskurierdienst zwischen Wien Süd und Payerbach am Semmering folgten leichter Eilverkehr zwischen Wien West und Linz und betriebsinterne Inspektionsfahrten. Gut geeignet erwiesen sich die schnellen Fahrzeuge bei der Führung von Triebwagenersatzzügen.

Ihr Hauptverwendungsgebiet blieb letztlich der leichte Personenzugdienst in verkehrsschwachen Zeitlagen im Bereich der Heizhausleitungen Villach, Graz, Wien Nord, Wien Aspangbahn und Linz sowie die Bedienung der Nebenstrecke Schwarzenau – Martinsberg im Waldviertel.

Während die Fahrzeuge bei den Österreichischen Bundesbahnen als Dampftriebwagen firmierten und demzufolge den grünen Waggonanstrich erhalten hatten, nahm sie die Deutsche Reichsbahn wegen ihres überwiegenden Lokomotivcharakters in die Gattung der Personenzugtenderlokomotiven unter der Nummerngruppe 71 501 bis 520 auf. Nach Ausbruch des Zweiten Weltkrieges wurden zehn Stück an das Bw Rosenheim der RbD München abgegeben, wo sie außer auf oberbayerischen Nebenbahnen zur Speisung der Dampfheizungen der Wehrmachts-Lazarettzüge auf den elektrifizierten Strecken mitgeführt wurden, wofür sie sich dank ihrer guten Laufeigenschaften hervorragend eigneten. Als weitere bemerkenswerte Leistung verdient die Bespannung eines aus zwei bis drei D-Zugwagen gebildeten Zubringer-Schnellzuges zwischen Linz und Mezimost in Südböhmen während der Jahre 1941 bis 1943 der Erwähnung, der den Anschluß nach Berlin und Wien vermittelte. Zwei weitere Einheiten wurden in Lundenburg für außerplanmäßige Dienste vorgehalten.

Abzüglich zweier Kriegsverluste befanden sich nach Rückkehr der bis 1952 in Deutschland verbliebenen

DT 1.18 als 3071.18 der ÖBB, 1961, Floridsdorf 3140/1937
Foto: H. Glock

Maschinen 18 Stück im Bestand der ÖBB, welche sie wieder der Kategorie der Dampftriebwagen zuordneten und ihnen die neue Reihenbezeichnung 3071 zuwiesen. Die Fahrzeuge fanden wie ehedem im leichten Zugdienst zwischen Wien und Linz, auf der Aspangbahn, im Waldviertel und vor Triebwagenersatzzügen Verwendung. Letztes Einsatzgebiet war bis 1967 die Nordbahnstrecke.

Große Anerkennung fand die Bauart anläßlich einer Betriebserprobung auf der Strecke Preßburg–Prešov im Oktober 1939, welche auf Ersuchen der Slowakischen Staatsbahn (SŽ) durchgeführt wurde. Der hierzu verwendete DT 1.06 (damals 71 506) konnte mit einer leichten Wagengarnitur mühelos die Fahrzeiten der neuesten 400-PS-Dieseltriebwagen einhalten und längere Zeit Geschwindigkeiten von 100 bis 120 km/h fahren. Dieses positive Ergebnis schlug sich alsbald in einer Bestellung für sechs derartige Fahrzeuge in technisch und ästhetisch verbesserter Form nieder. Anders als die DRB betrachtete auch die SŽ sie als Triebwagen und gab ihnen bauartgemäß die Reihenbezeichnung M 273.1. Bei den Probefahrten, an denen auch Vertreter der Deutschen Reichsbahn und der Bulgarischen Staatsbahn teilnahmen, wurden bei sparsamem Verbrauch bis zu 530 PS indiziert. Aus wenig plausiblen Gründen wurden die von der damals selbständigen Slowakischen Staatsbahn beschafften Triebfahrzeuge im Fahrpark der ČSD als Fremdkörper betrachtet und bereits 1954 ausgeschieden.

Von dieser technik-geschichtlich interessanten Zwitterform zwischen Dampflokomotive und Triebwagen blieb der 3071.07 (ehemaliger DT 1.07 bzw. 71 507 der DRB) aus dem Jahre 1935 für die Fahrzeugsammlung des Technischen Museums in Wien erhalten.

Konstruktive Merkmale

Kessel: Heißdampfkessel mit 50 m^2 wasserberührter Verdampfungsheizfläche, 20 m^2 Überhitzerfläche und 0,83 m^2 großem Rost; Rohrlänge 3265 mm; Kesselmitte 2250 mm über SOK; Dampfdom mit aufgesetzten Pop-Sicherheitsventilen; Dampfspannung 16 kg/cm^2; Prototypen bei Indienststellung mit Ölfeuerung ausgestattet (später aufgegeben).

Rahmen: Genieteter Blechrahmen.

Triebwerk: Zwillingsmaschine mit 290 mm Zylinderdurchmesser und 570 mm Kolbenhub; Antrieb auf der rückwärtigen Kuppelachse; Lentz-Ventilsteuerung mit Wälzhebeln und Heusinger-antrieb, Hebelumsteuerung; Treibraddurchmesser 1450 mm.

Fahrwerk: Bissel-Lenkgestelle mit Rückstellfedern an beiden Fahrzeugenden mit 60 mm radialer Seitenbeweglichkeit, fester Radstand der Kuppelachsen von 3200 mm, Gesamtradstand 7660 mm; Tragfedern der Laufachsen oberhalb, der Kuppelachsen unterhalb der Lager.

Ausrüstung: Heinl-Mischvorwärmer; Vakuum- und Westinghouse-Druckluftbremse; Kuppelradsätze einklötzig aus der Mitte, die Laufradsätze von außen abgebremst; Besandung durch Einzelsandkästen am Rahmen für den vorderen Kuppelradsatz von vorn, für den Treibradsatz für Rückwärtsfahrt; Gepäckraum mit Zugführerabteil.

Vorräte: 6,6 m^3 (bei DT 1.01 und 02: von 4,7 m^3 auf 6,0 m^3 vergrößert) Wasser in Seitenwannen; Kohle 2,56 t (bei Prototypen ursprünglich Ölfeuerung, nach Umbau auf Rostfeuerung 1,76 t).

DT 2 (EWA 101)

DRB-Baureihe C4idT
ÖBB-Baureihe 3041

B2-h3t

1935 bis 1956

Techn. Daten: Seite 275

Nur wenig deutet noch darauf hin, daß die Aspangbahn mit ihrem eher beschaulichen Betrieb als Teil einer direkten Eisenbahnverbindung zwischen Wien und dem damals im Osmanischen Reich gelegenen Saloniki geplant war. Als das Scheitern dieses von der türkischen Regierung angeregten Vorhabens sich immer deutlicher abzeichnete, wurde die Konzession für das österreichische Teilstück südlich von Wien noch während des Baues auf den Betrieb einer Lokalbahn reduziert. So wurde als Torso des ehrgeizigen Großprojekts am 7. August 1881 auf der fertiggestellten Trasse die *Eisenbahn Wien–Aspang* (EWA) mit dem geänderten Ziel der regionalen Verkehrsbedienung südlich von Wien eröffnet. Obwohl das Unternehmen von Anfang an im Schatten der mächtigen Südbahn stand und zeitweise in deren System integriert war, konnte es dank seiner umsichtigen Betriebsführung gewinnbringend arbeiten.

Aus ähnlichen Erwägungen wie die Bundesbahnen bekundete Mitte der dreißiger Jahre auch die EWA Interesse an einem Dampftriebwagen, weil dieser bei dem hügeligen Streckencharakter zuverlässiger erschien als die noch störanfälligen Triebfahrzeuge mit Verbrennungsmotor. Anders jedoch als der für lokomotivmäßige Verwendung konzipierte DT 1 der BBÖ sah das von der Lokomotivfabrik Floridsdorf geförderte Projekt ein selbständiges Fahrbetriebsmittel für den Personenverkehr vor.

So wenig ansprechend auch das äußere Erscheinungsbild dieses als DT 101 bezeichneten Fahrzeugs mit seinem eckigen Grundriß und seinen voluminösen Dachaufbauten auch gewesen sein mag, so wohldurchdacht erwies sich das unter dem Gesichtspunkt eines rationellen Betriebseinsatzes ausgearbeitete Konzept. Bei nur geringfügig höherem Gewicht als der DT 1 der BBÖ bot dieser echte Triebwagen der Bauart B2-h3 Sitzplätze für 86 Personen, wenn auch unter etwas beengten Raumverhältnissen. Der über die Puffer 19 850 mm messende Wagenkasten ruhte auf zwei Drehgestellen, von denen das vordere dem Antrieb diente. Seine beiden Achsen waren durch eine fischbauchförmige und zur Gewichtsverminderung durchgehend gelochte Treibstange von 3400 mm Länge gekuppelt. Eine verkapselte, schräg nach oben arbeitende Dreizylinderdampfmaschine übertrug die Antriebskräfte über Pleuelstangen auf eine Zwischenwelle, welche ihrerseits über äußere Kuppelstangen die vordere Achse des Triebgestells antrieb. An seinem Rahmen waren der stehende Luftbehälter der automatischen Vakuumbremse, die Schmiervorrichtung und je ein separater Sandkasten für jedes der vier angetriebenen Räder befestigt. Eine innere Joy-Steuerung mit Übertragungswelle regulierte die Dampfzufuhr zu den drei kolbenschiebergesteuerten Zylindern. Auf ebenso originelle Weise erfolgte die Dampferzeugung in einem in Fahrzeugmitte untergebrachten stehenden Heißdampfkessel mit nur 2112 mm Rohrlänge und großer Wellrohrfeuerbüchse. In seinen Abmessungen entsprach er jenen des DT 1. Um in den kleinen Zylindern auch annähernd die gleiche Leistung zu erzeugen, mußte der Dampfdruck auf 18 kg/cm² angehoben werden. Eine automatisch regulierbare Ölfeuerung ermöglichte einmännige Bedienung von dem über dem Maschinenraum angelegten Fahrersitz mit Sichtkanzel aus. Ebenfalls oberhalb des Wagenkastens war mittig ein Oberflächenvorwärmer untergebracht, in welchem die durch die kurzen Heizrohre noch hohen Abgastemperaturen genutzt wurden. Den vorderen Teil der Dachaufbauten nahm der strömungsgünstig verkleidete Kamin ein.

Nach anfänglichen Schwierigkeiten mit der unorthodoxen Technik entsprach der DT 101 allen Anforderungen des Betriebes. Neben dem lokalen Personenverkehr bediente er eine Schnellzugsverbindung zwischen Wien und Fürstenfeld. Seine Maschinenleistung reichte auch bei voller Besetzung noch aus, zwei bis drei zweiachsige Wagen mitzunehmen. Als Höchstgeschwindigkeit waren 85 km/h zugelassen.

Mit der Übernahme der EWA durch die Bundesbahnen im Jahre 1937 erhielt der Triebwagen die Bezeichnung DT 2.01, die jedoch schon im folgenden Jahr mit der Absorption durch die Deutsche Reichsbahn erneut in C4idT17 geändert wurde. Sein Einsatzgebiet wurde die RbD München. Infolge des kriegsbedingten Mangels an Heizöl erwog das Zentralamt München die Umstellung auf Gasgeneratorbetrieb, die jedoch ebenso unterblieb wie der Einbau einer Rostfeuerung. Der Wagen blieb statt dessen bis zu seiner Rückführung im Jahre 1948 im RAW Nürnberg abgestellt. Nach er-

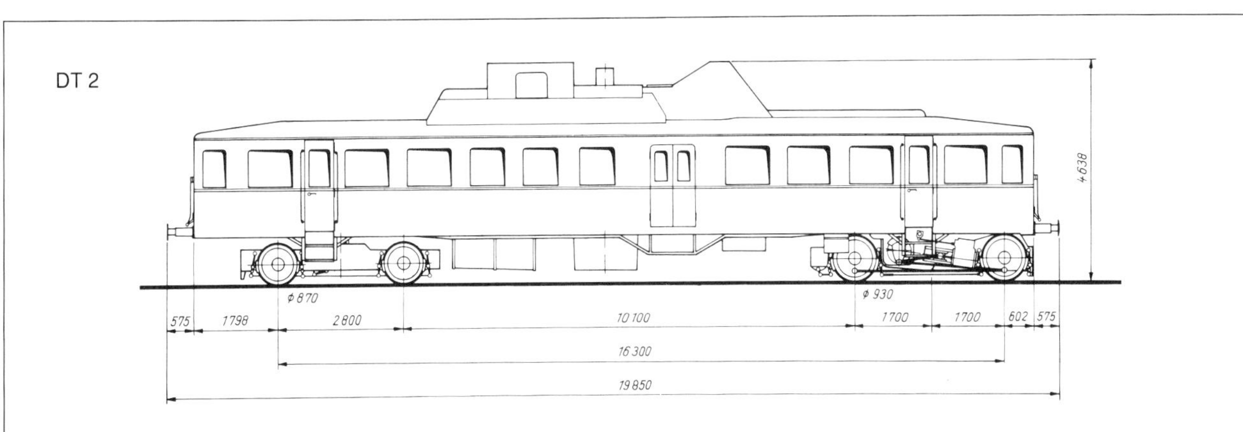

folgter Instandsetzung im Jahre 1951 versah er bei der Zfl. St. Valentin den Verkehr nach Gaisbach-Wartberg auf der früheren Hauptstrecke Linz–Summerau (–Prag). Nach Stillegung der Verbindung nach Mauthausen wurde das nach dem neuen Reihenschema der ÖBB als 3041.01 bezeichnete Einzelstück mangels geeigneter Verwendungsmöglichkeit in der Hauptwerkstätte St. Pölten in einen Küchenwagen für Bauzüge umgebaut.

Konstruktive Merkmale

Kessel: Stehender Heißdampfkessel mit Wellrohrfeuerbüchse von 42,24 m² wasserberührter Verdampfungsheizfläche und 19,6 m² dampfberührter Überhitzerfläche; Dampfspannung 18 kg/cm².

Rahmen: Genieteter, querverstrebter Kastenrahmen.

Triebwerk: Schräg nach oben gerichtete Dreizylindermaschine im vorderen Drehgestell; Zylinderdurchmesser 250 mm; Kolbenhub 300 mm; Innere Joy-Steuerung mit Übertragungswelle für alle drei Kolbenschieber; Treibraddurchmesser 940 mm; Antrieb über Zwischenwelle auf die Vorderachse des Triebgestells; fischbauchförmige Leichtbau-Kuppelstange von 3400 mm Länge.

Fahrwerk: Vorderes zweiachsiges Triebdrehgestell mit 3400 mm Radstand; rückwärtiges zweiachsiges Laufdrehgestell mit 2800 mm Radstand; Drehzapfenabstand 13 200 mm.

Ausrüstung: Doppelklötzige Vakuumbremse für alle vier Achsen; endseitige Einzelradbesandung; Abgas-Oberflächenvorwärmer; Gasölbeleuchtung; Dampfheizung; automatische Fahrerkontrolle.

Wagenkasten: genietete Blechbauweise; Kesselraum in Wagenmitte mit darüberliegender Fahrerkabine; Kamin und Vorwärmeranlage unter verschalten Dachaufbauten; 86 Fahrgast-Sitzplätze; Toilette.

Vorräte: 3,6 m³ Wasser, 1650 l schweres Heizöl.

DT 2.01 als DT 101 der Eisenbahn Wien – Aspang, Floridsdorf 3085/1935
Foto: Sammlung Ostendorf

Schmalspurlokomotiven

Bis in die achtziger Jahre des 19. Jahrhunderts konzentrierten sich die bahnbaulichen Aktivitäten auf den Ausbau eines leistungsfähigen Hauptstreckennetzes und dessen Anbindung an den internationalen Verkehr. Viele abseits gelegene Landesteile waren dagegen noch immer ohne Eisenbahnverbindung geblieben.

Aufgrund zahlreicher Initiativen zur Verkehrserschließung dünnbesiedelter und hinter der allgemeinen Wirtschaftsentwicklung zurückgebliebenen Gebiete unterzeichnete Kaiser Franz Josef am 25. Mai 1880 das Gesetz „betreffend die Zugeständnisse und Begünstigungen für den Bau von Lokalbahnen“, das vielen abgelegenen Kleinstädten, Landgemeinden und Gebirgstälern den so dringend benötigten Bahnanschluß bescheren sollte. Schwaches Verkehrsaufkommen und unwegsames Gelände rechtfertigten nicht immer den Bau einer normalspurigen Lokalbahn. Eine Schmalspurbahn genügte zwar nur bescheidenen Ansprüchen, konnte sich jedoch ohne teure Kunstbauten leichter den topographischen Verhältnissen anpassen und erforderte nur etwa ein Drittel der Anlagekosten einer Normalspurstrecke. Mancherorts zu ganzen Netzen erweitert, vermochten sich einige allen Widrigkeiten zum Trotz bis an die Schwelle des 21. Jahrhunderts gegen die drückende Konkurrenz des motorisierten Straßenverkehrs zu behaupten.

Auch die erste, noch mit Pferden betriebene öffentliche Eisenbahn in Österreich zwischen Budweis und Linz wurde nicht mit dem in England zur Normalspur erhobenen Schienenabstand von 4 Fuß 8½ Zoll (entsprechend der Radspur der Postkutschen), sondern in einer Spurweite von 1106 mm angelegt. Demzufolge mußten nach Einstellung der Pferdetraktion auch die Lokomotiven für die als Lokalbahn konzessionierte Reststrecke Lambach – Gmunden noch in dieser ungewöhnlichen Spurweite beschafft werden. Ihre letzten Vertreterinnen, deren Umstellung auf Normalspur bereits baulich vorbereitet war, sind in diesen Band unter ihrer späteren Normalspur-Reihenbezeichnung 189 (→ S. 201) aufgenommen.

Die meisten dampfbetriebenen Schmalspurbahnen in Österreich wurden in 760-mm-Spur angelegt, wie sie für das ab 1878 im bosnisch-herzegowinischen Okkupationsgebiet errichtete Streckennetz der k.u.k. Heeresfeldbahnen zur Anwendung kam. Zu den Ausnahmen zählten die Friedländer Lokalbahn in Nordböhmen, welche die 750-mm-Spur des angrenzenden sächsischen Schmalspurnetzes übernahm, die in Meterspur angelegten Zahnrad-Bergbahnen und die straßenbahnähnlichen Überlandbahnen, die in 900-mm-Spur angelegt wurden.

Mit Ausnahme der Reihen Mv, P und T gingen von allen nach dem Zweiten Weltkrieg noch eingesetzten Bauarten eine oder mehrere Maschinen in den Besitz privater Vereine und Interessengemeinschaften über.

Steyrtalbahn Nr. 1 bis 6

DRB-Baureihe 99^{783}

ÖBB-Baureihe 298.100

C1-n2t

1888 bis 1973

Techn. Daten: Seite 277

Die erste, nach dem Lokalbahn-Gesetz vom 25. Mai 1880 gebaute Schmalspurbahn führte von Klaus an der Hauptstrecke Linz – Selzthal durch das malerische Steyrtal nach dem 41 km entfernten Garsten an der Enns. Der Betrieb wurde auf dem ersten, 19,6 km langen Teilstück bis Grünberg nach achtjähriger Bauzeit am 20. August 1889 aufgenommen.

Bereits ein Jahr zuvor hatte Krauß in Linz drei C1-n2-Tenderlokomotiven (Nr. 1 bis 3) mit den landschaftsbezogenen Namen *Steyr, Sierning* und *Grünberg* geliefert. Ihnen folgten 1890, 1891 und 1914 die Nummern 4 bis 6 mit den Namen *Molln, Letten* und *Klaus.* Zur Einhaltung der auf 6 t beschränkten maximalen Achslast war zur Gewichtsverteilung eine rückwärtige Laufachse erforderlich. Um Raum für einen geräumigen Aschkasten zu gewinnen, wurde der Innenrahmen hinter den Kuppelachsen zum Außenrahmen erweitert. Die erste Kuppelachse und die Laufachse erhielten ein Seitenspiel von 25 mm, so daß bei einem festen Radstand von nur 900 mm auch engste Kurvenradien zwangsfrei durchfahren werden konnten. In ihrem Leistungsvermögen standen die Lokomotiven manchen normalspurigen Lokalbahnbauarten nicht nach.

Steyrtalbahn
Nr. 1 bis 6

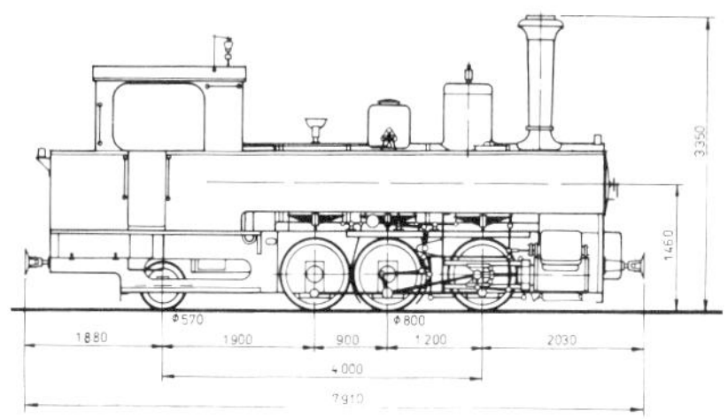

Die Loks 1 bis 5 hatten zur Eindämmung des Funkenfluges eine verlängerte Rauchkammer. Das Zweizylindertriebwerk arbeitete mit einem Dampfdruck von 12 kg/cm², dessen stark nach außen geneigte Flachschieber durch eine äußere Heusinger-Steuerung bewegt wurden. Ihre guten Fahreigenschaften gestatteten bei einem Kuppelraddurchmesser von 820 mm eine Höchstgeschwindigkeit von 40 km/h, wie sie auch für die normalspurigen Lokalbahnen festgesetzt war. Ursprünglich waren die Lokomotiven mit der Heberlein-Seilzugbremse ausgestattet, die später durch eine einfach wirkende Vakuumbremse ersetzt wurde.

Nach Ausmusterung der Nr. 1 im Jahre 1937 gelangten im darauffolgenden Jahr die übrigen fünf als 99 7831 bis 7835 in den Bestand der Deutschen Reichsbahn. Sie standen unter der neuen ÖBB-Reihenbezeichnung 298.1 noch bis 1962 vollzählig auf ihrer Stammstrecke in Betrieb. Als Vertreterin der ersten österreichischen Schmalspurtype für die standardisierte 760-mm-Spur erhielt die 298.104 einen Ehrenplatz auf dem Bahnhofsvorplatz der Stadt Steyr.

Mit vier gleichartigen Lokomotiven nahm 1891 die 24,5 km lange, in Staatsbahnregie betriebene Schmalspurbahn Mori–Arco–Riva den Betrieb auf dieser für Welschtirol wichtigen Verbindung zwischen der Südbahnhauptstrecke und dem Gardasee auf. Aber auch die private Salzkammergut-Lokalbahn bediente sich 1891 mit drei Exemplaren dieser Type bei der Betriebseröffnung der ersten Teil-

Steyrtalbahn Nr. 4 „Molln" als 298.104, DRB 99 7833, der ÖBB, Krauß 2256/1890
Foto: Sammlung Dr. Scheingraber

strecke Salzburg–Mondsee, 1893 folgten sechs weitere mit kurzer Rauchkammer. Vier ähnliche Maschinen gingen 1892 an die Steiermärkischen Landesbahnen.

Konstruktive Merkmale

Kessel: Naßdampfkessel mit 46 m² Verdampfungsheizfläche und 0,8 m² großem Rost; Rohrlänge 3000 mm; Feuerbüchse zwischen den Rahmenplatten; Dampfdom mit Federwaag-Sicherheitsventilen, später durch Pop-Ventile ersetzt; Dampfdruck 12 kg/cm²; Nr. 1 bis 5 mit verlängerter Rauchkammer.

Rahmen: Innerer Blechrahmen im Bereich der Kuppelachsen, im Bereich der Feuerbüchse als Außenrahmen weitergeführt.

Triebwerk: Zweizylindermaschine mit 290 mm Zylinderdurchmesser und 400 mm Kolbenschub; Flachschieber mit äußerer Heusinger-Steuerung; Hebelumsteuerung; Treibraddurchmesser 820 mm; Antrieb auf der mittleren Kuppelachse.

Fahrwerk: Erste Kuppelachse und die am Hinterende stützende Laufachse mit 25 mm Seitenspiel; fester Radstand 900 mm; Tragfedern oberhalb der Achslager.

Ausrüstung: Heberlein-Seilzugbremse, später durch einfach von vorn auf die Treibachse wirkende Vakuumbremse ersetzt; Sandkasten auf dem Kessel mit Fallrohren zu beiden Seiten des Treibradsatzes; nach 1960 Ausrüstung mit elektrischer Beleuchtung; Mittelpuffer-Kupplung.

Vorräte: 2,6 m³ Wasser (Lok Nr. 6 2,9 m³) und 0,9 t (Lok Nr. 6 1,0 t) Kohle, später durch Kohlenaufsatz auf dem linken Wasserkasten vergrößert.

U (kkStB und NÖLB)

DRB-Baureihe 99^{781}

ÖBB-Baureihe 298

Cn-2t

1897 bis 1981

Techn. Daten: Seite 277

Nach einer Bauzeit von nur zehn Monaten nahmen am 9. Oktober 1894 die Steiermärkischen Landesbahnen (StmLB) auf der 76 km langen Lokalbahnstrecke Unzmarkt–Mauterndorf, bekannt als Murtalbahn, mit vier aus der Steyrtaltype weiterentwickelten C1-n2-Tenderlokomotiven (Nr. 8 bis 11) mit den Namen *Teufenbach, Murau, Tamsweg* und *Mauterndorf* den Betrieb auf. Die guten Erfahrungen mit diesen Maschinen bewogen die betriebsführende kkStB, die Bauart als Einheitstype für ihre eigenen Schmalspurstrecken zu übernehmen.

Nach der Ausgangsstation Unzmarkt der Murtalbahn erhielt die Gattung die Reihenbezeichnung U und wurde erstmals in drei Exemplaren (U.1 bis U.3) für die am 1. November 1897 eröffnete Lokalbahn Neuhaus–Neubistritz in Südböhmen beschafft. 1913 standen einschließlich der vier in U.8 bis U.11 umgezeichneten Vorserien-Maschinen der Murtalbahn 43 Stück bei der kkStB und den für ihre Rechnung betriebenen Privatbahnen in Betrieb. Nach dem gleichen Musterblatt bestellten die Niederösterreichischen Landesbahnen (NÖLB) sechs und die Zillertalbahn (ZB) in Tirol zwei Stück. Als letztes Lieferexemplar, gleichermaßen als Nachzügler, ging 1922 die U.44 an die StmLB. Bis auf wenige Einheiten, die von den StEG-Werken und der Böhmisch-Mährischen Maschinenfabrik hergestellt wurden, kamen alle übrigen aus der Krauß'schen Fabrik in Linz, die wie keine andere auf die Herstellung von Lokomotiven für Schmalspurbahnen mit schwierigen Betriebsverhältnissen spezialisiert war.

Bei gleichen Triebwerksabmessungen und ähnlichem Gesamtaufbau wies der Kessel gegenüber der Steyrtaltype eine größere Heiz- und Rostfläche auf. An die Stelle der Kaminkrone trat der charakteristische Kobelrauchfang, der fortan das Erscheinungsbild auch der meisten Schmalspurlokomotiven prägte, nach dem Ersten Weltkrieg jedoch weitgehend demontiert wurde. Im Betrieb erfüllte die Reihe U voll die in sie gesetzten Erwartungen, wobei ihre Leistung von 180 bis 200 PS jener der normalspurigen Lokalbahntype Reihe 97 nahe kam. Mit ihrer Höchstgeschwindigkeit von 35 km/h konnte sie auf ebener Strecke 515 t, auf einer 10-‰-Steigung 95 t nehmen. Auf einer 20-‰-Rampe beförderte sie noch 90 t mit 20 km/h. Gegenüber der Steyrtal-Type wurde die Fahrwerkskinetik in der Weise geändert, als die erste Kuppelachse und die folgende Treibachse fest im Rahmen geführt und die dritte Kuppelachse mit der rückwärts stützenden Laufachse zu einem Krauß-Lenkgestell zusammengefaßt waren.

Im Sommer 1914 waren die 43 Lokomotiven der kkStB auf die Heizhäuser Neuhaus (Südböhmen), Jägerndorf (Mährisch Schlesien), Waidhofen a. d. Ybbs, Murau (StmLB), Przemysl, Triest, Spalato, Graz, Zell a. See und Bregenz verteilt. Während des Ersten Weltkrieges standen mehrere weitab von ihren Stammstrecken im Dienste des Feldheeres. Sie wurden vielfach Beute der Siegermächte oder blieben verschollen, so daß nur sechs Stück in den Be-

U.25, Werkaufnahme, StEG 2998/1902
Foto: Archiv Töpelmann

stand der Österreichischen Bundesbahnen gelangten, der sich 1935 mit der Übernahme der Maschinen der NÖLB als U. 51 bis U. 56 auf zwölf Stück erhöhte. Sie wurden alle 1938 von der Deutschen Reichsbahn übernommen und als 99 7811 bis 7822 eingereiht. Den Zweiten Weltkrieg überstanden sie ohne Verluste und blieben unter der neuen Reihenbezeichnung 298 bis 1969 vollzählig bei den Zugförderungsstellen Gmünd, Garsten, Treibach-Althofen und Zell a. See in Betrieb. Ihr planmäßiger Einsatz endete mit der Betriebseinstellung auf der Steyrtalbahn im Jahre 1981. Mehrere Maschinen der Reihe U blieben für die Verwendung auf verschiedenen Museumsbahnen erhalten.

Die neun 1918 der ČSD zugefallenen Loks, zu denen 1928/29 durch Vertrag zwei weitere aus dem Bestand der PKP hinzukamen, wurden als U. 37001 bis 011 (U = Úzkorozchod = Schmalspur) bezeichnet. Darunter befanden sich drei von der Friedländer Lokalbahn als F 11 bis 13 beschaffte und von der ČSD als U 37.007 bis 009 eingereihte Maschinen, die als einzige der Gattung für 750-mm-Spur ausgelegt und mit Heberlein-Seilzugbremse ausgerüstet waren. Sie gehörten von Oktober 1938 bis Kriegsende als 99 791 bis 793 zum Fahrzeugbestand der RbD Breslau, während die beim Bw Jägerndorf (Ostsudeten) beheimateten Maschinen für die Strecke Röwersdorf–Hotzenplotz (ČSD U 37.002 bis 004) als 99 7841 bis 7843 zur RbD Oppeln gekommen waren.

Die 99 791 (ehem. F 11) blieb 1945 in Ostdeutschland und wurde später als 99 4712 beim Bw Zittau eingesetzt. Nicht unerwähnt bleiben soll das bewegte Leben der 99 7842 (ČSD U 37.004 ex kkStB U.14), die nach einer Hauptausbesserung im tschechischen Ausbesserungswerk Tabor (Südböhmen) der RbD Linz zugewiesen wurde. Auf diese Weise kam sie nach dem Zweiten Weltkrieg als 298.14 in den Bestand der ÖBB und wurde nach Ende ihres Einsatzes im Waldviertel 1971 von der Waldenburger Bahn im Schweizer Jura erworben.

Bei der ČSD wurde die Reihe U nach drei Abgaben an die MÀV im Jahre 1939 und zwei Kriegsverlusten bereits 1965 durch Dieseltraktion verdrängt.

Konstruktive Merkmale

Kessel: Naßdampfkessel mit ca. 52 m² wasserberührter Heizfläche, Rostfläche 1 m²; Rohrlänge 3250 mm; Feuerbüchse zwischen den Rahmenwangen; Dampfdom am Vorderkessel; Dampfdruck 12 kg/cm²; Federwaag-Sicherheitsventile, später durch Pop-Ventile ersetzt.

Rahmen: Innerer Blechrahmen im Bereich der Kuppelachsen, im Bereich der Feuerbüchse als Außenrahmen weitergeführt.

Triebwerk: Zweizylindermaschine mit 290 mm Zylinderdurchmesser und 400 mm Kolbenhub; Flachschieber mit äußerer Heusinger-Steuerung; Antrieb auf der mittleren Kuppelachse; Hebelumsteuerung; Treibraddurchmesser 820 mm.

Fahrwerk: Erste und zweite Kuppelachse (Treibachse) fest im Rahmen gelagert, dritte Kuppelachse mit Schleppachse zu Krauß-Helmholtz-Gestell vereinigt Seitenspiel beider Achsen 25 mm; Tragfedern oberhalb der Achslager.

Ausrüstung: Anfangs Heberlein-Seilzugbremse, später allgemein einfach wirkende Vakuumbremse, von vorn auf die Treibachse wirkend; beidseitige Besandung des Treibradsatzes durch Sandkasten auf dem Kessel; Mittelpuffer-Kupplung; Nachrüstung mit elektrischer Beleuchtung; Kobelfunkenfänger, später entfernt.

Vorräte: 3,2 m³ Wasser, 1,4 t Kohle, später durch Kohlenaufsatz auf dem linken Wasserkasten vergrößert.

Uv

DRB-Baureihe 99^{80}
ÖBB-Baureihe 598

C1-n2vt

1902 bis 1974

Techn. Daten: Seite 277

1902 lieferte die Firma Krauß zur Betriebseröffnung der 32,9 km langen Lokalbahn Gmünd–Groß Gerungs an die Niederösterreichischen Landesbahnen zwei Lokomotiven der Reihe U mit Verbundtriebwerk, welche als Uv. 1 und 2 bezeichnet wurden. Eine dritte folgte als Uv. 3 im Jahre 1905.

Auch die private Zillertalbahn bestellte eine solche Maschine (Nr. 3 *Tirol*). In etwas verstärkter Ausführung hat 1904 die kkStB vier Uv-Lokomotiven auf der von ihr betriebenen 46 km langen Schmalspurbahn Przeworsk–Bachórz (Direktion Lemberg) in Dienst gestellt, die nach dem Ersten Weltkrieg in Rumänien verblieben. Die drei Lokomotiven der NÖLB gingen 1935 durch Verstaatlichung des Unternehmens in den Besitz der BBÖ über und wurden 1938 als 99 801 bis 803 in den Fahrpark der Deutschen Reichsbahn integriert. Sie erhielten 1953 die neue ÖBB-Reihenbezeichnung 298 und wurden auf der Ybbstalbahn eingesetzt. Zwei schieden 1972, die dritte ein Jahr später aus dem Dienst.

Die Uv konnte auf ebener Strecke eine Wagenlast von 675 t mit 35 km/h, maximal 1040 t mit 25 km/h und auf einer 20-‰-Steigung 110 t mit 20 km/h befördern.

Konstruktive Merkmale

Durch Vergrößerung der Kesselheizfläche auf 62 m² war gegenüber der Reihe U (S. 227) das Dienstgewicht auf 27,8 t , der maximale Kuppelachsdruck auf 8 t angestiegen.

Während die mittlere Kuppelachse als Treibachse beibehalten wurde, erfolgte der Antrieb der Heusinger-Steuerung und der hinzugekommenen automatischen Schmierpresse von der dritten Kuppelachse aus.

Die übrigen Bauartmerkmale blieben unverändert.

Foto: nächste Seite oben.

U

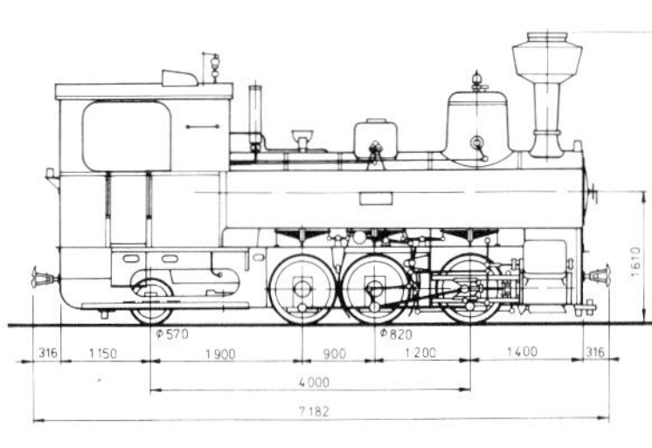

Uv

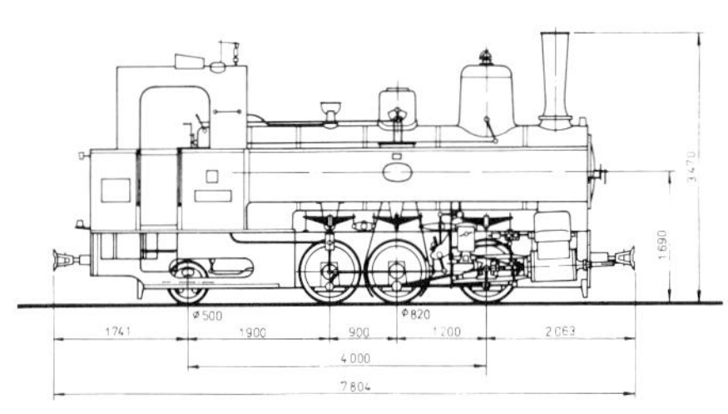

Yv

DRB-Baureihe 99^{90}
ÖBB-Baureihe 598

C2-n2vt

1896 bis 1973

Techn. Daten: Seite 277

Z.1 „Sigmund Graf Thun" der von der kkStB betriebenen Pinzgauer Lokalbahn, Krauß 3512/1898
Foto: Sammlung Dr. Scheingraber

Für die am 15. Juli 1896 von der kkStB in Betrieb genommene Ybbstalbahn Kienberg – Gaming – Waidhofen/Ybbs schuf Gölsdorf eine kräftige C2-Tenderlokomotive mit Verbundtriebwerk, welche die Reihenbezeichnung Yv erhielt. Wie bei den C1-Lokomotiven der Steyrtal- und Murtalbahn war der Innenrahmen unter der Feuerbüchse nach außen gekröpft. Er umschloß den Aschkasten und das in einem Außenrahmen geführte Schleppdrehgestell, das an einem starren Drehzapfen mit seitlichen Auflagen geführt wurde. Es hatte sich in dieser Form nicht bewährt und wurde durch eines mit Innenrahmen und seitlich verschiebbarer Kugelpfanne ersetzt. Der Kessel übertraf mit seiner Verdampfungsheizfläche von 68 m^2 jenen der C1-Schmalspurlokomotiven beträchtlich und war bereits für einen Betriebsdruck von 13 kg/cm^2 ausgelegt. Die Zweizylinder-Verbunddampfmaschine trieb die letzte der drei Kuppelachsen an. Die Schieberbewegung wurde erstmals durch das von Gölsdorf entwickelte Winkelhebelsystem übertragen, das die teure Heusinger-Schwinge entbehrlich machte. Zur Ausrüstung gehörte eine einfach wirkende Vakuumbremse, deren Abdampfrohr in einen ringförmig um die Kaminkrone gelegten Schalldämpfer mündete. Der weit vorn aufgesetzte Dampfdom beherbergte das Reglergehäuse mit außen geführter Zugstange und trug bereits Pop-Sicherheitsventile.

Den drei Lokomotiven Yv.1 bis 3 folgte keine Nachbestellung, da die kkStB der im darauffolgenden Jahr erschienenen billigeren C1-Bauart mit einfacher Dampfdehnung den Vorzug gab. Von der Deutschen Reichsbahn wurden den drei Maschinen die Nummern 99 901 bis 903 zugewiesen. Als ÖBB-Reihe 598 fanden sie zuletzt bei der Zfst. Gmünd auf der Waldviertelbahn Verwendung und schieden erst 1973 nach 78 Betriebsjahren aus dem Bestand aus.

Konstruktive Merkmale

Kessel: Naßdampfkessel mit 68 m^2 wasserberührter Verdampfungsheizfläche und 1,02 m^2 großem Rost; Rohrlänge 3700 mm; Feuerbüchse zwischen erweitertem Hinterrahmen durch Schleppgestell gestützt; Dampfdom mit Pop-Sicherheitsventilen auf dem Vorderkessel; Dampfdruck 13 kg/cm^2.

Rahmen: Innerer Blechrahmen im Bereich der Kuppelachsen; unterhalb der Feuerbüchse zum Außenrahmen erweitert.

Yv

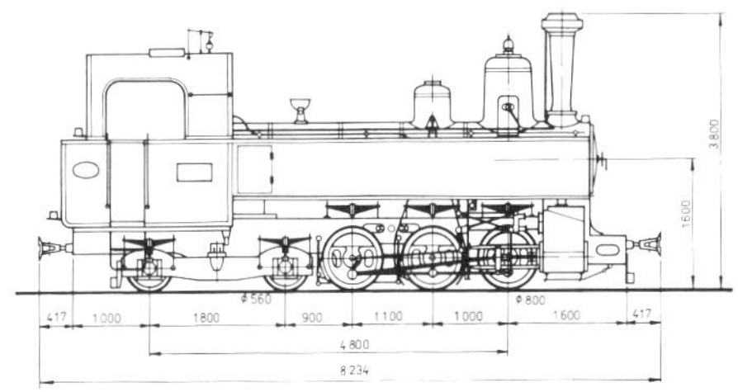

Triebwerk: Zweizylinder-Verbundmaschine; Zylinderdurchmesser HD 310 mm, ND 450 mm; Kolbenhub 400 mm; Antrieb auf der dritten (letzten) Kuppelachse; Flachschieber mit äußerer Winkelhebelsteuerung; Treibraddurchmesser 820 mm; Hebelumsteuerung; Gölsdorf'sche Anfahrvorrichtung.

Fahrwerk: Kuppelachsen fest im Rahmen gelagert; Außenrahmen-Schleppgestell mit starrem Drehzapfen ersetzt durch Innenrahmengestell mit seitlich um 30 mm verschieblicher Kugelpfanne; fester Radstand 2100 mm; Tragfedern oberhalb des Rahmens.

Ausrüstung: Einfache Vakuumbremse auf die zweite und dritte Kuppelachse wirkend, mit ringförmigem Schalldämpfer an der Kaminkrone; beidseitige Besandung des Treibradsatzes von Sandkasten auf dem Kesselrükken; Mittelpufferkupplung.

Vorräte: 3 m^3 Wasser, 0,8 t Kohle.

Yv.1 als 598.01 der ÖBB
Krauß 3356/1896
Foto: Archiv Töpelmann

Mh (NÖLB)
Mv (NÖLB)

DRB-Baureihe 99[11]
ÖBB-Baureihen 399 u. 299

D2-h2st und D2-n2vst

1906, Mv 1907 bis 1973

Techn. Daten: Seite 279

Die schwierige Trassenführung der von den Niederösterreichischen Landesbahnen betriebenen Mariazellerbahn (ihr offizieller Name lautete *Niederösterreichisch-Steierische Alpenbahnen*), die von St. Pölten an der Westbahnhauptstrecke bis zu dem berühmten Wallfahrtsort führte und später nach Gußwerk verlängert wurde, erforderte wesentlich stärkere Lokomotiven als die Reihe U und deren Spielarten. Längere Steigungen bis zu 25 ‰ und große Stationsabstände auf dem tunnelreichen Abschnitt zwischen Obergrafendorf und Mariazell verlangten außerdem größere Betriebsvorräte, die jedoch auf einer Tenderlokomotive innerhalb der zulässigen Achsdruckgrenze nicht unterzubringen waren. Die Firma Krauß begegnete diesen Bedingungen mit einer Stütztenderlokomotive, die ohne Gewichtsüberschreitung als kräftiger Vierkuppler ausgelegt werden konnte.

Als Bahnbrecherin der Heißdampftechnik in Österreich-Ungarn ließen die NÖLB aufgrund der guten Betriebserfahrungen mit der Reihe Uh (der späteren Reihe Bh der BBÖ) auch die als Reihe Mh bezeichnete D2-Type mit einem Schmidt-Überhitzer ausstatten. Die durch Kolbenschieber gesteuerte Zwillings-Dampfmaschine trieb die dritte der vier Kuppelachsen an. Der Rahmen war im Stehkesselbereich als Außenrahmen ausgebildet, der sich über der vierten Kuppelachse mit dem Innenrahmen überschnitt. Die überhängende Feuerbüchse wurde von dem zweiachsigen Tender-Schleppgestell mitgetragen. Die gesamten Vorräte von 5 m^3 Wasser und 1,92 t Kohle fanden ohne Beeinträchtigung der Adhäsion durch deren Aufbrauch Aufnahme im Stütztender. Besonderes Augenmerk bedurfte der zwangsfreie Lauf durch die 80-Meter-Bögen, der durch die seitenverschiebliche Lagerung der zweiten und vierten Kuppelachse, die Weglassung des Spurkranzes an der Treibachse und einem seitlichen Ausschlag von nicht weniger als 200 mm des am Lokrahmen angelenkten Deichselgestells erreicht wurde.

Die Abbremsung erfolgte durch eine einfache Vakuumbremse, die von hinten auf die dritte und vierte Kuppelachse wirkte. Eine mit Schutzdach versehene Tendervorderwand bewahrte die Fahrmannschaft auch bei Rückwärtsfahrt vor Zugluft und den Unbillen der Witterung.

Zur Betriebsaufnahme des von Obergrafendorf nach Mariazell führenden 35,9 km langen Kernstücks der Bahn, die am 17. Dezember 1906 erfolgte, standen vier dieser D2-Heißdampf-Zwillings-Lokomotiven zur Verfügung. Zu Vergleichszwecken bestellten die NÖLB zwei weitere Maschinen mit Naßdampfkessel und Verbundtriebwerk, welche 1907 geliefert wurden und die Bezeichnung Mv erhielten. Im Betrieb erwies sich die Heißdampfvariante als deutlich überlegen und beeindruckte durch ihre für eine Schmalspurlokomotive außerordentliche Leistungsfähigkeit. Bei den Probefahrten zog die Mh auf einer Steigung von 24 ‰ eine Zugmasse von 120 t mit 30 km/h. Mit der zulässigen Streckenhöchstgeschwindigkeit von 35 km/h konnte sie in der Horizontalen eine Anhängelast von 1240 t und auf einer 20-‰-Rampe eine solche von 115 t befördern. Aufgrund dieser guten Ergebnisse wurden zwei weitere Mh-Lokomotiven bestellt, welche 1908 in Betrieb genommen wurden.

Schon in den ersten Betriebsjahren nahm das Verkehrsaufkommen der Mariazellerbahn eine so steile Aufwärtsentwicklung, daß an die Anschaffung noch stärkerer Lokomotiven gedacht werden mußte. Die stets auf Fortschritt bedachte NÖLB entschied sich in Anbetracht der zahlreichen Tunnels für die Umstellung auf elektrischen Betrieb, der als eine technische Pionierleistung bereits am 7. Oktober 1911 aufgenommen werden konnte. Die sechs Heißdampflokomotiven der Reihe Mh fanden danach noch reichlich Beschäftigung auf der Waldviertelbahn. Während der Reichsbahn-Ära in der Nummerngruppe 99 1111 bis 1116 eingereiht, führten sie hauptsächlich Güterzüge im Rollbockverkehr. Nach dem 1952 eingeführten Reihenschema erhielten sie die Bezeichnung 399.01 bis 06 und zählten noch in den achtziger Jahren vollzählig zum Einsatzbestand der ÖBB.

Die beiden Verbundmaschinen, welche die Reichsbahn-Nummern 99 1101 und 1102 erhalten hatten und als 299.01 und 02 in das neue ÖBB-Reihenschema aufgenommen wurden, blieben als fahrleitungsunabhängige Betriebsreserve auf ihrer Stammstrecke und wurden 1964 bzw. 1973 in Klima-Schneepflüge umgebaut.

Rechts oben: Mh.2 als 99 1112 der DRB, Krauß 5432/1906
Foto: Archiv Töpelmann

Rechts unten: Mv.2 als 99 1102 der DRB, Krauß 5436/1907
Foto: Archiv Töpelmann

99 1112

99 1102
99 1102
K468

Konstruktive Merkmale

Kessel: Heißdampfkessel mit ca. 90 m² wasserberührter Verdampfungsheizfläche; 25 m² Überhitzerfläche und 1,59 m² großem Rost; Rohrlänge 4100 mm; Dampfdom mit Pop-Sicherheitsventilen auf mittlerem Kesselschuß; Dampfdruck 13 kg/cm²; überhängende Feuerbüchse durch Tender-Schleppgestell abgestützt.

Rahmen: Genieteter innerer Blechrahmen, im Bereich der Feuerbüchse über die vierte Kuppelachse hinweg als Außenrahmen ausgebildet; Stütztender-Schleppgestell mit Außenrahmen; Tragfedern oberhalb des Rahmens.

Triebwerk: Zwillingsmaschine mit 410 mm Zylinderdurchmesser und 450 mm Kolbenhub; Kolbenschieber mit äußerer Heusinger-Steuerung; Antrieb auf der dritten Kuppelachse; Hebelumsteuerung; Treibraddurchmesser 920 mm.

Fahrwerk: Erste Kuppelachse mit 30 mm, vierte Kuppelachse mit 25 mm Seitenspiel; zweite und dritte Kuppelachse starr im Rahmen gelagert; Treibachse ohne Spurkranz; rückwärtiges Deichsel-Schleppgestell mit beweglichem Drehzapfen für 200 mm seitlichen Ausschlag.

Ausrüstung: Einfach wirkende Vakuumbremse auf die dritte und vierte Kuppelachse; Sandkästen auf dem Umlauf mit Fallrohren zum zweiten Kuppelradsatz und zum Treibradsatz (bei ÖBB durch Sandkasten auf dem Kesselrücken ersetzt); Schmierpressen mit Antrieb durch die Steuerungsschwinge; Mittelpufferkupplung.

Vorräte: 5 m³ Wasser, 1,92 t Kohle.

Abweichungen bei Reihe Mv: Naßdampfkessel mit ca. 117 m² Verdampfungsheizfläche; Zweizylinderverbundtriebwerk; Zylinderdurchmesser HD 370 mm, ND 550 mm.

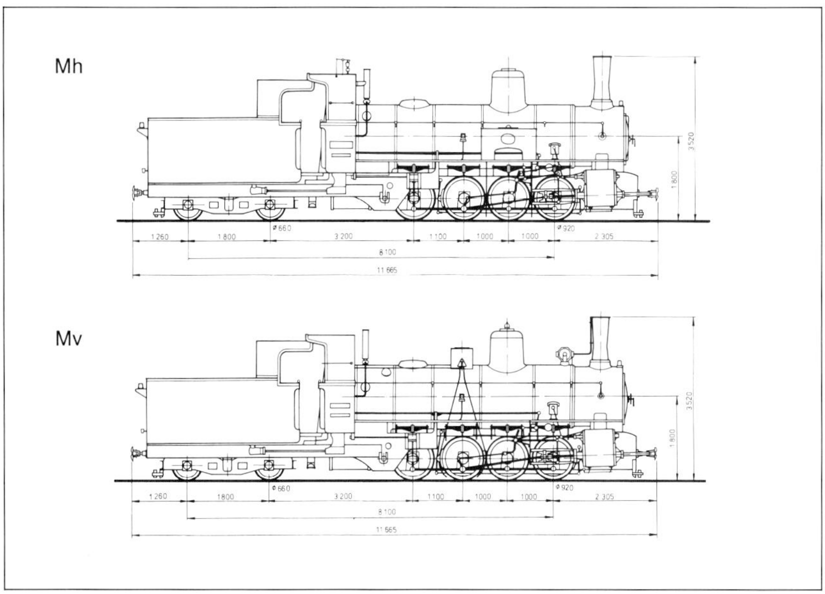

P

DRB-Baureihe 99¹⁰⁰
ÖBB-Baureihe 199

D1-h2t

1911/1926 bis 1973

Techn. Daten: Seite 278

Durch den Ausbruch des Ersten Weltkrieges konnte die 35,6 km lange Zweigstrecke der Mariazellerbahn von Ruprechtshofen nach Gersten erst 1927 fertig gestellt werden. Den zu erwartenden Verkehr glaubte man mit einer leichteren Lokomotive als der Reihe Mh abwickeln zu können. Wegen der neigungsreichen Trasse schien jedoch ein Vierkuppler geboten.

Die BBÖ, welche seit 1923 den Betrieb der NÖLB führten, entschieden sich für eine D1-h2-Tenderlokomotive, wie sie 1911 von Krauß für die Strecke Triest–Parenzo der kkStB mit ähnlichem Neigungsprofil geliefert und nach deren Endpunkt als Reihe P bezeichnet wurde. Die Bauart hatte sich bewährt und schien auch für die neueröffnete niederösterreichische Strecke geeignet. Besonderes Augenmerk hatte man auf einen stabilen Rahmen gelegt, der auf bewährte Weise im Bereich der angetriebenen Achsen als Innenrahmen, vom mittleren Querträger bis zum rückwärtigen Kupplungsträger als Außenrahmen ausgebildet war. Beide Rahmenwangen überschnitten sich im Bereich der vierten Kuppelachse. Zur Anpassung an die engen Kurvenradien erhielten die beiden inneren Kuppelachsen einen seitlichen Spielraum von 23 mm bei star-

P.2 als 99 1002 der DRB, Krauß 1467/1926
Foto: Archiv Töpelmann

rer Lagerung der ersten und vierten Kuppelachse. Die als einfache Adamsachse ausgeführte rückwärtige Stützachse erhielt ein radiales Seitenspiel von 25 mm. Hieraus ergaben sich bei einem festen Radstand von 3000 mm auch zufriedenstellende Fahreigenschaften in der Geraden. Bei ihrer Höchstgeschwindigkeit von 40 km/h beförderte die Lokomotive 520 t auf ebener Strecke und 95 t auf einer 10-‰-Steigung. Die letztgenannte Anhängelast konnte sie mit 25 km/h über eine 20-‰-Rampe schleppen.

Die als P.1 bis P.3 bezeichneten Maschinen waren stets in St. Pölten-Alpenbahnhof beheimatet. Während die Italienische Staatsbahn 1922 weitere sechs Stück nachbestellte (FS-Reihe 402), blieb es in Österreich bei den drei Exemplaren. Gegenüber der Ursprungsform für die kkStB wiesen sie einige Verbesserungen auf. Als 99 1001 bis 1003 zählten sie ab 1938 zum Fahrpark der Deutschen Reichsbahn und erhielten 1953 die neue ÖBB-Reihenbezeichnung 199. Die 99 1001 (P.1) war während des Zweiten Weltkrieges an die Forstverwaltung Lem-

P

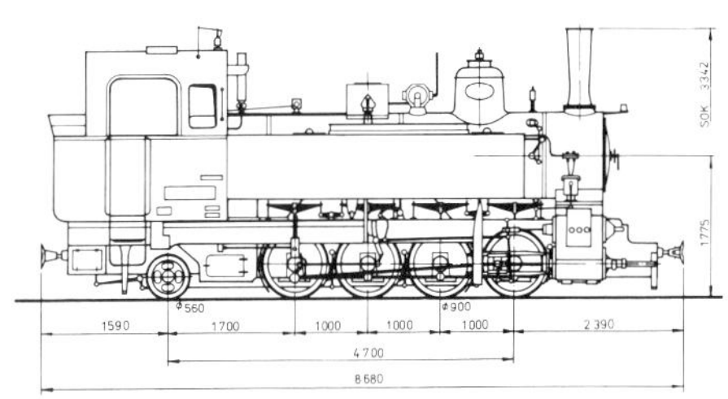

berg vermietet, von wo sie nicht mehr zurückkehrte. Die beiden anderen fielen 1973 der Ausmusterung anheim.

Konstruktive Merkmale

Kessel: Heißdampfkessel mit ca. 58 m^2 Verdampfungsheizfläche, einem Überhitzer von 17 m^2 äußerer Berührungsfläche und einem 1,25 m^2 großen Rost; Dampfdom mit Pop-Sicherheitsventilen auf dem Vorderkessel; Feuerbüchse über dem Rahmen; Rohrlänge 3700 mm; Dampfdruck 13 kg/cm^2.

Rahmen: Genieteter Blech-Innenrahmen im Bereich der angetriebenen Achsen; äußerer Hilfsrahmen zwischen Kreuzkopfgleitbahnträger und rückwärtigem Kupplungsträger.

Triebwerk: Zwillingsmaschine mit 300 mm Zylinderdurchmesser und 400 mm Kolbenhub; Kolbenschieber mit äußerer Heusinger-Steuerung; Antrieb auf der vierten Kuppelachse; Hebelumsteuerung; Treibraddurchmesser 900 mm.

Fahrwerk: Erste und vierte (Treib-) Achse starr im Rahmen gelagert; beide mittlere Kuppelachsen mit 23 mm Seitenspiel; rückwärtige Adams-Achse mit 33 mm radialem Seitenausschlag; Tragfedern oberhalb des Rahmens; Vollgußräder.

Ausrüstung: Einfach wirkende Vakuumbremse mit Abbremsung des ersten, dritten und vierten Kuppelradsatzes; Kobelrauchfang (später entfernt); Besandung des zweiten Kuppelradsatzes von vorn und des vierten von hinten von Sandkasten auf dem Kesselrücken.

Vorräte: 3 m^3 Wasser in Seitenbehältern, 1,6 t Kohle in rückwärtigem Kohlenbunker.

Uh

DRB-Baureihe 99^{80}
ÖBB-Baureihe 498

C1-h2t

1928 bis 1973

Techn. Daten: Seite 278

Als Ersatz für die im Ersten Weltkrieg verloren gegangenen Schmalspurlokomotiven gingen die Österreichischen Bundesbahnen 1928 an die Beschaffung einer stärkeren C1-Gattung als neue Reihe Uh (die von der NÖLB stammende Uh 1 erhielt deshalb die neue Reihenbezeichnung Bh), die nach neuzeitlichen Gesichtspunkten entworfen und den gestiegenen Anforderungen gewachsen sein sollte. Von der Reihe U blieb lediglich das Fahrwerk. Infolge höherer Kessellage wurde Raum für eine zwangslose Ausbildung des Aschkastens gewonnen, so daß der Rahmen in diesem Bereich nicht mehr nach außen erweitert zu werden brauchte. Gegenüber der Reihe Bh wurden die Zylinder im Durchmesser von 340 auf 350 mm vergrößert und mit Caprotti-Ventilsteuerung ausgestattet, da diese Steuerungsbauart auch bei kleinsten Füllungen technisch einwandfrei arbeitete. Sie entsprach dennoch nicht den Erwartungen, weshalb die beiden letzten, 1931 bei Flordisdorf hergestellten und als Uh.100 und Uh.101 bezeichneten Einheiten die bewährte Lentz-Ventilsteuerung erhielten. Der Überhitzer wurde um 4 % und der Rost um 10 % vergrößert, der Dampfdruck von 12 auf 13 kg/cm^2 erhöht. Trotz dieser technischen Verbesserungen stieg das Dienstgewicht gegenüber der ersten Heißdampfbauart nur um eine halbe Tonne. Die Ausrüstung mit automatischen Schmierpressen gestattete, die zulässige Höchstgeschwindigkeit von 35 auf 40 km/h heraufzusetzen.

Die Uh schleppte auf ebener Strecke 955 t mit 30 km/h, 620 t mit 40 km/h und auf einer 20-‰-Rampe 120 t mit 20 km/h.

Vier der neuen Heißdampflokomotiven (Uh.4 bis 6, 101) kamen zur Pinzgauer Lokalbahn (Zell a. See – Krimml), zwei (Uh.02 und 03) zur Bregenzerwaldbahn (Bregenz – Bezau) und je eine zur Ybbstalbahn (Waidhofen – Kienberg –

Uh

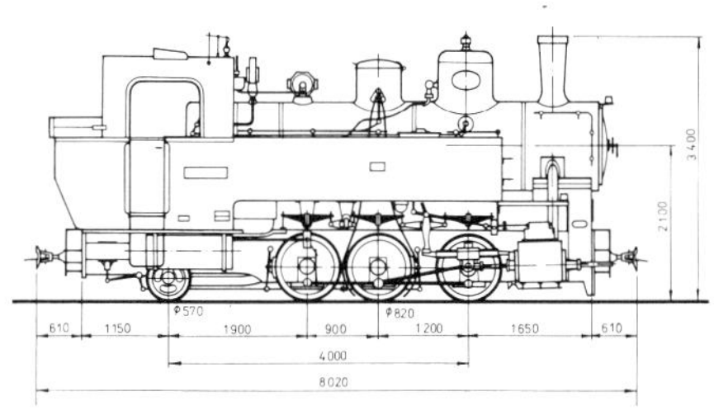

Uh.3 als 999 823 der DRB, vorn noch mit BBÖ-Bezeichnung, Krauß 1511/1929
Foto: Archiv Töpelmann

Gaming, Uh.01) und zur Zweigstrecke Obergrafendorf–Ruprechtshofen der Mariazellerbahn (Uh.102). Eine gleichartige Maschine kaufte die private Zillertalbahn (Nr. 5). Während der Reichsbahn-Ära als 99 821 bis 828 bezeichnet und danach als Reihe 498 in das neue Nummernschema der ÖBB eingereiht, blieb ihr Einsatz stets auf ihre Stammstrecken beschränkt. Ihr 1959 auf 5 Stück verminderter Bestand hielt sich buchungsmäßig bis Mitte der siebziger Jahre.

Konstruktive Merkmale

Kessel: Heißdampfkessel mit 52 m² wasserberührter Heizfläche, 19 m² Überhitzerfläche und 1,06 m² großem Rost; Rohrlänge 3250 mm; Feuerbüchse über dem Rahmen; Dampfdom mit Pop-Sicherheitsventilen; Dampfdruck 13 kg/cm².

Rahmen: Durchgehender innerer Blechrahmen.

Triebwerk: Zweizylinder-Maschine mit 350 mm Zylinderdurchmesser und 400 mm Kolbenhub; Caprotti-Ventilsteuerung, letzte beide Lieferexemplare Lentz-Ventilsteuerung mit Wälzhebeln; Antrieb auf der mittleren Kuppelachse; Hebelumsteuerung; Treibraddurchmesser 820 mm.

Fahrwerk: Erste und zweite Kuppelachse (Treibachse) fest im Rahmen gelagert, dritte Kuppelachse und Schleppachse mit je 25 mm Seitenbeweglichkeit zu Krauß-Helmholtz-Gestell vereinigt; Tragfedern oberhalb der Achslager.

Ausrüstung: Vakuumbremse, auf die Treibachse von vorn und die dritte Kuppelachse von hinten wirkend; automatische Schmierpressen; Sanddom mit Fallrohren zur Treibachse für beide Fahrtrichtungen; Mittelpufferkupplung.

Vorräte: 3 m³ Wasser, 1,32 t Kohle.

T

DRB-Baureihe 99^{780}
ÖBB-Baureihe 198

C1-n2t

1898 bis 1960

Techn. Daten: Seite 278

T

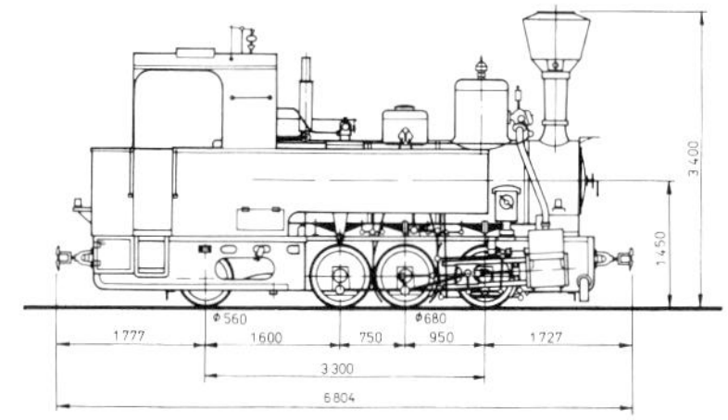

Mit drei wesentlich kleineren, als Reihe T bezeichneten C1-n2-Tenderlokomotiven der Firma Krauß nahm die kkStB am 10. Oktober 1898 auf der ebenfalls durch Privatinitiative entstandenen Gurktalbahn von Treibach-Althofen nach Klein Glödnitz in Kärnten den Betrieb auf. Zwei weitere Einheiten dieses Typs erhielt 1902 die 17,6 km lange Lokalbahn Kühnsdorf–Eisenkappel, deren Betrieb von der Südbahn geführt wurde.

Da beide Stichbahnen keine nennenswerten Höhenunterschiede aufweisen und die dünnbesiedelten Gebirgstäler nur ein sehr schwaches Verkehrsaufkommen erwarten ließen, glaubte man, mit einem besonders sparsam dimensionierten Kessel von nur 32 m² Heizfläche und einem 0,6 m² großen Rost auszukommen. Entsprechend bescheiden fielen die Abmessungen des Triebwerks aus, das mit einem Dampfdruck von 12 kg/cm² den mittleren der drei Kuppelradsätze von nur 660 mm Durchmesser antrieb. Die bei allen österreichischen Schmalspurlokomotiven gebräuchliche äußere Heusinger-Steuerung bewegte die Flachschieber, denen der Frischdampf von einem vor dem Dampfdom angeordneten Reglergehäuse über freiliegende Rohrleitungen zugeführt wurde. Bei der um 25 mm seitlich verschiebbaren dritten Kuppelachse und einem Seitenspiel der rückwärtigen Laufachse von 29 mm betrug der feste Radstand nur 950 mm und gestattete das Befahren engster Gleisbögen. Bei vollen Vorräten erreichte bei einem Dienstgewicht von 17,2 t die maximale Achslast nur 4,3 t. Mit ihrer Höchstgeschwindigkeit von 25 km/h beförderte die Lokomotive in der Horizontalen 485 t und auf einer Steigung von 10 ‰ 80 t Zugmasse. Die T.1 bis T.5 blieben die einzigen ihrer Gattung. Nach Fronteinsatz im Ersten Weltkrieg verblieb die T.4 in Jugoslawien, die T.5 – nach Übernahme der Südbahn durch die BBÖ als T.4 (II) bezeichnet – wurde 1932 ausgemustert. Die restlichen drei Maschinen T.1 bis T.3 übernahm 1938 die Deutsche Reichsbahn, die sie als 99 7801 bis 7803 eingliederte. Von den ÖBB noch als Reihe 198 in das neue Reihenschema aufgenommen, wurden sie bis 1960 außer Dienst gestellt.

Konstruktive Merkmale

Kessel: Naßdampfkessel mit ca. 32 m² wasserberührter Verdampfungsheizfläche; Rostfläche 0,6 m²; Rohrlänge 2600 mm; Feuerbüchse zwischen den Rahmenplatten; Dampfdom mit Pop-Sicherheitsventilen auf dem Vorderkessel; Dampfdruck 12 kg/cm².

Rahmen: Innerer Blechrahmen im Bereich der Kuppelachsen; unter der Feuerbüchse als Außenrahmen weitergeführt.

Triebwerk: Zweizylindermaschine mit 260 mm Zylinderdurchmesser und 300 mm Kolbenhub; Flachschieber mit äußerer Heusinger-Steuerung; Antrieb auf der mittleren Kuppelachse, Treibraddurchmesser 660 mm; Hebelumsteuerung.

Fahrwerk: Erste Kuppelachse und Treibachse fest im Rahmen gelagert; dritte Kuppelachse um 25 mm, Schleppachse um 29 mm seitenverschieblich; Tragfedern oberhalb der Achslager.

Ausrüstung: Einfache Vakuumbremse, von vorn auf die Treibachse wirkend; Sandkasten in Kesselmitte mit Fallrohren zu beiden Seiten der Treibachse; Mittelpufferkupplung.

Vorräte: 1,6 m³ Wasser, 1 t Kohle.

Kh

DRB-Baureihe 99^{120}
ÖBB-Baureihe 499

E-h2t

1924 bis 1973

Techn. Daten: Seite 279

Nach dem Ende des Ersten Weltkrieges war der schmalspurigen Lokalbahn Kühnsdorf–Eisenkappel als Traktionsmittel nur eine einzige der leichten C1-Tenderlokomotiven der Reihe T verblieben, welche überdies für den vorgesehenen Rollbockverkehr mit Normalspurgüterwagen zu schwach war. Zur Deckung des dringenden Bedarfs beschafften die seit 1923 den Betrieb führenden Bundesbahnen eine kräftige, nach neuzeitlichen Baugrundsätzen entworfene E-h2-Tenderlokomotive, welche 1924 von Krauß geliefert und als Reihe Kh.1 bezeichnet wurde.

Die fünf gekuppelten Achsen nutzten das gesamte Betriebsgewicht zur Reibung, was zwar dem angestrebten Zweck sehr zustatten kam, jedoch wegen der äußerst engen Gleisbögen von nur 60 Meter Radius einer besonderen Fahrwerkskinetik bedurfte. Die führende erste Kuppelachse mit 23 mm Seitenspiel und die drei fest geführten Mittelachsen wurden deshalb mit einer in einem rückwärtigen Außenrahmen radial einstellbaren Hohlwellen-Lenkachse nach dem Klien-Lindner-System kombiniert. Auf diese Weise konnte unter Beibehaltung der Spurkränze an allen Rädern sowohl die Forderung nach hoher Zugkraft als auch nach extremen Bogenlaufeigenschaften erfüllt werden. Das mit Kolbenschiebern und äußerer Heusinger-Steuerung ausgestattete Zwillingstriebwerk trieb die vierte Kuppelachse an. Der nach neuesten Konstruktionsprinzipien ausgelegte Kessel besaß einen im Verhältnis zur Verdampfungs-

Links: T.1 der BBÖ, 1925, Krauß 3819/1898
Foto: Sammlung Schröpfer

Rechts: Kh.1 als 499.01 der ÖBB, Krauß 1262/1924
Foto: Sammlung Schröpfer

Kh

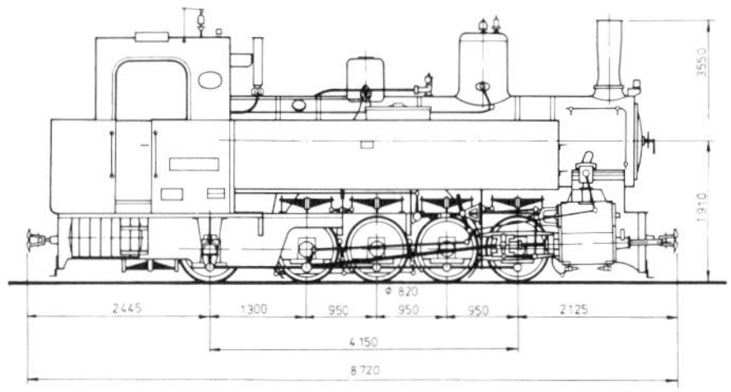

heizfläche großen Überhitzer. Erstmals bei einer Schmalspurlokomotive kam eine Dabeg-Vorwärmerpumpe zum Einbau. Zur Unterbringung eines geräumigen Aschkastens wurde der Rahmen im rückwärtigen Teil erweitert. Bei vollen Vorräten von 3,5 m³ Wasser und 1,3 t Kohle kam die Lokomotive auf ein Dienstgewicht von nur 33,3 t, womit der maximale Achsdruck noch unter 7 t blieb. Die Lokomotive schleppte bei der zugelassenen Höchstgeschwindigkeit von 25 km/h in der Horizontalen eine Anhängelast von 1350 t und von 395 t auf einer Steigung von 10 ‰. Als 99 1201 der DRB und 499.01 der ÖBB stand sie bis 1973 im Einsatz auf ihrer Stammstrecke.

Je ein Exemplar dieser leistungsfähigen Schmalspurtype lieferte Krauß 1926 an die Murtalbahn (Kh.101) und an die Steiermärkischen Landesbahnen für die Strecke Birkfeld–Ratten, von denen erstere mit Lentz-Ventilsteuerung ausgestattet war.

Konstruktive Merkmale

Kessel: Heißdampfkessel mit ca. 59 m² Verdampfungsheizfläche und 25 m² großem Überhitzer; Rostfläche 1,21 m²; Rohrlänge 3800 mm; Feuerbüchse über dem Rahmen gelagert; Dampfdom mit Pop-Sicherheitsventilen; Dampfdruck 12 kg/cm².

Rahmen: Genieteter Innen-Hauptrahmen; Außenrahmen ab Querträger vor der vierten Achse bis zum rückwärtigen Kupplungsträger.

Triebwerk: Zwillingsmaschine mit 400 mm Zylinderdurchmesser und 400 mm Kolbenhub; Kolbenschieber mit äußerer Heusinger-Steuerung; Antrieb auf der vierten Kuppelachse; Treibraddurchmesser 820 mm.

Fahrwerk: Erste Kuppelachse mit 23,5 mm Seitenspiel; zweite bis vierte Kuppelachse starr im Rahmen geführt, fünfte Kuppelachse als Klien-Lindner-Hohlwellen-Lenkachse im rückwärtigen Außenrahmen mit 25 mm radialer Seitenbeweglichkeit gelagert; fester Radstand 1900 mm.

Ausrüstung: Vakuumbremse auf die drei mittleren Achsen wirkend; Sandung zur zweiten Achse von vorn und zur vierten Achse von hinten; Dabeg-Vorwärmerpumpe im linken Wasserkasten.

Vorräte: 3,5 m³ Wasser, 1,32 t Kohle.

Z Schneebergbahn
Zz Schafbergbahn

DRB-Baureihe 99^{730}
ÖBB-Baureihe 999

B1z-n2t

1893

Techn. Daten: Seite 279

Außer der für gemischten Reibungs- und Zahnradbetrieb eingerichteten normalspurigen Erzbergbahn von Vordernberg nach Eisenerz, die hauptsächlich dem Abtransport der im steirischen Erzberg abgebauten Montanerze diente und 1988 stillgelegt wurde, besitzen die Österreichischen Bundesbahnen zwei meterspurige Bergbahnen für reinen Zahnradbetrieb: Die am 1. August 1893 von der Salzkammergut-Lokalbahn eröffnete Schafbergbahn mit einer 5,86 km langen Auffahrt von St. Wolfgang zur Schafbergspitze (1783 m ü. d. M.) bei einer Maximalsteigung von 200 ‰ und die am 25. September 1897 als Aktiengesellschaft in Betrieb genommene Schneebergbahn von Puchberg auf den Hochschneeberg (2021 m ü. d. M.) mit einer Streckenlänge von 9,75 km und einer Maximalsteigung von 225 ‰, die beide nach dem Abt'schen System mit doppelter Zahnstange angelegt sind. Für diese im Interesse des Fremdenverkehrs gebauten Bergbahnen entwickelte die Lokomotivfabrik Krauß in Linz eine B(zz)1-n2t-Lokomotive.

Die Maschinen unterscheiden sich voneinander im wesentlichen nur durch den der Steigung angepaßten Neigungswinkel des Kessels zum Rahmen, um die Feuerbüchse in horizontaler Lage von Wasser bedeckt zu halten. Bei einem Abstand von nur 2 m zwischen den Rohrwänden lassen sich hohe spezifische Heizflächenbelastungen bei einem Kesseldruck von 14 kg/cm^2 durchhalten, wie sie bei den Bergfahrten gefordert werden.

Während die Schneebergbahn ihre Lokomotiven von Anfang an für Petroleumfeuerung einrichten ließ, stellte die Schafbergbahn erst 1948 auf diese Feuerungsart um. Die beiden seitlich des Kessel verkehrt angeordneten Zylinder übertragen die Kraft über einen 2:1 übersetzten Ballancierhebel auf die beiden gekuppelten Antriebsradsätze mit den dazwischen befindlichen Zahnrädern, die in einem Außenrahmen geführt sind. Unter dem Führerhaus ist der Rahmen zur Aufnahme der Adams-Stützachse nach innen eingezogen. Die Flachschieber werden durch eine innen angeordnete Exzentersteuerung bewegt.

Außer dem Speisewasservorrat von 1,2 m^3 werden noch 0,3 m^3 Kühlwasser für die Riggenbach-Gegendruckbremse und im ersten Wagen vor der Lok weitere 1,7 m^3 Speisewasser als Betriebsreserve mitgeführt.

Für die Bergfahrt sind 12 km/h, talwärts 7 km/h zugelassen.

Zz

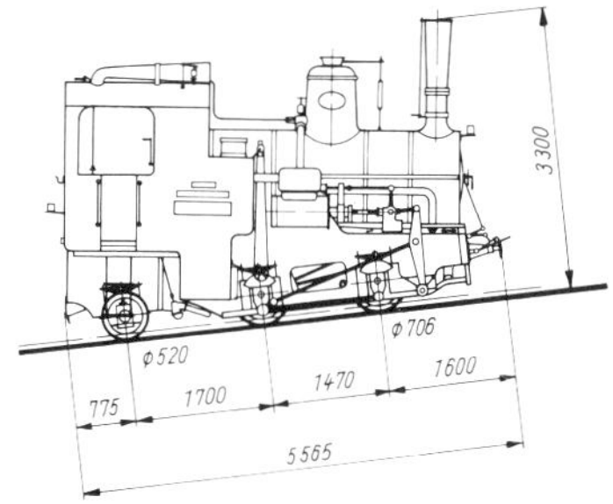

Wegen finanzieller Schwierigkeiten wurde 1932 die Betriebsführung der Schafbergbahn den Bundesbahnen übertragen, in deren Eigentum sie nach dem Zweiten Weltkrieg überging. Den Betrieb der Schneebergbahn führte seit 1. 1. 1899 die EWA, die 1937 von den BBÖ übernommen wurde. Die dort eingesetzten fünf Zahnradlokomotiven wurden als Zz.1 bis 5 in deren Fahrpark eingereiht und schon im darauffolgenden Jahr als 99 7301 bis 99 7305 in die DRB eingegliedert. Die 6 Maschinen der Schafbergbahn erhielten erst 1943 die DRB-Nummern 99 7306 bis 7311. Als 999.01 bis 05 und 999.101 bis 106 zählen die 11 mit Giesl-Esse ausgestatteten Zahnradlokomotiven weiterhin zum Einsatzbestand der ÖBB. Die 999.101 wurde 1974 zur Schneebergbahn überstellt. Seit 1975 tragen die fünf bei der Schaf-

Z.6 der Schafbergbahn als 999.106 der ÖBB, DRB 99 7311, Krauß 3033/1894
Foto: Sammlung Dr. Scheingraber

bergbahn verbliebenen Maschinen in numerischer Reihenfolge die Namen *Enzian, Erika, Bergprimel, Almrausch* und *Berganemone.*

Konstruktive Merkmale

Kessel: Naßdampfkessel mit 40 m^2 Verdampfungsheizfläche und 0,9 m^2 großem Rost; Rohrlänge 2000 mm; Dampfdom mit Federwaag-Sicherheitsventilen (später durch Pop-Ventile ersetzt); Petroleumfeuerung (bei Schafbergbahn ursprünglich Kohlenfeuerung); Dampfdruck 14 kg/cm^2; Anpassung an den Neigungswinkel der jeweiligen Bergstrecke.

Rahmen: Außenrahmen; im Bereich der rückwärtigen Stützachse zum Innenrahmen eingezogen.

Triebwerk: Zwillingsmaschine mit 320 mm Zylinderdurchmesser und 600 mm Kolbenhub; Flachschieber mit innerer Exzentersteuerung; Zylinder in Umkehrlage seitlich des Kessels angeordnet; Kraftübertragung über Ballancierhebel mit Zweidrittelübersetzung auf die rückwärtige der beiden gekuppelten Antriebsachsen mit dazwischen liegenden Zahnrädern; Kuppelraddurchmesser 706 mm Zahnrad-Durchmesser 573 mm.

Fahrwerk: Beide Antriebsachsen starr gelagert; Stützachse mit 30 mm Seitenspiel.

Ausrüstung: Rillenbandbremse und Riggenbach-Gegendruckbremse.

Zz.3 der Schneebergbahn, ursprüngliche Bezeichnung Z.3, Krauß 3402/1897
Foto: Archiv Töpelmann

Deutsche Einheits- und Kriegsbaureihen

Mit dem Einmarsch der deutschen Wehrmacht in Österreich am 12. März 1938 setzte Hitler den Schlußpunkt unter seine eskalierende Politik der Erpressung gegen das kleine Nachbarland und schuf damit die vollendete Tatsache für dessen „Anschluß" an das Deutsche Reich. Dem Ende der Eigenstaatlichkeit Österreichs folgte durch Gesetz vom 18. März 1938 die Auflösung der Österreichischen Bundesbahnen, deren Betriebsanlagen und Vermögenswerte auf die Deutsche Reichsbahn übergingen. Dieser staatspolitische Akt bedeutete das Ende des eigenständigen österreichischen Lokomotivbaues mit seiner fast hundertjährigen Tradition.

Nach einem Überbrückungsauftrag für 10 Personenzugtenderlokomotiven der Baureihe 729, die bereits deutschen Einheitsnormen angeglichen und unter den DRB-Nummern 78 657 bis 666 (später in 78 617 bis 626 geändert) ausgeliefert wurden, stellte die Wiener Lokomotivfabrik Floridsdorf, deren Haupteigner die Henschel-Werke waren, außer den beiden großen Zahnradlokomotiven 97 401 und 402 für den Inlandsbedarf des öffentlichen Eisenbahnverkehrs fast nur noch Einheitstypen der Deutschen Reichsbahn her. Das Werk hatte als einziges die Wirtschaftskrise der dreißiger Jahre überstanden und die stillgelegten Produktionsstätten der StEG, der Sigl'schen Werke in Wiener Neustadt und der Krauß-Niederlassung in Linz übernommen, diese jedoch in Ermangelung von Aufträgen für den Lokomotivbau stillgelegt.

An der teilweise schon im Zeichen der Rüstungskonjunktur stehenden allgemeinen Wirtschaftsbelebung hatte auch die Lokomotivindustrie ihren Anteil, der in einer gewaltigen Ausweitung des Auftragsvolumens zu Buche schlug. Als die Produktion unter dem Aspekt des totalen Krieges ihren Höhepunkt erreichte, stand die WLF mit einem Ausstoß von 3 Einheiten pro Tag nach den Henschel-Werken an zweiter Stelle unter den Lokomotivherstellern im deutschen Herrschaftsbereich. Bis zur Einstellung der Produktion am 4. März 1945 unter der massiven Einwirkung alliierter Luftangriffe hatte das Werk 2115 Dampflokomotiven an die Deutsche Reichsbahn abgeliefert, die sich (nach: Sternhart, Die Geschichte der österreichischen Eisenbahnen und ihrer Lokomotiven 1938–1945/Eisenbahn 1963) auf folgende Baureihen verteilten:

BR	Gattung	Anzahl
42	1E-h2	266
44	1E-h3	105
50	1E-h2	368
52	1E-h2	1172
78.6	2C2-h2t	10
86	1D1-h2t	192
97.4	1F(zz)1-h2(2)t	2

Hinzu kamen eine 1D1-h2-Tenderlokomotive für die Wiener Lokalbahn nach dem Vorbild der Reihe 378 und 124 Bau- und Werklokomotiven verschiedener Bauarten und Spurweiten.

Außerdem wurden an Exportaufträgen ausgeführt:

20 Stück Reihe 52 für die Rumänische Staatsbahn als 150.1001–1020 (1943).

6 Stück Dampftriebwagen ähnlich BBÖ-Reihe DT 1 als M 273.101–106 (1941) und

25 Stück 1D1-h2-Tenderlokomotiven ähnlich BBÖ-Reihe 378 als Reihe 431.001–025 (1942 und 1944) für die damals eigenständige Slowakische Staatsbahn.

Entstehungsgeschichte, konstruktive Merkmale und Leistungsverhalten der hier in Rede stehenden Einheits- und Kriegslokomotiven der Deutschen Reichsbahn sind in den EFA-Bänden 1.2 und 1.3 beschrieben, so daß im folgenden nur die Besonderheiten für ihren Bau und Betriebseinsatz in Österreich einer ergänzende Betrachtung bedürfen.

DRB-Baureihe 42
ÖBB-Baureihe 42
(→ EFA 1.2)

1E-h2
1943 bis 1968
Techn. Daten: Seite 280

Von den auf österreichischen Strecken eingesetzten Güterzuglokomotiven der deutschen Einheitsbauarten konnte die Reihe 44 mit ihrer Achsfahrmasse von 20 t nur auf der Westbahn eingesetzt werden. Mit der Reihe 50, deren Achsfahrmasse nur 15 t betrug, ließ sich hingegen die Belastbarkeit anderer wichtiger Hauptstrecken nicht voll nutzen. Von der RbD Wien ging deshalb 1941 die Anregung aus, die Lücke durch eine 1E-h2-Lokomotive mit einer Achsfahrmasse von 17 t zu schließen, wobei als wesentliche Baukomponenten des Einheitstypenprogramms der Kessel der Reihe 44 und das Triebwerk der Reihe 50 übernommen werden sollten. Die Diskussion dieses Projekts nahm jedoch erst zwei Jahre später greifbare Formen an, als eine stärkere Kriegsdampflokomotive (KDL2) gefordert wurde, um die für einen Achsdruck von 18 t ausgebauten Nachschubstrecken in den von der deutschen Wehrmacht besetzten Ostgebieten voll auszunutzen. Anders als bei der Reihe 52, die durch schrittweise Entfeinerung, aber unter Beibehaltung aller Hauptabmessungen aus der Reihe 50 hervorgegangen ist, mußte die schwerere, als Reihe 42 vorgesehene Gattung zumindest kesselseitig neu entworfen werden, da bei Verwendung des 44er-Kessels die Gewichtsgrenzen überschritten worden wären. Obwohl die Zeit drängte, zogen sich die Konstruktionsarbeiten bis in das Jahr 1943 hin, da verschiedene Bauvarianten geplant waren (die in EFA 1.2 im einzelnen vorgestellt werden).

Zwei mit einem von Floridsdorf entwickelten Brotan-Kessel ausgestattete ten Probeexemplare 42 0001 und 0002 kamen im August bzw. November 1943 bei den Henschel-Werken zur Ablieferung. Nachdem die stehbolzenfreie, aber wartungsaufwendige Wasserrohrfeuerbüchse dieser Kesselbauart durch den inzwischen von den Škoda-Werken entwickelten Gelenkstehbolzen keinen Vorteil mehr versprach, ging die Reihe 42 mit normaler Stahlfeuerbüchse, beginnend mit der Betriebsnummer 42 501 in Serie. Statt der eingeplanten Achsfahrmasse von 18 t brachte sie nur eine solche von 17 t auf die Gleise. Als Vorbild diente die polnische Reihe Ty 37.

Die Wiener Lokomotivfabrik stellte im Juni 1944 ihre gesamte Produktion von der Reihe 52 auf die Reihe 42 um. Bis zum Erliegen der Fabrikation vor Kriegsende lieferte das Werk noch 266 Stück (42 2301 bis 2400, 2441 bis 2480, 2501 bis 2540, 2561 bis 2580 und 2601 bis 2640) an die Deutsche Reichsbahn ab, davon 26 Stück (42 1881 bis 1906) im Auftrag der kriegszerstörten Berliner Borsig-Werke.

Da die vorgesehenen Einsatzgebiete im Osten inzwischen zum größten Teil verloren gegangen waren, standen die Lokomotiven der heimischen Zugförderung zur Verfügung. Aus Neulieferungen der WLF kamen zwischen Juni 1944 und März 1945 55 Stück

420001, Prototyp mit Brotankessel der WLF, Werkaufnahme, Henschel 1943
Foto: Sammlung Schröpfer

42 mit Kabinentender

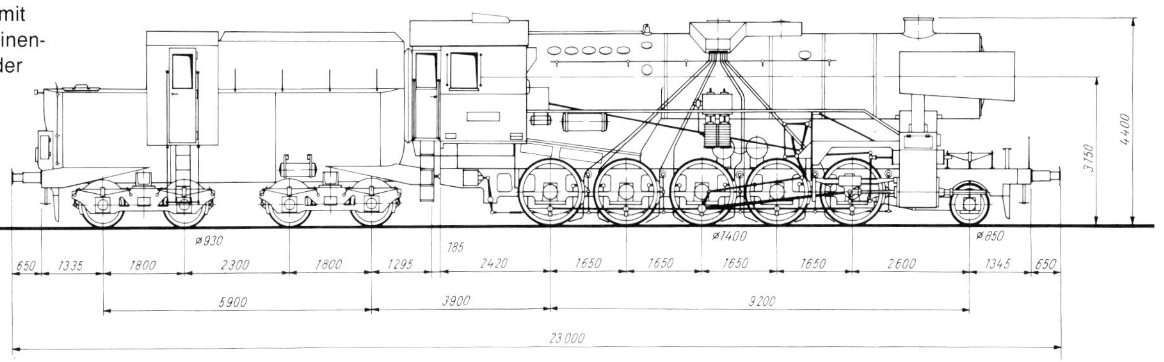

bei den Bw Mürzzuschlag, Gloggnitz und Wiener Neustadt zum Einsatz, wo sie die Reihe 58.7 (BBÖ-Reihe 81) im Güterzugdienst und der Reihe 95.1 (BBÖ-Reihe 82) im Schiebedienst auf dem Semmering ablösten. Weitere 32 Einheiten aus der Fertigung der Berliner Maschinenbau AG (Schwartzkopff) und der Maschinenfabrik Eßlingen wurden den Bw Knittelfeld (24) und Villach Westbahnhof (acht) zugeteilt.

Der Gesamtbestand der Reihe 42 hatte bis Kriegsende nur eine Stückzahl von 483 gegenüber 6161 der Reihe 52 erreicht (Zahlenangaben lt. Gottwaldt, Die deutschen Kriegslokomotiven 1939–1945, Franckh-Verlag). Mit der Fertigstellung der 42 2580 am 4. März 1945 mußte die WLF, deren Anlagen durch den Bombenkrieg stark in Mitleidenschaft gezogen waren, die Produktion einstellen. Trotz großer Erschwernisse konnte das nach der Besetzung Österreichs sowjetischer Verwaltung unterstellte Werk die Arbeit bald wieder aufnehmen und bereits am 30. und 31. Oktober 1945 als erste Neubauten nach dem Kriege die 42 2701 und 2702 an die provisorisch gebildeten Österreichischen Staatseisenbahnen abliefern, deren groß angeschriebene Initialen das wiedererwachte nationale Selbstbewußtsein manifestierten. Bis Ende 1946 folgten weitere 13 Einheiten, die zum Teil mit Heinl-Mischvorwärmer ausgestattet waren, doch schon am 12. März 1947 endete mit der Abnahme der 42 2717 die Beschaffung von Dampflokomotiven für die Österreichischen Staatsbahnen. Die 42 2716 mußte an die sowjetische Mineralölverwaltung abgegeben werden. Bis zur Betriebsnummer 42 2742 wurden noch die im Bau befindlichen Lokomotiven in Erwartung weiterer Interessenten fertiggestellt. 20 Stück, teilweise mit Heinl-Mischvorwärmer, nahmen die Luxemburgischen Staatsbahnen ab und stellten sie 1948/49 als 55.11 bis 30 in den Dienst ihres schweren Kohle- und Erzverkehrs. Zwei weitere Maschinen, die 42 2722 und 2724, gingen an die volkseigenen Leuna-Werke in Merseburg, die restlichen drei (42 2720, 2723 und 2730) sowie 30 andere Neubauten bis zum 72. Nachkriegsexemplar mit der fiktiven Nummer 42 2780 (Baujahr 1950) im Jahre 1952 als 16.01 bis 33 an die Bulgarische Staatsbahn. Nach Tätigung noch eines beachtlichen Exportauftrages für die Indische Staatsbahn ging nach über hundertjährigem fruchtbaren Wirken der Bau von Dampflokomotiven in Österreich unwiderruflich zu Ende.

Im Gegensatz zur DB, die sich schon bald von der Reihe 42 trennte, war man in Österreich trotz der höheren Anforderungen im Gebirgsdienst mit ihr sehr zufrieden. Zusammen mit vier in Österreich verbliebenen württembergischen 1F-h4v-Lokomotiven Reihe 659 (ehem. württ. K, → EFA 2.6) besorgten sie bei der Zfl. Mürzzuschlag den schweren Güterverkehr am Semmering. 1953 waren noch 51 Stück in Betrieb, die zum Teil mit dem neuen Kabinentender gekuppelt waren. Mit dem Fortschreiten der Elektrifizierung ging der Bedarf an diesen relativ schweren Maschinen kontinuierlich zurück, ohne daß sich eine anderweitige passende Verwendung für sie fand. 25 Stück der noch neuwertigen Nachkriegsbauten konnten an Ungarn verkauft werden, von denen jedoch nur fünf Stück als 501.001 bis 005 Aufnahme in den Fahrpark der MÀV fanden. In Österreich war der Bestand 1964 auf drei Maschinen abgesunken, bis 1966 auch die letzte 42er auf das Abstellgleis wanderte. 1968 war die Baureihe komplett ausgeschieden. Als Vertreterin der letzten in Österreich gebauten Dampflokomotiv-Type nahm das österreichische Eisenbahnmuseum die 42 2708 in seine Fahrzeugsammlung auf.

DRB-Baureihe 44

(→ EFA 1.2)

1E-h3

1943 bis 1952

Techn. Daten: Seite 280

Verstärkte Kohle- und Erzlieferungen aus Westdeutschland und von den Nordseehäfen an die Linzer Stahl- und Hüttenwerke zwangen die Deutsche Reichsbahn zur stärkeren Auslastung der Transportzüge. Noch im Jahre 1938 wurde der vom Personen- und Güterverkehr stark frequentierte Streckenabschnitt Passau–Wels zweigleisig ausgebaut und für einen Achsdruck von 20 t verstärkt. Damit konnten die leistungsstarken Dreizylinderlokomotiven Reihe 44 auch im Bereich der RbD Linz eingesetzt werden. Aus Neulieferungen gingen im August und November 1941 20 Stück von Krauß-Maffei (44 516 bis 525 und 539 bis 548) und zur Jahreswende 1941/42 18 weitere aus der Produktion der WLF (44 684 bis 701) an das Bw Linz. Nach vorübergehendem Abzug der Baureihe wurde 1943 aus den letzten Lieferserien der WLF (44 1096 bis 1099 ÜK) und von Krupp (44 1378 bis 1384) ein neuer Bestand von 17 Stück aufgebaut. 44 1378 bis 1379 waren kurzzeitig in Wels, 44 1096 bis 1099 in Amstetten (zur Übernahme der Erzzüge aus Hieflau) beheimatet.

Nach der Kapitulation des Dritten Reiches kamen die 44 519, 523, 541 und 542 wieder in Linz (US-Zone), die 44 466, 575, 686 und 1382 im Wiener Raum (Sowjetische Zone) in Betrieb. Wegen ihres aufwendigen Unterhalts verzichtete man schon bald auf ihre weitere Verwendung. Bis 1949 waren alle außer Dienst gestellt. Neun im Direktionsbezirk Linz abgestellte, teils kriegsbeschädigte 44er nahmen im Dezember 1952 im Zuge des Lokaustausches den Weg nach Deutschland. Die dem sowjetischen Beutebestand zugehörigen Maschinen übereignete die Bestzungsmacht der Rumänischen Staatsbahn (CFR 150.1301–1304).

DRB-Baureihe 50

ÖBB-Baureihe 50

(→ EFA 1.2)

1E-h2

1939 bis 1972

Techn. Daten: Seite 280

Als eine für die österreichischen Streckenverhältnisse sehr brauchbare Güterzuglokomotive hatte sich die seit 1938 im Beschaffungsprogramm der DRB stehende 1E-h2-Reihe 50 erwiesen, von der zwischen 1939 und 1942 368 Stück von der WLF hergestellt wurden. Insgesamt kamen 190 Loks dieser Reihe bei den Bw Wien West und Lundenburg der RbD Wien, den Bw Villach West und Knittelfeld der RbD Villach und den Bw Linz und Amstetten der RbD Linz zum Einsatz. Sie übernahmen Ende 1939 den Großteil des schweren Güterzugverkehrs auf der Südbahn und der Westbahn. Mit dem Anlaufen der verstärkten Kohlentransporte für die italienische Kriegsindustrie im Sommer 1940 erschienen sie auch auf der Nordbahnstrecke.

Neue Kriegsschauplätze in Südosteuropa und der deutsche Angriff auf die Sowjetunion im Sommer 1941 lösten eine starke Fluktuation in den Lokomotivbeständen aus, in deren Verlauf die Reihe 50 fast gänzlich aus Österreich (nach damaliger offizieller Lesart *Ostmark*) abgezogen wurde. Ab 1942 erfolgte die Fertigung in fortschreitend vereinfachter Bauweise und zuletzt in der mit *ÜK* bezeichneten Bauform als Übergangskriegslokomotive. Zwei von der WLF hergestellte Probeexemplare mit Brotan-Kessel (50 3011 und 3012) blieben ohne Nachfolge, da diese Kesselbauart nach Entwicklung des Gelenkstehbolzens bei Škoda keinen Vorteil mehr versprach.

Die nach dem Zweiten Weltkrieg wiedererrichteten Österreichischen Bundesbahnen konnten zwölf Stück (davon vier der ÜK-Bauart) in ihren Bestand aufnehmen, die bis 1966 vollzählig von der Zfl. Linz eingesetzt wurden. Die letzten fünf wurden 1971 außer Dienst gestellt und im darauffolgenden Jahr kassiert. Drei Stück kaufte die GKB, von denen die 50.1171 sich im fahrbereiten Zustand im Besitz der Bahn befindet, die 50.585 – mit einem 52er Kessel und großen Windleitblechen – wurde von der Deutschen Gesellschaft für Eisenbahngeschichte erworben.

DRB-Baureihe 52

ÖBB-Baureihen 52 und 152
(→ EFA 1.2)

1E-h2

1942 bis 1976

Techn. Daten: Seite 281

Schon in den Jahren vor Ausbruch des Zweiten Weltkrieges mußten in vielen Produktionsbereichen der deutschen Industrie importabhängige Edelmetalle durch „Heimstoffe“ ersetzt werden. Wachsende Engpässe in der Rohstoffversorgung zwangen im Lokomotivbau ab 1941 in zunehmendem Maße zu Einsparungen durch Konstruktionsvereinfachungen an den in großen Serien produzierten Güterzugtypen der Reihen 44, 50 und 86. Gleichzeitig ließ die Ausweitung des Kriegsgeschehens die Transportaufgaben der Deutschen Reichsbahn ungeahnte Dimensionen annehmen. Die Bereitstellung des erforderlichen Lokomotivparks konnte nur durch eine erheblich verstärkte Neuproduktion unter Umstellung auf neue, material- und arbeitszeitsparende Fertigungsmethoden sichergestellt werden. Einem dem Reichsminister für Bewaffnung und Munition unterstehender Hauptausschuß für Schienenfahrzeuge fiel die Aufgabe zu, die Planungen der Herstellerfirmen und des Reichsbahn-Zentralamtes zu koordinieren. Noch im Sommer 1941 legte die Wiener Lokomotivfabrik den ersten selbständigen Entwurf einer „Kriegslokomotive“ in der Gestalt eines laufachsenlosen Fünfkupplers mit Beugniot-Hebeln vor, dessen österreichischer Einfluß unverkennbar war. Das bereits fortgeschrittene Projekt wurde schließlich zugunsten einer von der Reihe 50 abgeleiteten und als Reihe 52 bezeichneten 1E-Type aufgegeben. Es würde zu weit führen, an dieser Stelle auf die Stadien des Überganges einzugehen und die zahlreichen Versuchsbauarten und Sonderformen im einzelnen vorzustellen, da hierüber umfangreiches Schrifttum vorliegt (→ EFA 1.2).

Bezeichnend für den fließenden „Entfeinerungs“-Prozeß war die Eingliederung der letzten, noch als Reihe 50 ÜK bestellten Einheiten in die laufende Numerierung der Reihe 52, von der sie sich kaum noch unterschieden. An den bis Dezember 1944 in rationeller Massenfertigung hergestellten 6244 Lieferexemplaren der Reihe 52 (davon 93 für fremde Bahnverwaltungen) war die WLF mit 1172 Stück für die Deutsche Reichsbahn und weiteren 20 Stück für die CFR (Reihe 150.10) maßgeblich beteiligt. Auf österreichischen Strecken erschien die Reihe 52 ab Februar 1943. Obwohl die meisten dieser Maschinen auf Anordnung des Reichsverkehrsministeriums für den Einsatz auf den Nachschubstrecken im Osten, auf dem Balkan und in Italien wieder abgegeben werden mußten, verdrängten sie vorübergehend gänzlich die Reihe 50 von den österreichischen Strecken. Mit der Reihe 52 ausgestattet waren zeitweise im Bereich der RbD Wien alle Wiener Bw mit Ausnahme von Wien Süd, ferner Hütteldorf, Stadlau, Straßhof, Lundenburg, Graz und Marburg/Drau, bei der RbD Linz die Bw Linz, Amstetten, Wels, Gmünd, Selzthal und bei der RbD Villach die Bw Villach-West, St. Veit a. d. Glan, Knittelfeld, Bruck a. d. Mur und Lienz.

Mit dem Näherrücken der Fronten in der letzten Phase des Krieges setzte eine starke Rückführbewegung von Lokomotiven aus den Räumungsgebieten ein. Nach der Kapitulation des

52 6737 mit Steifrahmentender 4 T30 der Rax-Werke, Floridsdorf 1943
Foto: Sammlung Schröpfer

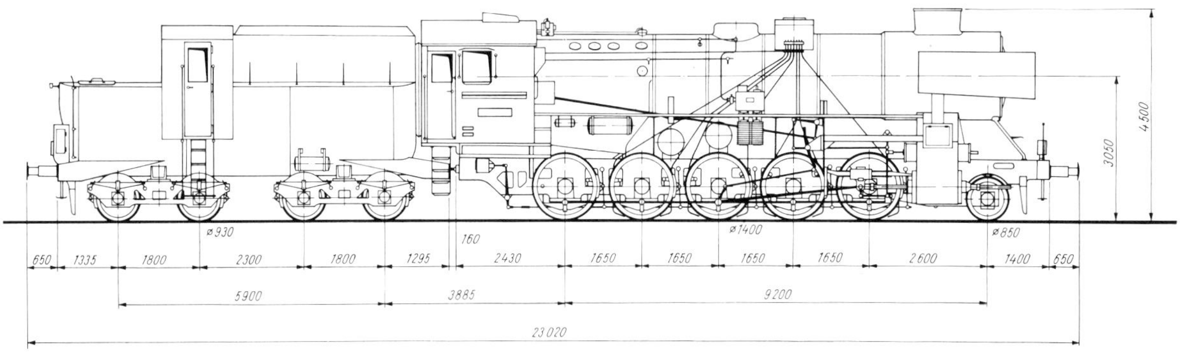

52 oben mit Kabinentender und Giesl-Ejektor – unten mit Öltender

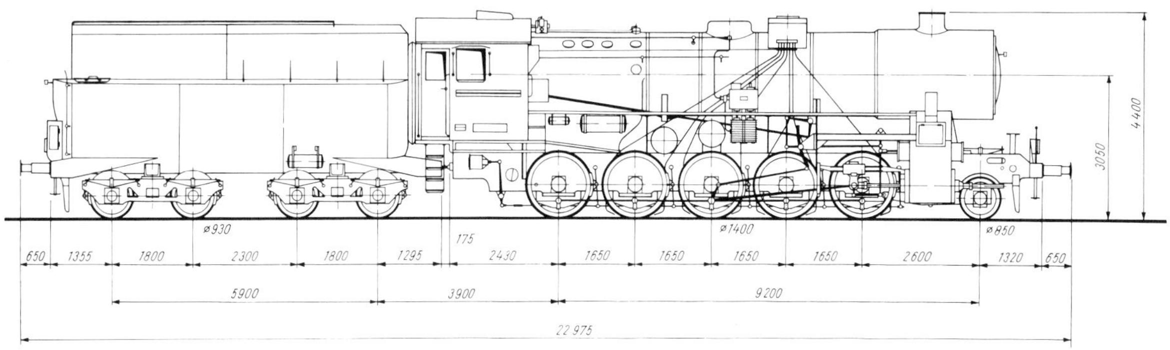

Deutschen Reiches befanden sich über 700 Lokomotiven der Reihe 52 auf dem Boden des befreiten, aber von den Siegermächten in Besatzungszonen aufgeteilten Österreich. Nach Wiedererlangung der staatlichen Souveränität konnten die ÖBB noch 319 Stück in ihren vorläufigen Bestand aufnehmen. Die übrigen – soweit sie nicht wegen Kriegsschäden ausgemustert werden mußten – nahmen ihren Weg als Beutegut nach dem Osten und nach Jugoslawien. Mit der Einführung des neuen Nummernschemas wurden noch 267 Stück mit Blechrahmen unter ihrer bisherigen Bezeichnung, 36 Einheiten mit Barrenrahmen als Reihe 152 im endgültigen Besitzstand geführt. Darin nicht erfaßt sind elf „Sperrlokomotiven“ im Dienste der sowjetischen Militärverwaltung, deren Spuren im Dunkeln verliefen.

Wegen der anhaltenden Kohlenknappheit in den Nachkriegsjahren waren mehrere Maschinen zeitweise mit Ölhaupt- oder -zusatzfeuerung ausgestattet. Obwohl die Kriegslokomotiven nur für eine kurze Lebensdauer ausgelegt waren, haben sie sich nach friedensmäßiger Aufarbeitung als äußerst robust und langlebig erwiesen, nicht zuletzt, weil sie mit ihrem Achsdruck von 15 t und ihrer Höchstgeschwindigkeit von 80 km/h in beiden Fahrtrichtungen bei einer Leistung von 1620 PS eine freizügige Verwendung in fast allen Bereichen der Zugförderung gestatteten. In den fünfziger Jahren ließen die ÖBB 100 Lokomotiven der Reihe 52 und alle 36 der Reihe 152 mit dem Giesl-Ejektor und Siederohrdrosselung ausstatten. In dieser letzten, wärmewirtschaftlich hoch effektiven Bauform war die Reihe 52 der Ausgangsbauart Reihe 50 deutlich überlegen. Darüber hinaus hatten dreißig 52er und zehn 152er einen Heinl-Mischvorwärmer erhalten.

Für die Reihe 52 hatte die WLF den vierachsigen Steifrahmentender 4T 30 entwickelt, welcher in den ihr zugehörigen Rax-Werken gefertigt wurde und den BBÖ-Tender Reihe 84 zum Vorbild hatte. Er wurde jedoch zugunsten des rahmenlosen Wannentenders gleicher Bezeichnung der Firma Westwaggon aufgegeben, der auf Güterwagendrehgestellen Bauart Orenstein &

Koppel montiert war und bessere Laufeigenschaften besaß. Sein Wasserinhalt wurde später von 30 auf 32 m³ vergrößert (4T32). Zur Einsparung des Güterzugbegleitwagens bauten Westwaggon 1942 einen Wannentender mit Zugführerkabine, welcher mit Lok 52 7000 von Floridsdorf gekuppelt wurde. Die Einrichtung wurde zum Vorbild für ein groß angelegtes Umbauprogramm bei den ÖBB und der DB in den fünfziger Jahren.

Von der Barrenrahmenvariante Reihe 152 wurden 1968 zehn Stück an die Graz-Köflacher Bahn verkauft, die übrigen bis 1972 abgestellt, wogegen der 52er zum Jahreswechsel 1973/74 mit 122 Exemplaren noch immer das Rückgrat der nicht elektrifizierten Zugförderung war. Mit vier Maschinen der Zfl. Straßhof endete am 31. Dezember 1976 der planmäßige Dampfbetrieb bei der ÖBB. Selbst über diesen Zeitpunkt hinaus blieben noch eine Anzahl 52er als strategische Reserve betriebsfähig hinterstellt. 13 Stück gingen zwischen 1968 und 1973 an die GKB, die einzelne noch bis 1978 einsetzte.

Wenn die Reihe 52 ihre Entstehung auch kriegsbedingten Umständen verdankt, was ihr als anspruchsloses Massentraktionsmittel die Bezeichnung *Kriegslokomotive* eintrug, so darf dabei nicht übersehen werden, daß gerade diese zahlenmäßig stärkste Loktype Mitteleuropas es war, die wie keine andere zum Wiederingangkommen des nach dem Kriege völlig daniederliegenden Schienenverkehrs beigetragen hat und so auch zu einer wichtigen Stütze des friedlichen Wiederaufbaus wurde.

Betriebsfähig erhalten und zu Nostalgiefahrten eingesetzt werden die 52.1198 (DWM *Deutsche Waffen- und Munitionswerke, Posen [vorm. Cegielski]* 1944), 52.3316 (Jung 1943) und 52.3517 (Krauß-Maffei 1943) von der Gesellschaft für österreichische Eisenbahngeschichte und die 52.3879 und 52.7612 (beide WLF 1944) von der Dampflokomotiven-Betriebsgesellschaft, während die 52.7595 (ebenfalls WLF 1944) als Exponat der Fahrzeugsammlung des Wiener Eisenbahnmuseums zugeführt wurde.

52 1718; ÖBB-Neubau mit Heinl-Mischvorwärmer und Kabinentender, Floridsdorf 1947
Foto: Sammlung Griebl/Ostendorf

DRB-Baureihe 86 ÖBB-Baureihe 86 (→ EFA 1.3)
1D1-h2t
1927 bis 1972
Techn. Daten: Seite 281

Schon bald nach dem „Anschluß" erhielt Floridsdorf einen ersten Auftrag für 35 1D1-h2-Tenderlokomotiven Reihe 86, deren Ablieferung im Januar 1939 begann. Diese vielseitig verwendbare Bauart aus dem Einheitsbauprogramm der Deutschen Reichsbahn vom Jahre 1925 konnte dank ihrer Achsfahrmasse von nur 15 t auch auf vielen heimischen Strecken eingesetzt werden.

27 Stück fanden sich nach Kriegsende im Bestand der ÖBB und standen bis 1965 noch vollzählig bei den Zfln Attnang-Puchheim, Hieflau, Klagenfurt, Selzthal und St. Veit a. d. Glan im Einsatz. Die große Ausmusterungswelle des Jahres 1968 verringerte ihre Anzahl auf vier. Als letzte schieden am 20. März 1972 die 86 476 und 781 aus. Die zuletzt gelieferten Exemplare waren unter vermehrter Anwendung der Schweißtechnik in vereinfachter Ausführung gefertigt. Die 86 789 erhielt nach dem Kriege versuchsweise einen Heinl-Mischvorwärmer eingebaut.

Nicht ausgeführte Projekte

Techn. Daten: Seite 281

Nicht unerwähnt bleiben sollen zwei unorthodoxe Entwürfe der WLF, welche infolge der sich zuspitzenden Kriegslage nicht mehr realisiert wurden. Nach den unbefriedigend verlaufenen Versuchen mit den beiden 1F1t-Zahnradlokomotiven Reihe 97.4 für die Erzbergbahn schlug Floridsdorf 1942 eine Lokomotive gleicher Radsatzfolge mit Dampfmotor-Achsantrieb für das Zahnradtriebwerk vor. Wenn dabei auch das Interesse der Henschel-Werke als damaligem Haupteigner des Wiener Unternehmens an der praktischen Nutzung dieses in Kassel entwickelten Antriebskonzepts (vgl. Baureihe 19.10, → EFA Band 1.1) nicht zu übersehen ist, so versprach seine Nutzanwendung in diesem Betriebsbereich doch nur dort Erfolg, wo man über die praktischen Erfahrungen verfügte. Leider mußte die Weiterarbeit an diesem Vorhaben zugunsten des rationellen Großserienbaues kriegswichtiger Güterzuglokomotiven eingestellt werden.

Von unkonventionellem Denken geprägt war auch der von der WLF eingereichte Entwurf für die geforderte dritte Kriegslokomotive (KDL 3) für die Deutsche Reichsbahn. Trotz aller Rückschläge auf den Kriegsschauplätzen beschäftigten sich die militärischen und zivilen Transportleitstellen mit großräumigen Planungen zur Sicherstellung des Nachschubs zu der noch weit von der östlichen Reichsgrenze entfernten Front von fast 1000 km Breite. Da man noch mit einer längeren Dauer des Krieges rechnete, war zur Steigerung der Transportleistung der Ausbau der wichtigsten Nachschubstrecken für eine Achslast von 20 t in Aussicht genommen, um den Einsatz wesentlich stärkerer Lokomotiven zu ermöglichen. Angestrebt wurde die Beförderung von 1700-t-Zügen auf einer Steigung von 8 ‰ mit 20 km/h, wofür eine Leistung von mindestens 2500 PS aufzubringen gewesen wäre. An der Ausschreibung des Hauptausschusses für Fahrzeugbeschaffung (1942 im Auftrag des Reichsministers für Bewaffnung und Munition gebildet) beteiligten sich alle im damaligen Deutschen Reich ansässigen Lokomotivfabriken. Die eingereichten Vorschläge, die im Schrifttum eingehend erörtert wurden (Gottwald, Die deutschen Kriegslokomotiven, Franckh-Verlag), reichten vom Fünfkuppler mit Hilfsantrieb (Booster-Schleppachse) bis zu zwölfachsigen Gelenkbauarten mit acht angetriebenen Achsen.

Der von der WLF ausgearbeitete Entwurf sah eine 1CC1-Einrahmen-Lokomotive mit zwei starren, symmetrisch angeordneten Triebwerksgruppen vor. Diese Form des unterteilten Antriebs war bereits in den dreißiger Jahren Gegenstand eingehender Forschungen und kam bei der Pennsylvania-Bahn als Duplex-Bauart zur praktischen Anwendung. Hauptziel dieser Bauform war die Aufteilung der Antriebskräfte und der rotierenden Triebwerksmassen unter Beibehaltung eines ungeteilten Rahmens. Der dadurch zu erwartende Minderverschleiß wäre für den vorgesehenen Einsatzbereich der KDL 3 ein nicht zu unterschätzender Vorteil gewesen. Wie sich allerdings die langen Dampfleitungen zu den rückwärtigen Zylindern und deren Verhalten im Strahlungsbereich der Feuerbüchse letztlich im rauhen Betriebsalltag ausgewirkt hätte, muß hypothetischen Betrachtungen überlassen bleiben. Der Rückzug der deutschen Wehrmacht aus den vorgesehenen Einsatzgebieten enthob den Fachausschuß einer Entscheidung über die Bauform der dritten Kriegslokomotive.

Für Projekte dieser Größenordnung bestand nach dem Kriege im Bereich der mitteleuropäischen Eisenbahnen keine Nachfrage mehr. Ein Einsatz solcher Dampflokgiganten wäre schon allein am Mangel an geeigneten Behandlungsanlagen gescheitert, ganz zu schweigen von der Höhe der Betriebskosten.

Hauptkenndaten

Abweichend vom chronologischen System der Beschreibungen sind die Baureihen in den folgenden Tabellen numerisch geordnet, zum leichteren Vergleich miteinander jedoch in die Gruppen Schlepptender- und Tenderlokomotiven unterteilt.

Durch den auch in Österreich üblichen Tenderwechsel gibt es bei den Längenangaben oftmals Unterschiede zu den Zeichnungen. In den Tabellen ist jeweils nur die am meisten gekuppelte Tenderbauart vermerkt, detailliertere Informationen enthalten die Beschreibungen der betreffenden Baureihen.

Auch bei den Raddurchmessern gibt es Unterschiede. In den Tabellen ist – wie in den Merkbüchern der DRB und den anderen EFA-Bänden – immer das Maß für neue Radreifen genannt, während bei den Zeichnungen aus Gründen der historischen Authentizität bei Altbauarten die früher übliche Angabe der Mindeststärke nach Aufbrauch beibehalten wurde.

209.13 im Dienst der BBÖ, Wiener Neustadt 5080/1912
Foto: Ing. O. Zell/Sammlung Schröpfer

Schlepptenderlokomotiven

Baureihe kkStB/BBÖ		1	2	4
DRB		–	–	–
ÖBB		–	–	–
Bauart		2B-n2	2B-n2	2B-n2
Zulässige Fahrgeschwindigkeit	km/h	80	80	80
Zylinderdurchmesser	mm	435	435	435
Kolbenhub	mm	632	632	632
Treibraddurchmesser	mm	1720	1720	1820
Laufraddurchmesser	mm	1034	1034	1034
Kesseldruck	kg/cm²	9/11	10	11
Rostfläche	m²	1,86	2,06	2,06
Anzahl der Heizrohre	Stck	196	186	186
Anzahl der Rauchrohre	Stck	–	–	–
Rohrlänge	mm			
Heizflächen (feuerberührt)				
Feuerbüchse	m²	6[1)]	7[1)]	7[1)]
Heiz- und Rauchrohre	m²	104[1)]	105[1)]	108[1)]
Verdampfungsheizfläche	m²	110[1)]	112[1)]	115[1)]
Überhitzerfläche	m²	–	–	–
Bauart des Vorwärmers		–	–	–
Achsstände				
Lokomotive	mm			
Lokomotive mit Tender	mm			
Länge über Puffer	mm			
Dienstgewicht	t	39,0	44,7	45,5
Reibungsgewicht	t	24,5	26,7	27,0
gekuppelt mit Tender Reihe		35	35	35
Wasserinhalt	m³			
Brennstoffvorrat	t			
Anzahl der Achsen				
Urheberfirma		WrN	WrN	WrN
Erstes Baujahr		1877	1885	1885
Beschreibung auf Seite		*32*	*32*	*32*

Abkürzungen

Vorwärmerbauarten
AV = Abdampfvorwärmer
AED = Abdampf-Einspritzvorwärmer Bauart Dabeg
AEH = Abdampf-Einspritzvorwärmer Bauart Heinl
AJF = Abdampf-Injektor Bauart Friedmann

(...) = nicht bei allen Loks vorhanden

Urheberfirmen
Fdf = Wiener Lokomotivfabrik Floridsdorf
WrN = Lokomotivfabrik Wiener Neustadt (vorm. Sigl)
StEG = Maschinenfabrik der Staatseisenbahngesellschaft, Wien
BMMF = Erste Böhmisch-Mährische Maschinenfabrik Prag-Lieben
Krauß = Lokomotivfabrik Krauß & Co, Werk Linz
DLV = Deutsche Lokomotivbau-Vereinigung
MFWG = Maschinenfabrik der Wien-Gloggnitzer Bahn

205	106	206	306	108	308
–	13.1	13.1	13.2	–	14.0
–	–	–	–	–	–
1B1-n2	2B-n2v	2B-n2v	2B-h2v	2B1-n4v	2B1-n2
80	90	90	100	100	100
460	500/760	500/760	520/760	350/600	470
650	680	680	680	680	600
2120	2140	2140	2140	2140	2000
1100	1034	1034	1034	1034/1298	1010
9/10	13	13	15	15	13
2,31	3,0	3,0	3,0	3,53	2,9
	205	219	123	329/314	230
	–	–	18	–	–
	4400	3900	3900	4000	4110
	10,4	12,0	12,0	16[1]	11,9
	130,1	123,0	95,4	199[1]	145,2
119[1]	140,5	135,0	107,4	215[1]	157,1
–	–	–	34,9	–	–
–	–	–	–	–	–
6000	7300	7300	7300	9020	8150
	12 996	12 994	12 994	16 448	13 968
	16 415	16 428	16 428		17 070
48,6	55,7	54,2	56,9	68,3	60,6
27,3	28,7	29,0	29,0	29,0	28,0
37	56	56	156	86	74
9,5	16,75	16,75	16	21,0	14,8
5	6,8	6,8	6,8	8,72	6,0
	3	3	3	4	3
StEG	StEG	WrN	StEG	BMMF	WrN
1886	1898	1903	1908	1901	1895
35	*40*	*42*	*44*	*46*	*49*

[1] aus wasserberührten Flächen errechnet

Baureihe kkStB/BBÖ		9	109	209
DRB		–	–	38.41
ÖBB		–	–	38
Bauart		2C-n2v	2C-n4v	2C-h2
Zulässige Fahrgeschwindigkeit	km/h	90	80	90
Zylinderdurchmesser	mm	530/810	350/580	550
Kolbenhub	mm	720	650	660
Treibraddurchmesser	mm	1820	1820	1740
Laufraddurchmesser	mm	1034	1034	1034
Kesseldruck	kg/cm²	14	13	13
Rostfläche	m²	3,1	3,1	3,55
Anzahl der Heizrohre	Stck	273		156
Anzahl der Rauchrohre	Stck			22
Rohrlänge	mm	4400	4600	4900
Heizflächen (feuerberührt)				
Feuerbüchse	m²	15,5		12,0
Heiz- und Rauchrohre	m²	172[1)]		161,8
Verdampfungsheizfläche	m²	197[1)]	165[1)]	173,8
Überhitzerfläche	m²	–	–	52,0
Bauart des Vorwärmers		–	–	(AED/AJF)
Achsstände				
Lokomotive	mm	8460	8770	8190
Lokomotive mit Tender	mm	14 404		14 101
Länge über Puffer	mm	17 871		17 559
Dienstgewicht	t	69,1	64,9	66,9
Reibungsgewicht	t	43,5	42,5	43,2
gekuppelt mit Tender Reihe		56	72	456
Wasserinhalt	m³	16,75		17,0
Brennstoffvorrat	t	6,8		6,0
Anzahl der Achsen		3	3	3
Urheberfirma		StEG	StEG	WrN
Erstes Baujahr		1898	1902	1910
Beschreibung auf Seite		*52*	*54*	*56*

409	10	110	110.500	210
17.6	15.0	35.0	35.0	16.0
–	15	–	–	–
2C-h2	1C1-h4v	1C1-n4v	1C1-t4v	1C2-t4v
90	90	80	80	100
530	390/630	370/630	370/630	390/660
720	720	720	720	720
1820	1820	1820	1820	2140
1034	1034	1034	1034	1034
14	15	15	15	15
3,1	3,67	3,7	3,67	4,62
151	157	282	282	291
24	24	–	–	–
4400	5272	5572	5200	5750[2]
15,5	13,0	13,0	13,7	14,72
134,98	176,3	242,0	224,2	181[1]
150,48	189,3	255,0	237,9	196[1]
47,8	65,1	–	–	–[3]
–	AV	Dabeg	Dabeg	–
8460	9490	9490	9490	10 450
14 404	14 584	14 584	14 584	18 226
17 871	18 048	18 048	18 048	21 530
69,4	73,7	69,1	71,1	83,8
43,2	45,9	42,9	44,1	43,8
156	156	156	156	86
16,0	16,0	16,0	16,0	21,0
6,8	6,8	6,8	6,8	8,72
StEG	StEG	Fdf	Fdf	Fdf
Reko 1923 aus Reihe 9	1909	1904	1908	1908
52	*61*	*59*	*59*	*63*

[1] aus wasserberührten Flächen errechnet
[2] abzüglich 1540 mm für Dampftrockner
[3] 69,9 m² Rohrfläche für Dampftrockner

Baureihe kkStB/BBÖ		310	310.300	910
DRB		16.0	16.0	35.5
ÖBB		16	–	–
Bauart		1C2-h4v	1C2-h4v	1C1-h2
Zulässige Fahrgeschwindigkeit	km/h	100	100	90
Zylinderdurchmesser	mm	390/660	390/660	540
Kolbenhub	mm	720	720	680
Treibraddurchmesser	mm	2140	2140	1820
Laufraddurchmesser	mm	1034	1034	1034/870
Kesseldruck	kg/cm^2	15/16	16	14
Rostfläche	m^2	4,62	4,12	3,04
Anzahl der Heizrohre	Stck	170	152	134
Anzahl der Rauchrohre	Stck	24	24	18
Rohrlänge	mm	5150	5150	4600
Heizflächen (feuerberührt)				
Feuerbüchse	m^2	14,72	15,9[1)]	14,28
Heiz- und Rauchrohre	m^2	180,83	167[1)]	121,6
Verdampfungsheizfläche	m^2	195,55	182,9[1)]	135,88
Überhitzerfläche	m^2	55,0	55,0	32,5
Bauart des Vorwärmers		(AV)	AV	(AJF)
Achsstände				
Lokomotive	mm	10 450	10 450	9260
Lokomotive mit Tender	mm	18 252		15 074
Länge über Puffer	mm	21 404		18 311
Dienstgewicht	t	86,0	88,7	68,0
Reibungsgewicht	t	44,1	46,2	42,0
gekuppelt mit Tender Reihe		86	88	156
Wasserinhalt	m^3	21,0	27,0	16,0
Brennstoffvorrat	t	8,72	8,0	6,8
Anzahl der Achsen			4	3
Urheberfirma		Fdf	Fdf	Fdf
Erstes Baujahr		1911	1918	1916
Beschreibung auf Seite		*65*	*69*	*71*

113 33.1 33	114 12.1 –	214.01 12.001 12.01	214.02–07 12.002–007 12.02–07	214.08–13 12.008–013 12.08–13
2D-h2	1D2-h3	1D2-h2	1D2-h2	1D2-h2
100 (85)	100	100	100	120
560	3 × 530	650	650	650
720	720	720	720	720
1740	1940	1940	1940	1940
1034	1034	1034	1034	1034
15	15	15	15	15
4,47	4,72	4,72	4,72	4,72
151	151	151	147	147
32	38	38	38	38
5200	6000	6000	6000	6000
16,1	18,7	18,7	18,7	18,7
187,9	243,3	243,3	239,3	239,3
204,0	262,0	262,0	258,0	258,0
69,5	91,0	91,0	91,0	91,0
Dabeg	AV	AV	AV	AV
9540	12 635	12 635	12 635	12 635
17 242	19 403	19 403	19 403	19 403
20 698	22 613	22 580	22 580	22 580
85,16	117,2	116,6	116,85	123,51
59,44	70,2	69,9	69,9	72,13
85	84	84	84	85
27,0	29,5	29,5	29,5	28,5
7,44	8,0	8,0	8,0	7,0
4	4	4	4	4
StEG	WrN	Fdf	Fdf	Fdf
1923	1929	1928	1931	1936
73	*83*	*78*	*78*	*78*

[1] aus wasserberührten Flächen errechnet

Baureihe kkStB/BBÖ		227	329	429
DRB		–	35.1	35.3
ÖBB		–	–	135
Bauart		2C-n2	1C1-n2v	1C1-h2v
Zulässige Fahrgeschwindigkeit	km/h	80	80	80
Zylinderdurchmesser	mm	470	450/690	475/690
Kolbenhub	mm	600	720	720
Treibraddurchmesser	mm	1614	1614	1614
Laufraddurchmesser	mm	870	870	870
Kesseldruck	kg/cm²	13	15	15
Rostfläche	m²	2,9	3,0	3,0
Anzahl der Heizrohre	Stck	230	218	170
Anzahl der Rauchrohre	Stck	–		
Rohrlänge	mm	4110	4400	4060
Heizflächen (feuerberührt)				
Feuerbüchse	m²	11,9	14,2	14,2
Heiz- und Rauchrohre	m²	145,2	138,5	85,6
Verdampfungsheizfläche	m²	157,1	152,7	126,0
Überhitzerfläche	m²	–	–	28,25
Bauart des Vorwärmers		–	Dabeg	(AED)
Achsstände				
Lokomotive	mm	8350	8030	8030
Lokomotive mit Tender	mm	14 157	13 846	13 796
Länge über Puffer	mm	17 359	15 935	16 873
Dienstgewicht	t	64,0	59,7	61,2
Reibungsgewicht	t	40,2	43,0	43,0
gekuppelt mit Tender Reihe		74	56/76	156
Wasserinhalt	m³	14,8	14,2/16,75	16,0
Brennstoffvorrat	t	6,0	5,76	6,8
Anzahl der Achsen		3	3	3
Urheberfirma		WrN	Fdf	StEG
Erstes Baujahr		Reko 1913 aus R. 308	1907	1909
Beschreibung auf Seite		*87*	*88*	*91*

429.900	231	47	49	56
35.2	34.70	53.71	53.71	53.71
35	–	53	153	253
1C1-h2	C-n2	C-n2	C-n2	C-n2
80	70	50	45	50
475	450	435	460	450
720	650	632	632	632
1614	1460	1300	1265	1298
870	–	–	–	–
15	10	10	6,75	11
3,0	2,32	1,85	1,59	1,8
170	193	186	183	186
4060	4135	4111	4283	4165
14,2	9,8	8,6	8,5	7,8
85,6	115,3	110,1	113,2	111,8
126,0	125,1	118,7	121,7	119,6
28,25	–	–	–	–
(AED)	–	–	–	–
8030	3950	3160	2950	3160
13 844	10 741	10 401		10 661
16 945	15 142	14 994	14 290	15 127
61,2	41,7	38,55	38,0	42,3
43,0	41,7	38,55	38,0	42,3
156	37	36	12	36
16,0	9,5	12,0	8,4	12,0
6,8	5,0	4,8	5,4	4,8
3	3	3	3	3
Fdf	StEG	WrN	StEG	WrN
1913	1890	1868	1860	1888
91	*119*	*121*	*121*	*124*

Baureihe kkStB/BBÖ DRB ÖBB		58 53.71 –	59 53.72 353	60 54.0 54
Bauart		C-n2	C-n2v	1C-n2v
Zulässige Fahrgeschwindigkeit	km/h	45	50	60
Zylinderdurchmesser	mm	480	500/740	520/740
Kolbenhub	mm	610	632	632
Treibraddurchmesser	mm	1259	1298	1298
Laufraddurchmesser	mm	–	–	870
Kesseldruck	kg/cm^2	11,5	12	13
Rostfläche	m^2	1,8	1,81	2,7
Anzahl der Heizrohre	Stck	191	188	202
Anzahl der Rauchrohre	Stck			–
Rohrlänge	mm	4275	4160	4165
Heizflächen (feuerberührt)				
Feuerbüchse	m^2	9,5	8,4	10,0
Heiz- und Rauchrohre	m^2	118,0	113,0	121,3
Verdampfungsheizfläche	m^2	127,5	121,4	131,3
Überhitzerfläche	m^2	–	–	–
Bauart des Vorwärmers		–	–	–
Achsstände				
Lokomotive	mm	3240	3160	5500
Lokomotive mit Tender	mm	10 353	10 695	12 365
Länge über Puffer	mm	14 921	15 105	15 910
Dienstgewicht	t	42,0	42,0	53,5
Reibungsgewicht	t	42,0	42,0	43,1
gekuppelt mit Tender Reihe		17	36	56
Wasserinhalt	m^3	10,7	12,0	16,75
Brennstoffvorrat	t	5,9	4,8	5,76/6,8
Anzahl der Achsen		3	3	3
Urheberfirma		StEG	WrN	WrN
Erstes Baujahr		1893	1893	1895
Beschreibung auf Seite		*125*	*126*	*128*

260 54.1 154	360 54.2 254	360 54.3 354	460 54.4 454	170 56.31–33 56
1C-n2v	1C-n2	1C-n2v	1C-h2	1D-n2v
60	60	65	60	60
480/740	470	470/720	520	540/800
660	632	632	632	632
1440	1404	1404	1404	1298
1010	1010	1010	1010	870
12	13	13	13	13
2,2	2,7/2,9	2,7	2,7	3,3/3,87
199	210/236	210	118	295
–	–	–	18	–
4110	4250	4250	4250	5000
9,5	11,7/13,0	11,7	11,7	14,3/14,0
125,0	131,3/147,2	131,3	101,2	212,4
134,5	143,0/160,2	143,0	112,9	226,7/226,4
–	–		27,7	–
–	AED	AED	AED	(AED)
6150	6170	6170	6220	6800
12 740	12 559	12 559	12 780	13 696
16 134	16 056	16 056	16 520	17 430
51,3	55,6	55,6	55,1	69,0
40,9	42,6	42,6	42,0	58,0
47	49	49	54	156
12	11,6	11,6	15,0	16,0
6,0	5,0	5,0	6,8	6,8
3	3	3	3	3
WrN	Fdf	Fdf	Fdf	WrN
1896	1902	1901	1906	1897
131	*133*	*133*	*135*	*137*

Baureihe kkStB/BBÖ		270	470	570
DRB		56.34–35	–	33.0
ÖBB		156	–	133
Bauart		1D-h2	1D1-h4v	2D-h2
Zulässige Fahrgeschwindigkeit	km/h	60	80	100 (85)
Zylinderdurchmesser	mm	570	450/690	610
Kolbenhub	mm	632	680	650
Treibraddurchmesser	mm	1298	1614	1740
Laufraddurchmesser	mm	870	1034	1034
Kesseldruck	kg/cm^2	13	15	14
Rostfläche	m^2	3,87	4,46	4,47
Anzahl der Heizrohre	Stck	173	164	153
Anzahl der Rauchrohre	Stck	24	24	32
Rohrlänge	mm	4500	4700	5200
Heizflächen (feuerberührt)				
Feuerbüchse	m^2	13,9	15,4	16,1
Heiz- und Rauchrohre	m^2	152,86	163,0	184,2
Verdampfungsheizfläche	m^2	166,76	178,4	200,3
Überhitzerfläche	m^2	48,5	62,6	69,5
Bauart des Vorwärmers		(AED)	(AED)	–
Achsstände				
Lokomotive	mm	6800	9450	9540
Lokomotive mit Tender	mm	13 694	15 384	16 874
Länge über Puffer	mm	17 443	18 685	20 334
Dienstgewicht	t	68,0	86,65	83,7
Reibungsgewicht	t	57,3	58,0	57,2
gekuppelt mit Tender Reihe		56	156/86	87
Wasserinhalt	m^3	16,75	16,0/21	27,0
Brennstoffvorrat	t	6,8	6,8/8,72	7,36
Anzahl der Achsen		3	3/4	4
Urheberfirma		BMMF	Fdf	StEG
Erstes Baujahr		1917	1914	1915
Beschreibung auf Seite		*141*	*94*	*98*

670	571	73	174	80
39.3	55.70	55.57	55.59	57.4
39	–	55	155	157
1D1-h2	D-n2	D-n2	D-n2	E-h2v
90 (80)	35	35	40	50
560	470	500	500	590/850
680	632	570	570	632
1614	1186	1140	1140	1298
1034	–	–	–	–
15	9	11	11	14
4,46	1,96	2,25	2,54	3,42
164	185	209	236	148
24	–	–	–	22
4700	5008	5100	4590	4250
15,4	9,6	11,2	10,6	12,0
163,0	137,0	153,8	156,2	124,5
178,4	146,6	165,0	166,8	136,5
62,6	–	–	–	33,75
(AED)	–	–	–	(AED)
9450	3794	3900	3900	5600
15 384	11 224	11 630	11 360	15 546
18 685	15 617	16 467	16 202	17 280
84,7	46,1	55,1	56,7	69,4
57,0	46,1	55,1	56,7	69,4
156	37	36	76	156
16,0	9,5	12,0	14,2	16,0
6,8	5,0	4,8	5,76	6,8
3	3	3	3	3
Fdf	StEG	Fdf	Fdf	Fdf
Umbau 1926 aus R. 470	1869	1885	1909	1909
94	*148*	*149*	*151*	*159*

Baureihe kkStB/BBÖ		80.600	80.900	180
DRB		57.1	57.2–3	57.0
ÖBB		–	57	–
Bauart		E-h2	E-h2	E-n2v
Zulässige Fahrgeschwindigkeit	km/h	50	50	50
Zylinderdurchmesser	mm	590	590	650/850
Kolbenhub	mm	632	632	632
Treibraddurchmesser	mm	1298	1298	1298
Laufraddurchmesser	mm	–	–	–
Kesseldruck	kg/cm²	14	14	13/14
Rostfläche	m²	3,42	3,42	3,0/3,42
Anzahl der Heizrohre	Stck	140	148	264
Anzahl der Rauchrohre	Stck	–	22	–
Rohrlänge	mm	4250	4250	4500
Heizflächen (feuerberührt)				
Feuerbüchse	m²	12,0	12,0	13,0/13,3
Heiz- und Rauchrohre	m²	130,0	124,5	171,1
Verdampfungsheizfläche	m²	142,0	136,5	184,1/184,4
Überhitzerfläche	m²	84,7[4)]	33,75	–
Bauart des Vorwärmers		AED	(AED)	–
Achsstände				
Lokomotive	mm	5600	5600	5600
Lokomotive mit Tender	mm	15 546	15 546	12 546
Länge über Puffer	mm	17 280	17 280	17 268
Dienstgewicht	t	69,4	69,4	65,7/66,5
Reibungsgewicht	t	69,4	69,4	65,7/66,5
gekuppelt mit Tender Reihe		156	156	9/56
Wasserinhalt	m³	16,0	16,0	10/16,75
Brennstoffvorrat	t	6,8	6,8	6/5,76
Anzahl der Achsen		3	3	
Urheberfirma		Fdf	Fdf	Fdf
Erstes Baujahr		1909	1911	1900
Beschreibung auf Seite		*159*	*159*	*156*

280	380	480	580	680
–	58.9	57.6	58.9	57.0
–	–	257	258	–
1E-t4v	1E-h4v	E-h2	1E-h2	E-h2
70	70	50	70	50
370/630	390/630	610	610	590
720	720	632	720	632
1450	1450	1298	1450	1298
1034	1034	–	880	–
16	16	14	14	14
4,6	4,5	3,77	4,47	3,42
291	164	182	178	148
–	24	24	27	22
5000	4700	4760	4900	4500
15,5	15,5	12,7	16,1	11,9
179,5	160,3	163,7	175,8	133,3
195,0	175,8	176,4	191,9	145,2
–	62,6	45,4	58,3	38,4
–	AED	(AED)	AED	–
8670	8670	5600	8520	5600
14 840	14 840	12 782	14 864	12 540
18 105	18 023	17 547	18 102	17 276
77,2	81,1	71,5	81,1	66,5
67,4	70,0	71,5	69,0	66,5
56	56	356	356	56
16,75	16,75	17	17	16,75
6,8	6,8	6,6	6,6	6,8
StEG	StEG	StEG	StEG	Fdf
1906	1911	1921	1912	Umbau 1926
164	*166*	*169*	*171*	*174*

Baureihe kkStB/BBÖ		81	81.400	181
DRB		58.7	58.7	58.8
ÖBB		58	–	158
Bauart		1E-h2	1E-h2	1E-h2v
Zulässige Fahrgeschwindigkeit	km/h	55	55	55
Zylinderdurchmesser	mm	590	590	620/870
Kolbenhub	mm	632	632	632
Treibraddurchmesser	mm	1298	1298	1298
Laufraddurchmesser	mm	1034	1034	1034
Kesseldruck	kg/cm^2	15	15	16
Rostfläche	m^2	4,14	4,14	4,14
Anzahl der Heizrohre	Stck	194	56	194
Anzahl der Rauchrohre	Stck	24	132	24
Rohrlänge	mm	4700	4700	4700
Heizflächen (feuerberührt)				
Feuerbüchse	m^2	15,5	15,5	15,5
Heiz- und Rauchrohre	m^2	174,0	174,07	174,0
Verdampfungsheizfläche	m^2	189,5	189,57	189,5
Überhitzerfläche	m^2	50,2	92,4[4)]	50,2
Bauart des Vorwärmers		(AED)	(AED)	AED
Achsstände				
Lokomotive	mm	8500	8500	8600
Lokomotive mit Tender	mm	14 879	14 879	14 983
Länge über Puffer	mm	18 081	18 081	18 185
Dienstgewicht	t	81,0/82,8	84,6	81,0
Reibungsgewicht	t	71,0/72,5	74,0	70,0
gekuppelt mit Tender Reihe		156	156	156
Wasserinhalt	m^3	16,0	16,0	16,0
Brennstoffvorrat	t	6,8	6,8	6,8
Anzahl der Achsen		3	3	3
Urheberfirma		WrN	StEG	WrN
Erstes Baujahr		1920	1923	1922
Beschreibung auf Seite		*176*	*176*	*179*

100
–
–

1F-h4v

60

450/760
680
1410

1034

16
5,0
210
27
5000

17[1]
208[1]
225[1]
58[1]

–

10 100
15 936
19 527

95,77
82,17

156
16,0
6,8
3
Fdf

1911

181

Tenderlokomotiven

Baureihe kkStB/BBÖ DRB ÖBB		12 69.0 69	112 69.0 –	14 98.79 –
Bauart		1A1-n2t	1A1-n2vt	B-n2t
Zulässige Fahrgeschwindigkeit	km/h	80	75	35
Zylinderdurchmesser	mm	345	260/400	265
Kolbenhub	mm	480	550	500
Treibraddurchmesser	mm	1450	1450	1105
Laufraddurchmesser	mm	870	870	–
Kesseldruck	kg/cm²	11	15	10
Rostfläche	m²	1,04	1,03	0,52
Anzahl der Heizrohre	Stck	99	128	84
Anzahl der Rauchrohre	Stck	–	–	
Rohrlänge	mm	3450	2500	
Heizflächen (feuerberührt)				
Feuerbüchse	m²	4,35	5,2	3,13
Heiz- und Rauchrohre	m²	49,2	39,6	32,04
Verdampfungsheizfläche	m²	53,55	44,8	35,17
Überhitzerfläche	m²	–	–[1)]	–
Bauart des Vorwärmers		–	–	–
Achsstand	mm	3300	5050	1800
Länge über Puffer	mm	7927	7550	6650
Dienstgewicht	t	32,0	31,6	18,0
Reibungsgewicht	t	13,0	14,3	18,0
Wasservorrat	m³	4,0	3,0	
Brennstoffvorrat	t	1,2	1,36	
Urheberfirma		Krauß	Krauß	Sigl
Erstes Baujahr		Umbau 1934 aus R. 97	1907	1870
Beschreibung auf Seite		*101*	*100*	*185*

29	229	629	729	30
75.8	75.7	77.2	78.6	90.10
175	75	77	78	90
1C1-h2vt	1C1-n2vt	2C1-h2t	2C2-h2t	1C1-n2vt
80	80	90	95/105	60
450/650	420/650	475	500	520/740
720	720	720	720	632
1614	1614	1614	1614	1298
870	870	1034	1034	870
14	14	13	13	13
2,0	2,0	2,7	3,55	2,3
109	200	129	156/154	200
18	–	21	22	–
3500	3500	4500	4900	4164
9,7	9,4	12,2	12,0/13,5[2]	10,5
77,6	87,0	117,45	159,8/158,8	120,1
87,3	96,4	129,65	171,8/172,3[2]	130,6
–	–	33,75	42,3	–
–	–	(AED)/(AEH)	AEH	–
8000	8000	9590	11 880	7700
12 016	11 766	13 345	14 990	11 334
68,3	67,1	80,2/83,8	108,38/113,1	69,5
43,2	42,0	43,2/45,0	48,24/50,4	43,5
8,3	9,8	10,5/12,0	16,8	8,5
3,12	3,12	3,12/3,2	6,0	2,4
BMMF	WrN	StEG	Fdf	Fdf
1912	1904	1913	1931	1895
106	*103*	*107*	*113*	*116*

[1] Rauchkammer-Überhitzer von 3,29 m² bei Lieferung
[2] mit Nicholsonscher Wasserkammer

Baureihe				
kkStB/BBÖ		162	178	178.900
DRB		98.12	92.22–23	92.2201
ÖBB		–	92	192
Bauart		C-n2t	D-n2vt	D-n2t
Zulässige Fahrgeschwindigkeit	km/h	45	50	50
Zylinderdurchmesser	mm	420	420/650	420
Kolbenhub	mm	480	570	570
Treibraddurchmesser	mm	950	1140	1140
Laufraddurchmesser	mm	–	–	–
Kesseldruck	kg/cm²	12	13	13
Rostfläche	m²	1,25	1,61	1,61
Anzahl der Heizrohre	Stck	150	172	172
Anzahl der Rauchrohre	Stck	–	–	–
Rohrlänge	mm	3000	3750	3750
Heizflächen (feuerberührt)				
Feuerbüchse	m²	5,0	6,55	6,55
Heiz- und Rauchrohre	m²	55,7	80,30	80,30
Verdampfungsheizfläche	m²	60,7	86,85	86,85
Überhitzerfläche	m²	–	–	–
Bauart des Vorwärmers		–	–	–
Achsstand	mm	2800	3700	3700
Länge über Puffer	mm	7782	9358	9358
Dienstgewicht	t	33,0	46,0/52,0	46,0
Reibungsgewicht	t	33,0	46,0/52,0	46,0
Wasservorrat	m³	4,0	5,2/7,5	5,2
Brennstoffvorrat	t	1,5	1,5/2,0	1,5
Urheberfirma		Fdf	Krauß	WrN
Erstes Baujahr		1912	1900	1921
Beschreibung auf Seite		*186*	*187*	*187*

378	478	578	82	184
93.13–14	92.25	92.21	95.1	88.0
93	392	292	95	–
1D1-h2t	D-h2t	D-n2t	1E1-h2t	B-n2t
60	40	45	60	35
450	530	540	590	300
570	570	550	632	400
1140	1140	1090	1298	840
870	–	–	870	–
14	14	13	14	12
2,0	2,0	2,0	3,42	0,64
109	109	217	148	106
4500	4500	3900	4250	2500
9,7	9,7	8,8	12,0	3,43
101,1	101,1	105,0	124,5	32,9
110,8	110,8	113,8	136,5	36,33
30,25	30,25	–	33,75	–
–	–	–	–	–
8430	4200	4200	10 400	2000
11 960	11 170	10 940	13 500	6680
66,0	64,0	58,0	95,0	21,0
44,0	64,0	58,0	72,0	21,0
10,0	10,0	7,5	11,0	3,15
3,0	2,5	2,0	3,46	0,88
Fdf	Fdf	Henschel	WrN	Krauß
1927	1927	1916	1922	1904
191	*194*	*196*	*197*	*200*

Baureihe kkStB/BBÖ		189	289	96
DRB		88.71	–	98.70
ÖBB		–	289	–
Bauart		1B-n2vt	1B-n2t	C-n2t
Zulässige Fahrgeschwindigkeit	km/h	40	40	35
Zylinderdurchmesser	mm	320/470	395	300
Kolbenhub	mm	500	580	500
Treibraddurchmesser	mm	950	1266	925
Laufraddurchmesser	mm	660	950	–
Kesseldruck	kg/cm^2	13	8,6	12
Rostfläche	m^2	1,25	1,26	0,82
Anzahl der Heizrohre	Stck	127		99
Anzahl der Rauchrohre	Stck			–
Rohrlänge	mm	3000	2800	3000
Heizflächen (feuerberührt)				
Feuerbüchse	m^2	5,5	5,5[1)]	4,2
Heiz- und Rauchrohre	m^2	47,3	43,0[1)]	42,0
Verdampfungsheizfläche	m^2	52,8	48,5[1)]	46,2
Überhitzerfläche	m^2	–	–	–
Bauart des Vorwärmers		–	–	–
Achsstand	mm	4000	3556	2250
Länge über Puffer	mm	8300	8834	6970
Dienstgewicht	t	34,0	33,0	22,5
Reibungsgewicht	t	26,0	21,7	22,5
Wasservorrat	m^3	3,6	4,0	4,0
Brennstoffvorrat	t	1,6	1,3	1,5
Urheberfirma		Krauß	MFWG	Krauß
Erstes Baujahr		1899	1851/Umbau 1868	1885
Beschreibung auf Seite		*201*	*202*	*203*

Dampftriebwagen

97 98.70 89	99 98.13 91	199 98.13 91.1	399 98.14 191	DT 1 71.5 3071	DT 2 C4idT17 3041
C-n2t	1C-n2vt	1C-n2vt	1C-h2t	1B1-h2t	B2-h3t
40/45	50	60	60	100	85
345	370/570	370/570	390	290	3 x 250
480	570	570	570	570	300
950	1140	1140	1140	1450	930
–	870	870	870	870	870
11	13	13	13	16	18
1,04	1,42	1,42	1,42	0,83	0,79
99	157	157	87	35	34
–	–	–	12	24	55
3450	3500	3500	3200	3265	2112
4,35	6,7	6,7	5,65	4,45	6,0
49,2	67,8	67,8	47,73	37,68	32,6
53,55	74,5	74,5	53,78	42,13	38,6
–	–	–	13,12	20,6	19,6
–	–	–	–	AEH	AV
2700	5050	5050	4750	7660	16 300
7927	8866	8866	8876	11 200	19 850
30,6	39,3	41,95	42,7	44,8/47,2	50,0
30,6	30,0	31,5	32,8	26,0	25,0
4,1	4,8	6,0	5,1	6,0/6,6	3,64
1,5	1,2	2,0	2,0	1,76/2,56	1650 l Öl
WrN	Krauß	Krauß	Krauß	Fdf	Fdf
1878	1897	1908	1910	1935	1935
204	*206*	*208*	*210*	*219*	*222*

[1] aus wasserberührten Flächen errechnet

Zahnradlokomotiven

Baureihe kkStB/BBÖ		69	269	(369)
DRB		97.2	97.3	97.4
ÖBB		97	197	297
Bauart		1C-n2 zz(2)t	F-n2 zz(2)t	1F1-h2 zz(2)t
Zulässige Fahrgeschwindigkeit	km/h	30 (z = 25)	30 (z = 20)	30 (z = 25)
Zylinderdurchmesser	mm	A:460 Z:420[1]	A:570 Z:420	A:610 Z:400
Kolbenhub	mm	A:500 Z:450	A:520 Z:450	A:520 Z:500
Treibraddurchmesser	mm	A:1070 Z:688	A:1070 Z:688	A:1050 Z:688
Laufraddurchmesser	mm	750	–	750
Kesseldruck	kg/cm²	11	13	16
Rostfläche	m²	2,15	3,3	3,9
Anzahl der Heizrohre	Stck	280	237	150
Anzahl der Rauchrohre	Stck	–		34
Rohrlänge	mm	3515	4850	5200
Heizflächen (feuerberührt)				
Feuerbüchse	m²	9,14	11,5	15,7
Heiz- und Rauchrohre	m²	122,5	165,7	195,2
Verdampfungsheizfläche	m²	131,64	177,2	210,0
Überhitzerfläche	m²	–	–	72,5
Bauart des Vorwärmers		AFJ	AFJ	AEH
Achsstand	mm	5000	6800	11 450
Länge über Puffer	mm	10 579	12 455	14 800
Dienstgewicht	t	62,3	87,96	125,0
Reibungsgewicht	t	47,3	87,96	97,98
Wasservorrat	m³	6,5[2]	7,0	9,2
Brennstoffvorrat	t	1,8[3]	2,8	3,5
Urheberfirma		Fdf	Fdf	Fdf
Erstes Baujahr		1890	1912	1941
Beschreibung auf Seite		*212*	*214*	*216*

[1] A = Adhäsionsantrieb
Z = Zahnradantrieb
[2] nach Umbau 8,0 m³ Wasser
[3] nach Umbau 3,2 t Kohle

Schmalspurlokomotiven

Steyrtalbahn 99.783 298	Yv 99.90 598	U 99.781 298	Uv 99.80 298.2	Bh 99.81 398
C1-n2t	C2-n2vt	C1-n2t	C1-n2vt	C1-h2t
40	40	35	35	35
290	310/450	290	320/500	340
400	400	400	400	400
820	820	820	820	820
570	570	570	570	570
12	13	12	13	12
0,8	1,02	1,0	1,03	1,03
97	120	103	126	81
–	–	–	–	10
3000	3700	3250	3250	3250
3,46	4,3	4,42	4,49	4,4
40,65	55,2	42,25	51,8	41,0
43,11	59,5	46,67	56,29	45,4
–	–	–	–	14,4
–	–	–	–	–
4100/4000	4800	4000	4000	4000
7680/7910	8080	7182	7804	7804
22,0	26,5	24,3/24,0	27,5	27,6
17,7	17,9	19,5	22,5	22,9
2,6/2,9	3,0	3,2	3,2	3,0
0,9/1,0	0,8	1,4	1,32	1,36
Krauß	Krauß	Krauß	Krauß	Krauß
1888	1896	1898	1902	1905

Baureihe kkStB/BBÖ		T	Uh	P
DRB		99.780	99.82	99.100
ÖBB		198	498	199
Bauart		C1-n2t	C1-h2t	D1-h2t
Zulässige Fahrgeschwindigkeit	km/h	25	40	40
Zylinderdurchmesser	mm	260	350	300
Kolbenhub	mm	300	400	400
Treibraddurchmesser	mm	660	820	900
Laufraddurchmesser	mm	570	570	560
Kesseldruck	kg/cm²	12	13	13
Rostfläche	m²	0,6	1,06	1,25
Anzahl der Heizrohre	Stck	75	47	50
Anzahl der Rauchrohre	Stck	–	10	12
Rohrlänge	mm	2600	3250	3700
Heizflächen (feuerberührt)				
Feuerbüchse	m²	3,13	4,8	4,11
Heiz- und Rauchrohre	m²	24,55	39,53	42,44
Verdampfungsheizfläche	m²	27,68	44,33	46,55
Überhitzerfläche	m²	–	19,1	16,36
Bauart des Vorwärmers		–	–	–
Achsstand	mm	3300	4000	4700
Länge über Puffer	mm	6804	8020	8680
Dienstgewicht	t	17,2	28,1	36,45
Reibungsgewicht	t	13,0	22,4	29,7
Wasservorrat	m³	1,6	3,0	3,0
Brennstoffvorrat	t	1,0	1,32	1,6
Urheberfirma		Krauß	Krauß	Krauß
Erstes Baujahr		1898	1928	1927

Mv	Mh	Kh	Zz/Z[1]
99.110	99.111	99.120	99.730
299	399	499	999/999.1
D2-n2vSt	D2-h2St	E-h2t	B1-n2zt
40	40	25	12
370/550	410	400	320
450	450	400	600
920	920	820	706/573[2]
660	660	–	520
13	13	12	14
1,59	1,59	1,21	0,9
166	96	26	150
–	15	40	–
4100	4100	3800	2000
6,52	6,52	4,85	4,02
88,52	72,33	45,35	31,1
95,04	78,85	50,2	35,12
–	22,55	25,55	–
–	–	AED	–
8100	8100	4150	3170
11 665	11 665	8720	4545
45,08	45,08	33,3	18,0
30,08	30,08	33,3	–
5,0	5,0	3,5	1,2/1,0
1,92	1,92	1,32	0,6
Krauß	Krauß	Krauß	Krauß
1907	1906	1924	1896

[1] Zz = Schneebergbahn, Z = Schafbergbahn
[2] Zahnrad-Laufkranz

Einheits- und Kriegslokomotiven der DRB

Baureihe				
kkStB/BBÖ		–	–	–
DRB		42	44	50
ÖBB		42	–	50
Bauart		1E-h2	1E-h3	1E-h2
Zulässige Fahrgeschwindigkeit	km/h	80	80	80
Zylinderdurchmesser	mm	630	3 × 550	600
Kolbenhub	mm	660	660	660
Treibraddurchmesser	mm	1400	1400	1400
Laufraddurchmesser	mm	850	850	850
Kesseldruck	kg/cm²	16	16	16
Rostfläche	m²	4,7	4,55	3,9
Anzahl der Heizrohre	Stck	143	128	113
Anzahl der Rauchrohre	Stck	43	43	35
Rohrlänge	mm	4800	5800	5200
Heizflächen (feuerberührt)				
Feuerbüchse	m²	19,3	18,0	15,9
Heiz- und Rauchrohre	m²	180,3	220,0	161,7
Verdampfungsheizfläche	m²	199,6	238,0	177,6
Überhitzerfläche	m²	75,8	100,0	64,1
Bauart des Vorwärmers		(MV)	OV	OV
Achsstände				
Lokomotive	mm	9200	9650	9200
Lokomotive mit Tender	mm	19 000	19 190	18 890
Länge über Puffer	mm	23 000	22 620	22 940
Dienstgewicht	t	96,9	109,8	88,1
Reibungsgewicht	t	85,7	95,0	76,6
gekuppelt mit Tender Reihe		K 2'2'T30	2'2'T34	2'2'T26
Wasserinhalt	m³	30	34	26
Brennstoffvorrat	t	10	10	8
Urheberfirma		DLV	DLV	DLV
Erstes Baujahr		1944	1936	1938

–	–		
52	86	Projekte zur 3. Kriegslokomotive der DRB	
52/152	86	I	II
1E-h2	1D1-h2t	1CC1-h4	1CC1-h4
80	80	80	80
600	570	4 × 530	4 × 530
660	660	660	660
1400	1400	1400	1400
850	850	850	850
16	14	16	16
3,9	2,34	6,2	6,2
113	110		
35	26		
5200	4500	5800	5800
15,9	10,0		
161,7	107,3		
177,6	117,3	253,4	281,5
63,7	47,0	102,0	107,0
(MV)	OV/(MV)	–	–
9200		13 500	13 500
19 000[1]	10 300	22 310	22 310
22 975[1]	13 820	27 400	27 400
84,0[2]	88,5	144	144
75,7[2]	60,6	120/125	120/125
KT2'2'T30		2'2'T40	2'2'T40
30	9,0	40	40
10	4,0	14	14
DLV	DLV	Fdf (WLF)	Fdf (WLF)
1942	1927	–	–

[1] Maße für Lokomotiven mit Wannentender;
Achsstand mit Floridsdorf-Steifrahmentender K4T30: 18 222 mm;
LüP: 22 820 mm

[2] Lokomotiven mit Blechrahmen

Tenderbauarten

Baureihe BBÖ DRB ÖBB		9	36 3T12 9036	37 3T9,5 –	47 3T12 9047	49 3T11,8 9049
Herkunft		kkStB	kkStB	StEG	KFNB	ÖNWB
Anzahl der Achsen		2	3	3	3	3
Gesamtachsstand	mm	2700	3240	3161	3200	3160
Dienstgewicht	t	18,4	32,1	26,8	33,6	32,3
Vorräte						
Wasser	m^3	10	12	9,5	12	11,8
Kohle	t	6	4,8	5	6	5
Erstes Baujahr		1900	1885	1869	1896	1896

Baureihe BBÖ DRB ÖBB		74 3T14,8	76 3T14,2 9076	84 4T29,5 9084	84 4T28,5 9184
Herkunft		KFNB	kkStB		
Anzahl der Achsen		3	3	4	4
Gesamtachsstand	mm	3200	2800	4600	4600
Dienstgewicht	t	37,5	32,1	59,02	60,0
Vorräte					
Wasser	m^3	14,8	14	29,5	28,5
Kohle	t	6	4,2	8	7
Erstes Baujahr		1895	1897	1931	1936

54 3T15 9054	56 3T16,75 9056	156 3T16 9156	256[3] 3T16 9256	356 3T17 9356	456 3T17 9456	66 3T12 9066
ÖNWB	kkStB	kkStB		SB	SB	kkStB
3	3	3	3	3	3	3
3300	3200	3200	3200	3200	3200	3200
39,0	39,2	39,0	39,0	37,5	41,4	32,5
15	16,75	16	16	17	17	12
6,8	6,8[1]	6,8[2]	6,8	6,6	6	5,76
1906	1894	1910	1915	1912	1910	1896

85 4T27 9085	86 2'2'T21 9086	87 4T27 9087	88 2'2'T27 9088	2'2'T26 9091	K4T30 9592	K2'2'T30 9593
	kkStB	SB	kkStB	DRB	DRB	DRB
4	2 × 2	4	2 × 2	2 × 2	4	2 × 2
4800	5300	4800	5300	5700	4600	5900
55,68	52,6	55,56	58,0	59,5	61,8	65,7
27	21	27	27	26	30	30[4]
7,44	8,72	7,36	8	8	10	10
1923	1902	1915	1916	1938	1942	1942

[1] 56.323 u. 324 für Ölzusatzfeuerung (Öltank 1,25 m³)
[2] 144 Stück für Ölzusatzfeuerung (Öltank 4,5 m³)
[3] Einzelstück mit Kohlenrutschblech, gekuppelt mit Lok 113.02
[4] nach Einbau einer Zugführerkabine 26 m³

Mehrsprachige Ortsnamen

Aus Gründen der historischen Analogie wurde in den Texten in aller Regel die deutsche Ortsbezeichnung verwendet.

deutsch	tschechisch/ slowakisch	serbo-kroatisch/ slowenisch	andere Sprachen
Agram		Zagreb	
Aßling		Jesenice	
Aussig a.d. Elbe	Ústí nad Labem		
Bodenbach	Podmokly (heute Děčin)		
Böhmisch Leipa	Česká Lipa		
Böhmisch Trübau	Česká Třebová		
Brünn	Brno		
Brüx	Most		
Budweis	České Budějovice		
Chotzen	Choceň		
Cilli		Celje	
Dux	Duchcov		
Eger	Cheb		
Falkenau	Sokolov		
Fiume		Rijeka	
Franzensbad	Františkový Lázně		
Franzensfeste			Fortezza (ital.)
Gablonz	Jablonec		
Görz		Novi Gorica	Gorizia (ital.)
Groß Wosek	Velky Osek		
Halbstadt	Měziměsti		
Hannsdorf	Hanušovice		
Jägerndorf	Krnov		
Joachimsthal	Jachimov		
Josefstadt	Jaroměř		
Jungbunzlau	Mladé Boleslav		
Karlsbad	Karlovy Vary		
Kaschau	Košice		Kassa (ung.)
Klattau	Klatovy		
Komotau	Chomutov		
Königgrätz	Hradec Králové		
Krakau			Kraków (poln.)
Kriegsdorf	Valšov		
Laibach		Ljubljana	
Laun	Louny		
Leitmeritz	Litoměřice		
Lemberg			Łwów (poln.)
Lundenburg	Břeclav		
Mährisch Ostrau	Moravská Ostravá		
Mährisch Schönberg	Šumberk		
Mährisch Weißkirchen	Hranice		

deutsch	tschechisch/ slowakisch	serbo-kroatisch/ slowenisch	andere Sprachen
Marburg a.d. Drau		Maribor	
Marienbad	Marianské Lázně		
Moldau	Moldava		
Niederlindewiese	Lipová Lázně		
Nimburg	Nimburk		
Ödenburg			Sopron (ung.)
Oderberg	(Novy) Bohumín		
Olmütz	Olomouc		
Pilsen	Plzeň		
Plan b. Marienbad	Planá u Mar. Lázně		
Pontafel			Pontebba (ital.)
	Portorož		Portorose (ital.)
Prachatitz	Prachatice		
Prag	Praha		
Prerau	Přerov		
Preßburg	Bratislava		
Raab			Györ (ungar.)
Reichenberg	Liberec		
Römerstadt	Rymařov		
Ronsperg	Poběžovice		
Saaz	Žatec		
Sillein	Žilina		
		Šibenik	Sebenico (ital.)
		Split	Spalato (ital.)
Steinbrück		Zidani Most	
Stankau	Staňkov		
Straß-Sommerein			Hegyeshalom (ungar.)
Tachau	Tachov		
Tannwald	Tanvald		
Taus	Domažlice		
Teplitz-Schönau	Teplice v Čechách		
Teschen	Těšín		
Tetschen	Děčin		
Trautenau	Trutnov		
Trient			Trento (ital.)
Triest			Trieste (ital.)
Troppau	Opava		
Weipert	Vejprty		
Wildenschwert	Ústí nad Orlici		
Zditz	Zdice		
Znaim	Znojmo		

Literatur- und Quellennachweis

Asmus, C.; Stockklausner, H.: Volldampf dampf auf der Erzbergbahn, Eisenbahn-Journal-Sonderausgabe 1/85, Merker-Verlag, Fürstenfeldbruck 1985

Asmus, C.; Stockklausner, H.: 100 Jahre Arlbergbahn, Eisenbahn-Journal-Sonderausgabe, Merker-Verlag, Fürstenfeldbruck 1984

Bahn im Bild, Pospischil-Verlag, Wien: Nr. 2, Die steierische Erzbahn; Nr. 3, Die österreichische Reihe 78; Nr. 6, Die Reihe 52 in Österreich; Nr. 8/9, Die Westbahnstrecke I und II; Nr. 10, Die Semmering-Gebirgsbahn; Nr. 11, Die österreichische Reihe 92; Nr. 18, Die Erzberg- und Gesäusestrecke; Nr. 20, Die österreichische Reihe 77; Nr. 21, Die Tauernbahn; Nr. 23, Zahnradbahnen in Österreich; Nr. 24, Die Franz-Josefs-Bahn; Nr. 25, Die Steyrtalbahn; Nr. 27, Die Reihe 33 und 133; Nr. 30, Die Ybbstalbahn; Nr. 32, Die österreichische Reihe 91; Nr. 34, Normalspurbahnen im Waldviertel; Nr. 37, Die Reihen 12 und 112; Nr. 51, Die Nordbahnstrecke; Nr. 52, Schmalspurbahnen im Waldviertel; Nr. 53, Die Reihen 35 und 135; Nr. 57, Die österreichische Reihe 16; Nr. 104, Normalspurdampf in Jugoslawien

Bek, J.; Kwarda, K.: Atlas Lokomotiv 1 (ČSD), Nadas, Prag 1970

Braté, T.: Die Dampflokomotiven Jugoslawiens, Slezak-Verlag, Wien 1971

Bufe, S.: Eisenbahnen in Oberösterreich, Bufe-Fachbuch-Verlag, Egglham/München 1985

Eisenbahn (Monatszeitschrift), Ployer-Verlag, Wien, Bohmann-Verlag, Wien, mit folgenden Themen: H. Sternhart/A. Horn, Die Geschichte der österreichischen Eisenbahnen und ihrer Lokomotiven (Fortsetzungsreihe 1956–63); A. Horn, Die Privatbahnen der österreichisch-ungarischen Monarchie, Nr. 7/8/64 und 1/65; W. Czerny, Die Heißdampf-Personenzugtenderlokomotive Reihe 629 der priv. Südbahn-Gesellschaft und der kk. Staatsbahn, Nr. 10/64/In memoriam MAV-Reihe 302 (Südbahn-Reihe 109), Nr. 6/68; A. Horn, Österreichische Lokomotiven in Deutschland, Nr. 11/69; 75 Jahre Ybbstalbahn; A. Horn u. W. Urbanczik, Lokomotivlangläufe in Österreich, Nr. 19/73; A. Hofbauer und Dr. Fritz Altmann, Zur Beschaffung der 114 und 214, Nr. 19/74 und Nr. 19/75 und weitere Kurzbeiträge

Eisenbahn-Steckbrief 1 bis 13, Bohmann-Verlag, Wien 1968–75

Geschichte der Eisenbahnen der österreichisch-ungarischen Monarchie, Bd. 1 bis 4, Wien/Tetschen, Leipzig, 1898

Gölsdorf, K.: Lokomotivbau in Alt-Österreich 1837–1918, Slezak-Verlag, Wien 1978

Gottwaldt, A.: Deutsche Kriegslokomotiven 1939–1945, Franckh-Verlag, Stuttgart 1973

Giesl-Gieslingen, A., Dr. techn.: Anatomie der Dampflokomotive, Slezak-Verlag, Wien 1986

–: Die Ära nach Gölsdorf, Slezak-Verlag, Wien 1981

–: Lokomotivathleten, Slezak-Verlag, 1976

Griebl, H.: ČSD-Dampflokomotiven, Teil 1 Teil 1 und 2, Slezak-Verlag, Wien 1969

–: Dampfbetrieb in Österreich 1935–1944, Eisenbahn-Kurier-Verlag, Freiburg 1978

–: Staatsbahn-Dampflokomotiven in Österreich, Eisenbahn-Kurier-Verlag, Freiburg 1975

Griebl, H.; Schadow: Verzeichnis der deutschen Lokomotiven 1923–1965, Slezak-Verlag, Wien 1967

Griebl, H.; Slezak, J. O.; Sternhart, H.: BBÖ-Lokomotiv-Chronik 1923–1938, Slezak-Verlag, Wien 1985

Heinersdorf, R.: Die k.u.k. privilegierten Eisenbahnen 1828–1918 der österreichisch-ungarischen Monarchie, Verlag Fritz Molden, Wien/München 1975

Horn, A.: Die Kaiser-Ferdinands-Nordbahn, Bohmann-Verlag, Wien 1970

–: Die österreichische Nordwestbahn, Bohmann-Verlag, Wien 1967

Konzelmann, P.: Die Baureihe 44, Eisenbahn-Kurier-Verlag, Freiburg 1981

Krobot; Slezak; Sternhart: Schmalspurig durch Österreich, Slezak-Verlag, Wien 1984

Loco-Profile Nr. 18, German Austerity 2-10-0, Profile-Publication, Windsor (GB) 1971

Loco-Profile Nr. 29, Austrian 2-8-4s, Profile-Publication, Windsor (GB) 1972

Lok-Magazin Nr. 18, 31, 58, 65, 66, 79–81, 87–89, 90, 91, 100, 122, Franckh-Verlag, Stuttgart 1966–83

Navé, H.: Bahnpanorama Österreich, Orell-Füssli-Verlag, Zürich 1987

–: Dampflokomotiven in Österreich, Franckh-Verlag, Stuttgart 1973

–: Dampflokomotiven in Mittel- und Osteuropa, Franckh-Verlag, Stuttgart 1977

Navé; Luft: Die Semmeringbahn, Orell-Füssli-Verlag, Zürich 1985

Pawlik, H. P.; Slezak, J. O.: Südbahn-Lokomotiven, Slezak-Verlag, 1987

Reuter, W.: Rekordlokomotiven, Motorbuchverlag, Stuttgart 1978

Scharf, H.-W.: Eisenbahnen zwischen Oder und Weichsel, Eisenbahn-Kurier-Verlag, Freiburg 1981

Slezak, J.: Die Lokomotiven der Republik Österreich, Slezak-Verlag, Wien 1970, mit Ergänzungsteil 1973

–: Eisenbahn-Panorama Böhmen und Mähren, Slezak-Verlag, Wien 1986

Sölch, W.: Orient-Expreß, Alba-Buchverlag, Düsseldorf 1974/86

Stockklausner, H.: Die Wiener Lokomotivfabrik Floridsdorf, Eisenbahn-Kurier-Verlag, Freiburg 1986

–: Österreichs Lokomotiven und Triebwagen 1954, Ployer-Verlag 1954

–: 150 Jahre Eisenbahn in Österreich, Eisenbahn-Journal-Sonderausgabe II/87, Merker-Verlag, Fürstenfeldbruck 1987

Stockklausner, J.: Dampfbetrieb in Alt-Österreich 1837–1918, Slezak-Verlag, Wien 1979

Tausche, W.: Die Tauernbahn, Bufe-Fachbuch-Verlag Egglham/München 1986

Verzeichnis der Dampflokomotiven der DR 1925–1950, Verlag Natur und Technik, Wien 1950

Literatur für alle Eisenbahnfreunde

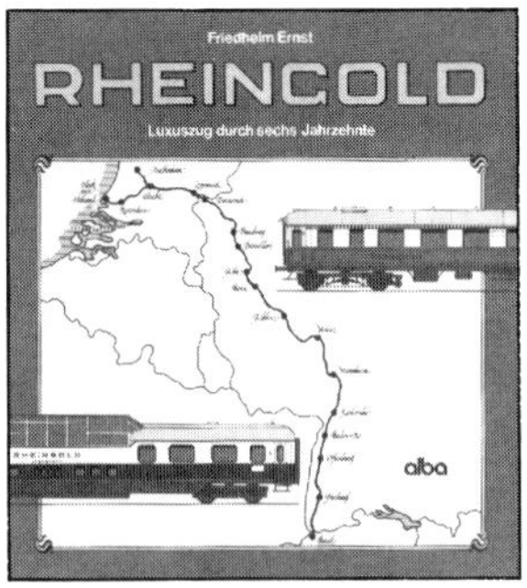

P. Bley
Berliner S-Bahn
168 S., Paperback DM 20,—

F. Ernst
Rheingold
180 S., gebunden DM 52,—

A. B. Gottwaldt
Der Anhalter Bahnhof und seine Lokomotiven
144 S., Paperback DM 22,—

A. B. Gottwaldt
Berliner Fernbahnhöfe
144 S., Paperback DM 18,—

A. B. Gottwaldt
Berliner Verkehr
120 S., Paperback DM 18,—

Gammrath/Jung
Berliner Omnibusse
144 S., Paperback DM 20,—

Kieper/Preuß
Schmalspur zwischen Ostsee und Erzgebirge
424 S., gebunden DM 42,—

Lemke/Poppel
Berliner U-Bahn
160 S., Paperback DM 20,—

Preuß/Preuß
Schmalspurbahnen in Sachsen
192 S., gebunden DM 36,—

G. Reder
Mit Uhrwerk, Dampf und Strom
258 S., 540 Abb., geb. DM 86,—

H. W. Rogl
Abseits der großen Strecken
192 S., gebunden DM 38,—

Schild/Waltking
Die Rheinbahn
176 S., Paperback DM 22,—

M. Mertens
TEE
260 S., gebunden DM 68,—

Schreck/Meyer/Strumpf
S-Bahnen in Deutschland
132 S., gebunden DM 34,—

W. Sölch
Jules Verne's Express
192 S., gebunden DM 38,—

W. Sölch
Kap Kairo
228 S., gebunden DM 88,—

W. Sölch
Orient-Express
176 S., gebunden DM 38,—

alba

Alba Publikation
Römerstraße 9, Postfach 320 108
4000 Düsseldorf 30